犬
行为、营养与健康

第二版

[美] 琳达·P.凯斯　著

凯瑞·赫尔姆斯　插图

任 阳　党 涵　单体中　靳明亮　主译

中国农业科学技术出版社

The dog : its behavior, nutrition, and health Second Edition by Linda P. Case, ISBN: 0−8138−1254−2

著作权合同登记号：01-2024-0944

图书在版编目（CIP）数据

犬：行为、营养与健康：第二版 /（美）琳达·P. 凯斯 (Linda P. Case) 著；任阳等主译 . -- 北京：中国农业科学技术出版社，2024.3

书名原文：The dog : its behavior, nutrition, and health. Second Edition

ISBN 978-7-5116-6522-5

Ⅰ . ①犬… Ⅱ . ①琳… ②任… Ⅲ . ①犬 – 驯养 Ⅳ . ① S829.2

中国国家版本馆 CIP 数据核字（2024）第 030197 号

责任编辑　张志花
责任校对　王　彦
责任印制　姜义伟　王思文

出 版 者　中国农业科学技术出版社
　　　　　北京市中关村南大街 12 号　　邮编：100081
电　　话　（010）82106636（编辑室）（010）82106624（发行部）
　　　　　（010）82109709（读者服务部）
网　　址　https://castp.caas.cn
经 销 者　各地新华书店
印 刷 者　北京科信印刷有限公司
开　　本　185mm×260mm　1/16
印　　张　31.75
字　　数　560 千字
版　　次　2024 年 3 月第 1 版　　2024 年 3 月第 1 次印刷
定　　价　380.00 元

译者名单

主译：任　阳　党　涵　单体中　靳明亮

参译（按姓氏笔画排序）：刘　燕　李尚同　李继红　汪　毅

汪蔚军　张　红　郑　珍　赵　珂

奚双凤　唐　武　黄　莉　阎启宇

滑志民　戴慧茹

主译简介

　　任阳，博士，毕业于浙江大学动物科学学院，动物营养与饲料科学专业，毕业后从事动物营养研发工作。现任上海福贝宠物用品股份有限公司研究院院长、中国饲料工业协会团体标准技术委员会委员。南京农业大学动物医学院、华中农业大学动物科技学院硕士专业学位研究生校外合作导师。主译《猫应用行为学》、DK《猫护理指南》和《犬护理指南》。

　　党涵，硕士，毕业于澳大利亚昆士兰大学，动物科学专业，国家执业兽医师。现任上海福贝宠物用品股份有限公司研究院研发主管，从事犬猫营养研究。参译《猫应用行为学》、DK《猫护理指南》和《犬护理指南》。

　　单体中，博士，浙江大学教授，博士生导师。浙江大学饲料科学研究所副所长、浙江大学教育部动物分子营养学重点实验室副主任、中国动物营养学分会消化道微生物专业委员会副主任。长期从事动物营养与糖脂代谢方面的研究。先后主持国家自然科学基金、转基因重大专项子课题、浙江省杰出青年基金等项目10余项，发表SCI论文90余篇。国内外40余个期刊杂志的特约审稿专家。

　　靳明亮，博士，浙江大学研究员，博士生导师。中国畜牧兽医学会动物营养学分会理事、副秘书长。长期从事动物肠道健康方面的研究，尤其是肠道微生态研究。主持国家自然科学基金优秀青年科学基金、浙江省自然科学基金重点项目、国际科学基金、中国博士后科学基金特别资助等项目10余项，发表SCI论文70余篇。

译者序

　　随着经济社会的发展，宠物经济呈现出蓬勃的生命力，据统计，2023 年中国城镇宠物（犬猫）消费市场规模达 2793 亿元。其中，犬消费市场规模达 1488 亿元，预计 2026 年城镇犬消费市场规模可达 1766 亿元。目前，犬猫数量超过 1.2 亿只，其中犬的数量增长较为明显，达到了 5175 万只，较 2022 年上升 1.1%（数据源自《2023—2024 年中国宠物行业白皮书（消费报告）》）。

　　我们以各种各样的方式在多种层面上与宠物互动，尤其是犬，犬成为人类家庭成员的时间比其他家养宠物都要长。犬不仅仅是深受喜爱的家庭成员，更是人类忠诚的伴侣，与人类的关系紧密而持久。养宠物是长期的承诺与陪伴，并伴随着与之而来的责任与义务，但是对于宠物主人和爱宠来说，双方都能收获益处。

　　为帮助犬主人和其他从业人员充分理解犬的行为、营养需求与健康养护，上海福贝宠物用品股份有限公司研究院组织翻译了《犬：行为、营养与健康》。本书通过大量图片与文字配合，系统地阐述了家犬的起源和进化、工作犬的诞生、犬的身体解剖构造、犬的遗传学及育种管理、犬科动物的交流与社交、行为问题的预防、犬的传染病及其防治、犬的营养需求及其全生命周期的健康喂养方法等内容，书内还附有给宠主、繁育者、宠物医生以及其他从业人员的实用性建议，希望能够为读者提供专业的实用信息，促进人宠和谐生活。

　　最后，祝愿宠主都能够了解犬的方方面面，与爱犬和谐共处。

上海福贝宠物用品股份有限公司董事长

2024 年 2 月 2 日

以此纪念

那些已经不在我们身边但却永远存在于我们心中的人——Fauna、Stepper、Roxie、Gusto 和 Sparks，我们爱你们并思念着你们。

此书献给

继续为我们的生活带来笑声、欢乐和爱的 Nike、Cadie 及 Vinny Binny Vanilla Bea。

前 言

如今，美国大约有 40% 的家庭至少饲养一只犬，全美国总共有超过 6100 万只犬。宠物食品行业价值数十亿美元，宠物主人在宠物医疗方面的花费超过了 70 亿美元，这些事实都证明了犬在我们社会生活中的重要性日益增加。宠物供应链产业的持续增长进一步佐证了宠物行业的发展，其中，包括越来越多的宠物超市、宠物乐园、训犬中心和狗狗日托中心。过去 30 年来，人类与犬之间的关系纽带以及这种纽带带来的诸多对健康的益处一直是研究的热点。犬作为珍贵的伴侣和家庭成员一直生活在人类身边，许多宠物主人、学生和宠物相关的专业人员都渴望更多地了解人类最好的朋友——家犬。

《犬：行为、营养与健康》是对家犬的综合性研究书籍，本书是为那些将要从事或正在从事与犬有关的工作或爱好犬的人而写的。本书对于训犬师、从事犬繁育工作者、犬主人、兽医和伴侣动物相关的专业人士来说是不可或缺的参考工具书。此外，《犬：行为、营养与健康》是研究伴侣动物生理、护理、行为和营养的大学生的必备教材。本书分为 4 个部分。第一部分，人类最好的朋友：伴侣动物，这一部分探讨了人类与犬之间关系的起源，追溯了犬从驯化的初始阶段到现在的发展历程。这部分章节还包括了有关犬的生理、身体结构、繁育和遗传学的基本信息。本部分的最后一章讨论了目前犬的生存状况，宠物主人正确选择宠物以及担负起监护责任的重要性。第二部分，行为：与人类最好的朋友，描述了犬从出生到成年的行为发育。同时，也讲述了不同品种之间的行为模式，并讨论了具体品种的特征行为。第九章的主题是学习过程和训练方法。首先，回顾了犬学习的基本原理，然后评估了成功的训练方法。本章对各种训练方法进行了比较，并提供了实际的案例。最后一个章节主要讲述了一些常见的行为问题及其解决方案。第三部分，健康与疾病：照顾和保持健康。本部分包括传染性疾病、非传染性疾病以及常见的体内外寄生虫，疫苗类型及其免疫程序，疫苗接种计划建议也将在本部分讨论。该部分的最后一个章节回顾了紧急情况下的急救程序和护理要点，这是所有宠物护理专业人员和犬饲养人员所必备的基本知识和技能。第四部分，营养学：健康喂养与长寿，概述了犬的营养需要，并介绍了宠物食品类型以及科学的喂养方法。其中，包括在犬的整个生命周期中的饲喂指南以及如何选择最合适的宠物食品。本部分的最后一个章节回顾了那些可以通过饮食治疗或控制的常见疾病。

本书的第一版于 1998 年完成，并于 1999 年由爱荷华州立大学出版社出版。本书完成后的 6 年多时间里，又有大量关于伴侣动物主题的研究报告和学术期刊文章发表，其中，主要包括犬的驯化、繁殖、行为、训练、健康护理和营养等。第二版的 4 个部分以及大部分章节均已根据最近发表的期刊论文和书籍中的新内容进行了更新。这些修订将有助于为学校的专业人士和伴侣动物专业人士提供伴侣动物科学领域的最新信息。

新版《犬：行为、营养与健康》以通俗易懂的形式为读者提供了浩如烟海的内容和有深度的技术信息。本书不仅仅是一本实用的参考书，也是对犬本身、犬与人类的关系以及如何照顾好它们的一次愉快而有趣的探索。从本书中获得的知识有利于加强当今社会中犬与其主人之间牢固而持久的关系。

致　谢

如果没有众多朋友和同事的帮助，本书就不可能顺利完成。非常感谢本书的校对者和编辑 Jean S. Palas，她作为养犬人士和专业训犬师，有着非常宝贵的经验。书中的插图和图表归功于 Kerry Helms，他对待工作积极的态度、创造力及我们之间的友谊使得这项工作变得轻松愉快。如果没有 AutumnGold 几位导师的帮助和建议，本书的犬行为章节就不会像现在这样精彩。Pam Wasson 对犬的理解和她正向的训练方法对本书中涉及的方法和理念产生了很大的影响。此外，我们的导师 Susan Helmink、Jennie Kang 和 Dianna Millard 的持续帮助和投入也非常珍贵。我的好朋友 Roger Abrantes 一直是我灵感、批判性思维和热情的源泉。感谢他多年来为我们带来的有关犬的精彩交流。一如既往，非常感谢我的丈夫兼最好的朋友 Mike，他在整个书籍撰写过程中提供了巨大的支持、编辑上的帮助以及付出了大量的时间。

Linda P. Case

Mahomet, Illinois

目　录

第一部分 人类最好的朋友：伴侣动物

第一章　人与狼：犬的驯养过程

目前，超过40%的美国家庭养犬，犬的总数已经超过6100万只[1]。2001年，宠物主人在宠物食品上的支出超过80亿美元，仅犬主人在宠物医疗上的支出就超过了10亿美元。不可否认，犬是人类社会的重要成员。与其他非人物种不同，犬已经完全融入了人们的生活，它们看起来也是被普遍接受的。那么，多年前究竟是什么让人类和犬走到了一起呢？更重要的是，是什么原因让两个完全不同的物种建立起了亲密而持续的伙伴关系？而这种伙伴关系对于人类来说至今仍然具有重要意义。

犬的系统发育（进化史）

犬和猫一样，属于食肉目动物，食肉目包含了自然界中各种各样的食肉动物。食肉动物因其发达的裂齿而得名，主要是口腔两侧较大的上第四前臼齿和下第一臼齿。这些进化使牙齿可以更有效地咬断和撕碎猎物。所有的食肉动物都有小而锋利的门齿，用于捕捉猎物。它们通常还有细长的犬齿，用于咬穿和撕碎猎物。

在恐龙主宰地球的时期，一群被称为细齿兽的动物已经开始进化。细齿兽科包含形形色色的食肉类哺乳动物，其中，很多是小型的树栖动物。它们存在于6200万年前，是食肉目动物的祖先。细齿兽都是用手掌或者脚掌走路，也被称为跖行动物，它们身体修长，体形苗条，是第一批长有裂齿的动物，这也证实了它们具有捕猎天性。

随着时间的推移，猫亚目从细齿兽中分支出来，是目前已知的家猫最古老的祖先。细齿兽进化的第二个分支是犬亚目，这群动物是所有现存犬科动物，还有熊、浣熊和鼬的祖先。犬亚目动物生存在大约6000万年前，最终进化为黄昏犬（意思是西方的犬），黄昏犬是犬科动物最古老的成员之一。在南达科他州、内布拉斯加州、科罗拉多州和怀俄明州均发现了黄昏犬的遗骨，估计其生活在3600万~3800万年前。有意思的是，目前的证据表明，犬科动物的进化全部在北美完成，直到进化的末期才迁徙到欧亚大陆。黄昏犬是一种趾行哺乳动物（用脚趾行走），身体修长、腿长，很明显适合快速奔跑。齿系（拥有裂齿）和身体构造表明黄昏犬是一种敏捷的捕猎者。在渐新世末期，大约 2300 万年前，黄昏犬进化出细犬。虽然对这种哺乳动物的进化结果存在争议[2]，但细犬被认为是现有犬科动物最近的共同祖先。有些观点认为，细犬进化出了汤氏熊，而汤氏熊是狼和犬最早的祖先。而其他记载将细犬和汤氏熊作为了黄昏犬进化出的两个分支。无论如何，看起来似乎细犬可能还有汤氏熊，进化出了在北美占主导地位的犬科动物，我们现代的所有犬科动物就是由这群动物最终进化而来。

犬的生物分类法（系统命名）

如今，家犬被归类为犬科动物（表 1.1）。犬科动物还包括狼（灰狼，*Canis lupus*；红狼，*Canis rufus*）、郊狼（*Canis latrans*）、野狗、狐、胡狼、开普猎犬。犬是犬属灰狼种动物。其他犬属动物有郊狼、狼，还有 4 种胡狼。灰狼存在很大的区域性变异，这些都是灰狼的亚种，并非独立的物种。已经鉴定出的灰狼亚种有 20~30 个，一些亚种在 20 世纪已经灭绝了。不同亚种之间身体和行为变异极大，从这一点可以看出灰狼的遗传可塑性很强。例如，典型的阿拉斯加内陆狼（*Canis lupus pambasileus*）成年后体重可以超过 100 磅（45 千克），狼群一般由 5~8 只狼组成，组织等级有序。相反，伊朗狼（*Canis lupus pallipes*）只有 45~50 磅（20~23 千克），独居或少量群居。关于红狼是否应该继续作为一个种还是作为狼的一个亚种仍然存在很多争议。

表 1.1　犬的生物分类法

界	动物界
门	脊索动物门
纲	哺乳纲
目	食肉目
科	犬科
属	犬属
种	灰狼

关于家犬也有类似的争议。犬科动物最近的共同祖先也是争论的话题之一。有段时间，人们认为犬是狼、郊狼、胡狼，可能还有其他野生犬科动物祖先杂交繁育而来的[3]。20 世纪 40 年代，诺贝尔奖获得者、动物行为学家康拉德·洛伦茨认为某些犬种是亚洲胡狼的变种，而其他的种称之为"狼"的品种，是灰狼的直接后代[4]。但是，这种理论已经基本被废弃了。20 世纪 70 年代，犬、狼研究专家迈克尔·福克斯提出了"缺失环节"理论。他认为犬是现已灭绝的欧洲野犬的后代。然而，并没有发现任何跟这种野犬有关的化石。另一种理论认为，如今的家犬起源于一种类似于澳大利亚野犬（*Canis lupus dingo* 或 *Canis familiaris dingo*）的半野犬，还有新几内亚歌唱犬（*Canis familiaris hallstromi*）。

当前关于行为、形态学和分子生物学（遗传学）的证据表明，灰狼（*Canis lupus*）是家犬的近亲。尽管人们总说野狼是家犬的直接祖先，但是，从进化的条件来说不太可能。更准确地说，当前的狼和犬拥有共同的祖先，它们的祖先可能在外形和行为表现上很像狼。这种区分很重要，因为现如今的狼与犬进化时间相同。所以，现存的狼实际上是家犬的近亲。

总体上，相对来说比较新的遗传信息分析技术，为家犬的准确分类提供了更有说服力的证据。线粒体 DNA（mDNA）是一种遗传物质，由母亲通过卵子完整地遗传给后代，不会出现基因重组。线粒体 DNA 可以还原母系历史，也可以预估进化史。这些研究表明，虽然犬与狼在形态和行为上存在差异，但是从遗传学角度，家犬实际上与犬属其他动物是一样的。事实上，某些犬种之间的线粒体 DNA 差异比犬与狼之间的差异还要大。这一发现，再结合犬、狼、郊狼和胡狼之间可以杂交，强有力地证明了这些犬科动物之间的系统发育距离很近。

犬和狼有 39 对染色体（总计 78 个），胡狼和郊狼也是如此。由于犬和狼遗传相关性很高，有些观点认为家犬不应该被归类为一个新的物种，而应该作为狼的一个亚种（*Canis lupus familiaris*）[5]。与之相反，另一个物种的分类原则是根据不同的生态位进行划分。一些生物学家和生态学家，虽然接受犬和狼具有很近的亲缘关系，但他们坚持认为，因为犬、狼、郊狼、胡狼利用不同的生态位生存和繁衍，它们应该代表不同的物种[6]。

犬与狼亲缘关系较近的其他依据就是这两个物种之间存在许多生

理、遗传和行为上的相似性。社会性是犬和狼最主要的共同点。这两个物种均为社会性群居。但众所周知，胡狼独居并独自狩猎，而郊狼则是成对狩猎，最多3只一起。典型的狼群由亲缘关系较近的个体组成，它们每个个体都是独立的，自愿合作共同捕猎、抚养幼狼，其他食肉动物来袭时保护狼群。对于狼来说，这样才能在食物稀缺、主要食物来源往往是大型有蹄类动物（有蹄哺乳动物）的恶劣环境中生存下去。一只狼独自狩猎是不可能猎杀这么大的猎物的。作为个体，犬和狼都寻求与同物种（其他群体成员）的接触和互动，社交是它们日常生活的重要组成部分。它们的共性之一就是，这两个物种具有复杂的问候模式、玩耍和探索行为。

犬和狼的第二个共同点是交流方式。为了生存下去，犬和狼学会了与同类相互合作，并在自然选择作用下进化出了复杂的交流方式。狼的主要交流方式包括肢体语言、面部表情和声音。犬遗传了狼的部分交流方式，这些与灰狼的交流方式差异极小。犬的其他交流方式则在驯化的过程中发生了变化，但仍能发现一点点与狼的相似之处。狼和犬在攻击、支配、服从和恐惧时都会做出相同的姿势。尽管如此，触发这些反应需要的刺激水平、刺激强度和完整性在犬的驯化过程中发生了明显的改变。人类为了不同目的选育品种犬时，放大或者弱化了狼的很多生理结构和行为特性（详见第二章）。近期有研究对比了犬和社会化的狼，结果表明与狼相比，犬对人类社交信号的反应明显更好，如手势、指向、凝视等[7]。看起来人类驯化犬的一个重要方面就是让它们参与并学习这类社交活动（更多及更系统的讨论详见第七章）。

驯化过程

当人类可以大量饲养并繁育某种动物时，就会出现物种的驯化。通过几个世代的选育，动物种群的遗传性状与原始种群出现很大差异。尽管驯化后的动物种群与原始动物种群之间仍然可以交配并繁育出可存活的后代，但是驯化过程中确实会发生由遗传决定的形态和行为的变化。驯化与驯服具有明显的差异，驯服是使动物个体减少对人类的恐惧，被驯服的动物只是一只习惯了人类主人的野生动物。这类动物一般很容易恢复到野生状态，通常发生在性成熟以后。相反，驯化必须被视为是通过数代选育而影响一个物种的亚群的过程，此过程包含选育群体与野生群体之间的地理、繁育和行为隔离。

目前有两种理论试图阐述犬从狼祖先驯化而来的过程中为什么发生了形态和行为变化。第一种理论认为犬的形态来源于幼态延续的狼[8-9]。幼态延续是指幼龄期的形态和特征一直保持到性成熟后，这种现象是由于个体发育的起始、发育速度和发育结束发生改变造成的。这些变化可能影响动物的整体（如最终的体型），也可能仅影响特定的身体结构。幼态延续通常用来描述成年后仍保持婴儿的形态或者行为特征。但实际上幼态延续是多种幼体性成熟中的一种，指的是生长发育速度的下降。不管使用什么术语，幼态的动物就被提及的特征来说永远是未发育成熟的。家养动物的普遍性身体特征包括体型缩小、下颌大小及咬合力的变化、牙齿数量和大小的改变、前额突出、四肢缩短以及雄性的第二性征减少等幼态特征。

保留幼态时期的行为特征对于家犬来说同样重要。对于幼狼的调查表明，幼狼的许多行为在家犬驯化的过程中一直被保留到了成年。幼狼对于周围的环境非常好奇，随时准备探索和研究新动物或者新事物，它们没有成年狼才有的小心谨慎。只有达到一定的年纪之后，幼狼才会对陌生刺激感到恐惧。这种现象称为惧外恐惧症或恐新症，意味着害怕外来的或陌生的事物。对于生活在恶劣环境下的物种来说，恐新症可以让它们有更多生存下去的机会。但这种特性对家养动物来说是不可取的。驯化物种的一个重要特征就是具有适应新环境的能力。例如，一只害怕新环境、人和动物的成犬，是无法适应与人类一起工作和生活的。因此，选育对新刺激具有类似幼犬般信任的犬具有明显优势。此外，一旦进化中的犬生活在人类定居点附近，由于狼的天敌减少，保持恐新症的进化压力就会下降，更重要的是，不那么胆怯的动物会有更多得到食物的机会。

犬的第二个重要的幼态特征是存在强化并容易被激发的从属行为。幼狼天生就顺从于狼群中年长的成员，也更善于与其他物种进行社交。然而，随着幼狼长成为成年狼，从属行为就不那么容易被激发，一系列支配行为的发展对于成年狼融入狼群是必要和至关重要的。家犬同时具有支配和从属行为，但与狼的这些行为相比，成犬的从属行为有所强化。尽管不同犬种之间支配和从属行为差异很大，但总体来说，支配行为的表现已经被弱化。

第二种理论，则对幼态延续可以解释犬的所有形态和行为变化提出了质疑。"中形态重塑理论"提出家犬存在幼狼和成年狼都不具备

的特征 [10-12]。该理论认为，犬看起来更有可能是在青春期或变形期开始被人类饲养的，而非严格意义上的幼年期。中形态期指的是幼龄动物快速转变为成年动物的阶段。像犬这类哺乳动物，这一时期通常被称为青少年时期。动物个体发育阶段（如受精卵、胎儿、新生儿、婴儿、幼年和成年）可以看作是它们在当前阶段下为了适应环境而呈现出来的不同行为和形态。婴儿期的行为慢慢消退被青少年期的行为取代。在狼身上，中形态期存在某些幼狼的特点（随着时间推移逐渐减少）、某些成年狼的特点（随着时间推移逐渐增加），还有一些是只在中形态期出现的特点。

中形态期是一个非常有趣和重要的阶段，在这个阶段，行为的弹性和可塑性很强。该理论支持者认为，中形态期是可以进化出大量新的不同行为的时期，也是动物学习的敏感期。这一理论认为以下说法可以更好地解释犬的驯化过程，即狼在行为可塑性高的中形态期停滞或者中止发育后，被驯化成了犬。狼的幼年期相对来说较长，在这段时间会发生很多变化。理论上，在狼幼年期不同时间点发生的性状的自然选择和人工选育，可能是家犬体型大小、形态和行为差异变异极大的原因之一。中形态重塑理论相对来说较新，尽管还没有被行为学家们完全验证，但确实可能是家犬身体结构和行为出现很大差异的另一种解释。

最初：人类与犬的相遇

犬的驯化始于 12000~15000 年以前的中石器时代末期，这个时期人类从完全游牧的狩猎者逐渐转变为在半永久式定居生活。尽管这个时期关于家犬的考古信息（化石）非常少，但有证据表明在 12000~14000 年前，有犬或者原始犬生活在人类的定居点附近。到了新石器时代，农业成为人类的主要生存方式，犬被完全驯化，各种类型的工作犬也开始出现 [13]。

化石证据表明，犬在 15 世纪大航海时代之前已经同时出现在欧亚大陆和美洲大陆了。之前的一段时间内，这一事实结合形态学数据，似乎证明新世界犬和旧世界犬的驯养是独立的。然而，近期的一系列研究发现，犬的驯化只在欧亚大陆发生过，由旧世界的灰狼驯化而来 [14]。好像在 12000~14000 年前，当第一批人类穿越白令海峡到达新大陆时，他们带来了新驯养（或半驯养）的犬。随后，半驯养的犬、狼和郊狼偶尔会出现杂交，它们的部分后代成功地融入了野生种群 [15-17]。这种杂交是家犬体型和大小出现极大差异的一个影响因素。

通常，犬是由野狼驯化而来的，这一理论是基于以下假说。中石器时期的猎人与野狼共存且经常争夺同一种猎物。该理论指出，人类逐渐发现狼具有优秀的捕猎能力，并通过捕获、饲养、驯化幼狼，让其利用这种能力来帮助狩猎。一段时间后，人为选择天生更容易被驯服并可以训练的个体，同时，这个新的犬科动物群体与野生种群完全隔离，导致它们身体结构与行为发生了遗传学变化。随着时间的推移，人类开始意识到将这种食肉动物作为宿营地伙伴的其他优势，据说这促进了品种犬的人工选育和发展。

尽管这一假说被广泛传播和普及，但从动物进化的角度来说存在一些缺陷，近年来，也受到了动物学家们的质疑。鉴于目前对野狼行为的认知，史前人类有意地捕获、驯化并训练野狼狩猎，然后不断重复这一过程以控制圈养野狼的繁育方向，事实上并不存在。野狼是非常怕生且谨慎的动物，有着高度结构化和系统化的社会等级制度。即使幼狼从一出生就与人类饲养员接触，它们仍然会对陌生人保持警惕，并且非常抗拒人类的控制和训练 [18]。成年后，社会化的狼依然抗拒人类饲养员的控制，保留了对严格社会等级化制度的需求，这对于与它们有很多社交活动的人来说，是一种潜在的安全威胁。因此，像前文所述，生活在中石器时代以群居和狩猎为生的人类，花费时间和精力（更不用说要冒着生命危险）去强制圈养一只狼，这种假设是经不起推敲的。

另一种更为合理的理论认为，早期犬的驯化是自然选择的结果，最终促进了犬的自我进化 [6]。这一理论认为，人类在第四纪冰期末期开始在半永久性的村庄定居，这些定居点给狼提供了新的可以适应的生态环境。特别是这些新的村庄能够提供稳定的食物来源，如人类的剩余食物、变质食物以及人类排泄物等。此外，人类聚集地的边缘地带相对来说比较安全，减少了其他食肉动物的侵扰，具有成为新的筑巢地的可能。尽管关于狼的最常见的传说是把它们描述成优秀的捕猎者，但狼也是高度机会主义的食腐动物。它们能够以各种各样的杂食为生并大量繁殖。因此，作为一个高度机会主义的杂食物种，狼很好地适应了在这些新形成的"垃圾场"里寻找食物，这里有各种各样不同类型的食物。那个时期的人类很有可能容许或者只是无视了定居点周围狼的存在。这种关系称为共生关系——一种共生的形式，一个物种受益，另一个物种没有受到伤害，但也没有得到好处。

如前文所述，野狼是非常怕生、谨慎的动物，有着非常灵敏和发达的战斗逃跑系统。在这种自然选择的初期阶段，每当人类出现或者不熟悉的情况发生时，大多数狼都会有逃跑的倾向。在这种新环境下的自然选择，将倾向于更亲人、逃跑倾向更小的狼。自然选择的规则表明，不那么胆小的动物会有更多的进食机会，因为它们比胆小的动物停留的时间更长、逃走的次数更少。进食时间越长，存活和繁育的概率就越高。非胆怯行为的反复出现，逐渐增加了这个群体的规模。

因为人类村庄附近垃圾场中的食物往往质量差，能量密度也不如狼猎食的动物，所以自然选择也更倾向于那些体型小、牙齿小、咬合力不那么强的个体。此外，由于群体行为被半独立的拾荒行为所取代，关于社会等级制度和严格的群体秩序的选择压力也得到了缓解。随着原始犬越来越适应在人类存在的情况下进食和繁育，整个群体自然地被驯化，并进化出了一系列与野狼完全不同的行为模式。

如今，与这种驯化理论相对应的是，大约在14000年前新的环境生态位出现并被利用后，野狼和犬的进化树就分开了。野狼（*Canis lupus*）仍然是一种群居的捕猎动物，而犬特别进化出了在人类及其新的定居点附近生活的适应能力。因此，在各个方面，包括体型、身体结构和行为，家犬都应该被视为当今野狼的远房表亲，而不是"披着狗皮的狼"（第二部分对此有详细介绍）。

驯化发生的变化

当野狼适应了在人类附近生活后，它们的身体发生了许多明显而重要的变化。如前文所述，体型发生了明显的变化。与狼相比，犬的下颚更小，牙齿也更细小。即使最大的圣伯纳犬，牙齿和咬合力都没有成年狼大。大多数的犬种，下颌骨的形状比狼的更弯曲，面部与颅骨之间的角度更大，这导致了叫声的变化。下颌骨的其他改变还有长度的改变，导致了短头品种（口鼻缩短）和小头品种（口鼻细长）的出现。犬的耳朵、尾巴和毛发类型变得多样化。可卡犬和比格犬等犬种耳朵下垂，可能就是幼态延续的一个例子，很可能是人工选育的结果。尽管幼狼的耳朵经常是搭下来的，但所有成年狼的耳朵都是坚挺的（竖起来的）。相对来说，竖立的耳朵在很多犬种中都保留了下来，例如，德国牧羊犬、西伯利亚哈士奇犬等。

此外，大多数犬的整个体型都缩小了。一个极端案例就是玩赏犬品种，如蝴蝶犬、意大利灵缇犬。另一个极端案例，追求巨大体型导致了一些巨型犬的出现，如大丹犬和圣伯纳犬。

与野生祖先相比，大多数驯化后的犬种繁育能力更强、性成熟的时间更早[19]。母狼每年只发情一次，通常在春天。相反，母犬的发情不受季节影响，每年大概可以发情两次。公狼只能季节性地产生精子，相反公犬全年都可以繁育。犬很早就进入青春期，6~9月龄即可性成熟，而狼一般2岁以后才会出现性行为。

有趣的是，家犬的社会成熟较性成熟更晚出现，大概在18~24月龄。社会成熟体现在强大的社交纽带的形成、支配关系的出现、对敌人的主动防御（详见第七章）。如果一只犬具有支配天性，那么某些类型的攻击就有可能会发生。驯化似乎导致了性成熟和社会成熟在犬的发育过程中出现了时间差。尽管狼的性成熟和社会成熟大约同时出现（2岁），但犬的社会成熟是在性成熟之后出现的。这种差异在人们处理与家犬社会等级制度相关的行为问题时具有重要意义（详见第八至十章）。

幼犬和幼狼的身体及行为发育也存在重大差异。与犬相比，幼狼在出生后的前几周身体发育要快很多。有研究在对比幼狼与阿拉斯加雪橇犬幼犬的生长发育时发现了一些重要信息[20]。这两组幼狼和幼犬由同一只母狼抚养长大，并进行了人类社会化练习。研究发现，与阿拉斯加雪橇犬幼犬相比，幼狼的协调和运动能力发展得更快。例如，在3周龄时，幼狼就可以爬出16英寸（41厘米）高的分娩箱围栏。但在相同周龄，阿拉斯加雪橇犬幼犬连6英寸（15厘米）高的围栏都无法爬出。同时研究人员测试了6周龄时两组动物的运动能力。这时的幼狼，运动协调能力几乎与小型成犬相当。同样，相比之下，阿拉斯加雪橇犬幼犬仍然是步伐摇晃、动作不协调的幼崽状态。有趣的是，到10周龄时，这种差异就消失了。当重新测试运动能力时，幼狼和幼犬的表现非常相似。可能驯化导致幼犬对早期运动协调能力的选择压力有所降低，因为这种协调能力在受保护的环境中，该性状的生存价值并不高。

所有家犬都表现出不同程度的幼态延续或者幼龄期行为。呜呜叫就是一个很好的例子。呜呜叫在幼狼期很常见，但成年狼几乎不会发出这种叫声。相比之前，这种情况会延续到成年期，成犬仍然会发出呜呜的叫声，并且它们将这种语言模式作为与宠物主人沟通的主要方式。第二个例子是游戏行为。尽管狼成年后仍然存在游戏行为，但犬的游戏行为通常比狼更夸张更容易被激发（即低响应阈值）。幼年期的服从天性、被动服从与主动服从的行为，似乎是家犬在驯化过程中被加强的部分重要行为特征。

成年后仍然一直保持服从性，而性成熟和社会成熟后的支配意愿下降，犬的这些特性可以帮助它们更加贴近人类生活并且与宠物主人建立亲密关系。据推测，所有幼犬对母亲照顾的需求和对群体中成年动物的服从均属于幼年期特性[4]。对母亲照顾的需求表现为与宠物主人建立亲密关系的倾向加强，而加强对支配者的顺从性则便于后续的训导。

似乎幼犬社会成熟的初级阶段比狼的周期要长（详见第七章）。在犬科动物中，社会化阶段代表着社会纽带可以容易并且牢固建立的年龄阶段。在这一时期的最初几周，幼崽快速接触并探索很多新的刺激，例如，新环境、新气味和其他动物。尽管如此，在这一阶段的末期，幼崽开始发展为对新的经历感到恐惧（即恐新症）。对于狼来说，这种行为的适应意义在于，它有助于促进狼在生命初期与母狼、同窝幼狼及其他群内成员建立良好的适当的社会关系。然而，随着幼崽长大并且越来越灵活，可以到离巢穴更远的地方游荡时，这种对新事物的恐惧和保持更远的逃离距离就具有了明显的生存价值。

家犬主要在5~12周龄表现出初级社会化并开始建立社交纽带。事实证明，在这段时间里犬与宠物主人积极频繁地互动，将有助于后续依恋关系的建立和行为训练。相对而言，初级社会化阶段与人类不那么亲近的幼犬，将有更大的倾向会对人类冷漠甚至胆怯。如果在12~14周龄前幼犬与宠物主人没有互动，那么这将严重影响犬与宠物主人正常关系的建立。与幼犬相比，幼狼的初级社会化持续时间更短，恐惧印迹期表现也强烈得多。据推测，这种早期且强烈的恐惧印迹期，是导致狼即使在圈养情况下也无法与人建立牢固关系的根本原因[21]。尽管犬和狼的社会化起始时间看起来差不多在同一时期，但幼犬对新动物、新环境的恐惧反应出现较晚且表现得远没有幼狼那么强烈。

即使被人类圈养而且在社会化初期阶段（即社会依恋关系形成的初期阶段）与人共处很长时间，幼狼与人类建立的联系仍然很薄弱。尽管它们在7周龄前会被动接受人类饲养员的护理和互动，但是6~8周龄期间会表现出强烈的恐惧感。在整个发育过程中，如果幼狼可以同时接触人类饲养员或者另一只成年狼养母，相对于人类饲养员，它们会对本物种成员表现出更强烈的社会偏好。这与幼犬的行为发育形成了鲜明对比。前文引用的研究报告还发现，一旦阿拉斯加雪橇犬幼犬能够爬行，它们会很容易地在人类饲养员的帮助下离开养母[13]。此外，断奶时，相同年龄段的幼犬明显比幼狼更独立于养母。

特别有意思的是幼狼与幼犬的打招呼方式。幼狼会对群体中年长的成员表现出典型的强烈且溢于言表的"问候狂潮"。这种问候行为的特点是肢体语言和面部表情均表达出服从。幼狼总是对母亲、父亲和狼群中其他成员表达出这种问候方式。相反，幼犬与其他犬打招呼时的热情就低得多，它们把大部分的疯狂问候都留给了宠物主人。这是驯化如何将犬的主要社会依恋从同物种动物转移到其他物种也就是人类的另一个例子。

当幼狼体成熟后，它们开始表现出正常的好斗行为，如支配行为的出现和对群体其他成员的挑战行为。这些行为是为了在群体内部建立稳定的社会等级制度。在群居的肉食动物中，自然选择更倾向于淘汰具有明显的群体内好斗行为的个体。这有以下几个原因。首先，任何与群体内成员打架时使出的能量都可以保存下来，以便更好地用来在合作捕猎中获得食物。将大量时间放在内部争斗上的狼群在生存方面会处于明显的劣势。因此，选择压力直接更倾向于最小程度减少群体内耗的进化方向。其次，群居的肉食动物需要具有对其他动物造成严重创伤或者死亡的能力。群内斗争可能会造成创伤或死亡也会削弱群体防御能力。如果在斗争中被群内其他成员弄伤，受伤的狼将不能有效捕猎，还有可能因为流血和虚弱而引来其他捕猎者的围攻。因此，为了防止与争斗行为相关的问题，进化产生了一系列高度可预测的、程序化的支配和顺从行为以及群体秩序，该秩序明确了领导者的各自角色地位和从属动物的社会等级。以上这些可以帮助解决群体内的冲突或者其他类型的互动，同时避免了群内成员受伤。

尽管犬保留了许多诸如此类的肢体语言、面部表情和声音，但是驯化过程中的两个重要且对立的选择压力很明显地改变了狼的行为模式。在进化过程中，关于淘汰群内好斗天性的选择压力无意间下降了。之所以会出现这样的情况，是因为在自我驯化期间，进化中的犬不再作为大型的合作捕猎群体出现，而是像食腐动物一样半独居。这意味着关于整个群体存活的选择压力不存在了。另外，随着犬最终被完全驯化并融入人类社会，它们也不再需要与其他犬一起工作了。甚至后来，在世界上的某些区域，犬被选育用来防卫和保护宠物主人。这种选择压力增加了对攻击性的选择强度，且降低了激发好斗天性的刺激水平。

这些选择的结果导致犬与犬之间的攻击性增加。这种现象可以在现存的很多攻击性高的犬种中看到（详见第二章）。与之形成直接对比的是，第二种选择压力在驯化中发挥着作用。即对幼态行为的选择，包括天生顺从行为的进化、攻击性行为的减弱。这些选择的最终结果就是造就了天生比狼更顺从（支配行为更少）的犬。但是，当对其他犬（或人）表现出攻击行为时，其攻击行为更强并且可能更低的刺激就可以激发这种行为。

在驯化过程中发生的最后一个重要行为改变是正常捕食行为的改变。狼是一种肉食动物，它们团体协作可以猎杀比自己体型大得多的猎物。捕食的完整步骤包括发现、跟踪、追逐、捕捉、杀死、剖开和吞食猎物。犬的这种行为强度减弱了，并且在整个过程结束前就终止了（即在大部分犬种中猎物的捕杀和解剖环节缺失或者严重减少）。在所有的犬种中，由于犬已经进化为一种与人类共生的食腐动物，自然选择的压力下降，所以捕猎行为的强度也随之减弱。此外，当为了满足特殊工作需求而选育犬种时，捕猎步骤中的一部分环节会被强化，而另一部分环节则被弱化（详见第二章）。

结论

人类与犬科动物的联系始于10000多年前，导致了其形态、发育和行为均发生了变化。这些变化最终促使了犬科动物的诞生，也就是目前大家熟知的家犬。犬被驯化后，世界各地均开始了品种选育工作，极大的环境差异和各种各样的功能选育促进了不同犬种的出现。对犬选育史和不同品种发展的研究可以为我们提供关于当前一起生活的宠物的宝贵信息。

参考文献

[1] American Veterinary Medical Association. *U.S. Pet Ownership and Demographics Sourcebook*, AVMA, Schaumburg, Illinois. (2002)

[2] Wayne, R.K. **Phylogenetic relationships of canids to other carnivores**. In: *Miller's Anatomy of the Dog*, third edition (H.E. Evans, editor), W.B. Saunders Company, Philadelphia, Pennsylvania, pp. 15-21. (1993)

[3] Fiennes, R. and Fiennes, A. *The Natural History of Dogs*. The Natural History Press,

Garden City, New York. (1970)

[4] Lorenz, Konrad. *Man Meets Dog*, first printed in 1953. Kodansha International. (1994)

[5] Fox, M.W. *The Dog: Its Domestication and Behavior*. Garland STPM Press, New York. (1978)

[6] Coppinger, R.P. and Coppinger, L. *Dogs: A Startling New Understanding of Canine Origin, Behavior, and Evolution*. Scribner, New York, pp. 273-294. (2001)

[7] Miklosi, A., Kubinyi, E., Topal, J., et al. **A simple reason for a big difference: wolves do not look back at humans, but dogs do**. Current Biology, 13:763-766. (2003)

[8] Schenkel, R. **Submission: its features and functions in the wolf and dog**. American Zoologist, 7:319-330. (1967)

[9] Kretchmer, K.R. and Fox, M.W. **Effects of domestication on animal behaviour**. Veterinary Record, 96:102-108. (1975)

[10] Coppinger, R.P. and Schnieder, R. **Evolution of working dog behavior**. In: *The Domestic Dog: Its Evolution, Behavior and Interactions with People* (J.A. Serpell, editor), Cambridge University Press, Cambridge. (1995)

[11] Coppinger, R.P. and Smith, C.K. **A model for understanding the evolution of mammalian behavior**. In: *Current Mammalogy*, Volume 2 (H. Genoways, editor), pp. 33-74, Plenum Press, New York. (1989)

[12] Coppinger, R.P. and Feinstein, M. **Why dogs bark**. Smithsonian Magazine, January: 119-129. (1991)

[13] Davis, S.J. and Valls, F.R. **Evidence for domestication of the dog 12,000 years ago in the natufian of Israel**. Nature, 276:608-610. (1978)

[14] Leonard, J.A., Wayne, R.K, Wheeler, J., et al., **Ancient DNA evidence for Old World origin of New World dogs**. Science, 298:1613-1616. (2002)

[15] Lehman, N., Eisenhawer, A., Hansen, K., **Mech, L.D., Peterson, R.O., Gogan, P.J., and Wayne, R.K. Introgression of coyote mDNA into sympatric North American gray world populations**. Evolution, 45:104-109. (1991)

[16] Adams, J.R., Leonard, J.A., and Waits, L.P. **Widespread occurrence of a domestic dog mitochondrial DNA haplotype in southeastern US coyotes**. Molecular Ecology, 12:541-546. (2003)

[17] Tsuda, K., Kikkawa, Y., Yonekawa, H., and Tanabe, Y. **Extensive interbreeding occurred among multiple matriarchal ancestors during the domestication of dogs: evidence from inter-and intraspecies polymorphisms in the D-loop region of mitochondrial DNA between dogs and wolves**. Genes and Genetic Systems, 72:229-238. (1997)

[18] Klinghammer, E. and Goodmann, P. **Socialization and management of wolves in captivity**. In: *Man and Wolf* (H.F. Dordrecht, editor), Dr. W. Junk Publishers, The Hague, The Netherlands. (1987)

[19] Zeuner, F.E. *A History of Domesticated Animals*, Harper and Row, New York. (1963)

[20] Frank, H. and Frank, M.G. **On the effects of domestication on canine social development and behavior**. Applied Animal Ethology, 8:507-525. (1982)

[21] Fox, M.W. *Behaviour of Wolves, Dogs and Related Canids*. Harper and Row, New York. (1971)

第二章　品种选育：工作犬的诞生

随着人口数量的增加以及人类迁徙到世界各地，气候和栖息地的变化开始对我们的伴侣犬也是我们的工作伙伴提出了不同的要求。为了在不同环境下的人类定居点附近生存，在自然选择作用下进化出了各种各样的犬。在新石器时代第一阶段，这些自然犬种的进化几乎或者根本没有受到人类的干预。据估计，犬的人工选育开始于3000~5000年前。例如，在公元前2900年前后，埃及和西亚的画作及陶器上面就出现过类似于现代灵缇犬的画像。到了中世纪，为了特定工作技能而进行的犬种选育开始蓬勃发展起来。然而，犬大多数形态和功能的极端变化、密集育种以及纯种间的近亲繁殖都是在近200~300年才出现的。

自然选择和人工选育

目前关于犬驯化的研究表明，在驯化过程中犬的重要变化主要受自然选择的影响。新的可持续的食物来源（中石器时代村庄附近的人类垃圾场）导致狼的形态和行为逐渐改变。随着时间的推移，自然选择偏好于小体型、非群体行动、不那么胆怯的个体，这导致了"田园犬"的诞生，也就是如今家犬的祖先[1]。这些新的动物群体与人类共生了数千年，并成为了犬的祖先，最后被选择出来进行进一步的驯化和训练，再最终被选择性育种（人工选育）。以上情况的理论依据可以从目前关于世界各地田园犬的研究中找到。这些犬生活在人类附近，靠垃圾场或一些人提供的食物为生，但并不是传统西方观念中的家养宠物。东非彭巴岛的田园犬就是这种共生关系的一个例子。

犬的自我驯化与历史考古证据更加吻合，也比人类直接驯服并驯养狼的理论更为合理。相对于中石器时代的人已经能够（或愿意）捕捉、驯服并终生饲养一只野狼幼崽来说，从更小的、不那么胆怯的、更温顺的动物群体中挑选幼崽来与人类成功融合的可能性更高（详见第一章）。随着原始品种在不同环境和气候下的人类居住点附近定居下来，它们的行为和外表形态逐渐发生了变化。尽管人类的干预仍然极小，在寒冷的北方自然选择压力会倾向于皮毛较厚的大型动物，而在更干燥的环境中自然选择则倾向于毛发短而稀疏的小型动物。

选择性育种与上述自然选择的过程明显不同。选择性育种是指人类为了所需要的身体结构特征或行为特点而对犬进行有意的和有差别的繁育。实际上，就是对某些性状特征的正向选择同时忽略其他性状。这种繁育方式称为人工选育，起源于新石器时代，这个时期人类以农业为生并且生活更加稳定。这些新的农耕人群开始让犬发挥各种不同的功能。例如，獒犬是最初的战斗犬和护卫犬，因支配和防护天性而被选育。具有理想性状的雄性犬和雌性犬被挑选出来作为繁殖种群，而不满足性状需求的个体不进行繁育。随着时间的推移，进化出了一个具有高度统治能力（和攻击性）、对较低刺激水平就会做出反应的种群。相比之下，牧羊犬的功能是跟随（追逐）家畜，或者将它们赶入或者赶出圈舍。放牧行为是一种改良的捕食行为，具有强烈追逐天性的个体被选出并繁育成牧羊犬。但是那些在追逐后有扑咬行为的个体会被淘汰。经过许多世代的选育，能够快速追逐家畜、低捕猎天性、不会咬伤家畜的个体被保留了下来。

在讨论犬时，区分是新品种还是亚种很重要。当一部分动物群体与原始种群出现地理隔离，形态特征发生变化，这时就会逐渐进化出新的动物亚群，产生亚种。例如，澳洲野犬是家犬的一个亚种。澳洲野犬最初由人类带到澳大利亚，但是最终形成了完全野生（半野生）的种群。它们与其他家犬经过多个世代的地理隔离，现在被分类为家犬的亚种（*Canis familiaris dingo*）。新几内亚唱歌犬（*Canis familiaris hallstomi*）也有相似的进化史。相反，新的犬种是一群经过人工选育后具有同样可遗传表型的动物。尽管早期的分类学将家犬分为 5 个亚种，但该分类体系已被废除[2-4]。目前，公认所有的品种犬都是家犬的成员之一。有证据表明，区域差异和建立者效应导致了世界各地"自然犬种"的发展。这些犬种没有经历过大部分品种犬那样典型、频繁的人工育种，而是在特定人群周围的固定生态位内发展起来的。当前，在美国南部发现的卡罗来纳犬就是自然品种的一个案例。

工作犬与纯种犬

由于世界各地环境、气候、居住环境的差异，自然选择和人工选育同时作用促进了各种各样工作犬种的诞生。例如，为了保护家畜（通常是绵羊）不被野兽攻击而选育的牧羊犬，其地区品种包括意大利的玛瑞玛阿布鲁佐牧羊犬、葡萄牙的埃什特雷拉山地犬和卡斯托莱博瑞罗犬、匈牙利的可蒙犬和库瓦兹犬。由于工作能力是最主要的选择条件，牧羊人会淘汰不工作的犬，而继续饲养那些乐意工作的个体。在品种发展史中，这些地区品种大部分并没有经过人工选育，即关注特定的外观或血统。也就是说，很大可能这些犬不是特定选育的，而是牧羊人照顾和培育工作的犬，同时忽视或者淘汰不工作的犬。因为地理位置和工作气候差异，不同地区的犬出现了各种各样的体型大小和被毛类型。

现在，想到某个犬的品种就会习惯性地想到一群大小、体型、毛色类型和行为相对来说比较一致的犬。尽管目前已知的犬种大部分都是在历史上用于特定工作的犬，但是当工作犬被定义为某一品种时，出现了一个重要的变化，那就是"纯种"动物的概念被犬舍俱乐部和品种登记机构创造并规范了起来。"纯种"一词是 19 世纪富有的爱犬人士人为创造出来的。随着犬作为工作伙伴和伴侣动物越来越受欢迎，上层阶级和特权阶级的人开始比较他们各自犬的工作能力并相互竞争，比较动物的品质。这导致了人们对特殊性状的选择，也导致了该动物群与特定家族或庄园创始动物群体的生殖隔离。每个犬种初始的创始动物群，都是选择外形和工作能力一致，最终尽可能符合人为定义的理想条件，并被编入品种标准的动物群体。特定品种的创始动物数量以及群体内的变异程度都将影响该品种最终可用的基因库。根据定义，一旦品种登记结束，经过几代之后就会出现近亲繁殖。这种情况无法避免，因为纯种动物的规定是只使用最初的创始动物群体（即注册的纯种犬）的后代进行繁育。这种选择性繁殖的方法与牧羊人或猎人的选育方法存在很重要的差异，后者仅根据工作能力选育而不会对动物进行生殖隔离。前者降低了种群的遗传变异性（通常具有危害性），而后者维持或者增加了群体的遗传变异性以及开发新工作能力的可能性。简单来讲，纯种品种登记、创始动物群和血统的概念，限制了每个品种的基因库并且明显限制了品种内部的遗传变异（详见第五章）。

早期品种：罗马人与他们的犬

尽管考古学和象形文字的证据表明，3000~4000 年前就存在一些有特色的犬种（或品种类型），但古罗马人是第一个系统地养犬并记录了每种犬的功能的民族。公元前 5 世纪的文字记录描述了用于放牧、体育比赛、竞技场格斗、气味追踪和视觉狩猎的犬。有特权的富人经常饲养较小的"家养犬"，这可能代表了第一批真正的伴侣动物。已指明的早期犬种有 5 个，包括獒犬、狐狸犬、视觉猎犬（灵缇犬）、指示犬和牧羊犬。獒犬主要在中国西藏地区培育，后来被巴比伦人、亚述人、波斯人和希腊人用于战争。狐狸犬与当今人们熟知的北极犬很相似。视觉猎犬，类似于现在的灵缇犬，是公认最古老的工作犬种之一，起源于埃及，这一点可以从美索不达米亚陶器的绘图中找到依据。指示犬（波音达猎犬）似乎是由灵缇犬培育而来的，目的是狩猎小型动物，而大部分牧羊犬可能起源于欧洲的不同地区。

如前文所述，现存的大部分纯种犬都是从工作犬中选育出来的。明确这一遗传特性有助于深入了解犬的性格和行为。例如，尽管有些喜乐蒂牧羊犬与主人住在乡下的小房子里，并且也从未见过真实的羊，但它们仍然遗传了工作牧羊犬的典型特征。出于这个原因，它们可能喜欢追逐家里的猫，或在孩子们玩耍时跟着他们，希望让他们看起来像一个群体。

达尔文的影响

中世纪是西欧各种类型工作犬的爆发期，跨越了公元 13—15 世纪数百年的时间。这是封建主义和贵族制度的时代，对于贵族们来说，狩猎是权利和地位的象征，具有重要意义。不同犬种被培育出来狩猎不同的猎物，并据此命名。一些常见的品种包括猎鹿犬、猎狼犬、猎猪犬、猎水獭犬和寻血猎犬。尽管这一时期，人类的选择性繁育导致犬的品种和工作能力发生了很多变化，但是直到 19 世纪，达尔文发表了他的自然选择和物种进化论，早期的"繁育者"才对人工选育有了了解。后期随着对遗传学和遗传性征的进一步理解，人们提出了品系育种、杂交和纯种的概念（详见第五章）。如前文所述，在那之前，犬是根据工作能力来选育的，血统并不重要，也没有品种标准的要求。因此，每个犬种外形（和遗传潜力）的个体差异比我们如今常见的犬种大得多。更重要的是，基因库不会像纯种犬那样受创始种群的限制。

纯种犬的繁育，对之前存在于品种内的自然变异施加了人为的限制，导致目前纯种犬出现了许多遗传性疾病。

有组织的犬展出现

犬展比赛的出现和品种标准的发展，给犬的繁育计划和繁育目标增加了除工作能力以外的更多限制。1859 年，英国纽卡斯尔举行了第一场犬展，这次犬展只展出指示犬和赛特犬。1873 年，英国养犬协会成立，旨在使犬展和犬品种标准化。除了描述工作能力，养犬协会接受的品种标准要求在大小、颜色、体型和运动方面严格一致。之前只关注犬工作能力的繁育者和宠物主人，自此开始关注犬的物理性状如大小、被毛类型和颜色以及体型。他们开始在要繁殖的品系内部选育，试图增加某些特定性状的纯合性（详见第五章）。

这种有目的的甚至是武断的选择性育种带来了各种各样的变化。驯化过程中出现的体型变小和身体结构变化，在很多品种中被放大了。繁育者为了特殊的表型而选择突变的基因，可以看到被毛颜色、斑纹、毛发长度和手感的多样性增加了。有趣的是，狼的被毛颜色范围非常大，从几乎完全黑色到带有柠檬或奶油色斑纹的白色。家犬也有同样的颜色差异，同时，多了一些狼没有的其他颜色。例如，爱尔兰赛特犬的深红色、威玛猎犬的青灰色及爱尔兰水猎犬的巧克力棕色。有颜色的斑纹也是品种选育的直接结果。肯定没人会争辩说，大麦町犬的独特斑点和杜宾犬腿上的斑点是自然出现的。

关于早期选育史的研究表明，大多数品种都可以归类到早期的 7 个主要工作犬种中，例如，狐狸犬、獒犬、视觉猎犬、嗅觉猎犬、㹴犬、枪猎犬和放牧犬。此外，还有许多玩赏犬或小型犬，这些品种犬通常没有工作犬的血统，主要是作为伴侣动物培育的。

狐狸犬

有一段时间，狐狸犬被归类为犬的一个亚种（*Canis familairis palustris*）[1]。如今，它们被定义为一组犬种，而不是单独的亚种。尽管传统上认为狐狸犬与狼祖先的亲缘关系比其他犬种更近，但是近期的遗传和生物化学分析结果显示，这些犬种与狼的亲缘关系并不比其他犬的更近[4]。事实上，犬和狼之间的线粒体 DNA 差异比人类不同种族（这些种族都被归为同一个物种）之间的差异还要小。

考古学证据表明，狐狸犬分布在世界各地。它们与视觉猎犬一起，被看作是最古老犬种的代表。狐狸犬的品种特点是身体短、结实，有厚厚的双层被毛。它们最初是作为寒冷环境下的工作犬培育出来的，用于牵引雪橇或马车。这种类型的犬包括西伯利亚雪橇犬（哈士奇）、阿拉斯加雪橇犬和萨摩耶犬等雪橇犬。松狮犬和挪威猎鹿犬也是狐狸犬（图 2.1）。

图 2.1 狐狸犬

西伯利亚雪橇犬：西伯利亚雪橇犬（哈士奇）是一个区域变种，最早由西伯利亚楚科奇地区的因纽特人游牧民族使用。哈士奇需要拉雪橇、放牧驯鹿和守护家园。该品种被隔离在西伯利亚数百年，直到 20 世纪初毛皮贸易商将其带到了北美。传说中，西伯利亚哈士奇第一次成名是因为一支队伍穿越阿拉斯加将白喉抗毒素送到了诺姆镇居民的手中。哈士奇是一种耐寒的犬，厚厚的双层被毛使它们能够抵抗家乡恶劣的天气条件。像所有的雪橇犬一样，哈士奇力量很大，并且有很强的拉动雪橇的欲望。西伯利亚雪橇犬的一个独特的特点是，它们喜欢嚎叫而不是吠叫。

松狮犬：大约在 4000 年前蒙古人首次培育出了松狮犬，后来传入了中国。在不同的历史时期，松狮犬也被称为鞑靼族的犬、蛮族之犬和中国狐狸犬。在中国，该犬种主要被皇帝和统治阶级用作护卫犬和猎犬。此外，它们也是食物和皮毛的来源。大多数人认为松狮犬有着浓密的双层被毛和独特的"泰迪熊"外观。但是由于松狮犬最初被作为护卫犬培育，人们认为它们是反应机敏、具有支配欲望的犬，有领域攻击行为的倾向。与中国许多品种的犬一样，松狮犬也是有一定独立性的犬。

　　挪威猎鹿犬： 挪威猎鹿犬是北方狐狸犬的一个真实案例。它们是挪威维京人遗留下来的。在挪威发现了与当今挪威猎鹿犬非常相似的古化石遗迹。然而，很有可能这些化石是维京人用来狩猎的犬，但是这些犬并没有经过严格的人工选育。猎鹿犬最初被用来猎捕很多类型的猎物，例如，兔子、熊和麋鹿。后来，它们被维京海盗带到了船上。猎鹿犬同样也被用来作为护卫犬和放牧犬。它们体积小、结实、敏捷，体型中等，有狐狸犬厚的双层被毛特征。猎鹿犬是一个性格相当独立的犬种，作为猎犬和护卫犬，以性格坚毅而闻名。

獒犬

　　獒犬是真正的创始品种之一，它是很多品种犬的祖先。这种类型的犬包括很多最大和最重的犬种。其中，很多品种最初培育出来作为战斗犬、护卫犬或者捕捉大型猎物的猎犬。早在公元前 3000 年，埃及的历史遗迹上就已经出现了獒犬的图像。随后罗马人培育出了与这些犬极其相似的斗犬和战斗犬。众所周知，凯撒大帝带领军队入侵大不列颠时，军队中有獒犬，但是抵达后发现当地也有自己的獒犬品种。据推测，腓尼基商人、入侵的盎格鲁人和撒克逊人最初将獒犬引入了该地区。除了用于战争，獒犬还被用来斗犬和斗牛。19 世纪，这些活动被禁止了，导致獒犬在大不列颠及其他区域的受欢迎程度下降了。由早期獒犬演变而来的现代犬种有獒犬、圣伯纳犬和拳师犬（图 2.2）。

图 2.2　獒犬

　　獒犬：形容獒犬最好的形容词是"巨大的"。獒犬骨骼重，站立时肩高大约为 30 英寸（76 厘米）或更高，头又宽又大，口鼻较短。在第二次世界大战期间，该犬种的数量减少了，某些培育犬舍也消失了。但是在美国的精心培育下，该品种重新建立起来并越来越受欢迎。尽管獒犬通常是性情温和的，但它们仍然保留了警戒和防护的能力。它们需要充足的空间，但可以成为忠诚温和的家养宠物。

　　圣伯纳犬：首次已知的圣伯纳犬的祖先是亚洲重型马鲁索斯犬，马鲁索斯犬常见于公元 3 世纪的罗马军队中。将这种犬与比利牛斯山犬（又称大白熊）和藏獒杂交得到的后代犬，既能护卫又能放牧。圣伯纳犬曾经被命名为阿尔卑斯獒犬、巴利犬或圣犬。18 世纪，圣伯纳犬首次被用于救援，并因圣伯纳修道院而得名。修道院的僧侣们饲养圣伯纳犬，为穿越瑞士和意大利之间危险的阿尔卑斯山口的旅行者提供向导和救援。历史记载的最有名的圣伯纳犬是一只名叫巴里的犬，传说中它拯救了 40 多条生命。

　　拳师犬：如果说圣伯纳犬是獒犬的瑞士变种，那么拳师犬就是獒犬的德国变种。这种犬的原始祖先是两种德国獒犬：巴塞尔獒犬（Bullenbeiszer）和体型更小的巴塞尔獒犬（Barenbeiszer）。这两种犬最初都是用来斗牛和狩猎的。19 世纪中期，人们将巴塞尔獒犬与斗牛犬杂交，培育出了拳师犬，这也是拳师犬出现短头型的原因。拳师犬是一种友爱的家养犬，但是也保留了獒犬的护卫本能。该品种比大部分獒犬体型略小，但仍以敏捷和力量而闻名。

视觉猎犬

　　猎犬分为两个不同的类型：视觉猎犬（即凝视猎犬）和嗅觉猎犬。猎犬是人类最早用来狩猎的犬种，可以弥补人类在追逐猎物时速度和耐力上的不足。所有猎犬都是被培育用于猎捕没有羽毛的猎物，它们要么是通过观察并追捕猎物（视觉猎犬），要么是通过地面上的气味追踪猎物（嗅觉猎犬）。

　　古埃及人和苏美尔人需要能够在辽阔的草原上快速奔跑捕捉猎物的犬。这种习俗是视觉猎犬早期发展起来的原因。视觉猎犬又高又纤细，身体结构适合高速奔跑。这种犬被培育来通过视觉而不是嗅觉追捕猎物，当猎人跟在后面时，它们会追上并捕杀猎物。这些犬腿长、胸部很深、身体修长。现代视觉猎犬有灵缇、萨卢基猎犬、阿富汗猎犬和惠比特犬（图 2.3）。

图 2.3 视觉猎犬

灵缇： 灵缇是许多现代猎犬的创始种群。灵缇起源于中东，是为了捕猎兔子和野兔（比兔子大）这类小型猎物而繁育的犬种。埃及有一些看起来像灵缇的绘图，可追溯到公元前 2900 年的墓穴。腓尼基商贸船将灵缇带到了欧洲。因其美丽的外观和狩猎能力，该犬种很快受到了贵族的欢迎。到了 16 世纪，西班牙探险家首次将灵缇带到了美洲。20 世纪初，灵缇竞速比赛作为一项赌博运动被推广起来。可惜随着这项运动蓬勃发展，很多问题也随之出现，如过度繁育、残忍对待以及大量无人接受的不符合比赛条件的犬。尽管灵缇是一种追踪狩猎的品种犬，也因此有着强烈的追逐本能，但是它们性格温和可爱，可以成为很好的宠物。如今，很多非营利组织从竞速产业中拯救了大量被遗弃的灵缇，并帮它们找到了好的领养家庭。然而，过度繁育的犬的数量仍然多于可被领养的数量，竞速产业每年仍然会造成数以千计的灵缇夭折。

萨卢基猎犬： 与其他视觉猎犬相似，萨卢基猎犬也起源于中东。该品种可以追溯到古苏美尔人时期，是以古代阿拉伯城市萨卢基命名的。它也被称为瞪羚猎犬、阿拉伯猎犬或波斯猎犬，看起来与阿富汗猎犬遗传关系很近。萨卢基猎犬被各种游牧部落饲养，因此，很快从里海扩散到撒哈拉沙漠。由于这个品种奔跑速度快，萨卢基猎犬被用来猎杀羚羊、狐狸、野兔和胡狼。如今，萨卢基猎犬有2个变种：有羽状饰毛的和平顺被毛的。有羽状饰毛的犬在小腿和大腿后侧长有少量的羽状饰毛。萨卢基猎犬具有所有视觉猎犬的形态特征：腿长以及很深的胸部。

阿富汗猎犬：阿富汗猎犬是最优雅的视觉猎犬品种之一。又名喀布尔犬，4000年前的阿富汗绘图上就有类似这个犬种的图案。该品种起源于中东，并沿着去往阿富汗的商贸之路扩散。它们被用来狩猎大型猎物，如羚羊、瞪羚、狼和雪豹。如今，众所周知，阿富汗猎犬是性格相当独立的犬种，作为视觉猎犬其主要特色是拥有长而丝滑的被毛。长被毛可以保护它们不受阿富汗山区严寒的侵袭。

惠比特犬：惠比特犬是维多利亚时代在英国东北部由小型赛犬灵缇与当地的狸犬杂交培育而来的。它们被用来进行"标志竞速"比赛，在比赛中，这种小型犬需要与手里挥舞着一块布料的主人赛跑。惠比特犬是体型最小的视觉猎犬之一，同时也是速度最快的猎犬之一。事实证明，短距离竞速时其速度可以超越灵缇。惠比特犬是一种优秀的家养宠物，以温柔、友爱和敏感的天性著称。尽管站立时肩高只有18~20英寸（46~51厘米），但是惠比特犬仍然具有视觉猎犬的典型特点，如长腿和胸部很深。

嗅觉猎犬

除了培育出了视觉猎犬，埃及人和古苏美尔人还培育出了一群可以通过高超的嗅觉定位和追踪猎物的犬，这些犬种统称为嗅觉猎犬。在中世纪，这些品种被欧洲的地主和乡绅进一步改良。尽管有些犬种的选育是为了捕杀猎物，但另外一些品种是用来将猎物逼入角落，然后大声吠叫，或者低声吠叫来提醒捕猎者。耐力和敏锐的嗅觉是这些犬的重要特质。与视觉猎犬相比，嗅觉猎犬追踪猎物的速度要慢得多，因此它们既需要有灵敏的嗅觉，又要有匹配耐力的体格。

从身体结构上来看，嗅觉猎犬的特点是身躯健壮、腿部结实、骨骼粗重、长头垂耳。这类犬包括寻血猎犬、巴塞特猎犬、比格犬和猎水獭犬（图2.4）。

图 2.4　嗅觉猎犬

寻血猎犬：寻血猎犬被公认为是最古老的嗅觉猎犬犬种。它的起源可以追溯到 8 世纪的比利时。当时，寻血猎犬被称为圣休伯特猎犬，是法国国王的最爱。到了 12 世纪，该品种作为猎犬很受欢迎，修道院也经常修建犬舍进行犬的繁育。寻血猎犬的嗅觉能力是所有嗅觉猎犬中最敏锐的，如今该犬种常被用作搜救犬。该品种也是嗅觉猎犬中体型最大的猎犬，但仍以温和深情的气质闻名。

巴塞特猎犬：巴塞特猎犬在嗅觉猎犬中培育时间相对较晚。它是 16 世纪末在法国被培育出来的，作为猎人徒步打猎时的狩猎伙伴。它的名字来自法语单词"bas"，意思是"矮"，当然是描述巴塞特猎犬身体长、腿短。巴塞特猎犬身材矮小、体格结实，这对力量和耐力来说很重要。与所有的嗅觉猎犬一样，巴塞特猎犬在追踪气味时很坚持，但大体上也是天性温和的犬。该品种也以前面所提到的独特、低矮和叫声而闻名，每当侦查出目标气味并追踪时它们就会发出"铃声"般的叫声。

比格犬：比格犬是嗅觉猎犬中体型最小的。比格犬作为"口袋猎犬"被培育出来（体型小可放入口袋）。尽管确切的起源尚不清楚，但是古埃及人使用过类似于比格犬的犬与其他犬一起群猎。在 11 世纪中期，比格犬被带到了英国，成为了英国地主、贵族中受欢迎的猎犬。与所有嗅觉猎犬一样，比格犬有着强烈的追踪欲望，且在追踪时会出现"选择性失聪"。因天性温和、体型较小，比格犬可以成为优秀的家养宠物。

猎水獭犬： 顾名思义，猎水獭犬是为了捕猎水獭而培育出来的品种。这是一种独特的猎犬，有记录显示猎水獭犬是大型猎犬与不同类型的㹴犬杂交得到的有着蓬乱粗硬被毛的犬种。猎水獭犬以其在陆上和水中捕猎的坚毅性格而闻名，脚上有蹼使其能够在水中游泳。近年来，它们在欧洲已经不那么流行，但在美国越来越受欢迎。猎水獭犬是一个忠诚而深情的犬种，它们也可以成为真正的护卫犬。

㹴犬

㹴（*terrier*）来源于拉丁文词语"*terra*"，意思是"土地"。这贴切地描述了这种犬的工作性质。这种犬最初被用来挖掘地穴（称为"入地"），猎取栖息在地面下的獾、狐狸和各种各样的啮齿动物。㹴犬分为两种类型：长腿㹴和短腿㹴。短腿㹴被用来在几乎没有空隙的岩石洞穴中工作。它们的身体结构允许它们在挖掘时将泥土推到一边。许多犬身体修长，方便进入地穴。长腿㹴是用来捕猎体型更大的猎物，如土拨鼠和獾。它们通常身宽狭窄、双腿笔直，在工作时将土刨到后腿之间。

㹴犬代表了大部分近期培育的犬种。㹴犬主要起源于英国，并且只经过了几百年的人工选育历史。迷你雪纳瑞犬和腊肠犬起源于德国，是仅有的两个在英国之外培育的㹴犬（尽管美国养犬协会将腊肠犬归类为猎犬，但是它们最初的功能是㹴犬）。

所有㹴犬都是为了狩猎栖息在地面下的猎物。其中一些犬会对着猎物吠叫或"扰乱"猎物，直到猎人将猎物掘出，而另一些犬会在发现猎物时直接将其杀死。人们饲养小型㹴犬是为了捕杀被认为是害虫的动物，如大鼠和小鼠。这类犬包括曼彻斯特㹴、凯安㹴、边境㹴和诺福克㹴。较大的㹴，如猎狐㹴、万能㹴和贝德林顿㹴，被用于捕猎大型的通常栖息于地面上的动物。所有的㹴犬都以其坚韧和疼痛耐受性高而闻名——这也是它们工作所必需的特质。大部分㹴犬都有坚硬、粗糙的被毛，这非常适合它们在灌木丛中工作或挖掘地穴（图 2.5）。

图 2.5 㹴犬

万能㹴：万能㹴是㹴犬中体型最大、培育最晚的品种。该犬种大约 100 年前起源于英国约克夏郡，由一种叫黑褐赛特犬的与猎水獭犬杂交培育而来。众所周知，黑褐赛特犬同时也是爱尔兰㹴、猎狐㹴和威尔士㹴的祖先。万能㹴最初用来猎捕狐狸、獾、鼬和其他小型动物。在第一次世界大战期间，万能㹴被作为哨兵和信使征集入伍，在那之后又曾被短暂地用作警犬。

猎水獭犬的血统使得万能㹴拥有非同一般的游泳技能，同时也赋予了它们优秀的嗅觉能力。威尔士㹴是万能㹴的一个小体型变种，体型、被毛斑纹与万能㹴一样，但是体型更小。

边境㹴：边境㹴身材矮小、体格结实，是人们培育出来的可以到地穴里追踪小猎物的犬种。其他体型相似的㹴犬还有凯安㹴、诺维茨㹴、西高地白㹴和苏格兰㹴。边境㹴因其起源地而得名：苏格兰与英格兰之间的崎岖偏远的乡村。边境㹴最初是用来猎狐的，但是在历史上它们曾经捕猎过各种各样的小动物。边境㹴以其深情、脾气好而闻名，与其他㹴犬相比，边境㹴更容易接受别的犬。如今，作为家庭宠物，边境㹴在美国很受欢迎。

斗牛㹴及相关品种：在 18 世纪，英国的斗牛犬与各种㹴犬杂交得到了用于袭击公牛和斗犬比赛的斗犬。19 世纪中期，斗牛㹴经过改良，通体白色的犬开始流行，直到 20 世纪初，斗牛㹴都是全身白色的。

然而，到了 20 世纪 20 年代，繁育者发现耳聋与白色被毛有关系，所以有色被毛又重新被引入这个品种中。目前，在美国的宠物展上，尽管彩色和白色的斗牛㹴被认为是同一品种，但是它们被分开展出。因为最初是作为斗犬培育的，斗牛㹴对其他犬有好斗倾向。然而，如果饲养得当，这些㹴犬在适合的家庭可以成为很好的宠物。

斗牛㹴与两个跟它长相非常相似的犬种有关：斯塔福德斗牛㹴和美国斯塔福德㹴。与斗牛㹴相似，斯塔福德斗牛㹴是为了斗牛或者斗熊而培育出来的，但它比斗牛㹴体型更小，腿更短。19 世纪中期，斯塔福德斗牛㹴横跨大西洋到了美洲。在美国，繁育者培育出了体型稍大、骨骼更重的斯塔福德斗牛㹴变种。1972 年，这个新品种被认定为美国斯塔福德㹴。近年来，其杂交后代被美国养犬俱乐部注册为美国比特斗牛犬。

枪猎犬

随着枪支的出现，犬不再需要追踪气味、追逐和重伤猎物。相反，猎人需要犬能够找到猎物、指示猎物位置并根据命令赶起猎物，以便猎人能够射杀它们。随着枪支射程的改进，能够到遥远距离外找到并取回猎物的犬也被培育了出来。因此，枪支的改进也伴随着犬种选育的复兴，因为需要新的犬种来填补这一工作领域的空白，于是出现了各种类型的枪猎犬，其中包括指示犬和赛特犬、西班牙猎犬和寻回犬（图 2.6）。

图 2.6　枪猎犬

指示犬和赛特犬： 这类犬被选育出来在外出打猎时走在猎人（经常坐在马背上）的前面，定位和指示猎物。指示犬通过静止不动和凝视猎物的方向来暗示猎物的位置，有时会抬起前腿做出"指示"的动作。相反，赛特犬通过蹲在地上（即坐）来指示猎物的出现。

指示犬或指示类型的犬是公认的最古老的枪猎犬，它们是17世纪由英国贵族阶级培育出来的。早期的指示犬成对工作，用它们经典的指示姿势寻找并指示猎物。最初，这些犬与灵缇一起狩猎。指示犬定位猎物，保持指示动作，然后灵缇冲过去赶起并追逐猎物。最初的指示犬是西班牙指示犬，它们是动作相当缓慢、像猎犬一样的犬。为了提高速度，繁育者将该品种与灵缇进行了杂交，为了提高嗅觉能力，又将其与英国猎狐犬进行了杂交，最终出现了英国指示犬，它们体型中等大小，追踪并定位猎物，但通常不需要巡回。在德国出现了另一个指示犬的变种，即德国短毛指示犬。这种犬是由德国猎犬与西班牙指示犬杂交而来的德国刚毛指示犬体型与英国指示犬非常相似，但体重稍重，被毛更硬、更长。

赛特犬的品种发展史可以追溯到17世纪培育出来的英国赛特犬。赛特犬同时通过嗅觉和视觉来定位猎物，然后蹲着或坐着给猎人暗示。通常，犬会等到猎人靠近然后按照指令保持不动或赶起猎物。当赛特犬首次被培育出来后，经常与各种各样的西班牙猎犬杂交。因此，早期的赛特犬变种和猎犬变种外观上看起来很相似。如今人们熟知的英国赛特犬是由爱德华·拉维克公爵成功培育，有一段时期被称为拉维克赛特犬。另外两个流行的赛特犬是戈登赛特犬和爱尔兰赛特犬。戈登赛特犬最初被称为黑褐赛特犬，是赛特犬中体型最大、最强壮的品种，由苏格兰的哥顿公爵培育。爱尔兰赛特犬可能在19世纪的爱尔兰和英国都有繁殖。该品种初始时拥有红白色被毛，是一种受欢迎的通用猎犬。所有的赛特犬都因其性格活泼和友好而闻名。因为当前培育的赛特犬比最初为了打猎而培育的犬大得多，所以它们需要大量的运动和足够的生活空间。

西班牙猎犬： 西班牙猎犬是通用型猎犬。它们被培育用于发现和指示猎物、根据命令赶起猎物、在某些情况下猎物中枪后寻回猎物。刚开始培育时，西班牙猎犬分为两类：水猎犬和陆地猎犬。例如，英国可卡犬、美国可卡犬、英国史宾格猎犬和布列塔尼犬。

英国可卡犬的名字来源于一种叫作山鹬的鸟，这种鸟类猎物在威尔士和英国南部非常流行。该犬种于 19 世纪 80 年代被引入美国，很快在美国作为家庭宠物大受欢迎。美国的育种者慢慢地改变了该犬种，缩小了它们的体型，选育被毛更长、更浓密的个体。最终，它们被认定为一个新的品种，美国可卡犬。如今，美国可卡犬成为了美国最受欢迎的伴侣动物之一。

英国史宾格猎犬是体型较大的西班牙猎犬之一。在早期，这种犬被称为诺福克猎犬，因为诺福克公爵是该犬种的首批繁育者之一。英国史宾格猎犬可寻找、追踪猎物，然后冲进其躲藏地"惊飞"猎物。它们经常与猎鹰一起捕猎。

布列塔尼犬是在法国培育出来的西班牙猎犬品种。其外观和工作能力都与赛特犬有点相似。该犬种天生具有指示能力，同时也是一种优秀的寻回犬。由于体型相对较小、性格友好，布列塔尼犬在美国越来越受欢迎。

寻回犬：寻回犬是第三种枪猎犬。这些犬是为了寻找并带回被射击的猎物而培育出来的。其中许多品种被用作水猎犬来寻回鸭子和鹅。目前的寻回犬有金毛寻回犬和拉布拉多寻回犬、平毛寻回犬和切萨皮克湾寻回犬。金毛寻回犬是当下美国最受欢迎的犬种之一。该犬种起源于苏格兰，是崔德默爵士在自己的庄园里繁育出来的。因为他的庄园坐落于特威德河畔，这种与众不同的金色猎犬最初被称为特威德水猎犬。与平毛寻回犬还有爱尔兰赛特犬杂交后，该犬种的体型变大了，同时被毛更长了。到了 19 世纪末期，该犬种被称为黄金猎犬或金毛寻回犬，作为猎犬类伴侣动物，在英国和美国受到了极大的欢迎。因其天性温和、可训练性强和喜欢做游戏，该犬种是非常棒的家庭宠物。

尽管名字如此，但是拉布拉多寻回犬起源于纽芬兰，而不是拉布拉多地区。在纽芬兰，这些犬跳进冰冷的水中，协助渔民取回渔网。19 世纪纽芬兰的一位渔民带着他的犬们来到了英国。该犬种很快成为了流行的枪猎犬，并被用来与其他寻回犬进行杂交。拉布拉多寻回犬有 3 种颜色：黑色、黄色和巧克力色。该犬种因其作为枪猎犬的耐力和运动能力以及温柔平和的天性而闻名。像金毛寻回犬一样，拉布拉多寻回犬作为伴侣和家庭宠物非常受欢迎。

另外，还有 3 种寻回犬：平毛寻回犬、切萨皮克湾寻回犬和卷毛寻回犬。平毛寻回犬是一种通体黑色长毛的犬。切萨皮克湾寻回犬于

19 世纪早期起源于美国，被公认为是最强壮的寻回犬之一。卷毛寻回犬可能是最稀有的寻回犬品种。该犬种被毛呈黑色或棕色，紧密卷曲，工作耐力强，非常与众不同。

放牧犬

在中石器时代晚期，当犬首次与人类接触时，人类正从半游牧的生活方式转向更加农业化的生活方式。伴随着这些变化，人类开始尝试饲养家畜。第一批被驯化的动物是山羊和绵羊，紧接着是牛。随着家畜的出现，犬的工作职能划分为两个：一类犬被培育用来控制畜群，将家畜从一个地方赶到另一个地方；另一类犬被培育用来守卫和保护家畜。这两种类型的犬最初都在相同的环境下工作（草原），并对相同的刺激做出反应（家畜）。然而，放牧犬的职责是协助主人将家畜从一个地方赶到另一个地方，而护卫家畜的犬生活在家畜中间，警惕其他捕食者。近年来，培育出来的特殊放牧犬种在外观、体型和工作方式上发生了很大变化。边境牧羊犬以其敏捷性和与羊直接用眼神交流的能力而闻名。相比之下，柯基犬是作为牧牛犬被培育出来的，通过啃咬动物的足跟驱赶动物（常用术语为"heelers"）。几乎每个国家都有属于自己的放牧犬种。苏格兰有柯利牧羊犬，匈牙利有匈牙利长毛牧羊犬，威尔士有柯基犬。目前，美国公认的放牧犬种有德国牧羊犬、苏格兰牧羊犬和威尔士柯基犬（图 2.7）。

图 2.7　放牧犬

德国牧羊犬：也被称为阿尔萨斯犬，由 3 种不同类型的牧羊犬培育而来。在 19 世纪，德国牧羊犬是在使用的牧羊犬中最受欢迎的品种。但是在 19 世纪末，德国绵羊牧场急剧减少，该品种濒临灭绝。1899 年，马克思·冯·施特芬尼茨骑士在德国奥格斯堡创立了该品种的繁育俱乐部，旨在保持该品种工作性能的稳定遗传并开发其新的用途。德国牧羊犬曾在第一次世界大战期间作为护卫犬和警犬使用。战后，军人将该品种带到了英国和美国，并在那里快速流行了起来。德国牧羊犬是最早用于导盲犬的品种之一，并且它们已经被广泛应用在公安系统中。尽管它们仍然保持着放牧家畜的能力，但是已经不再专门用于这个功能。

苏格兰牧羊犬：苏格兰牧羊犬（柯利牧羊犬）作为放牧犬在苏格兰和英国有着悠久的历史。有证据显示，早在 13 世纪末，就有被用来与羊一起工作的类似牧羊犬的动物。"柯利"这个名字的缘由可能有两个。它可能是"collis"一词的衍生词，意思是苏格兰高地，另外当地有一种叫柯利的黑山羊，柯利牧羊犬曾经被用来放牧这种黑山羊，因此取名为柯利牧羊犬。19 世纪中期，维多利亚女王对苏格兰牧羊犬产生了兴趣，并将其引入了温莎的皇家犬舍，这大大增加了它们的受欢迎程度，到了 19 世纪末，苏格兰牧羊犬在英国和美国都很常见。如今苏格兰牧羊犬作为家庭宠物仍然很受欢迎，偶尔也会被当作工作犬。

威尔士柯基犬（彭布罗克和卡迪根）：这两种威尔士柯基犬是以威尔士语单词"Corrci"命名的，意为娇小的犬。彭布罗克威尔士柯基犬是无尾的，在这两种犬中相对来说更受欢迎。它的血统最早可以追溯到 11 世纪。卡迪根威尔士柯基犬（有尾巴的）在某种程度上体型更长、骨骼更重。两种柯基犬都是作为牧牛犬被培育出来的。矮小的身材和敏捷的动作使得它们可以在牛腿之间穿梭并追着牛的脚跟咬。

护卫家畜犬

护卫家畜犬进化为家畜的守护者，保护绵羊免受天敌的攻击。它们既不追逐也不放牧。这些犬高度专注、值得信赖并且有保护天性。它们必须体型足够大，通常能够在极端条件下生存下来并能够对猎食者构成威慑，如可蒙犬、库瓦兹犬和比利牛斯山犬（图 2.8）。

图 2.8　护卫犬

可蒙犬和库瓦兹犬：这两种犬外表看起来很相似，并且都是起源于匈牙利。可蒙犬是一种相对古老的护卫犬，可以追溯到公元 9 世纪左右。灯芯绒被毛让它们看起来非常的与众不同。如果不梳毛的话，这种被毛就会纠缠成一团或者"打结"。这种被毛能够抵挡恶劣的天气条件以及捕食者的攻击。库瓦兹一词源自土耳其语，意为"贵族们的卫士"。该犬种起源于中国西藏，后在土耳其被改良。近年来，可蒙犬和库瓦兹犬作为牛群护卫犬在美国中西部越来越受欢迎[5]。

比利牛斯山犬（又称大白熊）：比利牛斯山犬是体型非常大、非常健壮的犬种，该犬种最初是为了保护比利牛斯山的绵羊免受狼和熊的攻击而培育出来的。它们是獒犬的变种，在 15 世纪作为护卫犬很受欢迎。有趣的是，20 世纪的选择性育种导致比利牛斯山犬的保护天性下降，该犬种目前以天性非常温和、深情而闻名。在美国的部分区域以及世界其他地区，该犬种仍然被用作护卫犬。

玩赏犬

严格意义上来说，这些玩赏犬可能是人类第一批作为伴侣动物饲养的动物。为了能够作为宠物饲养，人类选育时将一些大型犬的体型缩小了，玩赏犬中部分犬种就是这种类型犬的代表，但是其他犬最初就是从体型较小的品种进化而来的。关于"矮犬"的记录可以追溯到早期驯化阶段。现代玩赏犬品种包括吉娃娃、博美犬和马耳他犬（图2.9）。

图 2.9   玩赏犬

吉娃娃：吉娃娃站立时肩高只有 7~10 英寸（18~25 厘米），是犬育种史中体型最小的品种。该犬种的起源尚不明确。早在 9 世纪，墨西哥的托尔特克人就饲养了一种体型非常小、长毛的犬，称为提奇奇。有人认为吉娃娃是提奇奇与亚洲的一种小体型、无毛的犬杂交培育出来的。目前，短被毛的吉娃娃比长被毛的变种更常见，吉娃娃作为宠物犬在美国很受欢迎。

博美犬：博美犬几乎可以肯定是斯皮茨犬种，如荷兰狮毛犬、挪威猎鹿犬和萨摩耶犬的缩小版品种。该犬种最初体型较大，被毛是白色的。在博美拉尼亚地区（靠近波兰和德国的边境）人们曾经将其用作牧羊犬。在 19 世纪中期，维多利亚女王对该犬种产生了兴趣，并主动地促进了该犬种在英国的流行。日益流行导致了博美犬的小型化以及对于其他被毛颜色犬的选育。

马耳他犬：马耳他犬是公认的最古老的犬种之一。在公元前 13 世纪埃及的陵墓中，就有类似马耳他犬的古老雕塑。公元前 1 世纪，马耳他犬随着罗马军团首次抵达大不列颠。该犬种是体型最小的玩赏犬品种之一，以其长而光滑的白色被毛而闻名。那些有兴趣养一只马耳他犬作为宠物的人，很快就会知道，马耳他犬的长被毛需要大量的梳毛和护理工作。

犬种登记机构

据统计，目前全世界有 370~400 个纯种犬品种。然而，因为品种选育有着悠久的历史，人们认识到，因不再需要某些品种的特定功能或者另一些品种已经被培育出来取代它们，很多已经选育出来的犬种已经灭绝了。据统计，在犬的驯化史上，有超过 1000 个不同品种的犬。

自 19 世纪开始，犬繁育者开始对标准化犬种和谱系记录感兴趣。19 世纪初，英国各地都举行过工作犬展（特别是猎犬展）。但是，没有可用的标准化的法规，也没有管理机构来监督这些活动。1873 年，英国成立了首个养犬俱乐部，作为监督机构来监督犬展活动。1897 年 6 月，第一届犬展在伦敦举行，参与人数有 975 人。如今，这项活动蓬勃发展，英国最有名的克鲁夫兹犬展，每年能吸引超过 16000 名参赛者。

美国养犬俱乐部（AKC）成立于 1884 年。该组织成立最初的目的是建立一套统一的规章制度，用于犬展和体育赛事。AKC 的设置是"俱乐部的俱乐部"。这意味着 AKC 的会员是各种各样的养犬俱乐部，而不是独立的宠物主人、犬繁育者或者参展者。每个会员俱乐部的选举权分配给选举产生的代表，这些代表会定期开会并负责选举成立理事会。AKC 是为业余爱好者成立的组织。因此，专业的裁判、培训师和训犬师不能成为代表。

AKC 的另一个职能是为其接受的所有犬种保留品种登记记录。品种登记记录是指所有关于动物繁殖计划的记录。第一只在 AKC 进行品种登记的犬叫"阿多尼斯"，它是 1878 年登记的一只英国赛特犬。当 AKC 首次成立的时候，品种登记册上包含了所有已经注册的纯种犬。但是，在 20 世纪 40 年代，AKC 决定只保留那些用于繁殖一次或多次的犬种，因为只有这些动物才有助于品种的培育。目前，在品种登记簿上注册意味着该犬已经被用于繁殖。

AKC 目前将其认可的品种分为 7 类：运动犬、猎犬、工作犬、寻回犬、玩赏犬、畜牧犬和家庭犬。这些类别大致是基于犬种的现代用途来划分的。每个组别中的犬种都制定了相应的品种标准，该标准由 AKC 来维护。每个国家的种犬俱乐部（即品种俱乐部）负责起草他们的品种标准。这本质上是对该犬种中理想犬的描述——针对在体格展示台上的参赛犬设定的标准。AKC 出版并定期更新了《犬百科》，这本书包含了其注册登记处认可的全部犬种的标准。目前，AKC 认可的纯种犬犬种有 150 个 [6]。

美国的另一个犬种登记机构是联合养犬俱乐部（UKC）。UKC 成立于 1898 年，其使命是提高和保持纯种犬的工作能力。UKC 认可的大部分犬种要么是运动犬，要么是猎犬。例如，UKC 登记了 6 个不同品种的猎浣熊犬：黑褐猎浣熊犬、红骨猎浣熊犬、英国猎浣熊犬、普罗特猎犬、蓝点猎浣熊犬和树丛猎浣熊犬。UKC 还认可了很多不常见甚至罕见的犬种，并设有一个杂交犬的登记部门。此类别的注册给了杂交犬有限的权利，这可以使它们在敏捷性和服从性等性能表演中得到展示。

还有一个不太知名的品种登记机构是美国稀有品种协会。该协会认可了很多目前尚未被 AKC 认可的犬种。例如，安那托利亚牧羊犬、明斯特兰德犬和普罗特猎犬。美国最大的杂交犬登记组织是美国杂交犬种服从登记处。该组织成立于 1983 年，其使命是认可并宣传杂交犬及其训犬员在各类表演活动中的重要性和成就。

结论

目前，AKC 认可的纯种犬的品种有 150 个，而 UKC 也注册登记了 90 多个独立犬种。此外，还有很多"稀有"品种得到了世界各地其他犬种登记注册组织的认可。再加上世界各地各种各样的田园犬、自然犬、杂交犬和"随机繁育的犬"，很显然在选择犬时，有各种各样的体型、外观、被毛类型以及选择犬时最看重的性格可供选择。虽然存在这些差异，但是犬的整体身体结构、运动和特殊感官的使用在所有品种及品种类型中都是一致的。这些基本属性将在第三章中进行阐述。

参考文献

[1] Coppinger, R. and Coppinger, L. *Dogs: A Startling New Understanding of Canine Origin, Behavior, and Evolution*, Scribner, New York. (2001)
[2] Zeuner, F.E. A *History of Domesticated Animals*, Harper and Row, New York. (1963)
[3] Clutton-Brock, J. **Dog**. In: *Evolution of Domesticated Animals* (I.L. Mason, editor),

Longman Press, London, pp. 198-211. (1984)

[4] Coppinger, R.P. and Schnieder, R. **Evolution of working dogs**. In: *The Domestic Dog: Its Evolution, Behavior and Interactions with People* (J.A. Serpell, editor), Cambridge University Press, Cambridge, pp. 21-47. (1995)

[5] Antwelt W.F. **Relative effectiveness of guarding–dog breeds to deter pre dation on domestic sheep in Colorado.** Wildlife Society Bulletin, 27:706-714. (1999)

[6] American Kennel Club. *The Complete Dog Book*, 19th edition, Howell Book House, New York. (2002)

第三章　犬的解剖构造：形态结构、运动和感觉器官

关于犬的形态结构、运动和感觉器官的研究必须依托于犬最初的生存方式。家犬的祖先最初先进化为群居的陆栖捕食性哺乳动物。虽然人类的驯养和选择性繁殖最终导致许多犬的体型和身体比例发生了实质性的变化，但所有犬的骨骼、感官能力和运动能力仍然是基本一致的。一般来说，犬是为速度而生的，眼睛适用于捕捉猎物的存在和追随猎物的移动，嗅觉发展为能追踪猎物踪迹，耳朵则发展为能在杂乱的环境中快速定位声音的来源而辨别猎物和其他掠食者。

犬的形态结构

犬的骨骼由 319 块（公犬）或 318 块（母犬）骨头组成（图 3.1、图 3.2）。骨骼支撑犬的身体，为行走提供支撑作用以及保护内脏器官。例如，头骨保护大脑，肋骨保护心肺，脊椎骨保护脊髓等。构成骨骼的矿物质也很重要，因为它是维持体液中基本矿物质水平的储蓄池。

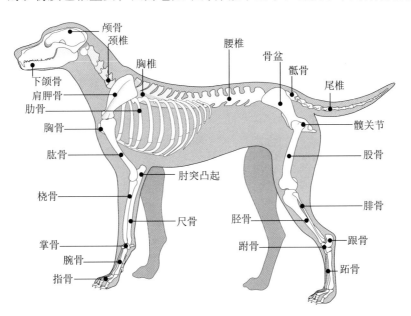

图 3.1　犬的主要骨骼

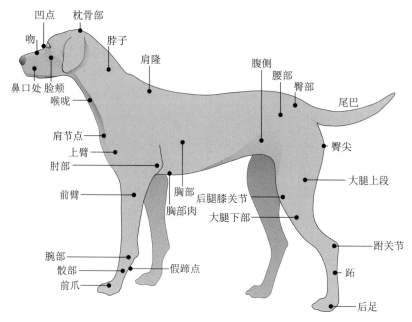

图 3.2   犬的外部解剖学术语

头骨：不同品种犬之间最大的差异在于头骨形态，主要分为：长型颅、中型颅和短型颅（图 3.3）。长型颅犬有狭窄的颅骨和细长的口鼻，这种头型的犬包括灵缇、俄罗斯猎狼犬和苏格兰牧羊犬。这种头型是为速度而生的，并且这种头型的犬几乎都有着相对较长的脖颈。狭长的头骨和细长的口鼻结合在一起，使犬在奔跑时可以将重心向前移动很远，有助于实现更好的平衡和更快的速度。中型颅犬头部形状适中，颅骨宽度与口鼻长度之比适中。稍宽的颅骨和相对较短的口鼻为下巴提供了额外的力量。这种头部类型通常见于为打猎而繁育的品种，如西班牙猎犬（史宾格犬）和寻回犬。短型颅犬的特点是颅骨非常宽，口鼻很短。短而紧凑的口鼻赋予下巴强大的力量。这种头型最早出现在斗牛犬和拳师犬等被培育为斗犬的品种中。有趣的是，这种头型也出现在某些小型品种中，这可能代表了一种幼态延续或幼体性成熟。与成年犬相比，幼犬的头更大、更圆，头与体型大小更相称。有些品种，如巴哥犬、京巴犬和马耳他犬，都有较短的头部，类似于幼犬的圆顶头骨形状。据推测，这种新面貌吸引了小型犬的早期饲养者[1-2]。

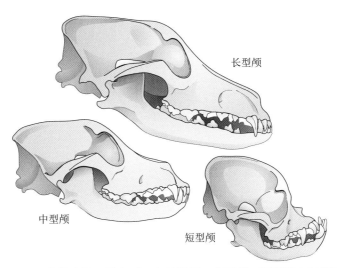

图 3.3　犬的头骨：从上到下有长型颅、中型颅、短型颅 3 种类型

牙齿： 犬的牙齿主要为乳齿和恒齿。幼犬的第一颗乳齿在 21 天左右开始萌出。乳齿有 28 颗，在 5~6 周的时候就完全萌发出来了。恒齿在 4~5 个月后开始取代乳齿，并在 6 个月时完全长出。恒齿共有 42 颗，这代表了大多数食肉动物的一般牙齿模式（表 3.1）。犬上下颌各有 3 对切齿及 1 对细长的犬齿。犬齿交错在闭合的颌骨中，下颌犬齿位于上颌犬齿的正前方。犬的下巴两侧各有 1 对裂齿，裂齿是由上颌的最后一颗前臼齿和下颌的第一颗臼齿组成。这两颗臼齿形态为横向平状排列，用来作为撕裂食物的剪刀。与猫等其他食肉动物相比，犬的臼齿数量更多。臼齿适合于碾碎和研磨食物，表明犬的饮食习惯更具杂食性。

表 3.1　犬的牙齿　　　　单位：颗

	切齿	犬齿	前臼齿	臼齿
上	6	2	8	4
下	6	2	8	6
总共	12	4	16	10

恒齿生长时间：
切齿 2~5 个月
犬齿 5~6 个月
前臼齿 4~6 个月
臼齿 5~7 个月

颈部：颈部由 7 个颈椎组成（图 3.1）。第一根椎骨位于最靠近头部的位置，被称为"寰椎"，使头部能够做垂直运动。颈部为头部和颈椎提供支撑与运动，是肌肉连接的重要区域。颈部的许多肌肉都参与前肢的运动，其中最重要的一条是头臂肌，从头部的连接处延伸到肩胛骨的连接处，作用是移动肩膀。颈部还为前肢提供平衡，并在犬移动时参与重心前移的过程。一般来说，头和颈部的长度通常是相互关联的。短型颅的犬通常颈部短，长型颅的犬通常颈部长。

背部：虽然术语"背部"经常被用来描述从马肩隆处一直延伸到尾巴前部的区域，但实际的背部只包括 13 个胸椎（图 3.1）。在大多数品种的犬中，背部相对笔直，没有明显的拱形。当犬移动时，笔直的背部能够更好地传导后肢产生的力量。因此，当犬站立不动时，背部应该保持相对笔直并与地面平行。

腰部：腰部由 7 个腰椎组成（图 3.1、图 3.2），从肋骨的末端延伸到臀部或骨盆带的前部。腰部也可以称为腰区。背部这片相连接的肌肉群对于协助后肢驱动是非常重要的。腰部在犬运动过程中四肢着陆时，也会吸收前端的震荡。因为身体的这一部分几乎没有来自前部或后部的支撑，所以它在身体的两端之间起到了桥梁的作用。大多数品种标准要求腰部略呈拱形，但这种拱形是由该区域的肌肉造成的，而不是腰椎的形状。

臀部：从腰部的最后一个腰椎延伸到第一个尾椎（尾骨）。这一区域的椎骨融合形成一块连续的骨板，称为骶骨。臀部角度由骶骨和前两个尾椎的水平斜率决定。臀部的坡度跟随骨盆的坡度，这在确定尾部位置时很重要。犬的尾巴位于臀部的底部。

尾部：尾部由尾椎骨（也称为尾骨）组成。虽然犬的平均尾椎数量是 20 个，但根据品种的不同，尾椎的数量可能从 6~23 个不等。在不同的品种犬中可以看到许多不同的尾部类型。这些变异都源于狼身上正常直尾的突变。许多国家禁止断尾这种行为，美国兽医协会也发布了一份动物福利立场声明，称断尾仅属于美容原因，在医学上是没有必要的，但在美国，断尾在某些品种的犬身上仍然常见 [3]。尾巴与犬行为相关，它能够反映出犬的情绪状态（详见第八章）。

前躯（肩部）：犬的前躯由马肩隆、肩胛骨和肱骨组成。马肩隆是从第一个到第九个胸椎测量的区域，包括肩胛骨的最高点。犬的身高是在马肩隆的最高点测量的。与后躯不同的是，前躯仅通过肌肉与犬的身体相连，而后躯通过球窝关节与身体相连。肩胛骨在一定范围内前后滑动，与肋骨平行。如果前躯的肌肉附着力不足，就会发生偏离运动。

肩部角度指的是肩胛骨的坡度与一条平行于地面的线形成的角度。理想的肩部形态是长而倾斜的，肩胛骨能够形成44°~55°的角度。这就是所谓的"理想的肩胛骨后收"肩部组合。这种构造有助于前肢更好地爆发向前运动的力量，因为它与前肢的最大伸展有关。这使犬的步幅拉大，运动时可维持与地面平行且几乎不会远离地面（图3.4）。足够长的肩胛骨也为肌肉的附着提供了足够大的面积，并为头部提供支撑以及适当的颈部前伸。

肩部角度 > 55° 的肩部称为直立或陡峭的肩部。这是犬的一个很常见的非理想型肩膀，且是不受欢迎的，因为它会导致步幅减小、快跑时落地用力和行动效率低下（图3.4）。

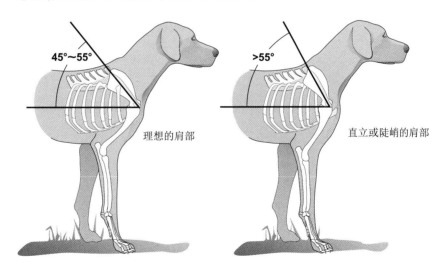

图3.4　肩部组合：理想的角度与陡峭的肩部

肩关节：肩关节由一个凹面的肩关节窝和球状的肱骨头连接而成。肩胛骨的下端有一个稍浅的凹陷，称为关节盂，肱骨的球状关节头靠在这个凹陷中。虽然从理论上讲，肩关节可以向所有方向移动（类似于其他的球窝关节），但关节盂的形状加上沿骨骼附着的结缔组织，限制了左右移动。

前肢：桡骨和尺骨是前肢的两块骨头（图3.1、图3.2）。桡骨近端与肱骨连接形成肘关节，远端与腕关节连接形成腕关节。虽然尺骨是一块单独的骨头，但它通过肌肉紧密地附着在桡骨上。它的近端形成肘突，远端形成冠突。对于大多数品种的犬来说，正常结构是前肢伸直，彼此平行，当犬自然站立时，前肢垂直于地面。这被称为"直立"姿势（图3.5）。

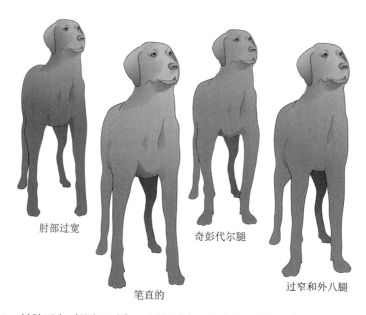

图3.5 前肢形态（从左至右）：肘部过宽、笔直的、奇彭代尔腿、过窄和外八腿

腕关节：犬的腕骨是人类腕关节的同义词。这个关节由7块短的腕骨及其相关的籽状骨组成，排列成两排。腕关节由腕骨的近端和前肢（桡骨和尺骨）的远端组成。

骹骨：骹骨是前肢的下端，由几块叫作掌骨的小骨组成。在移动过程中，骹骨充当犬的减震器，吸收每一步的震荡。对于大多数品种，骹骨不应该是直立的，而应该与前肢的骨骼有一个明确微小的角度。这个角度提供了一定的"弹性"，能够缓冲每一步的震荡。直腿骨作为减震器的效率较低，会将脚步的冲击力直接传递到肩部。㹴犬是唯一天生具有笔直腿部的犬种。

后驱：犬的后驱提供了大部分的推动力，其组成包括骨盆、股骨、胫骨和腓骨、踝骨（飞节）、跗骨和它们的相连关节。从犬的后方对后驱进行检查有助于判断后肢结构形态是否正常。对于大多数品种的犬来说，理想的后肢结构形态是从后方看，骨盆、大腿、小腿、飞节，

一直到后面的跗骨和脚掌都在一条垂直的直线上（图3.6）。从侧面
来看，骨盆角度和膝关节的角度则应该根据犬的品种标准或品种特点
进行评估。

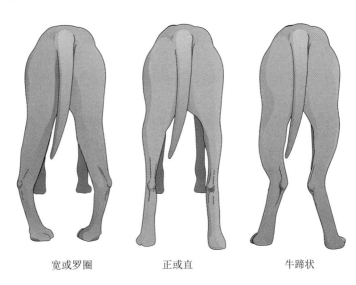

宽或罗圈　　　　　正或直　　　　　牛蹄状

图 3.6　后肢结构（左起）：宽或罗圈、正或直、牛蹄状

骨盆及其斜度： 骨盆，也被称为髋骨，由4块不同的骨骼组成（图
3.7）。这些骨骼分别是髂骨、坐骨、耻骨和髋臼骨。当幼犬出生时，
这些骨骼还没有完全发育。这些骨骼在犬出生后的前3个月持续发育，
在大约12周的时候连合在一起，形成"蝴蝶"形状的骨盆。用来固
定股骨末端的臼叫作髋臼。髋臼是一块重要的骨骼，因为它承受着犬
后端的重量，并吸收后方运动的推力。3个融合的腰椎（骶骨）由一
条致密结缔组织构成的韧带连接到骨盆上，该韧带被称为骶结节韧带。
骨盆的水平斜度是决定后方角度和运动的一个因素。一般来说，骨盆
与水平线成30°是正合适的，并且在后退移动时可以很好地向后伸展。
尤其要注意，在讨论这个斜度时，大腿（股骨）的向后运动是有限的。
股骨与骨盆的最大夹角约为150°。当骨盆斜度大于30°时（即骨盆
更倾斜）会限制这个夹角，随后会限制犬后肢的向后伸展（图3.8）。

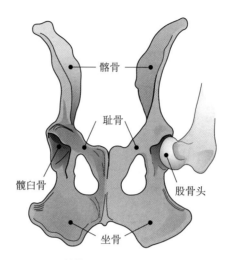

图 3.7   骨盆的 4 块骨头（显示股骨位置）

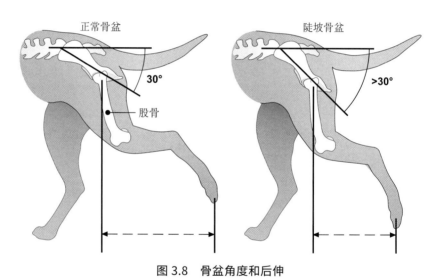

图 3.8   骨盆角度和后伸

髋关节： 股骨近端形成股骨头与骨盆的髋臼相吻合形成的髋关节。圆韧带将股骨头连接到髋臼内表面。然而，在拥有正常髋关节结构的动物中，髋关节周围的肌肉块主要负责将股骨头牢牢固定在髋臼内。

膝关节： 股骨和大腿下部骨骼（胫骨 / 腓骨）形成的关节称为膝关节。股骨远端的滑车形成一个凹陷，髌骨位于其中。髌骨是一块籽状骨。籽状骨存在于肌肉或肌腱中，它的功能是提供杠杆作用和帮助软组织穿过另一个区域的骨骼。前十字韧带和后十字韧带是两个重要的韧带，用来稳定膝关节。

跗关节： 跗关节是由大腿下部（胫骨和腓骨）和跗骨连接而成。

胫骨是更大、更强壮的骨骼，位于腓骨的内侧。在犬中，狭窄的腓骨是一块完全独立的骨骼，但与胫骨紧密相连，因此这两块骨骼构成了小腿并且协同工作。跗关节的尖端由一块称为跟骨突或跟骨的骨头组成。这块突出的骨头是7块跗骨中最大、最长的，相当于人类的脚后跟。另一个重要的跗骨是距骨，或被称为胫骨的跗骨，它直接与胫骨和腓骨连接，形成跗关节。跟骨与距骨密切相关，对于整个区域的肌肉附着非常重要。

跗骨中央位于跗骨近端和远端之间。这也被称为舟状骨，追踪或拉车用途的犬其舟状骨更容易骨折。跗关节的角度、跟骨突起的长度以及从地面测量的高度都是决定犬后肢运动类型的重要因素。对于大多数品种的犬来说，有着合适角度或"弯曲"的跗关节是适合运动的理想选择，但这也不是绝对的，通常会根据犬品种或工作用途的不同而有差异。

跖骨（脚掌部）：由5块掌骨组成。这些骨骼的长度决定了跗关节的高度和后肢的长度。一般来说，较长的脚掌骨代表着快速运动，而较短的脚掌骨在耐力方面比较好。

脚爪：就像许多为速度而生的哺乳动物一样，犬用脚趾或指骨行走。前爪和后掌的骨骼非常相似，因此可以一起论述。犬有5根指骨，其中4根具有完整的功能且用于承重，另一根是退化的。每根指骨分为近指骨、中指骨和远指骨3部分。每一根指骨也与位于掌骨关节处的两块籽状骨相关。在前爪中，退化的指骨形成狼爪。虽然所有的犬生下来就有这个脚趾，但许多饲养员和宠物医生在幼犬只有几日龄的时候就把它截掉了。在后爪中，尽管所有的犬都有某种形式的这种退化指骨，但指骨的尺寸很小，以至于在大多数犬身上并不明显。然而，一些品种标准特别提及了后狼爪的存在。犬脚的形状与该品种最初的用途有关。术语"猫脚"是指脚型圆形紧凑且前端非常短。这种类型的脚是为耐力而生的。相比之下，"野兔脚"脚型细长，专为速度而生。另外，许多运动型的品种脚上都有蹼，在脚趾之间有多余的皮肤。这种脚的尺寸通常很大，在游泳时能很好地提高犬的耐力。

匀称：犬的整体形态既反映了它的内部骨骼，也反映了它外部的肌肉结构。"匀称"一词指的是犬身体各部分之间的比例。例如，头部到颈部，胸部到腿的长度，身高和体长之间的比例，以及体型是否整体紧凑和谐，且具有良好的伸展性。体形匀称的犬自然状态下从耳朵尖经过背部直到尾巴形成一条弧线，前半身与后半身自然协调移动，能够接收后半身爆发的力量以及驱动力，并且不会干扰后腿或脚的运动。

犬的运动

犬进化成了一种群居捕食者，极具速度和耐力。选择性育种导致不同品种的犬的运动能力差异很大。所有的犬，无论是什么体型，都遵循着相同的运动方式。通过比较两只最好的犬类运动员（赛级灵缇和赛级雪橇犬），可以看出当今犬之间的极端差异。灵缇在不到 1 英里（1.61 千米）的距离内，可以达到每小时 45 英里（72 千米）的奔跑速度，但它们缺乏长距离奔跑的耐力。相比之下，雪橇犬在穿越 1100 英里（1771 千米）长的艾迪塔罗德赛道时，奔跑速度为每小时 7~12 英里（11~19 千米），但每天却可以跑 100 英里（161 千米）。

在所有的犬（就这一点而言，也包括所有的动物）中，运动可以简单地被视为一系列防跌倒动作。了解犬的重心有助于解释这一点。重心是指物体或动物中所有力都相等的一个假想点（即平衡点）。人类身体的重心大约位于臀部水平位置，朝向身体的中心。对于大多数犬来说，其位于肩膀后面，大约是身体上行方向的 1/3。重心点随着头、脖子的长度及重量、腿的长度以及躯干的重量和结构而略有不同。

当身体重心偏移但腿的位置不变时，就会产生运动。例如，当人类慢跑时，身体向前倾，重心以弧形向前移动，并位于其支撑部位（身体的躯干和腿）之前。随后，跑步者的腿会移动，以防身体坠落到地面，使腿的支撑处于重心之下。在所有的动作中（人和犬），重心都会在起点的低点划出一条弧线，每迈一步都会循环上下移动。这种向上运动需要肌肉的力量，但不会有助于向前运动。因此，这条弧线越"平坦"，向上运动所浪费的能量就越少。

犬的行走、慢跑和其他步态只不过是为了打破身体的平衡，然后改变位置来控制重点（即一系列的"防跌倒"）。在犬身上，重心的位置更靠近身体的前部，而不是后部。犬的前半身是"工作最辛苦"的一部分，因为它负责支撑犬一半以上的体重。这是合理且必要的，因为这样犬的后半身才能相对自由地向前推进。因此，前半身也吸收了运动时产生的大部分震荡。

　　高效运动： 所有动物的理想运动目标是高效运动（即在所需方向上最大限度运动的情况下，能量消耗最小）。对于犬来说，效率来自于将重心尽可能沿直线或弧线移动，同时最大程度地减少上下和左右运动（横向运动）。用来评估犬运动的标准是慢跑时马肩隆的起伏。犬的马肩隆的移动在一定程度上表示了重心的移动。因为向上运动并不利于向前运动，且同时也消耗能量，所以最有效的运动是重心沿着与地面平行的直线向前移动。然而，身体向前推进需要一定的动力，因此，如马肩隆的摆动方程所证明的那样，摆动的弧线应该尽可能平滑。当从侧面观察时，犬慢跑时，马肩隆应该表现出最小的垂直运动。如果马肩隆上下摆动，这说明骨骼构型不佳或运动效率不高。另外一个最常见的含义是，马肩隆的起伏代表着肩膀的角度偏直。当从侧面评估运动时，腿部的伸展性很重要，并且没有高迈步动作或腿部落地时的撞击。同样，后躯伸展应该最大化，跗关节应该在纵身结束时完全伸展。

　　在评估运动时，还必须考虑侧向位移。当犬自然站立时，4 条腿支撑身体 4 个角以形成一个矩形基座。然而，犬的体重并不是均匀地分布在这个基座上，因为犬的重心位于身体的前部，靠近胸部。当犬的腿在运动中交替地向前运动时，重心做向前和垂直运动，而且还从左向右（横向）运动。这是因为后腿没有在同一平面上运动，向前运动时的推力会使重心向一侧运动。在运动过程中，重心从一边到另一边的移动称为侧向位移。侧向位移是一些犬在慢跑时会出现特有的侧滚现象。基座宽的犬（即矮胖的犬）自然会比基座窄的犬表现出更明显的侧向移位。例如，斗牛犬在移动时会比体型狭长的灵缇表现出更多的"滚动"。

　　虽然犬拥有 4 条腿是自然结果，但侧向移动浪费了能量，从而降低了运动效率。所以由于其身体结构带来的限制，犬试图尝试单轨行走，并将侧向位移降至最低。单轨行走是指犬在运动时，将双脚尽可能靠近垂直重心下方。这通过直接在运动线上施加向前的动力来补偿横向位移。随着速度的增加，慢跑的犬会增加单轨行走的倾向。虽然从前面看，腿的这种向内弯曲看起来是从肘部开始的，但实际上它是从肩关节开始的。当犬跑向评估者或离开评估者时，它的腿应该保持笔直的状态，但也会略微向内弯曲，因为它们试图在身体下方聚集在一起。犬实际上能够进行单轨行走的程度取决于整个身体的形态和移动时的速度。

犬的步态：步态这个术语指的是一系列循环往复的腿部动作。犬最常见的步态是散步、小跑、踱步、单－双悬空疾驰。散步是犬最慢、最不累的一种步态。这是一种四拍步态，其中 3 条腿一直支撑着身体。小跑是一种两个节拍的步态，其中对角线的前腿和后腿作为一对一起移动。除了飞奔小跑有一段悬空期外，任何时候都是两条腿支撑身体。右前方和左后方首先向前移动，然后是左前方和右后方。踱步是两个节拍的横向步态，身体同一侧的前脚和后脚作为一对一起移动。因此，犬的体重由身体的左右两侧交替支撑。正因为如此，速度导致身体的滚动运动扩大了侧向位移。一般来说，大多数犬会从小跑转至散步。然而，如果犬感到疲惫，或者腿部受到干扰，它们通常会从慢跑先切换到踱步。疾驰是犬最快的步态。这是一种四拍步态，特点是肩膀和前腿极度伸展，然后后腿在身体下方向前移动，提供向前的推动力。大多数大型犬和重型犬在奔跑时会表现出在半空中短暂性的悬停，每个运动周期都会有一段时间悬停。视觉猎犬和以快速奔跑为目的的轻骨犬能够实现"双悬空"。悬空一词指的是犬实际上在空中飞行的一小段时间，脚没有接触地面。在单悬空的疾驰中，犬在一个步态周期内会有一次悬空。这在双悬空疾驰中发生了两次。在疾驰过程中，犬的前半身和后半身都有助于向前推进。事实上，前半身对于提供向上的运动推力是很重要的，这使得犬在半空中悬停成为可能。

犬的感觉器官

就像犬科动物的身体结构和运动方式是专门适应这个物种过去所做的工作一样，它的感觉器官也是如此。这种感觉器官决定了犬对世界的感知力和反应的方式。人类具有高度发达的视觉能力，因此我们倾向于使用视觉来感知环境。相比之下，犬的嗅觉和听觉高度发达，因此犬在对刺激做出反应时往往更依赖嗅觉和听觉。尽管犬的视觉没有人类发育得那么好，但最近的证据表明，关注人类的神态是家犬感知世界的一个重要组成部分（详见第七章）。了解犬的所有独特感官能力对于人类理解犬如何进行感知、反应和适应所处环境是必不可少的。

视觉：狼是捕食者，主要在黄昏时狩猎，因为犬是由狼进化而来的，所以犬的视觉尤其在弱光条件下灵敏度是最高的。犬的视网膜包含两种主要的光感受器：视杆细胞和视锥细胞。视杆细胞专用于低强度光线，是犬视网膜中主要的感受器类型。犬与人类的视觉差异对比研究表明，人类对光的绝对探测阈值至少为犬的 3 倍[4]。这意味着犬探测低强度光的能力是人类的 3 倍。视杆细胞还特别适合于侦测物体运动和形状，这有助于在光线较暗的条件下捕捉动态猎物[5]。

相比之下，视锥细胞主要用于高强度光的探测，并且负责感知颜色。犬视网膜中的视锥细胞数量比视杆细胞低得多，与人眼中发现的受体数量相比，犬视锥细胞受体的数量也低得多。正因为这样的差异，人们常说犬是"色盲"。然而，研究表明，在强光下，犬能够探测到某些颜色，特别是光谱中蓝色和黄色部分的波长[6]。但犬不能区分红色和橙色，因为它们具有很少或根本没有对红色/橙色波长敏感的锥体细胞。这一结果在两色感光度上意味着犬能够识别两种纯颜色——蓝色和绿色，以及这两种颜色的组合。

除了有着较高数量的视杆细胞外，犬还有第二种有助于在弱光条件下提高视力的组织。透明绒毛膜是犬眼睛的一个独特生理特征，由位于视网膜后面的一层反射细胞组成。它是将散射的光线反射回视网膜的感光细胞。据估计，绒毛膜使犬眼睛的聚光能力提高了约 40%。当光线直射到犬的眼睛里，或者用闪光灯照相时，绒毛膜就会产生"红眼"。然而，这种增强的捕捉反射光的能力也与光波的散射增加有关，但这降低了眼睛精确解析图像细节的能力。

与其他哺乳动物（人类除外）相似，犬在眼睑和眼球之间有一层额外的腺体，被称为第三眼睑，位于眼睑内角。第三眼睑有几个功能：为眼睛提供额外的保护，有助于泪液分泌，并在犬眨眼时帮助恢复眼睛上的泪膜。当眼睛闭合时，它位于每只眼睛的内侧下角。对于一只正常、健康的犬来说，这个眼睑不会突出。某些眼部疾病会导致第三眼睑发炎，并导致脱垂。

视觉敏锐度有利于犬成为最优秀的捕猎者。犬有很好的弱光视力，对运动感知非常敏感。由于眼睛在头骨上，大多数犬的侧视也很好。眼睛越靠近头部一侧，视野就越大（图 3.9）。作为一种捕食性动物，犬需要广阔的视野来定位猎物。一般来说，眼睛朝前的短头犬的视野（约 200°）比长头犬的视野小，后者的视野约为 270°。中头型犬的平均视野在 240°~250°，单眼视野在 135°~150°。普通犬的总视野比人类宽 60°~70°。虽然这种扩大的视野对于观察周围环境和检测运动物体是有利的，但它同时也降低了双目的视力。这一缺陷导致犬不能专注于近距离的物体或判断距离（深度知觉）。像视野一样，犬的双眼视觉重叠程度因品种和头部类型而异。双眼视觉重叠部分可能会被犬的鼻子挡住。据估计，当犬直视前方时，它们的深度知觉最好。当两只眼睛之间有视觉重叠时，典型犬的双眼视觉在 30°~60° 的范围内。相比之下，人类的双目视野大约是 140°。同样，犬的眼睛也不能辨别形状或图案的细微程度（分辨率差）。这是因为犬眼睛的形状相对较平，视网膜中视锥细胞较少，以及光散射绒毛膜存在的影响。

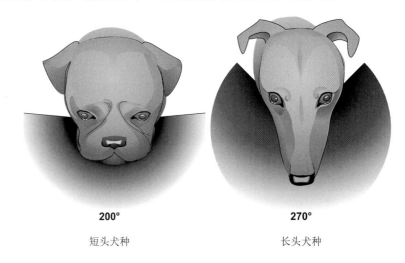

200°　　　　　　　　　　　**270°**

短头犬种　　　　　　　　　　　长头犬种

图 3.9　视野差异（左起）：短头犬种 200°，长头犬种 270°

嗅觉（气味）： 家犬的嗅觉敏锐是有据可查的，气味在犬类行为的众多方面发挥着巨大的作用（图 3.10）。人们常说，理解气味对犬的重要性的好方法是想象犬通过"鼻子图片"来感知世界。相比之下，人类的嗅觉能力比较弱。例如，犬鼻子上的嗅觉上皮细胞中有 2.2 亿 ~20 亿个嗅觉神经元[7,8]。人类只有大约 500 万个。此外，犬的嗅觉上皮表面积为 18~150 平方厘米，而人类的嗅觉上皮表面积仅为 3~4 平方厘米[9]。

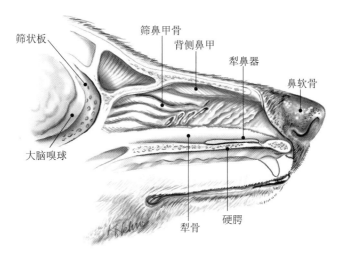

筛状板
筛鼻甲骨
背侧鼻甲
犁鼻器
鼻软骨
大脑嗅球
犁骨
硬腭

图 3.10   犬鼻的解剖图

犬行为实验表明：犬探测某些气味的能力是人类的 100 多倍[10]。训练有素的犬能够证明这一点，它们能探测到毒品、爆炸物，甚至人体汗液中的微量化合物。近年来，报道过令人吃惊的关于犬的能力是犬可以预测人类癫痫发作[11]。尽管需要更多的试验来研究这一特殊现象，但从理论上讲，对癫痫警觉的犬能够通过气味检测到人类身体化学的变化从而做出反应[12]。犬的嗅觉敏锐度还表现在其探测、辨别和跟踪气味痕迹的能力。受控测试表明，通过训练能够识别特定气味的犬能够检测出极微小浓度的气味。例如，跟踪犬能够检测到浓度低至 10% 的丁酸（一种在人类汗液中发现的挥发性脂肪酸）[13]，这种浓度是人的鼻子感觉不到的。其他实验也证明了犬出色的辨别能力。一项对人类受试者的经典研究表明，受过训练的犬能够可靠地区分单一家庭成员、兄弟姐妹和同卵双胞胎[14]。犬极致的嗅觉天赋是它能区分气味成分来源。当接受过嗅觉训练的犬处在含有这种化合物的复杂气味中时，它们仍然能够检测到它的存在。

犬有几种能够最大程度提高嗅觉能力的方法，其中最重要的就是频繁地进行嗅闻。这种嗅闻实际上是对正常呼吸模式的一种干扰。这使得散发气味的分子可以在鼻道内停留更长的时间。嗅探包括一系列快速而短暂的吸气和呼气。空气被迫吸入鼻腔上方的空间，这是一种骨结构，用于捕获吸入的空气。在正常的呼吸周期中，"嗅到"的空气停留在鼻腔内，不会被进一步吸入肺部，也不会立即呼出。这种机制为吸入的空气及其携带的气味分子与气味受体相互作用提供了更多的时间。因为喘息会干扰犬的嗅觉时间，所以身体状况不好或体温过高的犬在运动后会比身体状况好的犬嗅敏度低[15]。

犬还有一个额外的嗅觉器官，叫作犁鼻器。犁鼻器（在某些物种中称为雅各布森氏器）由一对充满液体的感受器细胞组成，呈长条囊状。它位于犬口腔顶部的上方，在上门牙后方。许多拥有犁鼻器的其他哺乳动物在受到刺激时，通过抬起头并微微地张开嘴来促进气味在犁鼻器内的聚集。这种反应被称为"弗莱曼行为"，在家猫和马身上都能见到。尽管犬不会表现出弗莱曼行为，但犁鼻器的功能可能与其他物种一样，除了嗅觉外，还提供化学感觉，这对感知信息素（体味）是重要的。如果这一理论是正确的，那么犁鼻器很可能参与了犬表达正常行为的过程，并用于识别其他动物和人。

虽然犬的嗅觉被认为是它最敏感的特殊感觉，但犬通常同时使用视觉和嗅觉来定位并对环境刺激做出反应。最近的研究表明，与训犬师一起工作，并接受过寻找隐藏物品训练的犬将严重依赖训犬师的视觉线索，其次是嗅觉线索[16]。相反，即使犬可以获得环境视觉线索，那些独立工作以定位特定气味的犬主要依靠嗅觉[17]。这些研究为与嗅觉训练犬合作的训犬师提供了宝贵的建议，因为这些研究表明，必须始终考虑训犬师在犬工作时有意或无意地给予犬的互动和暗示。

听觉：与嗅觉相似，犬的听觉也很发达。大多数人都知道，犬能够以比人类高得多的频率探测声音。虽然人类可以听到 20000 赫兹 / 秒的声音，但犬可以检测到高达 40000 赫兹 / 秒的声音。在其他哺乳动物中，如啮齿类动物能够听到非常高频率的声音，这通常与使用超声波进行交流有关。然而，没有证据表明犬有能力产生这种类型的通信信号。更有可能的是，这种能力能够帮助犬捕捉到使用高频声音进行交流的小型猎物。大多数犬都有可活动的耳朵，可以转动耳朵来定位声音。犬耳朵的结构决定了它们能够听到远处传来的声音，犬的听觉大约是人类听觉的 4 倍。

触觉：与其他哺乳动物一样，触觉是新生幼犬最早发育的感觉。幼犬对温度的变化反应迅速，积极寻求温暖和触觉上的舒适。触觉的重要性贯穿了犬的一生。作为一种社会性物种，犬在与其他犬和人类互动时，将触摸作为一种重要的交流工具。一些关于人与动物关系的最早研究表明，温柔的触摸和抚摸会降低犬的心率和血压（交感神经活动能力降低）[18]。人类也会对和犬的积极互动表现出这种反应。

犬同样也使用碰触作为探知和了解环境的一种方法。对大多数肉食动物来说,唇部是高度敏感区域,对犬来说也是如此。鼻镜和触须(胡须)的皮肤具有特别的感觉神经。胡须坚硬,与表面接触时不会弯曲。尽管胡须的确切功能尚不清楚,但人们认为它们为犬提供了关于头部与其周围环境相关的位置信息。

味觉: 除了触觉,味觉是犬出生时唯一完全发育的特殊感觉。和其他哺乳动物一样,犬的味觉仅限于嘴巴、上颚和会厌。人类的味觉是嗅觉和味觉共同作用的结果,我们有理由认为犬也是如此。然而,根据口腔中味觉感受器的总数,犬的味觉似乎没有人类那么精细。虽然人类的舌头上有大约 9000 个味蕾,但犬只有大约 1700 个。在犬的口腔中／舌头上,数量最丰富的味蕾是对糖做出反应的味蕾。这就是为什么大多数犬喜欢甜食的原因。然而,有趣的是,触发这些味蕾中受体的最有效的化合物是一组特定的氨基酸。犬的杂食性反映在它能探测到糖和其他甜味物质的能力,这些物质可能存在于一些植物中,如水果和蔬菜。犬舌头上第二丰富的味觉感受器是酸性感受器。它们对磷酸、羧酸、三磷酸核苷酸、组氨酸和几种特定的氨基酸产生反应。这些都是在肉类和肉制品中发现的化合物。

正常健康的犬

宠物主人和伴侣动物专业人士可以通过犬正常的生理指标来评估其健康和活力。这些基本的健康指标可以用来为宠物建立一个衡量正常变化的标准,并作为确定是否存在疾病或伤害时的初步诊断(表3.2)。

表 3.2　健康犬的关键生理指标

毛发和皮肤	毛发有光泽、正常且规律的毛发生长和脱落,符合该品种的毛发类型;皮肤柔韧、清洁、无损伤
黏膜颜色	淡粉色(无色素区域);正常 CRT(约 1 秒)
食物摄入量和体重	食欲正常且保持一致;保持理想体重(身材纤细)
体温	37.7~39.1℃(平均 38.6℃)
心率(静息)	60~140 次／分
呼吸频率	10~30 次／分(平均 20 次／分)

注:CRT 指毛细血管再充盈时间。

犬的寿命： 家犬的最长寿命预估为 27 岁左右。然而，该物种的平均寿命远远低于这一水平，很少有犬能活到 16~18 岁以上。一般来说，10~14 岁是宠物犬的正常寿命期限，但很多因素都会影响其寿命的长短。品种和成年期的体型是最能影响寿命的两大因素。小型犬往往比大型犬寿命更长，而大型犬的寿命往往明显低于平均寿命[19]。繁育状况也很重要。总体而言，绝育的犬往往比同品种未绝育的犬活得更久。近年的研究表明，犬的寿命存在显著的品种差异，与普通犬只相比，一些纯种犬更容易患上某些危及生命或绝症的疾病。

英国一项关于犬的研究调查了 3126 只参加宠物健康保险计划的犬的死亡率和死因[20]。无论是什么原因，研究中所有犬的死亡年龄的中位数为 12 岁。实际上，这意味着研究中 50% 犬的寿命不到 12 岁，50% 犬的寿命超过 12 岁。12 岁以后，死亡率随年龄增长迅速上升，只有 8% 的犬寿命超过 15 岁。这项研究中年龄最大的犬在 22 岁时去世。大约 2/3 的犬（64%）因疾病死亡或被安乐死，而因行为问题被安乐死的犬仅占总数的 2%。在整组犬中，最常见的死因是癌症（15.7%），其次是心脏病。体重和寿命之间存在显著的负相关关系。寿命最长的品种包括惠比特犬、贝德林顿㹴、迷你贵宾犬、迷你腊肠犬、玩具贵宾犬和藏㹴。这 6 个品种的平均死亡年龄都超过了 14 岁。相反，大型和巨型品种的寿命往往要短得多。圣伯纳德犬的死亡年龄中位数最低（4.1 岁），其次是爱尔兰猎狼犬（6.2 岁）。这些结果与报道的瑞典犬的结果相似[21]。

一项来自兽医教学医院数据库中的死亡统计对 23000 多只美国犬进行了分析研究，结果显示，这些美国犬种群的死亡年龄中位数为 8.5 岁[22]。这一死亡年龄中位数比英国报告的参保犬的年龄中位数低几年，可能反映了所使用的数据库不同。因为这项美国研究中的所有犬都是被转诊到兽医教学医院的动物，所以，它们可能代表了一个犬的亚群，与普通犬相比，这个亚群中包括更多患有绝症的犬。在这种情况下，预计死亡年龄的中位数会更低。与其他研究类似，美国犬种的死亡年龄中位数与体型成反比。此外，研究报告表明，与体型匹配的杂交犬的死亡年龄中位数相比，纯种犬死亡年龄中位数较低。

最近的一项研究比较了丹麦纯种犬和杂交犬的年龄与死亡原因，提出了造成这些差异的一些原因[23]。从丹麦养犬俱乐部中挑选了近 3000 只犬进行研究。其中包含 20 个纯种犬，15 个不同的品种组，以及 278 只体型各异的杂交犬。所有犬的死亡年龄中位数为 10.0 岁，品种范围从最低的 7.0 岁（伯恩斯山地犬、视觉猎犬品种和獒犬品种）到最高的 12.0 岁（喜乐蒂牧羊犬、迷你和标准腊肠犬，以及小型、迷你和标准贵宾犬）。总体而言，杂交犬种的死亡年龄中位数（11.0 岁）高于整个组的死亡年龄中位数。老龄化被记录为最常见的死亡原因（20.8%），癌症却是第二大最常见的原因（14.5%）。其他相对常见的死因包括意外事故（6.1%）、行为问题（6.4%）、髋关节发育不良（4.6%）和心脏病（4.6%）。与普通犬种相比，预期寿命高的犬种包括贵宾犬（各种体型）、腊肠犬和杂交犬种。其他研究也表明，惠比特犬和小型斯皮兹犬比普通犬种寿命更长。相反，寿命短的品种包括伯恩山犬、大型视觉猎犬品种，以及圣伯纳犬和大丹犬等巨型犬种。

总体而言，杂交犬通常比同等体型的纯种犬寿命更长。当对混血品种和所有纯种犬进行比较时，大多数研究都支持这一说法。然而，需要注意的是，与普通的杂交犬相比，一些纯种犬的寿命要长得多。这些包括喜乐蒂牧羊犬、腊肠犬和各种体型的贵宾犬。尽管丹麦的研究没有根据体型对杂交犬进行分类，但美国的研究确实按照体型对杂交犬进行了分类，并表明，按体重分组时，杂交犬的死亡年龄中位数高于相同体型的纯种犬。此外，不同疾病所带来的风险对于不同品种的犬是不同的。患癌症风险最大的品种有伯恩山犬、平毛寻回犬和拳师犬。有趣的是，尽管圣伯纳犬的预期寿命较短，但该品种的癌症风险低于其他品种。在圣伯纳犬、纽芬兰犬、德国牧羊犬和拉布拉多寻回犬中，犬的髋关节发育不良是一种常见的死亡原因。其他特定品种的死亡原因包括心脏病（在大型品种和标准腊肠犬中更为常见）、椎间盘突出（腊肠、比格犬和软骨发育不良的品种）和脊椎疾病（拳师犬）。

毛发和皮肤： 犬的毛发和皮肤是整体健康的良好指标。犬的毛发在外部环境和皮肤之间形成了一道物理屏障。选择性繁育导致了毛色、长度和质地的巨大变化。然而，一种简单的分类方法是根据长度（短、中或长）和纹理（不同程度的粗细）去判断毛发类型。无论被毛的类型或长度如何，所有的犬都会掉毛。正常毛发周期可以说明这一点。

在所有的犬身上，皮肤中的毛囊负责毛发的产生。每个毛囊由毛囊鞘和毛球组成（图 3.11）。毛囊鞘是一种管状结构，发育中的毛发通过它进入皮肤表面。鳞茎位于毛囊的底部，负责毛发的形成。犬皮肤中的复合毛囊含有多根毛发，通常包括一根坚硬的初级毛发，又称"保护"毛发，以及数量不等的细小次生毛发。这些细小次生毛发构成了犬的底毛，数量比初级毛发多得多。不同品种的犬在保护毛发和次生毛发的数量与类型上存在差异。

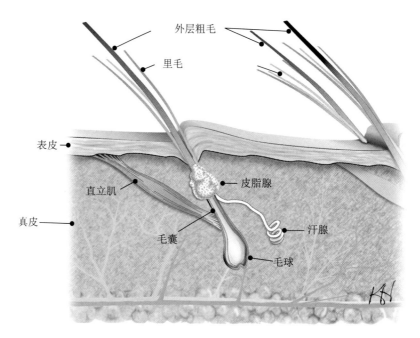

图 3.11　犬毛发的生长不是连续的，而是由生长期和休止期组成

犬毛发的生长不是连续性的，而是由生长期和休止期组成。对于犬来说，毛发生长期需要 6~8 周的时间。相比之下，休止期时间长短变化很大，可以持续几周到几个月。遗传、光周期和环境温度，以及犬的年龄、品种、健康和繁育状况都影响着休止期的长短。当毛囊内开始新的生长期时，休眠的毛发基质细胞重新被激活，开始形成新的毛发。然后，随着新毛发沿着毛囊生长并迫使旧毛发脱落，原先的毛发就会脱落。

光周期对犬的毛发生长和脱落有很大的影响，这导致了毛发生长休止期和脱落期的增加。在犬身上，毛囊活动随着昼长的增加而增加，在一年中昼长最短的几个月里活动减少。随着昼长的缩短，毛发在休眠阶段的时间会更长。因此整体脱毛减少，犬形成了它的"冬毛"。随着春季和夏季昼长的增加，休止期缩短，脱毛速度加快（即犬脱落了冬天的毛发）。然而，当犬一直待在有着人造灯光的室内时，一年四季都会发生脱毛，而且犬永远不会长出厚重的冬季毛发。这种毛发的季节性变化在次生毛发发育良好的品种和饲养在寒冷气候中的动物中最为明显。

犬的皮肤是保护犬身体重要的物理和生化保护层。它也是一种重要的感觉结构，传达关于触摸、压力、疼痛和环境温度的信息。皮肤由表皮和真皮组成（图 3.11）。表皮是最上层，由一层无血管的上皮细胞组成。它牢固地附着在由结缔组织、血管和神经纤维组成的真皮底层。小的分叶状皮脂腺与毛囊相关，并排位列在毛囊的上腔。这些皮脂腺能够产生和分泌皮脂，皮脂是由覆盖和保护毛发并使其具有光泽的油脂化合物组成的。皮脂还起到润滑和保护皮肤的作用，并可能具有抗菌特性。这解释了以皮脂产生异常为特征的疾病通常与皮肤细菌感染的易感性增加有关。虽然皮肤对散热很重要，但犬的皮肤上只有少量的汗腺，所以皮肤出汗对犬来说并不是一种有效的散热机制。健康动物的皮肤应该是干净、柔软的，表面没有污垢、溃疡，皮脂量正常。

黏膜：黏膜是与外界相通器官的润滑膜，如嘴、鼻、眼、肛门和生殖道。这些组织表面的血管呈现出淡粉色（前提是黏膜上不含深色色素）。检查黏膜的颜色和毛细血管再充盈时间（CRT）可以作为评估流向四肢的血流量或组成发生变化的指标。眼睑内的膜（称为结膜），以及口腔内的膜是检查正常黏膜颜色的好位置。正常的黏膜应该是淡粉色（如果没有色素沉着），并且 CRT 正常。苍白的黏膜是红细胞减少（贫血）、失血或血流减少的迹象。一些可能导致黏膜苍白的原因包括出血、红细胞被破坏或红细胞生成不足、心脏病或循环衰竭（休克）。胆红素是肝脏分解血红蛋白时产生的废弃物。当肝脏不能正常代谢血红蛋白时，或者如果红细胞破坏率增加，胆红素就会在体内积聚，从而引发黄疸。中暑早期的黏膜为鲜红色。然而，如果红色仅限于结膜，可能表示眼睛受到刺激或眼睛感染。黏膜呈青紫色（淡蓝色或紫色），表明血液中缺乏氧气。这可能是由呼吸道堵塞、某些类型的心脏问题和某些毒物引起的。

犬的 CRT 是评估血液流向四肢的第二种方法。将犬的上嘴唇抬起，拇指牢牢地按在上牙上方的牙床上 6~8 秒，就可以快速测量出 CRT 的大小。将拇指松开后，记录被按压牙床位置恢复到正常颜色所需的秒数。正常犬的 CRT 约为 1 秒，表示血液循环正常。如果 CRT 为 2 秒或更长，这是血液循环减少的迹象。最常见的是，CRT 被用来粗略地指示受伤或生病的动物是否存在血液循环衰竭。

食物摄入量和体重：每日食物摄入量和体重是犬健康的重要指标。

在美国，肥胖比体重过轻造成的犬的健康问题更多。目前，肥胖是美国猫和犬的主要营养性疾病（详见第十九章）。这一问题最常见的原因是过度饲喂和运动量不足。肥胖的长期影响包括运动耐量的降低和慢性病发病率的增加，如糖尿病、心脏病和退行性关节疾病。在犬的一生中，保持适当的体重有助于长寿和预防慢性病。成长中的幼犬和成年犬应摄入适量的食物以维持理想的身体状况。处于理想体重的犬将会有一个苗条的身形。其肋骨应该几乎看不见，但触诊时却能很容易地感觉到。超重动物的肋骨是看不见的，可以感觉到覆盖在上面的一层脂肪。从俯视角度看，犬应该是沙漏状的外观，腰部有轻微的凹陷。腰围的消失（即肋骨后面的凹陷）表明超重。经常进行剧烈运动有助于消耗能量和保持苗条的身形。

监测食物摄入量也很重要，因为在许多情况下，疾病的最初迹象之一是食物摄入量减少或厌食症。一餐或两餐摄入量减少通常不用担忧，但食物摄入量突然减少或体重突然减轻可能是患病的迹象。

体温： 犬的正常体温在 37.7~39.1℃，平均为 38.6℃。犬散热的主要方法是通过嘴和鼻道加速呼吸（喘气）。

虽然大部分水分看似是从舌头和口腔中流失的，但实际上，犬通过鼻腔散发出的热量比口腔多。当体温升高时，犬首先会通过鼻子呼吸，但由于需要持续排热，它会通过鼻子吸气，并通过张开的嘴巴呼气。尽管犬不会通过身体大部分部位的皮肤出汗，但它确实有位于脚趾之间的汗腺，其功能是通过出汗来排出体内的热量。这是犬唯一用来散热的汗腺。与人类不同，犬的皮肤上没有汗腺。犬的体温应该用直肠温度计测量，最好是专门为宠物设计的温度计。当犬身体产热高于散热时，就会出现体温升高，这可能是内部（代谢）原因或外部（环境）原因造成的。发烧是体温升高的代谢原因，是由身体体温调节机制的变化引起的。大脑中的温度"设定点"暂时升高，从而使身体维持高于正常体温的工作状态。因此，发烧的犬会试图通过寻找温暖的地方或蜷曲的姿势睡觉来保存热量。一般来说，中度发烧对犬没有危险，它代表了身体用来对抗感染或疾病的一种防御机制。犬可以忍受高达 40.5℃ 的体温。然而，如果发烧升至 41.1℃ 或更高，或如果发烧持续 1~2 天以上，则应采取措施降低体温。

过高的环境温度和湿度及过度的运动都会导致体温过高。在这种情况下，可以看到犬试图通过喘息和寻找凉爽的环境来排出体内多余的热量。早期症状包括黏膜鲜红和体温升高。热射病的犬体温最高可达 43.3℃。犬中暑（热射病和热衰竭）需要医疗紧急处理，并应立即寻求宠物医生的治疗（详见第十五章）。

　　脉搏： 脉搏是动脉有节奏的扩张，与心脏左心室的每次收缩相对应。动物的脉搏代表了心脏泵血的能力。正常的脉搏频率差异很大，这取决于犬的年龄、体型、健康和生理状态。警觉、安静的犬正常静息脉搏频率范围是 60~140 次 / 分。小型犬的脉搏频率通常在这个范围内的较高值，而大型犬和巨型犬的脉搏频率会较慢。与相同体型的成年犬相比，幼犬的脉搏频率略高。会导致衰弱的疾病通常脉搏微弱和缓慢，而发烧与脉搏频率增加有关。犬的脉搏可以通过直接触摸心脏或触摸后腿的股动脉来测量。轻轻地按压犬肩膀后面的下胸壁（在胸腔的下 1/3 处）可以直接感觉到犬的心跳。股动脉会穿过股骨，大约在骨头的中下部。用两个或三个手指轻轻按压这条动脉也能很好地测量犬的脉搏（图 3.12）。正常静息脉搏应该是强有力的，容易感觉到的，且节奏平稳。

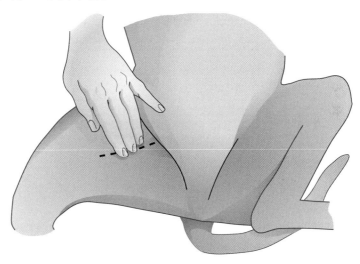

图 3.12　测量犬股动脉处的脉搏

注：正常的静息脉搏应该强而有力，容易感觉到，并且有均匀的节律。

　　呼吸率： 呼吸率是指每分钟吸气（或呼气）的次数，是呼吸系统功能正常与否的重要指标。通过观察胸腔的运动以及计算吸气或呼气的次数，可以很容易地监测到这一点。犬的正常呼吸频率范围是 10~30 次 / 分，平均 20 次 / 分。

结论

　　虽然犬已经被驯化了12000多年，选择性繁育引起了许多体型、外观和性情的变化，但所有的犬出生时都有相同的基本骨骼结构、感觉器官以及运动和感知世界的方式。伴侣动物专业人士可以使用其中一些基本的生理参数来监测犬的健康和福利。在下一章中，将详细阐述犬的繁育方式，特别是犬的繁殖生理和周期的独特性。

参考文献

[1] Ritvo, H. **The emergence of modern pet-keeping.** In: *Animals and People Sharing the World* (A.R. Rowan, editor), University Press of New England, Hanover, NH, pp. 13–31. (1988)

[2] Fox, M.W. **Origin and history of the dog.** In: *Understanding Your Dog*, Howard, McCann,and Geoghegan, New York, pp. 1–17. (1974)

[3] American Veterinary Medical Association. AVMA **Animal Welfare Position Statements, Ear Cropping and Tail Docking, 2003.**

[4] Bradshaw, J. **Behavioural biology of the dog and cat**. In: *The Waltham Book of Dog and Cat Behavior* (C. Thorne, editor), Pergamon Press, Oxford, pp. 35–48. (1992)

[5] Miller, P.E. and Murphy, D.J. **Vision in dogs. Leading edge of medicine–a review.** Journal of the American Veterinary Medical Association, 12:1623–1634. (1995)

[6] Neitz, J., Geist, T., and Jacobs, J.H. **Color vision in the dog**. Visual Neuroscience, 3:119-125. (1989)

[7] Schoon, A. **The performance of dogs in identifying humans by scent.** Ph.D.Dissertation, Rijksuniversiteit, Leiden. (1997)

[8] Moulton, D.G. **Minimum odorant concentration detectable by the dog and their implications for olfactory receptor sensitivity.** In: *Chemical Signals in Vertebrates* (D. Muller- Schwarz and D. Mozell, editors), Plenum, New York, pp. 455–464. (1977)

[9] Dodd, G.H. and Squirrel, D.J. **Structure and mechanism in the mammalian olfactory system**. Symposia of the Zoological Society of London, 45:35–36. (1980)

[10] Moutlon, D.G. **Studies in olfactory acuity. 4. Relative detectability of naliphatic acids by dogs.** Animal Behavior, 8:117–128. (1960)

[11] Edney, A.T.B. **Companion animal topics: dogs and human epilepsy**. Veterinary Record, 132:337–338. (1993)

[12] Dalziel, D.J., Uthman, B.M., McGorray, S.P., and Reep, R.L. **Seizure-alert dogs: a review and preliminary study.** Seizure, 12:115–120. (2003)

[13] Moulton, D.G., Ashton, E.H., and Eayrs, J.T. **Studies in olfactory acuity. 4. Relative detectability of n-aliphatic acids by the dog.** Animal Behaviour, 8:117–128. (1960)

[14] Kaimus, H. **The discrimination by the nose of the dog of individual human odours and in particular of the odours of twins.** Animal Behaviour, 3:25–31. (1955)

[15] Altom, E.K. Davenport, G.M., Myers L.J., and Cummins, K.A. **Effect of dietary fat source and exercise on odorant–detecting ability of canine athletes.** Research in Veterinary Science, 75:149–155. (2003)

[16] Szetei, V., Miklosi, A., Topal, J., and Csanyi, V. **When dogs lose their nose: an investigation on the use of visual and olfactory cures in communicative context between dog and owner.** Applied Animal Behaviour Science, 83:141–152. (2003)

[17] Gazit, I. and Terkel J. **Domination of olfaction over vision in explosives Detection by dogs.** Applied Animal Behaviour Science, 82:65–73. (2003)

[18] Katcher, A.H. and Friedmann,E. **Potential health value of pet ownership.** Compendium on Continuing Education for the Practicing Veterinarian, 2:117–122. (1980)

[19] Deeb, B.J. and Wolf, N.S. **Studying longevity and morbidity in giant and small breeds of dogs.** Veterinary Medicine (supplement), 89:702–713. (1994)

[20] Michell, A.R. **Longevity of British breeds of dog and its relationships with sex, size, cardiovascular variables, and disease.** Veterinary Record, 145:625–629. (1999)

[21] Bonnet, B.N., Egenvall, A., Olson, P., Hedhammer, A. **Mortality in insured Swedish dogs: rates and causes of death in various breeds.** Veterinary Record, 141:40–44. (1997)

[22] Patronek, G.J., Waters, D.J., and Glickman, L.T. **Comparative longevity of pet dogs and humans: implications for gerontology research.** Journal of Gerontology: Biological Sciences, 52A:B171–B178. (1997)

[23] Proschowsky, H.F., Rugbjerg, H., and Ersboll, A.K. **Mortality of purebred and mixed–breed dogs in Denmark.** Preventive Veterinary Medicine, 58:63–74. (2003)

第四章　繁殖和育种管理

　　在狼被驯化为犬的过程中，一些重要的行为和生理特征随之发生了改变，犬遗传了狼的繁殖生理和繁殖周期的主要组成部分。狼的发情是季节性的，这意味着它在每个繁殖周期或生殖季中，只有一组卵泡成熟并释放卵子。不过，虽然狼的发情周期受到了日光长短的影响，但犬的选育已经导致繁殖周期与日照长度的季节变化脱节。犬也比狼更早达到性成熟，并且在性方面没有那么挑剔。狼在 2 岁左右达到性成熟，而母犬在 6~16 个月即达到性成熟，但具体时间取决于犬的体型和品种。公犬一般 10 个月左右达到性成熟。本章主要阐述犬的生殖系统、生殖周期、交配、怀孕、分娩和幼崽护理。

母犬的生殖系统解剖构造

　　母犬的生理结构决定着母犬一窝可生育几只后代。母犬生殖系统的主要器官包括卵巢、输卵管、子宫、阴道、外阴和第二性器官——乳腺（图 4.1）。卵巢是相对较小、利马豆形状的器官，位于肾脏的尾部。它的功能是产生卵子和某些生殖激素。输卵管是连接卵巢和子宫的小而细的通道，其功能是将卵子从卵巢运送到子宫。和很多哺乳动物一样，犬的卵子在通过输卵管的过程中成熟并受精。排卵并释放到输卵管后，卵子大约需要 2 天穿过输卵管到达子宫。输卵管连接子宫角的上端。根据交配繁殖的时间和卵子成熟的速度，受精通常发生在输卵管末端附近（离子宫最近）。子宫是一个肌肉发达、中空的 "Y" 形器官，由两个长角、一个短体、颈部和子宫颈组成。子宫颈是一个椭圆形的纤维 / 肌肉结构，是子宫到阴道的通道。阴道，通常被称为 "产道"，是从子宫颈延伸到外阴的狭长的肌肉 / 膜质管道。阴道内衬有分层的鳞状上皮细胞。在母犬的发情周期中，这些细胞的形状和结构会发生变化。

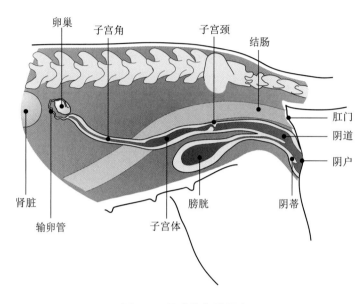

图 4.1　母犬的生殖器官

　　生殖器官变化可以作为检测母犬排卵的一种方法。外阴包括母犬的外生殖器，包括阴蒂和阴唇的外部褶皱。雌性的第二性器官是乳腺。母犬有 4~6 对，沿着腹部平行排列成两排。乳汁通过乳头喂给幼犬。在青春期之前，这些腺体几乎没有发育。在第一次发情前期，雌激素的产生刺激腺体内导管系统的发育和产乳细胞的分化。腺体内的分泌细胞在妊娠期发育完全，然后在哺乳期分泌乳汁。

公犬的生殖系统解剖构造

　　公犬的生殖系统由一对睾丸、阴囊、导管系统、前列腺和阴茎组成（图 4.2）。睾丸的功能是产生精子（精子发生），是睾酮合成的主要部位。犬全年均可产生精子，这与狼和其他哺乳动物身上的季节性波动存在差异。睾丸主要是由睾丸小叶构成，每个小叶包含长而紧密缠绕的输精小管。

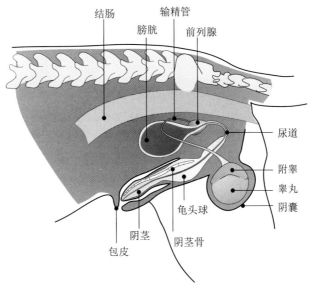

结肠　膀胱　输精管　前列腺

尿道

附睾

睾丸

阴囊

龟头球

阴茎　阴茎骨

包皮

图 4.2　公犬的生殖器官

　　排列在生精小管上的细胞，即生发细胞，负责精子的产生。精子在输精管的不同部位处于不同的生产和成熟阶段，一个完整的精子发生周期需要 62 天。位于小管之间的睾丸间质细胞产生睾丸激素。这种激素对于正常的精子发生、第二性征的发育和雄性的性表现是必要的。生精小管最终变直并排空，形成集精小管，从而合并形成附睾，精子在附睾成熟。精子要花费 10~14 天的时间在附睾中穿行。每个附睾的精子都释放到输精管（也称为输精导管），通过输精管最终排入尿道。前列腺是犬唯一的附属性腺。它围绕着尿道，与膀胱相连，并产生一种水状分泌物，紧随精液射出。尿道是一个中空的通道，从膀胱颈部的开口穿过阴茎。它用来运输尿液，在交配和射精过程中运输含有精子的精液。

　　犬的阴茎有几个独有的特征。在龟头（阴茎的自由部分）内，有一块小骨头，叫作阴茎骨。这种骨头在交配的早期阶段为阴茎提供支撑。在阴茎骨的一端是一个叫作龟头球的阴茎肿胀。这个区域在性交（交配）时扩大成球形，成为犬的"性交纽带"。这个纽带禁止雄性和雌性在性交和射精后立即分开，通常会持续 5~80 分钟。

　　公犬体内有几种重要的生殖激素。公犬和母犬的脑垂体都分泌黄体生成素（LH）和促卵泡激素（FSH）。在公犬中，这些激素刺激睾丸产生精子和激素。具体来说，FSH 启动精子发生和雄激素的产生，而 LH 刺激睾丸激素的分泌。睾丸激素由位于生精小管周围结缔组织中的睾丸间质细胞产生。睾丸激素对雄性特征的发育和维持、刺激雄性性行为、维持生殖道和刺激精子发生具有重要作用。

母犬发情周期

犬的发情周期有几个阶段，分别是乏情期、发情前期、发情期和间情期（图 4.3）。这个周期中涉及犬的"躁热"或"季节性"的部分，实际上只是整个发情周期的一个阶段（发情期）。母犬在发情期排卵，并在此期间接受雄性交配。排卵是将成熟卵子从卵巢释放到输卵管的过程，从而使卵细胞受精。和许多哺乳动物一样，犬是自发排卵的动物。这意味着卵子会随着体内激素水平的变化而周期性地从卵巢中释放出来。这可以与诱导排卵的动物（如猫）形成对比，后者需要生殖道的激素准备以及刺激交配触发排卵。卵巢内的卵子在卵泡内发育，卵泡是由特化细胞组成的充满液体的囊。卵泡发育导致排卵，并受激素的控制。卵子进入输卵管后，排卵部位的卵泡细胞增殖，其结构和功能发生变化，形成黄体。黄体是一种短暂的、可产生激素的腺体，存在于发情周期的间情期。

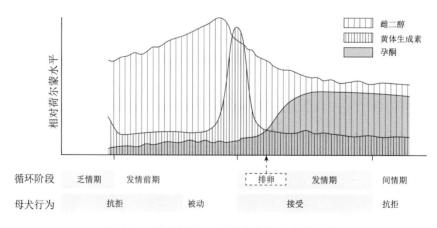

图 4.3　荷尔蒙变化：发情和行为变化的阶段

乏情期：乏情期被认为是生殖静止期或休息期。在未怀孕的雌性中，它开始于间情期末期，结束于发情前期。在经历了妊娠期的雌性中，乏情期开始于分娩后。雌性乏情期的持续时间差异很大。年龄、健康状况、生活条件和品种等因素都会影响它的长短。平均乏情期为

5.5 个月，2~10 个月是正常的。5.5 个月的乏情期会导致发情周期持续约 8 个月。

发情前期： 发情前期的开始通常被定义为带血的阴道分泌物首次出现的那一天，伴随着外阴的增大和肿胀。在发情前期的初期，外阴非常肿胀。如果在发情前期尝试交配，那么交配就不可能或非常困难。然而，随着发情前期的进行，外阴变得柔软和柔韧，消除了交配的障碍。发情前期出血是子宫内膜血管红细胞渗漏进子宫腔的结果。在这个阶段，生殖道在很大程度上受到发育中卵泡产生的雌激素的影响。随着发情前期的进行，母犬经常表现得很顽皮，甚至可能会挑逗公犬，但不允许公犬与之交配。在发情前期的末期，母犬对雄性的接近往往变得越来越被动。发情前期通常在 6~11 天，平均为 9 天。

在此期间一些荷尔蒙会发生变化。脑垂体分泌的卵泡刺激素（FSH）和黄体生成素（LH）作用于卵巢，刺激卵泡的生长和发育（图 4.3）。卵泡是雌性体内雌激素合成的主要部位。雌性激素与发情前期的行为变化有关，也与子宫和阴道为交配和怀孕做准备有关。随着卵泡发育和排卵准备，雌激素浓度会稳步增加。发情前期以发情的开始为结束，发情的特征是在这个时间内，雌性允许雄性与之交配。

发情期： 发情期的特征是母犬具有了性接受能力。这些行为变化是对循环雌激素水平下降和循环孕酮浓度增加的反应（图 4.3）。发情期从雌性能接受交配的第一天开始，到雌性不再接受雄性时结束。雌性行为的变化包括允许甚至开始与雄性互动，当雄性接近或试图爬跨时，蹲下并将后半身向雄性抬起，将尾巴偏向一侧，以及在交配时收紧后腿以支撑雄性的重量。发情期阴道分泌物通常发展成稻草色或微粉红色。阴道分泌物也含有信息素，使母犬对公犬非常有吸引力。发情期的平均持续时间为 5~9 天，但有时也会持续近 3 周。

发情期荷尔蒙的影响包括雌激素的下降和孕激素的增加。雌激素浓度的变化刺激脑垂体释放 FSH 和 LH，进而促进排卵。排卵和交配发生在发情期。排卵发生在垂体 LH 激增后 24~72 小时内（图 4.3）。释放卵子的数量根据母犬的年龄和品种而有所不同。一般来说，体型较小的品种比体型较大的品种排卵数更少（因此产仔量更少）。小型品种通常每个周期排出 2~10 个卵子，但大型品种可能释放 5~20 个卵子。所有卵子都在 24~48 小时内释放，并处于相似的发育阶段。这确保了如果受精发生，胎儿将非常接近相同的年龄。在排卵时，卵子仍未成熟，直到排卵后约 24 小时才完成减数分裂。

获能是卵子成熟的过程，只有经过这个过程的卵子才能够被精子受精。这个过程需要 2~3 天。一旦成熟，卵子就是有活力的，并能在 12~72 小时内受精。受精发生在输卵管的远端。排卵后，破裂的卵巢卵泡转化为黄体，并开始分泌孕酮。黄体是一种短暂产生激素的腺体，在卵巢表面卵泡破裂的部位发育。正是这个器官负责在发情期孕酮水平的提高（图 4.3）。

间情期：间情期是发情期后的两个月，此时雌性的生殖器官受到黄体产生的孕酮的影响。它开始于母犬性接受能力的停止，一直持续到黄体退化。如果雌性已经受精并怀孕，这段时间相当于妊娠期。在怀孕的母犬中，间情期在分娩时突然结束，在受精后 60~66 天。在未怀孕的母犬中，随着黄体退化和卵巢恢复到无发情状态，黄体期衰退得更慢。

犬的独特之处在于，间情期在怀孕和未怀孕的雌性中的持续时间是相同的。在怀孕的动物体内，黄体负责分泌黄体酮和其他对维持妊娠很重要的激素。孕酮负责完成子宫的怀孕准备工作，并在整个妊娠期维持子宫处于静止状态。在大多数物种中，如果没有怀孕，黄体会退化，雌性会更早地恢复到乏情期。然而，无论母犬是否怀孕，黄体都能维护并在同一段时间内保持功能。虽然怀孕母犬在妊娠期间的孕激素浓度略高于未怀孕母犬，但雌性之间的个体差异使孕激素的浓度无法作为判断是否怀孕的指标。从生理学上讲，这意味着母犬的生殖器官经历了一个完整的繁殖周期，无论母犬是否已经受精并怀孕。在非怀孕和怀孕状态下，所经历的激素变化以及由此引起的行为和生殖器官的变化是相同的。这一点很重要，因为这意味着所有未怀孕的健康母犬在妊娠期间都会出现假妊娠，因为所有雌性尽管没有怀孕，但都有黄体功能。

在行为上，母犬在间情期发生的假妊娠状态差异很大。虽然一些母犬没有任何外在的迹象，但其他的母犬可能表现出食欲增加、活动水平下降及母性行为增加。有些母犬甚至会在间情期结束时分泌乳汁。在间情期，外阴逐渐缩小，最终恢复正常（乏情期）外观。在间情期之后，母犬最终会回到乏情期阶段，周期再次开始。

母犬排卵的检测

排卵发生在发情周期的发情阶段。当一只母犬将要配种时，对排卵时间的预估是成功繁殖的基本条件。尽管行为线索有助于提供一个大致的时间框架，但育种者通常对精确识别排卵时间感兴趣。大多数母犬会接受公犬的接近，并在排卵前几天进行配种。如果仅仅用行为线索来决定配种日期，那么母犬应该在接受公犬的第一天配种，然后在 2 天和 4 天后再配种一次。虽然这种方法在某些情况下是成功的，但它不是很准确。其他检测排卵（从而测定繁殖日期）的方法包括阴道脱落细胞学分析和连续测定血清孕酮水平。

阴道脱落细胞学分析是母犬排卵检测中最常用的诊断方法[1]，因为雌激素直接影响阴道上皮细胞的厚度和细胞形态，阴道细胞学分析提供了母犬雌激素状态的粗略估计。因此，阴道内膜细胞的变化有助于鉴别发情前期、发情期和间情期（图 4.4）。

在乏情期，阴道内膜只有几层细胞厚，由小的立方细胞组成。当生殖系统受到发情前期雌激素水平升高的影响时，这一层的厚度大大增加，细胞发育成复层的鳞状上皮细胞。这些细胞又大又平，可以作为阴道的保护屏障。随着发情前期的进行，上皮层的增厚推动腔内的细胞远离它们的血液供应。这种无血管状态导致特征性的细胞变化，并最终导致细胞死亡和脱落（细胞的脱落）。

阴道涂片可以由宠物医生或有经验的育种者快速无痛地从母犬身上获得。涂片包含脱落的上皮细胞。这些细胞的大小和形状可提供关于母犬生殖周期阶段的信息。基底（壁）细胞是最不成熟的上皮细胞，仅在乏情期、发情前期早期和间情期可见。中间细胞是指基底细胞和完全成熟的浅表层细胞之间的过渡阶段。在发情前期早期，这些细胞小而圆，但随着发情前期的进行，它们变得更有棱角（图 4.4）。最后，完全成熟的细胞被称为浅表层细胞或角质化细胞。这些在发情期的大部分时间都可以看到，并且含有大量的角蛋白。角蛋白是一种结构蛋白，其功能是赋予保护细胞力量。完全角质化的细胞扁平且形状不规则，有棱角。细胞核在细胞中要么不存在，要么几乎看不见。在发情前期，中性粒细胞（一种白细胞）也可见于涂片。这些细胞的数量在发情前期和发情期减少。

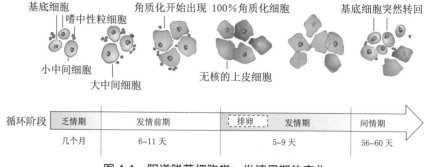

图 4.4　阴道脱落细胞学：发情周期的变化

上皮细胞从发情前期的早期基底细胞到发情期成熟的角质化细胞的发展进程可以用来评估排卵时间。从发情前期的初期或中期开始，应在 4~10 天做一次阴道涂片。在发情前期开始的时候，涂片中几乎所有的细胞都是基底细胞，少量是中间细胞。随着发情前期的进展，完全角化细胞的数量逐渐增加，直到这些细胞几乎 100% 地构成涂片中观察到的上皮细胞。这个状态保持 10~14 天，之后出现急剧下降。当母犬开始排卵，细胞已完全（100%）角质化，平均持续时间为 6 天。因此，有必要使用一系列的涂片确定细胞完全角质化的第一天。因为卵细胞需要 2~3 天才能获能，母犬应该在细胞 100% 角质化后 4~5 天进行第一次配种。这样它就可以每天或每隔一天连续交配 3~4 次。这个时间跨度将确保当排卵发生时遇到有活性的精子。

检测血液中的孕酮水平是确认犬排卵的第二种方法。与其他哺乳动物相比，犬的不同之处在于，它的血清孕酮浓度在排卵前几天就开始增加。在发情前期的最后几天，雌激素水平的下降和黄体酮浓度的增加导致垂体的 LH 激增，从而诱导排卵。LH 峰值是确认排卵最可靠的指标。因为黄体酮水平的上升与犬的 LH 峰值高度相关，所以血清中的黄体酮浓度可以用来估计排卵时间。排卵发生在 LH 峰值后 2 天。卵子需要额外的 2~3 天才能成熟，存活 12~72 小时。因此，LH 峰值后 4~7 天是最易受孕的时期。与阴道细胞学一样，孕酮浓度在一系列测量中最有价值。兽医可提供检测试剂盒。应在发情前期和发情期间采集血液样本并进行检测。孕酮基线浓度为 0~1 纳克 / 毫升[2-3]。在发情开始时增加到 1.0 纳克 / 毫升以上。由于黄体在发情期后期和间情期占主导地位，孕酮浓度缓慢增加，在发情间期的前 2~3 周达到 15~60 纳克 / 毫升。可以用一系列的血液测试来确定血清孕酮水平开始上升的日期。这一时间与 LH 峰值相吻合。第一次交配应在 2 天后进行，每隔一天重复进行几次交配。

一种不太可靠的检测母犬排卵的方法是从发情前期的第一天开始计算天数。一般来说，排卵发生在发情前期开始后的第10~14天。然而，这段时间在不同的犬之间是千差万别的，也容易出现人为错误，因为发情前期的起始并不总是明显的，也不能总是被主人准确地观察到。人们还经常建议，当阴道分泌物的颜色从粉红色或红色变为半透明的黄色或透明的颜色时，就应该开始交配。这也不是一种可靠的方法，因为许多母犬在发情前期和发情期间都有带红色的分泌物。同样，外阴的大小和肿胀程度的变化也不是确定母犬繁殖日期的可靠方法。

育种管理

在决定给犬育种之前，必须考虑许多重要因素。在大多数情况下，不育种的原因远远超过了饲养员想给犬育种的渴求。美国各地的动物收容所每年被迫安乐数百万只健康的犬，仅仅是因为没有条件同时收养这么多流浪动物。仅此一项就为反对无差别育种提供了强有力的论据。任何犬育种的决定都必须考虑到母犬和幼犬的福利和健康，以及良好和永久的住所（详见第六章），这是很重要的。

一旦决定进行育种，就必须彻底评估动物的健康状况，应保留书面记录。对于母犬，应包含以下信息：关于以前发情期的信息（即发情前期、发情期和间情期的长度；假妊娠的迹象；是否有异常发情周期），以前的繁殖日期和结果，阴道细胞学信息，以及完整的健康记录。健康记录应包括接种疫苗日期和犬的身体状况信息，并应表明是否存在疾病或结构异常。对于育种犬只没有犬育种常见的任何遗传性疾病的声称（例如，犬髋关节发育不良或白内障）也应该包括在文件中。育种前应进行犬布鲁氏菌病试验。虽然犬布鲁氏菌病不是一种常见疾病，但它在犬育种场中的存在可能是毁灭性的。最后，在育种之前，应该对母犬进行全面的身体检查，包括对其生殖道的检查。公犬的繁殖记录应包含与母犬相同的健康信息。精液活力的记录也应保留。正常情况下，犬的精子活力≥75%。

母犬通常被带到公犬那里繁殖。求偶行为是由公犬发起的，母犬要么积极回应，要么通过回避或攻击来拒绝公犬。公犬的求偶行为包括强烈地嗅闻母犬的脸、侧面和泌尿生殖器区域、舔舐外阴以及追逐或玩耍行为。如果母犬接收公犬爬跨，公犬就会爬跨，并用前腿夹住母犬的两侧。犬的阴茎骨允许它勃起前插入（阴茎插入）。插入后立即勃起，并伴随着公犬后腿的快速踏步运动。此时龟头球肿大，最终导致打结。犬在插入后一分钟内射的是不含精子的前列腺液体。随着勃起，公犬把两只前腿放在母犬身体一侧，抬起一条后腿越过母犬的背部，这样它们就尾尾相连被"锁"或"绑"在一起。公犬的大龟头球会阻止性交过程中阴茎从母犬阴道中拔出。精液中富含精子的部分在性交的前 1~5 分钟射出。内部捆绑通常持续 5~60 分钟。一旦公犬大龟头球缩到足够小，母犬和公犬就可以自然分开了。

妊娠期

受精：卵子在母犬生殖道中的存活时间为 12~72 小时。平均而言，受精发生在发情期的第 7 天左右。来自自然交配的精子会在射精后 30 秒内遇到母犬输卵管中的卵子，并在母犬生殖道内存活 7 天。如果卵子在交配当天还未成熟，受精就可以在交配后几天进行。受精和胎儿早期发育都在输卵管内，发育中的胚胎在受孕后 6~10 天进入子宫。子宫壁着床发生在受精后 17~21 天。胎儿通常均匀分布在两个子宫角。一般来说，犬的品种越大，产仔越多。小型犬可能只产 1~3 只幼犬，但大型犬平均每窝有 7~12 只幼犬。

怀孕的确认：与许多其他哺乳动物（如马和人类）不同，怀孕的母犬没有明显的特定激素变化，能将它们与未怀孕的母犬区别开来。在间情期怀孕和非怀孕母犬黄体功能均正常，血清孕酮浓度相似。因此，目前还没有可靠的血液测试可以用来检测母犬是否怀孕。然而，有几种间接的经常一起用的方法可以用来判断其是否怀孕。

触诊母犬的腹部是否存在单个胎盘部位的子宫肿胀是一种相对简单的妊娠检测方法。如果由经验丰富的宠物医生、技术人员或饲养员在母犬怀孕期间的正确时间来触诊，那么这种方法是可靠的。从第一次交配开始算起，每个胎儿周围的单个肿胀通常在妊娠 20~30 天可以摸到。胎儿呈椭圆形或圆形肿胀，在子宫角内彼此明显分开。例如，一只 40 磅（18 千克）重的犬的胎儿肿胀长度大约为 2 英寸（5 厘米）。在妊娠第 30 天左右，触诊变得不那么可靠，因为这时子宫变得弥漫性增大，很难检测胎儿之间的分离。

超声波是妊娠检测的第二种方法，可以相对早地在妊娠的 16~20 天识别子宫内的胎儿形态。心脏功能的可视化最早可以在第 25 天看到。检测和监测心跳与胎盘循环的能力是超声诊断的另一个优势。然而，超声波的一个限制因素是所需的设备可能非常昂贵，并不是所有的兽医都有能力为他们的客户提供超声波诊断。

射线光片是检测妊娠和确定胎儿数量的可靠工具。然而，要从放射学上识别胎儿，胎儿骨骼必须发育到一定程度。在妊娠第 21~42 天射线光片可能显示子宫角增大，充满液体，但骨骼发育不充分，不能做出明确诊断。到第 42~52 天，可以检测到胎儿骨骼。由于射线光片直到妊娠后期才具有可靠的诊断作用，因此通常不用于妊娠诊断，而是用于确定胎儿的数量。如果有难产问题，兽医也会建议做射线光片检查（分娩问题）。

有几个妊娠的次要迹象可以作为支持证据，但不是诊断性的。这些迹象也经常出现在假孕的母犬身上。如果母犬没有过度喂养，在怀孕后大约第 5 周出现腹部增大。在繁殖时处于最佳体重的母犬，在怀孕的前 4 周内不应观察到体重增加或腹部增大。乳腺组织的发育是多变的，但通常开始于第 35 天左右。这被认为是腺体的普遍增大，最终，乳头周围的毛发脱落。通常在妊娠的第 58~60 天开始产奶。此外，大多数怀孕的母犬会从第 32 天左右开始出现由清澈到浑浊的阴道分泌物，一直持续到临近分娩。

妊娠和分娩时间： 由于母犬的排卵时间相对难以确定，而且大多数母犬在发情期多日交配，因此，很难确定受精发生的准确日期。从交配的第 1 天算起，一个合理的妊娠期大概为 56~72 天。平均妊娠期为 63~65 天。阴道细胞学涂片可用于提供更准确的预产期。如果母犬可能需要剖宫产，这是很有用的。根据阴道细胞学测定，产崽日期确定为间情期第 1 天后 56~58 天。胎儿多少对妊娠期长短有显著影响。大窝跟只有 1~3 只胎儿的小窝相比，妊娠期短（短 1~3 天）。

犬的分娩（生产）被称为下崽。分娩开始前 20~30 小时，母体血浆孕酮浓度开始下降。在产崽前 12~24 小时，母犬的体温会下降。直肠温度通常从 38.6℃降至 37.7℃或更低。这一变化经常被育种者用作即将分娩的信号。分娩开始的刺激主要来自胎儿分娩时肾上腺皮质分泌糖皮质激素的增加。胎儿糖皮质激素导致胎盘中雌激素的合成增加，进而促进胎盘和子宫前列腺素 F-2α（PGF-2α）的合成与释放。这种局部作用的激素导致黄体退化和随后的孕酮减少。孕酮对生殖道的影响丧失使子宫收缩发生。雌激素还能增强催产素的作用和释放，从而增加 PGF-2α 的产生。最后，松弛素在分娩过程中发挥重要作用，其功能是诱导耻骨间韧带伸长。允许耻骨分离是胎儿通过产道所必需的条件。

分娩有 3 个阶段。第一阶段通常犬主人注意不到，因为发生的子宫收缩在外部是看不见的。在这一阶段，宫颈放松扩张，轻度收缩开始。母犬通常会变得不安和紧张，可能会颤抖甚至呕吐。第一阶段持续 6~12 个小时。第二阶段的特点是强烈的宫缩，最终胎儿产出。第三阶段开始于胎儿产出后，结束于胎盘排出。因此，那些产多只幼犬的母犬在产崽期间会在阶段 2 和阶段 3 之间交替。一般来说，母犬在几个小时内就能产下一窝幼崽。从第二阶段分娩的强烈宫缩开始到幼犬出生之间的时间通常是 10~30 分钟。母犬主动用力超过 30~60 分钟是难产的迹象，应该咨询兽医。胎盘通常在所有幼犬出生后 5~15 分钟内排出（第三阶段）。

产崽区域应该是一个不通风、温度可控制的安静区域。怀孕的母犬应该至少在预产期前 5 天被引入产崽区域进入产崽箱。让她在幼犬出生之前就适应这个区域。产崽箱可以有各种各样的设计，但应该是温暖和干燥，易于清洁，并容易接近母犬，同时防止幼犬在成长过程中跳出。这个产崽箱应该三面封闭，在第四个面开一个入口。入口应该离地面 4~6 英寸（10~15 厘米）（取决于母犬的高度）。母犬应该能迈进去，但幼犬不能爬出来。空间应该足够大，可以让母犬完全伸展身体侧面躺下，并且有多余的空间。产崽箱的尺寸是母犬长度的 1.5~2 倍是理想的。在距离地板 3~4 英寸（8~10 厘米）的地方应该放置一个栏杆或壁架，围绕整个产崽箱的内部边缘。这个壁架可以防止母犬躺下喂奶时，不会将夹在它身体和箱子之间的幼犬压扁或导致幼犬窒息。

所使用的被褥材料应具有良好的牵引力，易于清洁，并且由不易被幼犬摄入的材料制成。适宜的床上用品包括旧毛巾、床垫、尿布或室内 / 室外地毯。

应在产崽箱中放置补充热源。在出生后的第一周，幼犬没有颤抖性产热（一种产生额外体温的机制），在调节自身体温方面能力低下。它们必须依靠母犬的体温和同窝犬的体温来维持正常体温。因此，在出生后的最初几周，产崽箱周围的环境温度对于帮助幼崽保暖至关重要。如有需要，应在幼崽区放置补充热源，以便幼崽可以移动到舒适的区域，如果它们觉得太热，完全可以逃离热源。适当的热源包括热灯和电热垫或热水垫。

新生幼犬的护理

虽然母犬给予了新生幼犬的大部分护理，但健康幼犬的管理包括提供适当的环境，识别健康正常的新生儿的迹象，以及识别健康问题或疾病的迹象。几个生命体征可以作为健康指标进行监测（表4.1）。幼犬出生时相对不成熟。他们的眼睑还没有睁开，所以，还看不见。它们的耳朵也还不能正常工作。当被抓起时，健康的新生幼犬应该有良好的肌肉张力，感觉"结实而丰满"，被抚摸时用力摆动。健康的幼犬大部分时间都很安静，只有在饥饿或寒冷的时候才会吠叫。过度或长时间的吠叫通常是有问题的第一个迹象。

表 4.1　　新生幼犬的健康指标

检测项目	呼吸 /（次 / 分）	心率 /（次 / 分）	体温 / ℃
新生儿第一天	8~10	120~150	34.4~35
前 5 周	15~35	150~220	36.6~37.7
成犬	10~30	80~140	37.7~39.1

新生幼犬大部分时间在睡觉和吃奶（当它们醒着的时候）。它们在睡觉时，不会安静地躺着或静止不动，它们睡眠时间的 75% 都处于身体被激活的状态。其特征是持续的抽搐、震摇、拉伸和位置的转移。激活状态下的睡眠对神经和肌肉系统的发育很重要，这似乎是新生幼犬发展肌肉张力和开始发展协调性的机制。

所有新生幼犬都应该表现出正常的新生儿反射。当幼犬的嘴接触到乳头时，就应该能看到吮吸反射。虽然有些幼犬在出生后几分钟内就会表现出这种反射，但所有健康的幼犬都应该在几小时内表现出强烈的哺乳反射。当幼犬用头和爪子向前推并爬向母犬的一侧或当它的爪子与母犬接触时，就会观察到这种觅食反射。幼犬在觅食时会自然地以绕圈圈的模式移动，据称这种反射（及其方向）确保幼犬在出生后不久就能找到乳头。当幼犬仰卧时，它应该能够立即翻转过来并纠正自己。最后，所有的新生幼犬都应该表现出对气味、触摸、疼痛和温度变化的反应。

在幼犬出生后的最初几天和几周内，最重要的健康指标是体重的正常增加。在出生一两天后，幼犬的体重应该稳步增加，7~10 天内体重应该是出生体重的 2 倍。在出生后的前 3~4 周内确定体重正常增加的一般经验法则是，每天增加 1~1.25 克以达到预期的成年体重。例如，如果一只幼犬成年后的预计体重约为 60 磅（27 千克），那么它应该在出生后的前 3~4 周每天增加 60~75 克。这相当于每天增加 2~2.5 盎司（57~71 克）的体重。幼犬出生后的前两周应该每天称体重，然后每周称一次，直到断奶。

大多数繁育者会在幼犬 2~5 日龄的时候去掉它们的悬蹄。悬蹄是附着在前爪腕关节上的第一个脚趾，但它是退化的、没有功能的附属物。所有犬的前腿上都有悬蹄，一些品种犬的后腿上也有。后腿上的悬蹄通常缺乏内部骨骼结构。前悬蹄几乎都有完整的内部骨骼。悬蹄通常被移除，以防止犬活动时受伤或相连的指甲向内生长。当它们在这么小的年龄被切除时，通常不需要缝合而且愈合很快。然而，幼犬的反应表明，这个过程是痛苦的，因此，一些育种者选择不去除幼犬的悬蹄。

"断奶"一词指的是逐渐和永久地减少幼犬对母犬照顾的依赖。幼犬通常在 6~8 周龄时由饲养员断奶。7~8 周是幼犬断奶和安置到新家的理想时间（详见第七章）。营养性断奶包括从母乳逐渐转变为犬粮。当幼犬 3~4 周龄时，可以第一次引入补充食物。用来给幼犬断奶的犬粮最好是它们成长过程中会一直吃的食物。当幼犬第一次接触固体食物时，母犬应与幼崽分开几小时，以确保幼犬处于饥饿状态。可以用干犬粮和温水混合制成一种汤汁"稀粥"，放在一个大而浅的盘子里，每天喂几次。因为幼犬必须改变它们获取食物的方法，从吮吸到舔（然后咀嚼），起初这一过程会非常脏乱。逐渐地，添加到干粮中的水的量可以减少，直到幼犬最终吃干粮。母犬与幼崽分离的时间也应该逐渐增加（大多数母犬会自愿开始分离）。当幼犬 6 周大的时候，它们应该只吃犬粮，很少喂奶。然而，建议在出生后 7~8 周之前继续允许母犬和幼犬之间的互动，因为这些互动对幼犬正常的社会性发展很重要。

因为幼犬的胃肠道在 4~5 周大时能够适应从母乳转换到犬粮，从营养的角度来看，在这个年龄完全断奶是可能的。然而，由于行为原因，这是不可取的。初级社会化发生在幼犬 5~12 周龄大的时候。

3~7 周龄时，幼犬从母亲那里学习特定物种的行为以及通过与同窝伙伴的互动非常重要。7 周龄前断奶剥夺了它们这些重要的互动和学习经验。大多数母犬会自然地逐渐开始给幼犬断奶，应该允许它们在断奶过程中管教幼犬（详见第七章）。

母犬的繁殖问题

异常周期： 母犬的繁殖问题通常是由异常的发情周期或激素失衡引起的，这些不平衡可能与繁殖直接相关，也可能与繁殖无关。寂静发情和异常的持续周期是常见的问题。术语"寂静发情"指的是母犬处于发情期但没有表现出任何行为或身体迹象的现象。这可能是因为它的阴道分泌物很少甚至没有，通过自我梳理保持自身非常干净，或者它很少或没有接触过公犬。寂静发情最常发生在年轻母犬上，阴道细胞学分析通常是必要的，以确定发情和排卵。

一些母犬表现出非常短的发情周期。平均而言，一个完整和正常的发情周期的最小长度为 5 个月。发情周期超过这个频率（每 3~4 个月）的母犬通常处于不可育状态。人们认为，这是由于子宫内膜无法在周期之间完全再生造成的。当母犬表现出复发性的短发情周期时，通常建议进行卵巢、子宫切除术。相反，超过 15 个月的周期也是不正常的。这一问题的一个常见原因是甲状腺功能减退。虽然这种疾病得到了很好的控制，但它可能有遗传性。因此，不建议让患有甲状腺功能减退症的母犬进行繁育。

最后，一些母犬出现持续性发情，这是由雌激素浓度过高引起的。这可能是卵巢肿瘤、卵泡囊肿或过量使用雌激素化合物的结果。如果是囊肿或肿瘤引起的，则需要手术来切除囊肿或卵巢。在大多数情况下，同时进行卵巢、子宫切除术。雌激素不足症（卵巢产生的低水平雌激素）是由卵巢未能发育到性成熟引起的。因为雌激素浓度低所以不能发情。建议进行卵巢、子宫切除术。肾上腺皮质机能亢进是由肾上腺皮质激素水平过高引起的。几乎所有患有这种疾病的母犬都会不育，并且会表现出长时间的发情间隔，不能怀孕或不能排卵。虽然可以对这种疾病进行治疗，但由于卵巢退化，不孕往往不能得到医治，因此建议进行卵巢、子宫切除术。

传染病： 以下几种传染病可影响母犬生殖道。当致病细菌侵入阴道并引起感染时，就会发生阴道炎。症状包括不正常的出血、出现透明或化脓性分泌物。分泌物可能会产生一种气味，吸引公犬，如母犬像处于发情期一样。大多数阴道炎都可以用抗生素治疗。

脓毒症是一种激素介导的感染性疾病，常与间情期相关联。当子宫受到孕酮的影响时，就会发生这种疾病，它是由子宫内细菌异常生长引起的。子宫积脓最常见于6岁以上的母犬，通常在发情后2~12周出现。临床症状取决于感染时子宫颈的状态。如果宫颈是打开的，会有大量的血性脓液流出。如果宫颈关闭，脓液就会聚集并停留在子宫内，使脓毒症更难诊断。脓毒症的其他症状包括拒绝进食、抑郁、尿频、极度口渴、低烧和腹胀。因为脓毒症可导致败血症和毒血症，它应该作为一个医疗紧急情况治疗。未经治疗往往是致命的。常见的处理方法是立即进行卵巢、子宫切除术。以全身抗生素治疗的形式进行的医学治疗往往不成功，而且可能只会延长疾病的时间。前列腺素治疗开放型子宫积脓已取得成功[4]。这种药物会引起子宫的强烈收缩和降低血液中孕激素浓度，并可能有助于宫颈松弛。

犬布鲁氏菌病是一种由犬布鲁氏杆菌引起的疾病。它分布在世界各地的犬类种群中，据估计，美国有1%~5%的犬类被感染[5]。在地理分布上有相当大的差异，其中一部分原因是犬布鲁氏菌易受环境条件的影响，在宿主动物之外不能很好地存活。

在母犬中，这种细菌在胎盘和阴道分泌物中浓度最高。布鲁氏菌病主要通过受感染母犬的阴道分泌物和乳腺分泌物传播，也通过公犬的精液传播。许多母犬没有表现出明显的感染迹象。当存在菌血症时，其症状可包括淋巴结轻微肿大、抑郁和疲劳。然而，这些迹象往往被忽视。母犬的生殖体征包括不孕、妊娠35天后流产、一窝幼崽死亡和胚胎早期死亡。这种疾病的筛查可以用快速玻片凝集试验进行，该试验可以检测血液中犬双歧杆菌抗体的存在。这项测试有很高的阴性预测值，有99%的准确性表明犬没有感染这种疾病。但有时也会出现高达30%~50%的假阳性概率。因此，犬布鲁氏菌病的快速玻片凝集试验阳性应始终用更特异有效的检测方法来确认。可以使用的两种测定方法是试管凝集试验和琼脂凝胶免疫扩散试验。在犬舍中，犬类布鲁氏菌病的存在是非常严重的，所有被诊断为阳性的犬只都应该从繁育计划和场地中移除。当出现菌血症时，抗生素可以成功地控制菌血症。然而，由于犬双歧杆菌能够在淋巴结和生殖系统器官组织中被隔离，菌血症通常在抗生素停用后重新出现。因此，被感染的个体永远不应该被用于繁殖。

乳腺炎是一种由链球菌感染引起的乳腺感染和炎症。母犬会出现疼痛、发红、乳头发硬，分泌异常的带血乳汁。这种疾病伴有发烧、抑郁和厌食症。幼犬应立即避免食用受感染的乳汁，因为受感染的乳汁可能会使幼犬生病。推荐使用抗生素治疗。

公犬的繁殖问题

不育：公犬不育的原因有很多。原发性不育是指犬从未有过生育能力。睾丸通常很小，由异常组织组成。患有原发性不育症的犬表现出正常的性冲动，但精子数量异常低。一些潜在的原因包括生殖管系统的部分发育失败，生殖激素的代谢错误，精子细胞形成异常，睾丸下降失败（双侧隐睾），或输精管中生殖上皮细胞的缺失（纯睾丸支持细胞综合征）。获得性不育症是环境原因导致的以前正常的犬生育能力下降。年龄是公犬生育能力下降的最常见原因。睾丸萎缩在10岁以上的犬身上很常见。发烧是第二个常见原因。睾丸温度升高会导致精子活力下降，最终导致精子产量下降。这种情况在恢复正常体温和健康后是可逆的。环境压力因素，如过度繁殖、生活条件的变化、繁忙的犬展日程，以及心理创伤都可能是导致公犬暂时不育的原因。

传染病：公犬生殖道的任何部位都可能受到致病菌或其他微生物的感染。睾丸的感染被称为睾丸炎，而阴茎和包皮的感染被称为阴茎头包皮炎。犬布鲁氏菌病也是公犬的一种严重疾病。和母犬一样，许多患有这种疾病的犬通常没有临床症状。这是一种潜在的灾难性疾病，因为它在交配过程中通过精液传播。公犬可能出现的临床症状包括附睾炎（附睾发炎）、睾丸炎、前列腺炎（前列腺发炎）、阴囊疼痛、不孕症和淋巴结肿大。所有用于繁殖的公犬都应该进行这种疾病的筛查，如果发现它们感染了这种疾病，就应该从繁殖计划中淘汰掉。

新生幼犬的健康问题

孤儿幼犬：虽然照顾幼犬最好由母犬来做，但在某些情况下，犬主人必须扮演新生幼犬的母亲。这通常是暂时的（例如，如果母犬生病了或进行了剖宫产）。一些母犬可能不产奶，这一问题被称为无乳症，一些母犬可能在行为上排斥它们的幼犬。在其他情况下，母亲的死亡导致一只或多只幼犬成为孤儿，需要完全照顾。这些幼犬的需求和其他任何幼犬的需求是一样的。需要考虑的一个最重要的方面是孤儿幼犬不再有它们母亲的温暖。因此，育崽区环境温度必须保持略高（表 4.2）。

　　孤儿幼犬可以用商业幼犬配方奶喂养，也可以用家庭自制的配方奶喂养（详见第十八章）。商业配方奶是首选，因为它们的配方是营养均衡的，以满足新生幼犬的需求。相比之下，大多数自制配方粮营养不是很均衡，没有经过充分的测试。在最初的几天，幼犬应该每 2~3 小时喂食一次。可以逐渐减少到每 4~5 小时一次，直到幼犬 3 周龄。从 3~6 周龄，应该每天至少喂食 4 次。

表 4.2　孤儿幼犬的环境温度

天数 / 天	地板温度 / ℃
0~7	29.4~36.6
7~14	26.6~29.4
14~21	23.8~26.6
21~28	23.8
> 28	21.1~23.8

　　配方奶可以通过胃管或奶瓶喂养。使用胃管需要训练，在插入过程中需要特别注意，但可以准确监测喂养的配方奶量，并降低误吸的概率。奶瓶喂养是大多数护理人员的首选，因为它可以让幼犬吮吸。虽然许多主人更喜欢使用奶瓶喂奶，但这种方法比较费时，而且如果乳头喂奶太快就会发生误吸。如果使用喂食管，应经过兽医或有经验的饲养员的培训。

　　在出生后的前 4~5 天，幼崽应每天称体重，以监测健康状况。照顾孤儿幼犬的目标是让它们的体重增长速度接近正常水平。在出生后的前两周，还必须用温水浸湿的毛巾给幼犬抚摸腹部、生殖器和肛门区域来刺激排尿和排便。在 3 周龄大的时候，幼犬可以开始吃半固体的食物并逐渐断奶，就像母亲还在时一样。

　　受凉： 正常、健康的幼崽会趴成一堆以保持温暖。如果幼犬们彼此分开躺着，说明产崽箱的温度可能太热了。然而，如果所有的幼犬都挤在一起，只有一只幼犬孤零零地躺在群外，这可能是生病的迹象。患病新生幼犬的一般症状包括被抱时四肢无力、缺乏激活状态的睡眠、吮吸反射缺失或微弱、体重增加少甚至体重减轻、过度犬吠。

在出生后的前两周，幼犬不能有效地调节体温。一只健康的幼犬可以将其体温维持在比周围环境低 11~12℃的水平，并且需要外部热量来维持正常体温。新生儿体温过低是新生儿发病和死亡的主要原因之一。受凉的幼犬体内温度会降低，最低可降至 25.5~29.4℃。随着体内温度的下降，新陈代谢会变慢，消化系统会变慢，心脏和呼吸频率会降低。一只受凉的幼犬一开始会很吵闹和过度活跃。然而，随着体温持续过低，幼犬会变得越来越安静和软弱无力。随着时间的推移，幼犬失去了所有正常的反应能力。如果体温过低不及时治疗，会导致幼犬死亡。

受凉的幼犬必须慢慢地暖和起来。最好的方法是利用人体的热量。可以把幼犬抱在身上，夹在胳膊下，或者放在口袋里。受凉的幼犬不应该放在加热垫或加热灯下，这将导致四肢的热量比身体内部的热量传递得更快。心脏和肺不能支持四肢代谢率的增加，四肢供血不足会导致组织饥饿。同样的，受凉的幼犬不应立即喂食。当幼犬变暖和、变得更活跃时，可以通过胃管喂食葡萄糖溶液或蜂蜜水溶液，以提供能量并防止脱水。防止受凉的最好方法是密切监视母犬的育儿行为，并提供一个不通风的产崽箱，必要时提供人工热源。

传染病：有几种传染病会影响新生幼犬。"幼犬衰退综合征"一词已被用于描述不到 3 周龄幼犬的突然死亡。近年来才发现这种疾病的病因。目前认为是犬疱疹病毒（CHV）感染所致。这种病毒在成犬中引起传染性气管支气管炎，这是一种相对温和的疾病，通常是自限性的（详见第十二章）。该病毒还存在于公犬和母犬的生殖道中，并可通过性传播。在从呼吸道感染中恢复后，许多成犬仍然被感染并且成为无症状携带者。

新生幼犬感染疱疹时，感染总是致命的。当病毒穿过胎盘，幼犬在子宫内就会感染该病，通过产道、从母亲鼻腔分泌物或与受感染的兄弟姐妹接触时，就会感染此病。如果幼犬出生时具有足够的母体免疫水平，它们通常就会受到保护去对抗病毒的严重影响。CHV 感染通常只见于母犬的第一窝幼犬。在此之后，年长的母犬通常会产生一种抗体，能够保护后续的幼崽。

小于 3~4 周龄的幼犬患有 CHV 的症状，包括过度吠叫、拒绝进食、抑郁和产生柔软的黄绿色粪便。该病毒通常在首次出现这些症状的 12~24 小时内致命。CHV 的一个独特特征是病毒对温度非常敏感，只能在 35~35.5℃的温度范围内复制。如果体温高于这个范围，病毒不会对身体造成严重损害。虽然成犬的体温自然高于 CHV 复制时的温度，但新生幼犬不能严格控制体温，它们经常表现出有利于该病毒复制的温度。因此，受凉的幼犬感染 CHV 的风险增加。由于这种病毒会导致幼犬迅速致命，治疗通常是徒劳的。目前还没有哪种疫苗对这种病毒具有普遍的保护作用，最好的预防方法是提供一个清洁的育崽环境，防止幼犬受凉。

结论

伴侣动物从业人员在参与繁殖动物的护理时必须了解犬类生殖解剖学和生理学、母犬发情周期、妊娠期、分娩和新生幼犬护理。犬的育种需要研究的第二个方面是遗传学和育种计划。此外，多代的选择性育种不幸导致了许多品种易患某些遗传疾病。下面的章节讲述了犬的遗传学基本原理，并说明了各种育种方案的利弊。

参考文献

[1] Holst, P.A. *Canine Reproduction: A Breeder's Guide,* Alpine Publications, Loveland, CO. (1985)

[2] Concannon, P.W. **Canine pregnancy and parturition.** Veterinary Clinics of North America: Small Animal Practice, 16:453–475. (1986)

[3] Concannon, P.W., Hansel, W. and McEntee, K. **Changes in LH, progesterone and sexual behavior associated with preovulatory lutenization in the bitch.** Biology and Reproduction, 17:604–615. (1977)

[4] Sokolowski, J.H. **Prostaglandin–F2–alpha–THAM for medical treatment of endometriosis, metritis, and pyometra in the bitch.** Journal of the American Animal Hospital Association, 16:119–122. (1980)

[5] Currier, R.W., Raithel, W.F., Martin, R.J. and Potter, M.E. **Canine brucellosis.** Journal of the American Veterinary Medical Association, 180:187–198. (1982)

第五章　遗传学和育种

　　了解繁殖生理学和内分泌学是成功育种犬的必要条件。此外，了解遗传学的一般原理，不同育种系统的利弊，以及产生遗传病的风险，对犬的育种者、宠物医生助理和宠物医生都很重要。这些信息用于选择繁殖动物，有助于繁殖健康且具有理想体型和性格的幼犬。

遗传学基本原理

　　染色体和基因：奥地利修道士格雷戈尔·孟德尔（1822—1884 年）是公认的遗传学之父，确定了遗传的物质基础。尽管在孟德尔时期，人们对遗传的细胞学原理所知甚少，但他对花园豌豆的研究发现了这一领域的基本规律。现在我们知道，每个细胞都包含有染色体的细胞核，是机体的"基因仓库"。染色体有不同的形状和大小，但它们总是成对出现，称为同源染色体。每只犬都有一对性染色体和 38 对常染色体。常染色体携带的特征可以传递给任何一种性别。在哺乳动物中，雌性有两条本质上完全相同的性染色体，称为 X 染色体（XX），相反，雄性则有一条 X 染色体和一条 Y 染色体（XY）。

　　在子代中，每对染色体分别遗传自父本和母本。每个物种都有特定数量的染色体。犬有 78 条（39 对），狼和丛林狼也是如此。虽然不同品种的犬有着截然不同的外表，但所有犬（犬科动物）的染色体在数量、大小和形状上都是相同的。我们所看到的差异是由染色体内的基因造成的，而这些基因是不能通过普通显微镜观察到的。

　　基因沿着染色体的长度排列，是遗传的基本单位。从生物化学角度来说，它们包含了一种制造蛋白质的密码，而蛋白质则决定着生物的发育和所有生命过程。基因主要由 DNA（脱氧核糖核苷酸）组成，像染色体一样成对存在。同源染色体中同一位点的基因会对同一性状产生影响。生理上，基因只能通过它们的最终效果被辨识。例如，在犬的 B 位点基因编码黑色或棕色（红褐色）被毛颜色。

　　如果存在影响某一特定性状的不同基因，这些基因则称为等位基因。B 位点的两个等位基因分别被指定为 B 和 b。B 等位基因编码黑色，b 等位基因编码棕色。犬将遗传这两个等位基因的 3 种可能组合中的一种，BB、Bb 或 bb。如果两个等位基因是相同的（因此以相同的方式影响性状），则个体的基因（BB 或 bb）是纯合子。如果两个等位基因不同，则该个体为该性状的杂合子（Bb）。虽然在许多情况下，一个特定的性状只存在两个基因变异（即两个等位基因），但有些性状有多个等位基因。当这种情况发生时，犬仍然只能拥有两种可能的等位基因，因为只有两条同源染色体能够承载等位基因。例如，编码犬身上毛斑的基因被称为 S 系列。该基因有 4 个等位基因编码，无斑点（S）；胸部、脚趾和尾巴斑点（s^i）；花斑斑点（s^p）或全白被毛（s^w）。在该位点上，犬可能拥有这些等位基因的 10 个可能组合中的任何一个。

遗传物质的传递： 减数分裂发生在雄性和雌性的生殖器官内，并导致配子（卵子和精子）的产生。配子是独特的，因为它们只包含一组同源染色体（共 39 条染色体）。当雄性的精子和雌性的卵子在受精过程中结合时，染色体数恢复到 78，父母双方各贡献同源染色体中的一半。从遗传学上讲，这意味着每个性状的一个等位基因是由母本提供的，另一个等位基因是由父本提供的。因此，遗传物质由双亲平均分担。

在哺乳动物中，性别的遗传是由父本决定的。如前所述，雌性的性染色体本质上是相似的（XX），而雄性的性染色体是不同的（XY）。结果，雌性产生的所有卵子都含有单一的 X 性染色体，而雄性产生的 50% 的精子含有 X 染色体，50% 含有 Y 染色体。在繁殖过程中，如果卵子与含有 X 染色体的精子结合，则会发育为雌性胎儿（XX），如果卵子与含有 Y 染色体的精子结合，则会发育为雄性胎儿（XY）。因此，在犬（以及所有哺乳动物）中，雄性总是决定后代的性别。

使用庞纳特方格法预测结果： 一种可以用来预测特定交配遗传结果的简单方法是庞纳特方格法（图 5.1）。该方格由首行中亲本一方所能提供的一个或多个性状的所有可能等位基因和左列中亲本另一方所能提供的所有可能等位基因组成。所有可能发生在后代身上的等位基因组合都被描绘在交叉的表格中。每个组合在整个图中所占的比例预测了该组合将发生的比例。重要的是要认识到，预测的比例仅代表由随机组合预测的每种基因型的比例。在一窝幼犬中，这些比例可能达到，也可能达不到。然而，当从许多窝收集数据时，统计分析将揭示这些预测的概率。以性别的遗传为例。雄性可以贡献的两个等位基因是 X 或 Y，在第一行中描述。雌性只贡献 X 染色体。由此产生的表格显示预期的雄性和雌性组合比例为 50:50。

基因	X	Y
X	XX	XY
X	XX	XY

预测的概率：

50% 雄性

50% 雌性

图 5.1　性别遗传的庞纳特方格法

显性和隐性基因： 子代从父母那里遗传的一组基因，代表了这个个体的基因型。犬的表型是基因型的外部可见表达。基因作用能不能被犬的表型表现出来要看基因的类型。完全显性就是这种基因作用的一个例子。当一个基因的一个可能的等位基因能够完全掩盖其同源染色体上携带的另一个等位基因的表达时，就发生了完全显性。掩盖等位基因的被称为显性等位基因，被掩盖的等位基因被称为隐性等位基因。显性等位基因可以是单一的（杂合子的），也可以是重合的（纯合子的），而且性状的表达是相同的。显性表达的隐性基因必须是重合的（纯合的）。传统的遗传命名法用大写字母表示显性基因，用小写字母表示隐性基因。拉布拉多寻回犬的黑色或巧克力色（棕色）被毛的遗传就是这种类型基因作用的一个例子。在 B 系列基因的情况下，BB 或 Bb 的犬会有黑色的被毛。然而，bb 基因型的犬将有棕色的被毛（表 5.1）。关于黑色拉布拉多寻回犬，其外观不会提供关于基因型的信息，因为它可能是 BB 或 Bb。相反，由于该系列的基因作用是完全显性的，所有巧克力色拉布拉多寻回犬都具有 bb 基因型。

表 5.1　犬的主要毛色基因

基因序列	等位基因	影响	品种例子
A	A	颜色均匀的毛干	爱尔兰赛特犬、威玛犬
	a^g	黑色带状毛发	挪威猎鹿犬
	a^s	黑色的背部	万能㹴、德国牧羊犬
	a^t	棕褐色点	罗威纳犬
	a^y	貂色（带红 / 黄 / 黑的带状毛柄）	牧羊犬、英国史宾格犬
B	B	黑色	拉布拉多寻回犬、纽芬兰犬
	b	棕色（巧克力色，深赤褐色）	拉布拉多寻回犬、切萨皮克湾寻回犬
C	C	红色	巴辛吉犬、金毛寻回犬、可卡犬
	c^{ch}	金黄色（浅黄色）	金毛寻回犬、可卡犬
D	D	颜色纯正	金毛寻回犬、萨摩耶犬
	d	颜色较淡	魏玛猎犬、杜宾犬
E	E	颜色扩展（黑色）	巴辛吉犬、贝德林顿㹴犬
	E^m	面部黑色	挪威猎鹿犬、大丹犬
	e	黄色	金毛寻回犬、拉布拉多寻回犬
	e^{br}	斑纹	大丹犬
G	G	渐进变灰	凯利蓝㹴、贵宾犬
	g	不明显灰化	可卡犬、大麦町犬
M	M	陨石色	牧羊犬、大丹犬
	m	非陨石色（全色表达）	可卡犬、萨摩耶犬、贵宾犬
S	s	纯色	贝德林顿㹴犬、爱尔兰塞特犬、贵宾犬
	s^i	爱尔兰白点图案	巴辛吉犬、牧羊犬、可卡犬
	s^p	白斑斑纹	巴塞特猎犬、纽芬兰犬、英国史宾格犬
	s^w	全白毛皮	萨摩耶犬、大麦町犬

续表

基因序列	等位基因	影响	品种例子
T	T	斑点	大麦町犬、巴塞特猎犬
	t	无斑点	大丹犬、巴辛吉犬

不完全显性：不完全显性发生在杂合子状态，这时产生的是中间表型。因此，当不完全显性起作用时，可以通过观察犬的表型来确定基因型。陨石色（Merle coat color）在犬身上的遗传就是这种基因作用的一个例子。这种被毛类型，被称为 M 系列，表现在身体的不规则区域被毛色素减少（稀释）。澳大利亚牧羊犬就是这种被毛颜色的品种，理想的陨石色是由斑点和色块组成的斑点图案（图 5.2）。mm 基因型的犬显示出完全的被毛颜色（即没有陨石色图案），而 MM 纯合子的犬几乎完全是白色的，因为被毛中的色素被广泛稀释和限制。这种基因的犬通常也有生理缺陷，如耳聋和视力障碍。陨石色系列（Mm）的杂合子犬表现出一种中间颜色的图案，即理想的陨石色图案。通常不推荐让两只陨石色犬（Mm）进行育种，因为这种杂交产生的幼犬中有 25% 是高度稀释的 MM 色，并且可能出生时即伴随相关的身体问题（图 5.3）。

图 5.2　陨石色被毛图案（澳大利亚牧羊犬）

基因	**M**	**m**
M	MM 白色，健康问题	Mm 陨石色被纹
m	Mm 陨石色被纹	mm 全色表达

预测的比例：

50% 陨石色被纹

25% 全色

25% 白色

图 5.3　陨石色被毛图案遗传的庞纳特方格法

上位性： 完全显性和不完全显性基因作用涉及位于同一位点（等位基因）的基因之间的相互作用。当不同位点的基因相互作用时，这种基因作用被称为上位作用。这意味着基因型在一个位点上的可见或表型表达不仅取决于该位点上的等位基因，而且还取决于第二个位点的基因型。对于某些性状，一个位点的基因型能够完全掩盖另一个位点基因型的表型表达。在其他情况下，一个基因的作用可能会改变另一个基因的表达。例如，B 系列（黑色或棕色被毛颜色）与 D 系列（稀释因子）的上位相互作用。B 系列基因作用完全显性。黑犬的基因型为 BB 或 Bb，而棕犬的基因型为 bb。D 系列的基因作用也是完全显性的。D 等位基因是显性的，在纯合或杂合状态（DD 或 Dd）时不会引起颜色稀释。纯合隐性（dd）的犬在被毛中的色素均匀减少，这导致黑色被毛基因型（BB 或 Bb）为蓝色，棕色被毛基因型（bb）为浅黄褐色。表现出这种类型毛色遗传的品种是杜宾犬。图 5.4 展示了两只黑色杜宾犬的预期毛色，它们的毛色和稀释度（BbDd）是杂合的。如图 5.4 所示，在出生的幼犬中可以看到各种各样的毛色。

基因	**BD**	**Bd**	**bD**	**bd**
BD	BBDD（黑色）	BBDd（黑色）	BbDD（黑色）	BbDd（黑色）
Bd	BBDd（黑色）	BBdd（蓝色）	BbDd（黑色）	Bbdd（蓝色）
bD	BdDD（黑色）	BbDb（黑色）	bbDD（红色）	bbDd（红色）
bd	BbDd（黑色）	Bbdd（蓝色）	bbDd（红色）	bbdd（浅黄褐色）

预测的比例：

9/16（56.25%）黑色

3/16（18.75%）红色

3/16（18.75%）蓝色

1/16（6.25%）浅黄褐色

图 5.4 杜宾犬毛色遗传的庞纳特方格法

交叉和基因连锁： 减数分裂的过程包括染色体作为整个单位传递到配子。然而，在配子的产生过程中，偶尔一段染色体物质会与来自其同源染色体的一段类似物质发生换位。这个过程被称为交叉，最终的结果是，最初来自动物母本的一段遗传物质与其父本遗传的染色体相关联。这在育种项目中变得很重要，因为当研究受影响的性状时，它会混淆遗传模式。基因连锁是指某些性状一起遗传的趋势。在同一条染色体上携带的基因被认为是连锁的，它们所影响的特征往往会一起遗传。在育种计划中，一种不受欢迎的性状往往通过与另一种受欢迎的性状基因连锁而遗传。基因在染色体上的位置越近，它们一起遗传的可能性就越大。交叉杂交可以打破这种基因连锁的遗传性状，而且在染色体上分布较远的基因比分布较近的基因更易交叉杂交。

性别连锁： 位于性染色体上的基因被称为性别连锁基因。Y 染色体基本上是惰性的，主要携带决定雄性特征的基因。几乎所有与性别相关的性状都携带在 X 染色体上，并遵循该染色体的遗传模式。在雄性中，X 染色体上的基因总是能够表达，因为在该性别中不存在同源 X 染色体。雄性的 X 染色体总是遗传自雌性。在一个隐性性状的例子中，一个母本基因如果是该性状的杂合子（即"携带者"），将不会表达该性状，但会将其传递给 50% 的雄性后代。同样，若母亲为携带者其雌性后代中 50% 将成为携带者。受影响的父本将生出有携带隐性性状基因的女儿，当携带隐性性状基因的雌性与受影响的雄性交配时，一半的幼崽都将受到影响（图 5.5a 至图 5.5c）。在人类中，X 染色体上携带着色盲和男性秃顶的基因。犬有几种凝血障碍病与性别有关。因此，某些类型的血液病主要在公犬中发生，而很少在母犬中发生。

基因	X	Y
X*	X*X	X*Y
X	XX	XY

注：＊代表杂合子携带，下同。

预测比例：

25% 雌性携带

25% 受影响的雌性

25% 健康雌性

25% 健康雄性

图 5.5a　性别连锁性状的庞纳特方格法遗传（母本携带／不受影响的父本）

基因	X*	Y
X	X*X	XY
X	X*X	XY

预测比例：

50% 雌性携带（所有雌性都携带）

50% 健康雄性

图 5.5b　性别连锁性状的庞纳特方格法遗传（健康母本／受影响的父本）

基因	X*	Y
X*	X*X*	X*Y
X	XX*	XY

预测比例：

25% 受影响的雌性

25% 雌性携带

25% 受影响的雄性

25% 健康雄性

图 5.5c　性别连锁性状的庞纳特方格法遗传（母本携带／受影响的父本）

　　多基因遗传：在动物身上观察到的许多性状都受不止一个基因的影响。相反，涉及多个基因，每个基因对性状的影响相对较小。无论如何，它们共同决定着所表达的表型。受多基因影响的性状不会在动物之间显示出明确的界限。例如，犬的身体既不长也不短，而是有不同程度的体长。这些细微的区分不容易测量，而且很难用一两个特定基因的存在与否来解释它们。被毛长度是另一个例子。L系列既可编码短被毛（LL或Ll），也可编码长被毛（ll）。然而，被毛长度之间存在着持续的变异，是由于一系列修饰基因增加或减少了主要基因型的效应长度。育种人员很难通过选择性育种操纵多个基因，因为可能涉及许多基因，而且很多基因无法轻易识别。多基因对某些性状的影响可以在许多代中缓慢改变，但不能通过一两次个体交配来改变。

育种动物的选择

　　纯种犬育种者的主要目标是改善他们培育的犬的形态（体型）、运动能力、被毛类型和性格。大多数育种者都在努力培育符合公认优秀标准的犬。纯种动物注册机构禁止用没有纯种登记的犬种育种。因此，大多数育种者都在育种已知遗传性状的特定品系的犬种。他们是通过选择优良的育种动物和制订系统的育种计划来实现育种目标的。

　　在一个品种中，决定品种表型的基因对都以纯合子的形式存在。例如，让杜宾犬看起来像杜宾犬而不是迷你贵宾犬的原因，是最初经过几代人的选择，直到理想的特征在所有犬身上一致出现。最初登记为某一特定品种的创始犬种，将确定在所有世代的品种中观察到的异质性和同质性的程度。以纯合子形式存在的基因（因此，代际之间几乎没有变化）被称为该品种的非变量基因对。这意味着在任何品种中，有某些性状会绝对遗传。一个品种内纯合性状的数量越多（随之，基因库越有限），该品种内个体的一致性就越大。与之相反，可变基因对以及偶然的基因突变，是在品种内产生个体基因差异的缘由。

　　犬的谱系：纯种犬的谱系被认为是其遗传背景的"蓝图"（图5.6）。谱系的标准格式是：犬的名字上面是父本犬的名字，下面是母本犬的名字。在所提供的例子中，OTCH Topbrass Cisco Kid UD是Topbrass AutumnGold的父本，Topbrass Misdemeanor TD是它的母本。从左到右是每一只犬的父母。Cisco的父亲是Handjem Poika，它的母亲是Topbrass Valentine Torch。Misdemeanor的父母是AFCH Holway Barty和Topbrass Ch. Sunstream Gypsy。

图 5.6　样本谱系：Topbrass AutumnGold UDT WC: Topbrass Retrievers，Jackie 和 Joe Mertens

当一只犬第一次繁殖时，除了动物的表型之外，育种者所拥有的唯一遗传信息是它的谱系。谱系在以下几个方面都很有用。首先，它可以提供过去几代人所使用的遗传育种系统类型的信息。如果采用遗传育种系统，就可以确定同种异系交配和同系交配的程度。以上两者都会增加基因的纯合性（见*育种系统的类型*）。近交系数可以根据谱系计算出来，它代表着与谱系中位置数量成正比的共同祖先的数量。这一系数便于育种者估计犬的近亲繁殖程度，并可以用于比较一个品种或品系内的个体差异。这一系数也可以衡量动物中所有可变基因对的百分比，这些基因对都是从共同祖先遗传而来的。共同祖先的存在，甚至在后代中，都会增加近交系数。因此，人们总是希望谱系中有尽可能多的世代。

在有限的范围内，犬的谱系也可以提供期望犬具备的品质的推测。尽管谱系中不包含描述性信息，但如果育种者或主人知道犬的任何祖先，或者有关于它们的形态或表现的信息，这些信息可以用于选育过程。大多数有经验的育种者对他们的品种和品系的几代都很了解，仅仅通过检查犬的谱系就能识别出关于该犬的大量信息。

尽管谱系是有帮助的，但作为选育工具，它具有一定的局限性。典型的谱系只显示犬祖先的名字和标签。关于祖先外貌或工作能力的详细信息在谱系上没有提供。例如，一只拥有狩猎标签的犬已经成功地满足了该标签的所有要求。然而，它的优点和缺点并没有被揭示出来。同样，体型冠军（由前缀 CH 指定）表明犬的外观符合品种标准，并且该犬成功地参加过犬展。然而，谱系上的冠军标签并不能表明犬的体型上的优点或不足。并且，如果谱系很"浅"（即只包含 3~4 代），就无法知道犬的完整的遗传信息。如果在更早的世代中使用品种和品系育种，计算最近的 3 代或 4 代中的近交系数将不能准确地反映犬的真实基因纯合度。

"开放"谱系是指每个祖先的名字只出现一次的谱系。与谱系中拥有共同祖先的同一品种犬相比，一条三代开放式谱系的犬继承了 14 个不同祖先的遗传特性，表明这只犬的基因型是相对杂合的。对于具有开放谱系的犬来说，可能很难启动育种计划，因为有很多可能的基因组合，有大量的可变基因对。对理想性状的选育将非常缓慢，因为存在许多可能的基因（性状）组合。一般来说，用适中的直系血统的犬开始育种计划是有利的，因为它的血统将表明这只犬拥有两个或两个以上选定祖先基因的积累。当然，人们希望这些祖先拥有可取的而不是不可取的特征。选择一只谱系显示有几个共同祖先的犬（在谱系的父本和母本方面），可以确保基因库在某种程度上局限于这些祖先提供的基因。因为它们存在于谱系的两边，这就确保了共同祖先所提供的基因的纯合性。育种者的目标是选择具有理想特征的共同祖先，育种者希望将这些特征"固定"在品系中作为不变的基因对。

性能测试：研究谱系提供了一种基因型选育的方法。相比之下，性能测试是一种选育犬的表型的方法，依赖于对选定的犬的身体特征或工作能力的评估。性能测试最常见的实例之一是参加犬展比赛，目的是获得积分和最终的品种冠军标签。在这种情况下，评估犬性能的指标是相较于该犬种的理想标准，其外观和运动能力。通常会选择获得冠军标签的犬进行育种。健康和无遗传疾病也是常用的重要性能标准。例如，犬髋关节发育不良（CHD）是一种常见的发育性骨骼疾病，见于许多大型和巨型犬种（详见第十二章）。如果育种者试图从该犬种中消除 CHD，只有选育无这种疾病的犬。性能测试还包括根据犬在各种工作项目中的完成度来进行选择。例如，拉布拉多寻回犬的育种者可能对提高品系的狩猎能力感兴趣，因此可能只选择获得初级猎犬标签的犬进行育种。类似地，小灵犬的育种者可能会决定只选育在诱捕活动中表现出色的犬。

与谱系一样，使用性能测试也有一定的局限性。首先，因为动物是根据表型标准选择的，这种方法的成功取决于性状由基因决定的程度。虽然一些身体特征，如被毛类型、颜色，甚至身体体型都具有很高的遗传力，但其他特征，如狩猎能力或外向友好的性格，遗传力可能较低。例如，狩猎测试中表现出色的犬可能从父母那里继承了理想的工作能力，但它的成功也反映了所使用的训练技术以及在它最擅长的领域中进行了狩猎测试。其次，育种者做出决定的准确性。例如，如果育种者使用头型作为犬的性能标准，并希望选育头型最接近其品种理想的犬，那么育种者对头型的出色判断是成功的关键。在对性能标准进行主观评价时，这一因素变得非常重要。

后代测试： 后代测试是简单地对犬的后代进行性能测试。动物的选育是基于雄性或雌性犬繁殖幼犬的成功程度。虽然选择是使用表型标准进行的，但后代测试实际上是一种基因型选择，因为在所需性状上纯合的个体更有可能被选择。犬的某一理想性状纯合（或者，更现实地说，是在影响某一所需理想性状的多基因中占比很大），与具有相同性状的杂合个体相比，有更大的潜力将该性状遗传给后代。坚持使用后代测试是增加品系内纯合子的有力工具。

当后代测试被用作选育工具时，必须考虑以下几个因素。首先，在评估后代时，必须考虑犬的一个和多个配偶的谱系与表型情况。因为 50% 的基因是由配偶贡献的，父母一方的品质会影响对另一方的评价。其次，如果后代测试想要成功，所有已经出生的后代都必须进行评估。例如，如果在犬展上的成功是选择标准，那么所有的犬都必须以这种方式进行评估。在纯种犬系中，一窝犬中有一到两只优秀的犬是很常见的。如果只对在犬展或测试中训练和展示的犬进行后代测试，那么对亲本育种成功的评估将是不准确的。与性能测试一样，后代测试也必须考虑环境影响。这些更难评估，因为必须评估生活在各种环境中的多只犬。

后代测试为确定雄性或雌性将所需性状遗传给后代的能力提供了一种有用的方法，并可以提高纯种系的纯合性。然而，这种选择方法有几个缺点。首先，这是非常耗时耗力的。因为育种者想要改善的一些特征只有在犬成年后才能评估，因此，根据犬的后代的优点来选育一个个体变得不切实际。例如，动物矫形外科基金会（OFA）在犬 2 岁或更大的时候评估和鉴定它们的臀部健康。如果使用无犬髋关节发育不良的后代测试，当在可以评估后代时，父母可能已经超过了最佳繁殖年龄。同样，某些性能测试，如狩猎测试，可能需要数年的训练和适应，才能使犬有能力参加比赛。其次，在使用后代测试时，还必须解决一些伦理问题。由于犬和猫的数量过多是一个重大的社会问题，人们有强烈的理由反对用一窝幼犬的表现来评估父母一方或双方的品质。许多育种者通过使用后代测试作为使用谱系和性能测试的辅助选择工具来解决这些冲突。

育种系统的类型

育种系统的类型可以用来帮助选育动物和发展谱系线。基因型育种系统主要有 3 种类型：近亲交配、同种异系交配和异交。非遗传（表型）育种系统包括正选型、负选型和杂交。

近亲交配指的是亲缘关系密切的个体交配，如父女、兄弟姐妹、表亲和堂亲。这个交配方式的目的是稳定遗传谱系中父本和母本的优势基因。从基因上讲，这增加了祖先携带的基因传递给后代的机会。从技术上讲，近亲繁殖是指任何导致近交系数高于该品种平均值的交配方式。一个品种的平均近交系数受创始种群的动物数量和每年繁殖与登记的窝产仔数量的影响。例如，拉布拉多寻回犬的平均近交系数相对较低（约 10%），因为该品种基数比较大，并且广受欢迎。相比之下，10% 的近交系数对于爱尔兰水猎犬来说非常低。因为爱尔兰水猎犬是从一个相对较小的基因库发展而来的，每年窝产仔数相对较少。

同种异系交配是近亲交配的一种适度形式。遗传学家不区分同系交配和同种异系交配，经常将这两个术语互换使用。然而，犬的育种者认为，同种异系交配是至少隔代繁殖相关的个体（图 5.7）。这样的配对包括祖父、孙女和第二或第三表兄妹。与同系交配一样，同种异系交配的最终目标是稳定遗传一个或多个优势基因。例如，图 5.7 中的谱系是 NAFC AFC Topbrass Cotton 和它的父本 AFC Holway Barty 进行同种异系交配。因为在远房亲缘关系的个体之间进行的交配，犬的谱系两边积累共同祖先遗传贡献的速度比同系交配慢。

同系交配和同种异系交配都能增加犬体内纯合子基因对的数量。

随着谱系中共同祖先出现的次数增加，可能出现的不同遗传组合的数量就会减少，任何基因通过遗传纯合的概率就会增加。因此，高度同系交配和同种异系交配的幼犬中包含了在外观和性格上非常一致的个体。由于显性基因和隐性基因都受到同系交配和同种异系交配的影响，隐性性状的表达也随着近交系数的增加而增加。由于许多有害的基因效应是隐性的，这可能导致在前几代中无法看到不良性状的表达。一些育种家认为，这也许是有利的，因为近亲繁殖既暴露了后代的优良基因，也暴露了劣势基因。根据这种观点，育种者可以利用近亲繁殖来暴露有害的隐性基因，并最终将携带这些基因的犬从他们的种犬中移除。

图 5.7　品系遗传：Topbrass Retrievers, Jackie and Joe Mertens

　　然而，尽管近亲繁殖的潜在用途是积极的，但纯种犬的育种以及犬种内特定品系的汇集导致了几乎每个犬种中遗传病的发病率均有所增加。据估计，目前在家犬中发现了超过 370 种不同的遗传疾病，每年有 5~10 种新的疾病被发现[1]。超过 70% 的这些疾病是由常染色体或性别连锁隐性基因引起的，或与近亲繁殖的增加呈正相关（见*遗传因素对犬疾病的影响*）。因此，继续使用同系交配和同种异系交配这种趋势会更显著，特别是创始种群数量有限的品种，最终会导致患遗传病风险增加。

异交是指与不相关的个体交配，其中一个或两个都是同系交配和同种异系交配（图 5.8）。犬的父本为 Topbrass Hustle Russell，是在 NAFC FC Topbrass Cotton 上的近亲交配育种。母本不是近亲交配的，与父本也没有共同的祖先。异交的目的通常是引入一个或多个目前缺乏的特性到一个犬品系中。育种者也可以通过异交来增加杂合度和遗传变异性。在生产动物中，杂合度常被称为杂种优势。尽管异交产生的杂合性不能产生一致的杂交犬，但它是一种成功的方法，可以生产具有每个亲本所需特征的个体，而且近亲繁殖较少。育种家通常会使用单一的异交来纠正他们在品系内发现的问题。通过这种交配，从中挑选出所需性状的子代犬，而后逐步交配引回品系，目的是在纯种系中"固定"新的特征。

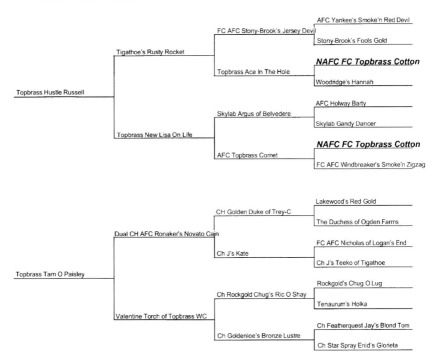

图 5.8 异交谱系 :Topbrass Retrievers, Jackie and Joe Mertens

由于它们严重依赖血统和谱系作为选择工具，在育种中，同系交配、同种异系交配和异交都被认为是遗传育种系统。相比之下，非遗传育种系统使用表型选择标准，不考虑犬的血统或谱系。从历史上看，犬是人类的最佳工作伙伴，无论工作是放牧、拖物、护卫或狩猎，这些都是表现型的，很少或根本不考虑血统或谱系。直到育种者迷恋上具有"纯种血统"或特定血统的动物的概念，以及随后纯种品种的发展，才开始对育种动物进行选择，而非只选择工作能力。这被称为动物的表型选择，可以通过几种方法来实现，其中最常见的是正选型育种。

正选型育种（也称为"同类育种"）涉及仅基于相似表型品质的育种配对选择。拥有相同理想性状的雄性和雌性被选为繁殖伴侣，目的是增加后代获得父母双方性状的机会。因为个体可能共享由一组略有不同的基因决定的理想性状，这种育种类型的选择过程根据其定义是不会增加近亲繁殖的。对于具有多基因遗传的性状尤其如此，如体型、大小和体态。然而，正选型育种系统依赖于这样的偶然性，即每个亲本的理想性状主要由相同的一组基因决定，因此总是存在有一只幼犬没有表现出理想性状的风险。

负选型育种（也称为分化育种）是基于试图纠正一只犬的缺点或不受欢迎的性状，将它与表现出相反优点或不具有已识别的缺点的配偶配对。一个相当简单的例子，一只体型过大的雄性和一只体型较小的雌性配对，目的是繁殖出理想体型的幼崽。就像异交一样，负选型育种可以导致杂合度的增加，因此可能成功地消除不理想的性状或引入理想的性状。

杂交指的是让两个不同品种的犬交配，目的是创造一个新品种或消除其中一个品种的问题。例如，斗牛獒最初是通过斗牛犬和獒犬的杂交而产生的。在 19 世纪中期的英国，土地所有者关心的是如何保护他们的庄园免受偷猎者的掠夺。这些庄园的猎场看守人想要培育一种又大又壮具有保护性的看门犬。獒犬又大又壮，但攻击性不够；斗牛犬又壮又有攻击性，但太小了，不能为一整个庄园工作。经过几代的杂交，斗牛獒诞生了，对他们的目的来说这是一种完美的犬。当今流行的许多品种的伴侣动物起源于早期品种或品种类型的选择性杂交（详见第一章）。目前，美国养犬俱乐部和其他纯种犬种注册处通过建立严格的指导方针来规范新认可犬种的引入，从而规范杂交繁殖的做法。

遗传因 素对犬疾病的影响

犬的品种起源于对特定行为表型和在较小程度上的身体性状的选择。由于育种者开始将驯养的犬用于各种目的，在每一个原始品种类型中，对理想性状的多代选择导致了与一般种群相比遗传变异性的丧失 [2]。然而，直到 19 世纪纯种育种模式的传播，选择性育种才局限于非常小且密切相关的独立群体。此外，由于爱犬协会的发展导致人们渴望在每个品种中培育自定义的"完美"的犬，这是最符合当前流行品种标准的犬。但对于一些品种来说，这样做意味着会出现极其夸张的性状，其中一些性状会对健康和生活质量产生负面影响。例如，巴哥犬和斗牛犬的面部结构非常短，这可能导致呼吸窘迫或缺陷，腊肠犬和巴塞特猎犬的背部异常长，这可能导致脊柱问题。

除了对极端性状的有目的的选择之外，大多数品种的犬都有一系列遗传疾病，这些疾病在该品种中发生的频率高于普通犬。这些疾病大部分是由于纯种犬起源时创始种群有限的基因库造成的，然后随着有目的的近亲繁殖或选择异常突变的夸大的身体性状而加剧。尽管许多纯种犬种俱乐部正试图识别和消除其品种中的遗传疾病，但纯种犬中与遗传相关的疾病数量继续对动物健康、寿命和福祉产生负面影响。下面回顾了犬的一些遗传决定的疾病，以及在已知的情况下，它们的遗传模式。

血友病 A（缺乏Ⅷ因子）： 血友病是由血液中一种或多种特定凝块因子缺乏或缺陷引起的出血性疾病的总称。血友病 A 是在犬身上发现的最常见的性联隐性遗传的出血性疾病 [3]，是由缺乏凝血成分——凝血因子Ⅷ引起的。临床症状包括复发性皮下出血、内出血和贫血。因为有缺陷的基因是在 X 染色体上发现的，雄性在临床上为患者，雌性要么是携带者（一个受影响的基因），要么是患者（两个受影响的基因）。血友病 A 在许多流行犬种中都有报道，包括比格犬、斗牛犬、苏格兰牧羊犬、金毛寻回犬、灵缇、拉布拉多寻回犬、贵宾犬和喜乐蒂牧羊犬。目前，据报道，德国牧羊犬受到的影响最大。

冯·维勒布兰德病（VWD）： 这种疾病类似于血友病 A，是一种常见的，通常是轻微的出血性疾病。冯·维勒布兰德因子的缺乏导致了该疾病的出现，这种因子在血液凝结过程中起着重要作用。临床 VWD 分为 3 种类型的疾病：Ⅰ型、Ⅱ型和Ⅲ型。大多数受影响的犬被归类为Ⅰ型 VWD，会导致轻度到中度出血。相反，Ⅱ型和Ⅲ型非常罕见，会导致严重的出血性疾病 [4]。VWD 最常见的形式（Ⅰ型）似乎是遗传的常染色体显性基因，表现出不完全显性 [5]。这种遗传模式很难追踪，因为父母携带者的后代可以遗传该基因，但在临床上不一定会受到影响。然而，受影响而基因纯合的幼犬（即从父母双方各遗传一个）总是受到严重影响，并在出生前或出生后不久就会死亡。VWD 的临床症状包括血肿、关节出血导致的跛行和反复流鼻血。虽然 VWD 在许多品种的犬中都有报道，但杜宾犬报道的发病率最高。这种疾病在苏格兰猎犬、喜乐蒂牧羊犬、德国牧羊犬、金毛寻回犬、万能㹴和迷你雪纳瑞犬中也很普遍。

渐进性视网膜萎缩（PRA）： 当眼睛后部的视网膜细胞退化时，这种眼部疾病就会发生，最终导致失明。PRA 是一个通用术语，指的是几种遗传性视网膜退化，根据发病年龄和受影响的视网膜细胞类型进行分类。它首先在戈登和爱尔兰赛特犬中被发现和研究，但现在已知在许多不同的品种中都会发生[6]。广义上 PRA 是指视网膜最外层感光细胞退化的疾病。这被认为是一种早发性疾病（出生后几周内）或一种成熟性疾病（1 岁后开始）。狭义上，称为中央 PRA，发生在视网膜色素上皮细胞和感光细胞逐渐被破坏时。与广义 PRA 相比，中央 PRA 的视力丧失通常不那么严重，进展较缓慢。在所有形式的 PRA 中，早期症状为夜间视力下降，随后白天视力逐渐丧失。当处于幼犬阶段时，可以看到 PRA 特征的视网膜的变化，然而，视力丧失的临床症状可能直到犬成年后才会明显。

在已研究的大多数品种中，PRA 似乎是作为常染色体隐性基因遗传的。唯一的例外是西伯利亚哈士奇的 PRA，该犬的 PRA 是性别连锁形式，疾病基因携带在 X 染色体上。由于患有 PRA 的犬的眼睛没有明显的外部变化，许多主人直到疾病发展到中度或严重的视力丧失才意识到这些症状。现在，关注易感品种的育种者会筛选所有潜在的繁殖动物是否患有 PRA，并可就某些类型的 PRA 进行基因测试。基因检测的优势在于，它可以识别出那些携带受影响基因但视力没有受到影响的犬，因此这种犬不应该用于育种。

眼睑内翻和眼睑外翻： 犬眼睑内翻是犬眼睑向内滚动，是由眼睛位置突出和面部皮肤皱褶过重共同引起的。眼睛受影响的部分最典型的是下眼睑，但整个眼睛都可能受到影响。如果不加以纠正，由眼睑和睫毛摩擦引起的刺激会导致结膜炎，并可能损害角膜。最容易感染睑内翻的犬种有松狮犬、斗牛獒、沙皮犬和京巴犬。睑外翻则是相反的症状——下眼睑外翻，导致眼周眼睑的正常保护功能丧失。眼睛长时间暴露，流泪过多，会引起对眼睛的刺激，增加被异物伤害的风险。

对具有面部皮肤松弛和眼睛下垂特征的品种的选育，如寻血猎犬、克伦伯猎犬、英国可卡犬和圣伯纳犬，导致了这些品种睑外翻发病率的增加。

睑内翻和外翻都被认为是多基因遗传的疾病，因为它们是对夸张的面部性状选育，导致眼睑异常的结果。睑内翻可以通过手术矫正，但对于面部皱褶严重的犬，通常需要进行多次手术。被治疗过睑内翻或轻度感染的犬不适用于育种。轻度睑外翻的犬通常只治疗相关的问题，如结膜炎。严重的睑外翻可以通过手术切除一小块眼睑组织进行矫正。对于这两种异常情况，负责任的育种者会选择各自品种中头部结构正常的动物育种，以避免再次选育易受影响的面部性状。

铜中毒：这种疾病首先在贝德林顿㹴犬中发现，其特征是无法正常代谢铜。随着时间的推移，铜这种矿物质在肝脏中积累，导致组织损伤和功能性肝细胞的丧失。当瘢痕组织取代受损细胞时，就会发展为肝硬化。对贝德林顿㹴犬的研究表明，这种疾病是以常染色体隐性性状遗传的 [7]。铜中毒是犬类基因组计划中研究的第一批遗传疾病之一。这些研究使研究人员能够识别一种遗传标记，该标记与导致该品种犬铜中毒的基因相关联。一种商业测试方法已经开发出来，可以分析从脸颊拭子中提取的 DNA 样本，并确定犬的这种疾病的基因型（即正常、患者、携带者）。在此之前，确认犬的状态的唯一方法是通过多次试验繁殖或对单个动物进行肝脏活检。其他可能对铜中毒易感的品种有可卡犬、杜宾犬和西高地白㹴犬。在杜宾犬中，主要是母犬受影响。铜中毒的除贝德林顿㹴犬外，其他品种的遗传模式尚不清楚。

软骨发育不良侏儒症：这种综合征是一种生长障碍疾病，这导致具有正常或接近正常体型的动物变为短腿动物。虽然在一些品种如迷你贵宾犬和可卡犬中有零星报道，但在阿拉斯加雪橇犬中研究最广泛 [8]。患病犬的前肢和后肢与巴塞特猎犬类似。该品种的遗传模式为简单常染色体隐性遗传。虽然受感染的犬通常不会缩短寿命，但该疾病会导致溶血性贫血。这显然是由于肠道吸收锌的能力受损引起的。口服锌补充剂通常可以解决贫血问题，但必须终生提供，以防止复发。

犬髋关节发育不良（CHD）：这种疾病的特征是髋关节的异形和不同程度的跛行、疼痛与残废（详见第十三章）。在大型品种中发病率最高，但很少有品种完全没有 CHD。其表现为多基因遗传，有多个基因影响关节的形状，相关肌肉束的大小，以及股骨头和骨盆的协调性。此外，生长速度和其他环境因素可能会影响该疾病的表型表达。

隐睾症： 这种情况发生在雄性犬的一个睾丸（单侧隐睾症）或两个睾丸（双侧隐睾症）未能下降到阴囊时。雄性幼犬的睾丸通常在出生后 10 天内从腹部迁移到阴囊。如果在犬 8 周大的时候还没有迁移，犬通常会被诊断为隐睾症。隐睾症已被证明发生在纯种犬的品系和家族中，并据推测这可能是一种性别受限的常染色体隐性性状遗传。发病率增加的品种包括迷你贵宾犬、迷你雪纳瑞、博美犬、约克夏、凯安梗，以及京巴犬。虽然隐睾不会直接导致雄性犬患病，但隐睾症与睾丸癌的风险显著增加有关。基于这些原因，为了防止这种疾病的延续，隐睾犬应该去势，不用于繁殖。

皮脂腺炎： 皮脂腺炎是一种影响皮脂腺的炎症性疾病。这些腺体通常会分泌一种叫作皮脂的脂肪物质，这种物质对正常的皮肤和被毛健康很重要。皮脂腺炎的周期性发作导致皮脂分泌受损、掉毛、皮肤损伤和增加对慢性皮肤病的易感性。这种疾病在标准贵宾犬、秋田犬、维兹拉犬和萨摩耶犬中最为常见。对标准贵宾犬这种疾病的研究表明，它是作为一种常染色体隐性基因遗传的。然而，由于临床症状在受感染的犬之间有显著差异，遗传模式被认为比单个隐性基因遗传更复杂。这种疾病无法治愈，需要长期使用调节性洗发水、脂肪酸补充剂和抗生素治疗继发性细菌感染。虽然皮脂腺炎不是致命的并且许多犬反受到轻微的影响，但被诊断患有这种疾病的犬应该绝育，不要繁殖。虽然只有标准贵宾犬的遗传模式是已知的，但在其他品种中皮脂腺炎似乎也受遗传影响。

德国牧羊犬脓皮病： 像脓皮病这样的皮肤感染病在犬身上比较常见，通常很容易用抗生素治疗。最常见的传染源是中间型葡萄球菌。然而，德国牧羊犬很容易患上一种反复发作的严重皮肤感染，称为"深层脓皮病"，下层皮肤受到感染，形成疼痛的引流性病变。这种情况在 1 岁以下的犬身上很少见，在中年犬或老年犬身上最常见。深层脓皮病的特征是在犬的下背部和后腿上形成脓疱疹和开放性溃疡。这些部位可能会发痒，随着疾病的发展，病变变得非常疼痛。虽然有多个致病因素，但德国牧羊犬的深层脓皮病被认为是由常染色体隐性基因突变引起的。像皮脂腺炎一样，这种疾病不能治愈，需要终身治疗。总是需要进行抗生素治疗，而抗菌沐浴露可以帮助减少皮肤损伤以及损伤愈合。被诊断患有深度脓皮病的犬永远不该用于育种计划。由于许多犬直到老年时才会患上这种疾病（可能已用于繁殖），因此应保持详细的记录，并且应该始终对受影响个体的后代进行绝育。

遗传性耳聋： 遗传性耳聋发生在许多犬种中，并具有不同的遗传模式。在所有情况下，耳聋都是内耳感觉器官逐渐退化的结果。这开始于幼犬 4~5 周时，到成年时，会导致部分或完全耳聋。耳聋的发生与犬白色被毛的数量直接相关，这是由花斑斑点基因（S）的某些等位基因或由陨石色基因（M）以纯合状态存在而引起的。大麦町犬的耳聋发病率最高，双边影响的比例在 5%~10%，单边影响比例高达 30%[9-10]。其他有不同程度斑点的品种有比格犬、斗牛㹴犬、英国斗牛犬和英国赛特犬，它们的耳聋发生率都高于普通犬种。具有陨石色的品种，患耳聋的风险增加，包括澳大利亚牧羊犬，苏格兰牧羊犬，喜乐蒂牧羊犬和斑点大丹犬。

大麦町犬耳聋的遗传模式似乎是常染色体隐性遗传，涉及一个以上的基因或表现为不完全外显。虽然失聪的犬相较于不受影响的犬更有可能生下失聪的幼犬，但听力正常的大麦町犬可以生下单边或双边听力受影响的幼犬。因此，完全从这个品种中消除耳聋是非常困难的。在与陨石色相关的耳聋品种中，该性状似乎是常染色体显性遗传。在任何情况下，耳聋犬（一只耳朵或两只耳朵受影响）都不应该用于繁殖。

结论

了解基本的遗传学、遗传模式和育种系统类型对于专业育种者和参与纯种犬推广的专业人员来说是必不可少的。选择性育种已培育出 300 多种不同品种的犬。在犬群体中，那些随机繁殖或混合繁殖的犬，没有直接已知的谱系，但同样重要。犬的来源多种多样，大小、形体和性格也各不相同。下一章将探讨我们与这类最受欢迎的家庭宠物之间的关系，以及与宠物饲养、宠物选择和监护有关的责任、益处和可能面对的问题。

参考文献

[1] Ostrander, E.A., Galibert, F. and Patterson, D.F. Canine genetics comes of age. TIG, 16:117–124.（2000）

[2] Irion, D.N., Schaffer, A.L., Famula, T.R., and others. **Analysis of genetic variation in 28 dog breed populations with 100 microsatellite markers**. Journal of

Heredity, 94:81–87.（2003）

[3] Dodds, W.J. **Inherited bleeding disorders.** Canine Practice, 5:49–58.（1978）

[4] DeGopegui, R.R. and Feldman, B.F. **Acquired and inherited platelet dysfunction in small animals.** Compendium on Continuing Education for the Practicing Veterinarian, 20:1039–1046.（1998）

[5] Dodds, W.J. **Further studies of canine Von Willebrand's disease.** Journal of Laboratory and Clinical Medicine, 76:713–721.（1970）

[6] Hodgeman, S.F.J., Parr, H.B., Rasbridge, W.J., and Steel, J.D. **Progressive retinal atrophy in dogs. 1. The disease in Irish Setters（red）.** Veterinary Record, 61:185–190.（1949）

[7] Johnson, G.F., Sternlieb, I., Twedt, D.C., Grushoff, P.S. and Scheinberg, I.H. **Inheritance of copper toxicosis in Bedlington Terriers.** American Journal of Veterinary Research, 41:1865–1866.（1980）

[8] Fletch, S.M., Pinkerton, P.H., and Brueckner, P.J. **The Alaskan Malamute chondrodysplasia（dwarfism–anemia）syndrome—a review.** Journal of the American Animal Hospital Association, 11:353–361.（1975）

[9] Juraschko, K., Meyer-Lindenberg, A., Nolte, I., and Dist, O. **Analysis of systematic effects on congenital sensorineural deafness in German Dalmatian Dogs.** The Veterinary Journal, 166:164–169.（2003）

[10] Cattanach, B. **The "Dalmatian dilemma"：white coat color and deafness.** Journal of Small Animal Practice, 40:193–200.（1999）

第六章　与犬共同生活：益处与责任

最近的评估结果表明，美国的宠物主人与超过 6800 万只犬共同生活。大约 40% 的家庭至少拥有一只犬，24% 的主人拥有两只犬，13% 的主人拥有 3 只或更多犬 [1]。如今，家庭中绝大多数的犬都是被当作社会伴侣饲养的。随着社会的农村城镇化和郊区中心化发展，犬作为工作伙伴的角色已逐步减弱。伴随着这一进程，犬成为了一种新的、同样重要的角色——社会伴侣。本章将探讨这种关系，也探讨了与"人类最好的朋友——犬"分享生活的责任、福利和分歧。

人与犬的关系

动物，尤其是犬，在当今社会尤为重要。人与自然和动物关系的描绘及理念是人类语言交流、民俗和文化传统不可分割的一部分。在动物造型的玩具、书籍和电视节目，以及从卧室家居到餐具上无处不在的动物形象，使孩子们在很小的时候就被带入到了动物世界。媒体经常利用人们对动物的兴趣，使用温和的纯种犬或可爱的幼犬来销售他们的产品，或者描绘政治家和名人的正面形象。许多人和家庭与他们的犬之间复杂而密切的关系也很好地体现了我们对动物和自然环境的喜爱。据推测，在日益城市化和远离自然环境的社会中，犬作为伴侣动物代表了我们与自然关系的延续，以及我们与动物保持密切互动的需要 [2]。

在当今的西方社会，人们最常提及养犬的原因是作为陪伴。犬在这方面是独一无二的，因为许多其他驯养物种（猫除外）主要是出于经济或实际需求原因而饲养的。在过去的 30 年中，人们对人类与伴侣动物之间复杂而多样的关系进行了详细的研究。坊间传闻和实证数据都表明，犬作为同伴对人类具有许多重要的心理和健康益处。尽管仅仅是作为宠物存在就能起到减压的作用，但最大的好处似乎是犬和它的主人之间能够建立一种牢固而可持续的关系或纽带。

依恋： 依恋现象可能至少是在一定程度上促进了人类与犬之间持

久关系的发展。从行为学和进化论的角度来看，依恋具有适应意义，因为如果一个年幼的动物或一个社会群体的成员与母亲或其他人存在强烈的吸引纽带，那么它的生存机会就会增加。依恋被认为是两个个体之间的一种特定类型的情感纽带[3]。尽管所有的情感纽带（包括依恋）都涉及随时间推移的情感依恋和承诺，但依恋还有一个附加属性，即为一方或双方提供安全感和舒适感。这被称为是依恋的"安全基础效应"，最常见是婴儿和母亲之间的关系。例如，独处或面对陌生人时，婴儿在他们的主要依恋对象（通常是母亲，但也不总是母亲）面前感觉是最安全的，且更倾向于探索新环境、玩耍和表现轻松自信。

依恋行为发生在所有社会性物种中，并在幼崽与母亲的相处中首次表现出来。这些行为模式最终可以扩散到其他社会关系，如兄弟姐妹、父亲、大家庭、配偶和主要社会群体的成员。依恋行为是个体（人类或非人类）行为，具有使另一个体保持亲密关系的效果。例如，一只幼犬在被隔离时发出的尖锐的叫声会吸引母亲（或新主人）回到幼犬身边。在大多数群居物种中，高音的发声和多动症是对被分离的典型反应，它们的作用是让分离的个体重新团聚。同样，视觉、声音和触觉刺激形式的愉悦体验有助于正向加强亲近度。

犬和人都是高度社会化的物种，呈现出复杂的社会群体性，具有依恋行为，并有复杂的非语言交流模式。犬的主要社会依恋是在社会化的早期形成的。这些依恋行为可以包括多个物种，研究表明，幼犬很容易与其他物种的个体交往，当然也包括人类饲养员。经过多代的人为选育，家犬的社交能力增强，仇外心理减少，这可能导致其对人类饲养员形成主要的社会依恋的先天倾向[4]。当然，一种关系总是至少涉及两个个体，人类同样具有社会性，并依赖于与他人的持久依恋。

犬和人之间的这些相似之处促进了犬主人和他们的犬之间牢固的相互依恋关系的发展。

影响个体感受依恋程度的因素包括依恋形成的年龄（幼犬的初级和次级社会化时期最重要），肢体接触的机会和持续时间，陪伴时间，分享情感体验、愉悦的视觉、声音和触觉信号的强度。从历史上看，高度依恋是指动物在与依恋对象分离时表现出的应激或焦虑，随后在重逢时又表现出幸福和放松的现象（详见第八章）。同样，犬主人经常表示，当他们的伴侣动物丢失或离开时，他们会感到焦虑和痛苦，大多数犬主人通过允许宠物在卧室睡觉，分享食物，并定期进行愉快的玩耍和锻炼来与犬进行亲密接触。

对亲近的渴望和分离时的（或在失去亲人后的丧亲期间）痛苦感觉是依恋理论描述的重要特征。虽然人类可以用语言表达与他人的关系，但犬与主人之间的关系和可能存在的依恋关系只能通过行为来评估。婴儿对父母的依恋关系的研究也采用了类似的方法评估，通过一系列测试来衡量婴儿对陌生人、新环境以及与主要照顾者分离后的行为反应。结果可以表明婴儿对照顾者的依恋程度，并证明了照顾者是他们基础安全感的来源。这些测试的改良形式已被用于检查犬与它们主人的关系类型，并确定这种关系是否有符合依恋关系的条件 [5]。

结果显示，犬和主人之间的关系是一种牢固而持久的情感关系，但关于这种关系作为依恋关系的证据却不那么确凿。例如，面对陌生人和人类婴儿时表现出玩耍和互动减少，而大多数接受测试的犬却很容易接近陌生人，似乎不需要它们的主人作为安慰的安全基础。当接受测试的犬与它们的主人分开时，几乎所有的犬都表现出不同程度的痛苦（吠叫、哀嚎、跳向门口、踱步）。然而，与人类婴儿不同的是，当陌生人和犬待在同一房间时，这种痛苦明显没那么强烈，这表明即使犬的主人不在场，陌生人也可以给犬提供安慰。但无论如何，不管陌生人后续是否还在场，所有的犬都会在与主人再次碰面后表现出热情的问候反应，与犬主人保持亲密接触。此外，与犬主人不在场时相比，犬主人在时，犬会对新房间和与陌生人玩社交游戏表现出更多的探索性 [6]。最后，被研究的犬表现出明显的与犬主人互动的偏好，而不是陌生人，并且在被分离时，犬主人的物品（衣服、钱包）似乎会让它们感到安慰。这些行为暗示着感情和依恋。

从相反的方向来研究依恋现象也是有趣的：犬主人对他或她的伴侣犬的依恋。例如，许多犬的主人报告说，当他们的犬在场时，他们的安全感和社交能力都会增强。对在公共场所的犬及其主人的一项研究表明，犬可以作为犬主人的社交促进者，促进与他人的积极互动。这些人对犬的依恋情绪与犬对人的依恋是一致的，而且可能也表明了研究单向依赖的依恋关系并不能充分阐述人犬之间的相互羁绊。至于家犬在遇到新情况或遇到新的人时犬主人能为其提供多少程度的安全感基础，这还需要进一步研究。

养育：人类的养育和照顾行为提供了人表达爱和情感的机会。研究发现，当人们不再被允许或不能照顾他人时，抑郁症、健康状况下降和患慢性疾病的概率就会增加，这说明了养育机会的重要性[7]。抚养和照顾犬提供了养育的绝佳途径。人们普遍认为宠物是主人孩子的替代品，这样做可能会取代人类正常的社交行为，甚至阻止宠物主人与其他人类形成正常的依恋关系。然而，对主人与犬的关系的研究表明，尽管人与犬的关系和人与孩子的关系有一些相似之处，但大多数宠物主人都是正常人，他们的犬实际上能帮助增强和改善人类的社会关系。

触觉： 触觉可以影响人与犬之间的关系发展。抚摸动物也是成年人在社会中能以轻松愉悦的状态去接触其他生物的少数途径之一。最早的一项关于人与犬的关系研究表明，当人轻轻地抚摸一只友好的犬时，人和犬的动脉血压值都显著下降。这是因为血压升高通常是与生物交感神经兴奋（精神焦虑）和生理压力过大有关，这些结果表明，触摸可以强有力地影响神经系统压力。除了对压力的影响外，也有证据表明人类和伴侣动物之间的身体接触与影响神经系统的化学物质释放和荷尔蒙变化相关[8]。在抚摸过程中，人和犬的动脉血压值下降，血浆中 β - 内啡肽和多巴胺浓度增加——这些生理指标的改变都是因为抚摸可以放松心情和缓解压力。

此外，抚摸也会增加人类和犬体内催产素与催乳素的浓度。在人类和其他物种中，这些激素的增加与人类和其他物种的联系、依恋以及愉悦感有关。爱抚能引起双方积极的生理变化，这一事实进一步证明了抚摸对人类和他们的犬都有好处。

触摸也是人和犬交流的重要方式。虽然语言交流很重要，但犬缺乏复杂语言交流的能力。当人与犬互动时，会使用肢体动作、面部表情、眼神交流和触摸等非语言交流。作为一种高度社会化的物种，犬也会使用类似的非语言来回应，能够理解并对人的信号做出反馈。同样，犬的非语言交流能力与人类理解并回应犬的信号的能力促进了相互交流能力的发展，而这种相互交流往往是非常复杂的。例如，针对犬主人在公共场合的一项研究发现，大多数犬主人经常公开地与他们的犬互动[9]。超过 90% 的人会承认和他们的宠物交谈，80% 的人表示他们和宠物交谈时，就像是在与另一个人交谈一样。观察显示，以抓挠、轻拍和抚摸的形式出现的触摸是最常见的交流方式，甚至超过了口头交流。有趣的是，男性和女性在触摸的频率、数量或方式上没有差异。显然，伴侣动物是两性都可以公开表达和接受感情的一种方式。

减轻压力： 犬能帮助人减轻压力，这是建立人与犬之间纽带的重要因素。相较于与他人交谈，与动物交谈更令人放松。在与他人交谈时，血压和心率通常会升高。然而，与一只友好的犬交谈并抚摸它时，这两项指标都下降了[10]。这种差异的存在，可能是因为人类受试者在与另一个人交谈时通常会预料到自己会受到评判和评估，但在与伴侣动物交谈时却没有这种感觉。和犬在一起时，压力的减轻并不局限于语言交流。最近的研究表明，对儿童和成人来说，只要犬在场的情况，哪怕简单地看书也能降低血压和减轻压力感。犬提供和接受安慰性触摸的机会，参与非评判性的互动，以及让人类能够充分表达自己而不用顾虑他人的想法，这些都可能强烈地影响人与犬之间关系的牢固度以及达到减压效果。另外，犬待在主人身边也能减轻焦虑和压力，这一事实证明了人与犬关系的互惠性。

其他因素： 宠物主人会为爱自己的犬而找许多理由。一项旨在确定犬主人满意度的调查，要求参与者根据一系列行为特征对自己的犬和假设的"理想"犬进行评分[11]。犬主人认为表现力强、喜欢散步、运动、忠诚/亲切、对人热情和认真是他们对自己的犬和假想的"理想"犬最向往的特征。其他被认为是可取的但非绝对必要的特征，包括爱玩、对其他人或犬友好，以及领地行为。这项研究表明，关于建立牢靠的纽带，大多数非常重要的特征均涉及人与犬之间的亲密关系和频繁接触。另一项从动物收容所针对收养犬的人的研究发现，人对犬与"理想"犬的感知的符合程度，影响着主人对犬的依恋强度[12]。总之，这些研究表明，犬主人的期望和犬的行为对于建立牢固和持久的关系都很重要（表 6.1）。

表 6.1　影响犬主人和犬之间建立牢固关系的因素

√　人和犬对依恋的需求
√　定期和积极的互动（接近）
√　需要养育和照顾
√　通过触摸交流：享受抚摸
√　非言语交流的相互理解
√　有犬在场时压力减轻
√　相互参与游戏和运动

作为伴侣的犬（纽带关系中的犬）：因为人与犬的关系是双向的，在研究犬主人和犬之间的关系时，必须考虑物种的本能行为。犬有几个特征属性可促进与人类的关系。犬是一种昼行物种（白天活动，晚上睡觉），因此与大多数人活动时间一致。犬还具有与人类相对相似的社会结构和交流模式（详见第一章和第八章）。其中一些最重要的行为是向同类（无论是人还是其他犬）传达依恋和喜爱的行为。这些行为包括降低的身体姿势、收起的耳朵、恳求和提供触摸、舔舐和吻脸问候。犬表现出一套仪式化的问候行为，会寻找主人进行互动，而且通常对主人的活动非常清楚并做出反应。最重要的是，犬提供了研究人员（和犬主人）所描述的无条件或非评判性的爱。换句话说，犬爱它的主人，不管主人的外表、收入水平或着装方式。通过向主人提供无条件的爱，犬自然而然会增强二者的依恋强度。

与许多哺乳动物不同，犬拥有非常旺盛的玩耍欲望。尽管许多物种的幼崽也会玩耍，但犬的独特性体现在成年后仍会继续玩耍。这一特点给许多主人带来了快乐。一项针对瑞士宠物主人的研究发现，犬主人平均每周花 17.5 小时与他们的宠物互动（玩耍）。另一项调查显示，95% 的主人经常和他们的犬一起玩耍。80% 的人同意这样的说法，即"我的犬给了我一个玩耍的借口"。犬愿意和主人一起玩耍，有能力学习复杂的游戏，喜欢和主人一起锻炼，这些都有助于犬与主人进行积极频繁的互动。

最近一项关于人和伴侣犬之间玩耍关系的研究，探讨了犬主人用来启动与犬玩耍的信号类型[13]。犬主人们最常用的信号是拍地板和低声说话。有趣的是，尽管这些信号使用得最频繁，但它们在启动游戏方面收效并不好。最有可能成功引诱犬玩耍的信号是主人假装玩耍鞠躬，追赶或逃跑，或顽皮地冲向犬等。一些主人表现出了一系列不寻常的独特的行为，他们的犬可能是通过经验，学会了将这些行为理解为玩耍邀请，并做出相应的回应。在所有的互动中，当人发出了邀请玩耍的声音时，玩耍信号的效果会得到增强。这些结果表明，尽管一些主人在试图邀请他们的犬玩耍时，使用了无效的信号，但仍然有许多犬主人似乎通过反向适应犬的玩耍请求行为（鞠躬、追逐、猛扑、高音发声）成功与犬进行了游戏行为并与犬进行了愉快的接触。

养犬人的特点（纽带关系中的人）：毫无疑问，如果一个人在童年时期养过宠物，那么成年后更有可能成为宠物的主人，而且童年时期养的宠物的类型（种类）对他成年后选择的宠物有很大的影响 [14]。小时候养过宠物的成年人通常比不养宠物的人对动物有更积极的态度，对动物的行为和交流有更好的理解。在当今社会，典型的宠物主人拥有房子，有工作，平均收入比不养宠物的人略高。养宠物的比例在有小孩的家庭最高 [15]。但是，有孩子的家庭对犬的依恋程度相对较低。单身、离异和丧偶的人对宠物的依恋程度最高。在没有孩子的家庭中，犬主人与犬的互动比有孩子的家庭更频繁，方式也更复杂。流行病学研究表明，养宠物的人比不养宠物的人更有可能喝酒精饮料，经常吃外卖，每周多吃 7 倍的肉 [16]。养宠物的人锻炼身体的可能性更大。尽管养宠物与健康相关，但这些数据表明，与伴侣动物共同生活的人并不一定比不养宠物的人的生活方式更健康。这支持了这样一种理论，即养犬本身可能会带来一些重要的健康益处，而不是仅仅说明了养犬的人更有可能拥有某些优秀的生活习惯或者个人品质。

人与宠物之间的关系和人与人之间的关系有相似之处，因此人们也开始研究宠物主人在生活中与其他人之间的关系类型。虽然，与不养犬的人相比，和犬一起生活的人跟其他人的关系可能会有些不同，但这种差异并不是通常预测的那些类型。人们对宠物主人的普遍看法是，出于某种原因，他们无法或不愿与其他人建立正常的关系，因此将自己的社会需求转移到伴侣动物身上。然而，数据并不支持这种说法。调查研究表明，不管怎样，宠物主人与宠物的关系在大多数情况下是对其他人际关系的补充，而不是替代 [17-18]。

宠物的社交效果及其促进与他人互动的能力都有据可查。此外，最近的证据表明，"宠物关系"中的幸福感与人际关系中的幸福感和满意度成正相关。一项针对 1100 多名已婚女性的大型研究发现，在不依恋他们宠物的犬主人中，13% 的人表示自己不快乐，而依恋他们宠物的主人中，只有 6% 的人表示不快乐 [19]。与依恋宠物的主人相比，大量不依恋宠物的主人也表示，他们的配偶并不是一个令人满意的知己。早期的研究表明，对犬喜爱程度较低与对其他人的喜爱程度较低呈正相关的关系 [20]。特别是那些不爱动物的男人，他们对别人的爱的渴望也很低。

人们认为，有些人是"爱犬之人"，而有些人是"爱猫之人"。与养猫的人相比，养犬的人会花更多的时间和他们的宠物在一起，经常给宠物梳理、一起玩耍和散步 [21]。此外，养犬的人比养猫的人更愿意寻求兽医护理，也更愿意花钱。另一项关于犬主人和猫主人的研究发现，在家里，主人与犬之间的互动行为比与猫之间的互动行为更多[22]。与此同时，行为和身体上的亲密程度也更高。然而，从猫的角度来看，愿意和宠物一起睡觉的猫主人比犬主人多！

与犬共同生活的好处

毫无疑问，犬是许多人生活中重要的组成部分。犬通常被认为是家庭的一员，并受到像其他家庭成员一样的爱和尊重。人与犬之间的纽带是一种非常独特的关系。在过去的 25 年里，研究人员一直在积极研究这种关系的影响，并发现了一些犬主人会说他们一直都知道的事情——与犬分享生活有益于人们的健康。人们不仅能从宠物身上获得很多快乐，而且它们对人们的身体和心理健康也有好处。这些好处从儿童早期开始，一直持续到老年（表 6.2）。

表 6.2　与犬相伴的好处

√ 压力的减小（血压↓，心率↓）
√ 集中注意力和照顾他人
√ 锻炼和玩耍的机会
√ 陪伴和减少孤独
√ 刺激与他人的社交互动
√ 责任感；增强自我价值感和能力

成年人和他们的犬：犬能够减轻宠物主人的生活压力，这一点早已得到认可。早期的研究表明，当与友好的犬交谈和抚摸它时，人们的血压和心率都会下降[23-24]。在人和其他动物中，温柔的触摸可通过降低交感神经兴奋，从而影响中枢神经系统。交感神经系统的刺激，通常被称为战斗／逃跑反应，会引起心率、血压和血管阻力的升高。当人类或动物放松而非神经紧绷时，交感神经活动就会减少。正如前面所讨论的（在与犬共同生活的好处），触摸和爱抚一只友好的犬会引起交感神经系统的生理反应，从而减少焦虑和压力。有趣的是，对这种"减压"效果的进一步研究表明，人与动物之间无需任何触觉或语言互动，只要有犬的存在就能产生这些好处[25]。在这一系列的研究中，当处于陌生环境中，受测人最好的朋友或配偶的出现并没有产生

让受测人冷静的效果，事实上，还会增加交感神经的反应。相反，当自己的宠物犬出现在环境中时，受测人的这些变化就会降到最低。

宠物在我们生活中发挥的各种作用，在某种程度上可以解释为拥有宠物对宠物主人的生理和心理上的益处。亚伦·凯彻（Aaron Katcher）和艾伦·贝克（Alan Beck）两位研究人员确定了伴侣动物的 7 个重要作用，并研究了这些作用如何影响宠物主人的身体和情绪健康[26]。这些作用包括提供陪伴、被照顾和被养育的需求、使人忙碌、可以爱抚、提供关注的焦点、给予安全感和共同锻炼。前 3 种作用可以减少抑郁和孤独感，其余 4 种作用有望减少压力和焦虑。因为它们经常陪伴主人出现在公共场合，所以犬也充当了与他人互动的社交催化剂、运动的刺激因素以及玩耍和愉快情绪的宣泄口。对照研究表明，与独自散步的人相比，带犬散步的人散步时间更长，与更多的人互动，与陌生人交谈的时间也更长[27-28]。

儿童和他们的犬：事实证明，对于成长中的儿童来说，与伴侣动物的互动是有明显益处的。对于非常小的孩子来说，一只友好的犬会给他们提供爱抚和抓挠等触觉上的舒适性，并可以让孩子学习温柔和温顺的感受。随着孩子的成长和成熟，家里的犬可以继续提供一种不带评判的亲情和爱的情绪价值。犬可以作为情感抚慰毯（安慰物）或过渡对象，为孩子提供安慰并缓解压力。接受非评判性的爱让孩子们学会如何在没有被拒绝的风险下给予和接受爱。对孩子来说，陪伴玩耍也是犬的一项重要作用。家里的犬经常被纳入角色扮演游戏中，并可能成为儿童游戏世界和现实世界之间的重要桥梁。对于大一点的孩子来说，犬可以提供培养孩子责任感的机会。照顾一只动物，负责它的运动、训练和喂养有很多好处。妥善照顾犬可以增强孩子自尊、自立和自主感。在更大的范围内，有人认为，早期与动物建立积极的联系可以增强儿童对所有生物的理解和与生俱来的尊重。童年似乎是一个关键时期，在此期间与动物积极相处的经历可能会对以后的生活态度产生深远的影响。与犬互动的最后一个好处涉及与其他孩子和成年人的社交互动。和成年人一样，犬有能力充当社交催化剂，帮助发起与他人的对话和互动。这种功能对儿童来说尤其重要，因为他们正处于学习如何在社交场合表现得体的成长阶段[29]。

老年人和他们的犬：第二个从伴侣动物身上得到很多好处的群体是老年人。犬可以为老年主人提供与其他成年人相同的好处。然而，随着老年人生活方式的改变，宠物所扮演的角色的重要性可能会显著增加。犬的陪伴可以帮助减少失去朋友、亲戚甚至配偶的孤独感。年龄的增长可能开始限制个人的行动能力，导致宅在家里的时间变长。家里有宠物可以让人从无聊中转移注意力，并成为注意力的新焦点。除了需要陪伴之外，重要的是，要认识到老年人给予和得到爱抚的机会往往有限。一只充满爱心的犬能给老人带来温暖、温情和愉悦，老人可以从中得到足够的情感价值。有一只需要照顾、喂食和关注的宠物，不仅丰富了老年人的生活而且也为老人提供了新的生活动力。

动物辅助治疗： 毫无疑问，犬可以为残疾人或病人提供很多帮助。让动物参与帮助身体和精神有残疾的人，以提供情感支持和友谊，或改善情感和生理健康，这就是动物辅助疗法（animal-assisted therapy，AAT）。这一概念已存在了100多年，但直到最近20~30年，AAT才被广泛接受，并吸引了大量研究人员和医疗保健专业人员。在20世纪60年代，心理学家鲍里斯·莱文森（Boris Levinson）博士开始定期将动物纳入他对患者的治疗过程，并记录和发表研究结果[30-31]。莱文森认为，宠物可以作为许多患者，尤其是儿童患者的"过渡对象"。即通过与宠物建立一种亲切和信任的关系，使患者最终学会将这种信任的感觉延伸到治疗师身上。对AAT反应敏感的患者是那些不能说话、拘谨、孤僻或文化程度不高的人。莱文森的工作推动了许多健康专业人员将AAT疗法作为一种适当的辅助疗法用于不同的医学领域。

AAT项目现在被纳入各种各样的治疗环境。智障儿童和成人学校在他们的教学计划中会使用动物。宠物为智障人士提供正向的学习体验，并有助于其获得社交技能，如与他人合作和交流。许多医院都有针对病人的AAT项目，收效最成功的一种医院项目是针对儿童病房的。探访犬有助于使医院环境"去制度化"（减弱森严感，变得温馨），并有助于缓解许多孩子在住院期间感到的压力和恐惧。AAT项目的另一个常见场所是养老院和老年人的长期护理机构。入住疗养院的人通常被要求放弃他们的宠物。此外，他们与动物和其他人建立新的依恋关系也变得有限。抑郁、自尊下降和孤独在入住疗养院的老年患者中并不少见。将犬引入这些环境，无论是以探访的形式，还是作为常驻动物，都取得了巨大的成功。研究发现，老年居民在宠物在场时，对工作人员和其他人的反应更正向，情绪状态也会有所改善。养老院养宠物的其他好处还包括提供一个回忆的出口，提高愉悦感和游戏性。在作为常驻动物的情况下，宠物也可以为老年患者提供养育和承担责任的机会。

犬和残疾人： AAT 项目并不是犬能够帮助特殊人群的唯一方式。犬可以被训练来执行各种服务，让身体残疾的人在社会中更独立地发挥作用。导盲犬是最熟悉的一种工作犬。在导盲犬的帮助下，盲人的行动能力和独立性大大增强。家务活、公共交通、就业和社交活动，这些曾经可能需要他人帮助的事情，都可以在导盲犬的帮助下完成。导盲犬除了有助于盲人行动外，还提供情感上的帮助。据报道，导盲犬有助于增强主人的自尊，并成为主人在公共场合行动时强有力的社交促进者 [32]。犬也被训练用于帮助听力受损的人。现在，助听犬和导盲犬享有同样的进入公共场所的权利。这些犬经过专门训练，可以通过提醒主人注意环境中的相关声音来帮助有听力障碍的主人。例如，许多助听犬会对门铃、烟雾报警器、电话、闹钟和婴儿的哭声做出反应。残疾人服务犬的作用是提高身体残疾人士的行动能力和独立生活技能。大多数拥有服务犬的都是坐在轮椅上或拄着拐杖的人。服务犬经过训练，可以捡回掉落的物品，把轮椅拉上斜坡，用拴在犬绳上的装置开门，以及搬运各种物品。此外，它们还受过训练，可以在主人摔倒时起到强有力的支撑作用。服务犬极大地提高了残疾人的独立性，能使它们的主人在以前可能无法进入的公共场所行走和活动。和助听犬一样，美国大多数州都把残疾人服务犬列入了可以完全进入公共设施和公共交通工具的动物名单 [33]。

犬和娱乐

除了与犬共度假期、庆祝特别活动、分享日常生活外，许多人还参与了宠物相关的爱好，如犬展、服从测验、野外测验、飞球测验和敏捷测验。各种各样的组织赞助这些活动，使爱好者与他们的犬一起朝着许多不同的目标或头衔努力。主人的参与程度可以从一个周末的业余爱好者到全职参与，就像专业的教练和练习者一样（表 6.3）。

表 6.3　与犬有关的运动和活动

赛事	资格
AKC 犬展（赛事）	纯种犬（AKC 认证的）；仅仅是未绝育的公犬和母犬
UKC 犬展（赛事）	纯种犬（UKC 认证的）；仅仅是未绝育的公犬和母犬
AKC 服从测验	纯种犬（AKC 认证的）；绝育和未绝育的动物
UKC 服从测验	纯种和绝育的杂交品种
犬类好公民测验	纯种和杂交犬，绝育和未绝育的动物
野外测验和狩猎测验	运动和猎犬品种的纯种犬
吸引追逐	视觉猎犬品种
水中救援测试	纽芬兰犬
㹴犬测验（合格证书）	大多数㹴犬品种
放牧本能测验	所有放牧品种，部分工作品种
敏捷性	纯种和杂交犬；绝育和未绝育的动物
飞球	纯种和杂交犬；绝育和未绝育的动物

美国养犬俱乐部（AKC）是美国现存最大的纯种犬登记机构（详见第二章）。该组织保存了 130 多个公认犬种的标准和登记。AKC 还制定和执行有关犬展、服从测验、跟踪测验、野外测验、狩猎测验、敏捷测验和其他一些非正式活动的规则和条例。联邦养犬俱乐部（UKC）是美国第二个犬种登记机构。虽然它比 AKC 小一点，但 UKC 承认并维护纯种犬种的登记，并负责监管犬展和工作犬活动。

犬展通常被称为"体型"或"品种"秀。这些活动最初的目的是展示纯种犬和提高纯种犬的质量。他们提供了一个平台，在这个平台上，纯种犬的育种者和爱好者可以展示他们的犬，并接受对犬是否符合品种标准的严格评估。其预期目标是，育种者将使用这一评估系统来制订育种计划，从而促进品种的改进。每只犬的评估依据是其与已被亲本犬种俱乐部和 AKC 认可的既定品种标准的相似度。正确的步态、头部类型、身体形态、被毛类型和颜色、眼睛和鼻子的色素以及性格等因素都被考虑在内。获得冠军标签的犬至少获得 15 分，并在至少两次的比赛中超过了相当数量的犬。除了提供一个评估犬的系统外，犬展还是育种者相互交流信息、研究他们的犬种正在发生的变化以及与兴趣相投的朋友会面和社交的好机会。

为了证明犬有能力成为人类真正的伴侣，并训练它们在家里、公共场所和有其他犬在场的情况下表现良好，人们开展了服从测验。与体型展不同的是，已经绝育的犬或者有品种缺陷的犬，仍然可以参与服从比赛。参加这些比赛的犬进行一套规定的练习，由有执照的裁判进行评估。从基本的训练到更高级、更困难的训练，经过服从训练的犬可能会获得多个标签。这些标签是伴侣犬（CD）、优秀伴侣犬（CDX）、实用犬（UD）、优秀实用犬（UDX）和服从测验冠军（OTCH）。服从标签（CD、CDX 和 UD）是成功通过 3 次测验获得的，由有执照的服从裁判评判。最近，AKC 增加了一个非正式的标签，为犬类好公民（CGC）奖。纯种和杂交犬都有资格参加 CGC 测试，该测试旨在展示犬在公共场合的良好举止和服从性。

参加 AKC 追踪测验的犬必须证明它们有能力追踪单个人（即被追踪者）留下的踪迹（足迹层），并找到由该被追踪者丢弃的一个或多个物品。可以获得的第一个称号称为追踪犬（TD），它要追踪的是一条长 440~500 码（402~457 米）的踪迹，这条踪迹的留存时间浮动在 2 小时上下。最高级别的追踪测试，即卓越追踪犬（TDX），它要追踪一条留存时长在 3~5 小时，长 800~1000 码（732~914 米）的踪迹。这条踪迹还将包括各种障碍和交叉踪迹，这些障碍物和交叉踪迹是由除被追踪者以外的其他人布置的。每个由犬和训犬师组成的小组都会由两名评审进行评估，评估犬是否能够在没有训犬师指导的情况下追踪踪迹，并指示训犬师找到被追踪者遗留的物品。追踪犬称号证书是在成功完成一次踪迹追踪后被授予的。

野外狩猎测验是针对不同的品种分别进行的，这取决于该品种最初被培育来执行狩猎任务的类型。例如，猎犬品种的狩猎需要追逐兔子或野兔，猎犬可以成群或成对（两只）狩猎。参加这些测试的犬是根据它们跟随比赛轨迹的能力和意愿来评判的。其中指示犬的评判是通过犬做出"停留"和"指示"动作，且有效地搜寻和指出猎物的能力来进行评估。而寻回项目评判则是测试犬从陆地和水中找回猎物的能力。西班牙猎犬评判是测试猎犬在猎人猎枪射程内寻找鸟类的能力，以及在训导员的命令下把猎物赶出隐藏地和衔回猎物的能力。除了 AKC 野外狩猎试验外，许多亲本品种俱乐部已经开发了自己的测试来评估犬的狩猎能力。例如，美国金毛寻回犬俱乐部和美国拉布拉多寻回犬俱乐部分别授予工作证书（WC）和优秀工作证书（WCX）称号奖励那些在陆地和水中表现出捕鸟本能的犬。

许多国家犬种俱乐部都提供了一些活动，通过执行该品种被育种的原始任务来测试犬的天赋。例如，美国纽芬兰犬俱乐部赞助了水上救援比赛。在这些比赛中，犬被要求把主人从深水拖回陆地，或者在训导员从船上掉下来后去帮助训导员。诱捕训练是一项由美国猎犬协会赞助的活动。像灵缇犬和惠比特犬这样的视觉猎犬品种可以参加这项训练，在训练中，它们在指定的路线上追逐一只仿真兔子。美国工作狸犬协会（American Working Terrier Association）为表现出愿意下地追捕老鼠的狸犬提供勇敢证书（CG）。放牧本能测试是为了测试放牧品种的犬天生的放牧能力。这些只是爱犬人士可以参加的众多活动中的一小部分。由于每一种犬最初都是为了特定的目的而育种的，因此有许多类型的测试被用来评估单个犬的能力，以证明它们遗传执行既定任务的本能。

近年来，有两项犬类活动广受欢迎，纯种和杂交犬都可以参加，分别是敏捷性和飞球比赛。灵敏的犬被训练成可以机动地通过包含各种障碍的路线。其中一些障碍的例子包括跨栏、跳跃、桥梁、绕杆和隧道。飞球比赛包括接力赛，在接力赛中，团队中的每只犬都必须跳过一系列栏杆，然后击中一个能将网球抛向空中的操作杆。然后，犬必须越过障碍返回，把球拿给主人。在这些比赛中，每只犬都可以获得冠军标签。

失败的纽带关系：收容所里的犬

在一场关于人类与伴侣动物纽带关系的理论基础的讨论中，伯纳德·罗林说："如果我们确实与伴侣动物建立了纽带关系，我们会信守承诺么？"[34]尽管人们普遍认为犬和其他伴侣动物是我们社会的重要组成部分，但另一个事实是，主人和他们的伴侣动物之间的许多组带关系没有得到充分发展，或者过早地终止了。据估计，每年进入收容所的犬猫数量大约占饲养犬猫数量的5%[35]。这一统计数据不包括流浪和野生动物或所有权状况未知的动物。在20世纪90年代，由全国宠物种群研究和政策委员会（NCPPSP）进行的一系列调查研究报告称，在收容所处理的犬中，有56%被杀死（安乐死），只有25%被领养到新的家庭[36]。因此，尽管许多宠物主人告诉自己，当他们遗弃自己的宠物时，也会为它们会找到一个新家，但动物收容所被迫对许多犬和猫实施安乐死，因为没有足够的家庭来收养所有被遗弃的动物伴侣。目前，大多数在收容所里被安乐死的犬，要么是宠物主人送来的，要么是宠物主人所在社区里的流浪犬。因此，大多数动物被送到收容所都是与宠物主人关系破裂导致的。

NCPPSP 和其他机构研究了被遗弃动物的特征，以及遗弃它们的主人的特征，以便更全面地了解宠物遗弃这一持续存在的问题。据今，大多数进入收容所的犬和猫的年龄在 5 个月到 3 岁之间。据报道，68% 的犬是混血的 [37]，与普通宠物相比，被送到收容所的犬猫更有可能是未绝育的，而且不太可能看过兽医。最令人惊讶的是，最初从收容所获得的犬比从其他来源获得的犬更有可能被遗弃 [38]。这些犬的主人很可能表示说，照顾犬的工作量超过了他们的预期。研究人员还观察到，在宠物身上花的钱和宠物在这个家里待的时间长短之间存在着直接关系。这些数据表明，犬主人可能会在他们认为有更大初始价值的关系上更重视，而不是那些没有经过深思熟虑的关系，或者是以低成本或"免费"获得的关系。最近的研究表明，相当大比例的动物被带到收容所专门进行安乐死 [39]。宠物主人给出的要求是立即安乐死（而不是释放他们的宠物以便再被收养）的理由包括年老、疾病和行为问题。

宠物主人的特征和把犬丢给收容所的原因，可以帮助我们对纽带关系破裂（或建立的纽带关系不牢固）的原因有所了解。在 NCPPSP 的研究中，最常见的遗弃宠物的原因是搬家。大多数提到这一原因的宠物主人都很年轻，与犬生活在一起的时间不到两年，这表明他们与犬的依恋程度较低，或许是他们漂泊的生活方式与宠物主人的身份不兼容。其他与宠物主人相关的原因包括房东问题、没有时间照顾宠物以及养宠物的成本。最常被提及的与遗弃犬有关的原因是疾病或行为问题。相反，当一群宠物主人在遗弃宠物后接受当面采访时，大多数人称，他们把犬或猫带到收容所的原因是宠物的行为问题 [40]。排在第二位和第三位的最常见原因是与宠物主人的健康或生活状况有关的问题。在这项研究中，宠物主人在遗弃他们的宠物后，立即接受了当面采访，这种做法可能会促使宠物主人回答问题时转移责任、减轻负罪感。例如，将过错归咎于宠物（行为问题）或提供一个不可控的原因（疾病），这些都会转移宠物主人的责任。

所有关于收容所和宠物遗弃的研究都表明，许多遗弃宠物的犬主人都期望与他们的犬建立积极的纽带关系，但由于各种原因，这种关系并没有建立。一个非常普遍的现象是，宠物主人对宠物所需的照顾、时间和承诺的期望是不现实的，低估了宠物的真实需求。不管怎样，关于抛弃宠物并将其送进收容所的研究一致表明，大多数主人对宠物离开他们表示遗憾，并表示如果问题可以解决或情况可以改变，他们会留下宠物。

这些数据强烈表明，在真正做出承诺收养动物伴侣之前，仍然需要对潜在的宠物主人进行教育。在宠物选择、健康护理、行为和训练方面对宠物主人进行教育是必要的。数据表明，对宠物护理和行为缺乏了解，是导致人们遗弃宠物的原因之一，为此，许多收容所正在实施一些项目，帮助新的宠物主人解决宠物训练、行为和健康护理等方面的问题。对收养宠物后的跟进和支持计划的有效性研究也是很必要的 [41]。虽然在人类社会中，我们都非常珍视与宠物的关系，但是对宠物来说，解决关系破裂和维护宠物与主人关系完整的问题上，我们还有很长的路要走。

选择合适的犬

如果宠物主人对宠物的需求或行为抱有不切实际或不合理的期望，那么人与犬牢固的纽带关系可能无法发展。在动物被带入新家之前提供关于宠物选择的信息，可以使主人有一个更切实际的期望值，并有助于在犬进入家庭后得到适当的训练和护理。个体的生活方式，品种间的差异，幼犬和成犬的优缺点都是要考虑的重要因素（表6.4）。

表 6.4　选择犬时要考虑的因素

√ 居住条件（房屋和公寓，稳定性）

√ 时间承诺（工作时间，旅行计划，居家时间）

√ 宠物主人生活方式（活动水平，有重要关系的其他人，其他的爱好）

√ 花费（食物，训练设备，美容用品，玩具，宠物医生费用）

√ 犬的年龄（幼犬，青年犬，成犬）

√ 品种（大小，活动水平，毛皮类型，性情，可训练性）

√ 来源（纯种犬饲养者，动物收容所，报纸广告）

　　对不同用途的工作犬进行选择性繁育和育种的过程产生了300多个不同品种的犬（详见第二章）。在大小、体型、颜色、被毛类型和运动能力方面上明显的品种差异是大多数宠物主人都会考虑的因素。然而，更重要的是不同的犬种在行为性情上的巨大差异。在选择一只适合主人的生活环境、生活方式和性格的犬时，所有这些因素都必须加以考虑。首先应该问的问题是，是否要选择犬，而不是要另一种伴侣动物。作为一种伴侣动物，猫目前和犬一样受欢迎，对某些人来说，猫可能是更合适的伴侣。

　　犬还是猫？ 犬和猫之间有几个重要的不同。从本质上讲，犬是一种非常善于群居的物种。最接近犬的野生祖先是狼，狼是一种群居动物（详见第一章）。相比之下，家猫天生就不善于社交。它们的主要野生祖先是非洲野猫，这是一种过着相对独居生活的物种。虽然许多家猫很容易结成伴侣和小的集体生活群体，但这种建立的关系不像犬那样具有互动性和等级结构。这种生活方式的差异导致了两种宠物与宠物主人的关系也有所不同。犬有很强的融入家庭结构的倾向，而猫没有形成这种意义上的群体结构，因此宠物主人通常认为它们更独立。犬的社交需求导致它更强地依赖于与主人的亲近和互动。一般来说，犬往往与主人关系密切，不太能容忍或接受分离与孤立。

　　犬和猫之间也有一些实际的差异，这可能会影响人们对宠物的选择。由于它们天生的排便习惯，猫比犬更容易在家里训练。大多数猫会在几天内学会使用室内猫砂盆。教一只幼犬在室外排便通常需要几周的时间，大多数幼犬在6个月或更大的时候才能完全学会。猫比犬需要更少的运动。一般来说，大多数猫在室内就可以通过与主人或其他猫一起玩各种游戏来运动。相比之下，所有的犬都需要一定程度的日常户外运动。主人的生活习惯可能决定是否适合养犬或猫。跟犬比的话，公寓自然更适合养猫。然而，许多自律的城市居民能够通过每天散步或到公园游玩的方式为他们的犬提供频繁而有规律的锻炼。最后，养宠物的费用可能是一些宠物主人的一个重要考虑因素。虽然养猫和养小型犬的费用没有太大的区别，但养大型犬或巨型犬的费用可能要高得多。

　　犬需要什么？ 一旦决定养犬，应该考虑以下几个因素。陪伴动物是一项长期的承诺，而现在人的生活往往非常忙碌。养犬所需的时间必须融入一个人的日常生活。许多新的犬主人低估了养犬所需的时间。作为一种社会性动物，犬最快乐的时候是与它的主要社会群体在一起，因此，需要有规律和充裕的时间去频繁地关注犬。这包括用于一般护理和喂养的时间、玩耍时间、运动时间，当然还有训练时间。鉴于犬的高度社会性，而且最近某些精力充沛的品种越来越受欢迎，驯犬师和行为学家报告说，许多行为问题是由无聊、缺乏锻炼或分离应激引起的，这并不奇怪。有栅栏的院子对犬来说是有益的，因为这既保障了安全，也提供了运动的场所。然而，一个有栅栏的院子并不能代替日常散步或到公共场所进行社交活动。大多数犬在院子里养的时间过长，就会养成挖洞、吠叫或保卫领土的习惯。此外，由于渴望社交，犬不乐意与主人长期分离，即使是在离主人很近的院子里或围栏里。

此外，还必须考虑宠物主人居住状况的稳定性。如果是租房，租赁要求必须明确允许养犬。此外，如果一个人正在考虑在不久的将来搬家，那么养犬的时机可能不太合适。最后，要考虑到宠物主人的生活方式。是有规律的工作时间，还是工作使宠物主人长时间不在家？犬不像猫那样容易忍受孤独，所以有规律地锻炼、喂食和关注是非常重要的。还有家中的其他人需要考虑吗？如果是一个家庭，养犬应该是整个家庭的决定，而不是一个人的决定。养犬的花费必须要考虑。这不仅包括食物费用，还包括日常和紧急兽医护理、美容、设备、玩具、训练和寄养费用。

成犬还是幼犬？ 一旦决定要养犬，下一个问题是选择成犬还是幼犬。如果选择了幼犬，把幼犬带到新家的最佳时间是在它 7~9 周大的时候（详见第七章）。这个年龄与初级社会化阶段的前半段相吻合，在这段时间里，幼犬正在形成初级社会依恋。在这段时间拥有幼犬有一个明显的优势，因为它可以与宠物主人建立良好的纽带关系，并在幼犬行为灵活和反应灵敏的时候逐渐适应新的家庭环境。养幼犬的第二个好处是行为模式（即坏习惯）还没有形成，这就为宠物主人提供了更多的时间和机会来训练幼犬，并在问题出现之前进行预防。然而，出于同样的原因，在护理、训练和喂养计划方面，对幼犬的时间投入是相当大的。幼犬需要被教导在室外排便，培养家庭礼仪，并禁止一些幼犬的天性行为，如咬人、追逐和粗暴玩耍。因为幼犬对儿童的反应和它们对其他幼犬的方式是一样的，所以当家里有婴儿或学步的儿童时，通常不建议养幼犬。

养一只成犬作为伴侣动物有几个好处。在许多情况下，成犬已经接受过家庭训练，可能已经接受过前主人的服从训练。如果是这样的话，犬主人最初的时间投入会比幼犬少一些。因为精力过剩、咬人玩耍和破坏房子的时期已经过去，当家里有小孩时，成犬通常是更好的选择。缺点是，成犬可能已经形成了一些行为问题，并且很难改正，特别是如果不知道犬的背景。然而，在许多情况下，坚持不懈、耐心训练会让成犬很好地适应新的家庭。

纯种的还是随机繁殖的？ 虽然选择性育种和纯种犬登记制度的建立已经为我们提供了 300 多个不同品种的犬，但也有大量的犬没有已知的血统。这些个体通常被称为随机繁殖犬和杂交犬。有一些想养犬的人对犬的大小、外观和气质有明确的偏好，因此经常会选择一个或几个他们感兴趣的品种。其他人则没有特别要求，可能有兴趣从当地收容所领养随机繁殖的幼犬或成犬。几乎今天存在的所有品种的犬最初都是为了一种或多种特定的工作任务而繁育的（详见第二章）。品种登记和血统簿的建立显示了一代又一代在外观和气质上表现一致的品种。这种一致性对于那些对成犬的大小、被毛类型、活力水平和性格有要求的育种者来说是一个优势。信誉良好的纯种犬的育种者对自己犬种的品种和特定的品系都有全面的了解，并且可以为潜在的犬主人提供有价值的信息，帮助他们的犬成功地成为宠物、工作伙伴或表演用犬。

尽管纯种犬的可预测性和一致性是一个优势，但在某些情况下，创造这个品种的品系繁育和品种基因库的限制可能是一个劣势。几乎每一个纯种犬种都有一种或多种遗传疾病，而且这些疾病似乎在增加（详见第五章）。经验丰富和信誉良好的育种者都意识到潜在的品种特异性疾病，并筛选育种动物，以识别患病犬或携带者。同样重要的是要认识到纯种犬在杂交犬的市场上并没有一席之地。尽管有限的基因库和近亲繁殖确实会增加纯合状态下有害隐性基因发生的概率，但并不能保证杂交品种的犬不会患上遗传疾病。成本是纯种犬的第二个劣势，某些主人可能会因为经济拮据而无法得到纯种犬。成本取决于品种的受欢迎程度和主人购买幼犬的原因（即作为宠物、工作动物或展览动物），纯种幼犬的成本可能相差很大。一些纯种犬救援组织根据主人的支付能力，会以相对较低的成本向有信誉的家庭提供犬。

从动物收容所购买随机繁殖的幼犬或成犬是一种获得优质家庭宠物的绝佳方式，而且成本较低。目前，犬和猫的数量过多，许多犬都需要一个温馨的家。通常情况下，主人可以在收容所找到一只幼犬或年轻的青春期犬，这些犬可以满足他们对快乐健康的家庭宠物的所有要求。缺乏可预测性是一个潜在的问题，特别是如果对犬的遗传或以前的护理一无所知的话。如果选择幼犬，犬最终的体型大小和外观可能很难确定。然而，许多随机繁殖的犬的优势，以及如果它本是一只要被安乐死的犬，可以使这种轻微的风险变得非常值得。

何去何从？ 纯种犬和随机繁殖的犬来源有很多。几乎所有的社区都有一个犬舍俱乐部，给育种者推荐服务。这些服务通常列在电话簿或当地报纸的宠物广告上。在大多数情况下，育种者推荐服务将回答有关品种的问题，并将潜在买家引导到当地育种者和纯种犬救援组织那里。如果要买纯种犬，买家应该找一个有良好声誉的育种者，他对自己犬的品种的属性和缺点都很了解，并且真正关心犬的健康，并改善品种。零售宠物店是获得纯种犬的另一个来源。然而，这是最不适合买犬的地方。在这些机构中发现的大多数幼犬都是从大型商业运营商那购买的，在很小的时候就被运到全国各地的各种零售"网点"。在许多情况下，商业繁殖犬舍非常拥挤，结构简陋，环境不卫生，母犬被永久地安置在幼犬舍中，在它们的一生中反复繁殖。疾病死亡率通常很高，对幼犬和繁殖动物的照顾也不达标。遗传性疾病的筛查通常是没有的。一旦幼犬从这些犬舍到达商店，它们就被关在笼子里，很少与人类接触。令人费解的是，宠物店的幼犬售价往往等于甚至高于信誉良好的育种者所要求的价格。因为它们通常位于购物中心等人流量大的区域，所以，出售幼犬的宠物店继续为那些无法抗拒"橱窗里可爱的幼犬"的"冲动买家"服务。为了动物着想，也考虑到疾病和遗传疾病的风险，宠物店是购买宠物用品的好地方，但不是买犬的好地方。获得随机繁殖的幼犬最好的地方是当地的动物收容所。所有的收容所都提供健康检查，并要求动物做绝育或去势手术。在一些州，法律规定所有从私人和市政收容所收养的动物都必须绝育或去势。随着早期去势术和绝育术的出现，现在许多收容所在动物被收养之前会对所有或大部分动物进行绝育或去势。宠物主人通常被要求提供捐款或部分可返还的费用以帮助抵消照顾和喂养收容所动物的费用。

结论

犬所能提供的陪伴和无条件的爱，是大多数人选择与一只或多只犬共同生活的根本原因。从迷你吉娃娃，到巨型大丹犬，再到流口水的圣伯纳犬，每只犬都有一系列独特的特点，这将使它们成为特定人群和生活方式的完美伴侣。了解了这些差异，以及在选择宠物时应该考虑的因素，可以使人与犬的伴侣关系持续多年，给犬主人和犬的生活带来很多欢乐。在下一章中，将概述人类最好的朋友犬的行为。在讨论犬天生的社会性时，我们会越来越清楚地认识到人与犬共处如此轻松的原因。然而，也是犬的天性行为导致了主人和犬之间的许多不和谐。大多数被称为"问题"的行为实际上是正常的犬行为，但与主人的生活方式不相容。遗憾的是，正是这些行为经常导致主人把他们的犬送到动物收容所。接下来的章节将提供有关常见行为问题的原因及其管理和预防方法的信息。了解这些行为，并提供可用于预防和解决常见行为问题的信息，有助于维持主人和犬之间的积极关系，并让犬可以继续留在原来的家里。

参考文献

[1] American Pet Product Manufacturers. *2001/2002 APPMA National Pet Owners Survey.* American Pet Products Manufacturers Association. (2002)

[2] Katcher, A.H. **Interactions between people and their pets: Form and function.** In: *Interrelationships between People and Pets* (B. Fogle, editor), Charles C. Thomas, Springfield, IL, pp. 41–67. (1981)

[3] Ainsworth, M.D.S. and Bell, S.M. **Attachment, exploration, and separation: illustrated by the behavior of one-year-olds in a strange situation.** Child Development, 41:49–67. (1970)

[4] Millott, J.L. **Olfactory and visual cues in the interaction systems between dogs and children.** Behavioral Processes, 33:177–188. (1994)

[5] Prato-Previde, E., Custance, D.M., Spiezio, C. and Sabatini, F. **Is the dog–human relationship an attachment bond? An observational study using Ainsworth's strange situation.** Behavior, 140:225–254. (2003)

[6] Topal, J., Miklosi, A., Csanyi, V., and Doka, A. **Attachment behavior in dogs** (*Canis familiaris*)**: a new application of Ainsworth's (1969) strange situation test.** Journal of Comparative Psychology, 112:219–229. (1998)

[7] Lynch, J. *The Broken Heart: The Medical Consequences of Loneliness,* Basic Books, New York. (1977)

[8] Odendaal, J.S.J. and Meintjes, R.A. **Neurophysiological correlates of affiliative behaviour between humans and dogs.** The Veterinary Journal, 165:296–301. (2003)

[9] Katcher, A.H., Friedmann, E., Goodman, M., and Goodman, L. **Men, women and dogs.** California Veterinarian, 2:14–16. (1983)

[10] Grossberg, J. and Alf, E. **Interactions with pet dogs: effects on human cardiovascular response.** Journal of the Delta Society, 2:20–27. (1986)

[11] Serpell, J.A. **The personality of the dog and its influence on the petowner bond.** In: *New Perspectives on Our Lives with Companion Animals* (A.H. Katcher and A.M. Beck, editors), University of Philadelphia Press, Philadelphia, PA, pp. 57–63. (1983)

[12] Serpell, J.A. **Evidence for an association between pet behavior and owner attachment levels.** Applied Animal Behavior Science, 47:49–60. (1996)

[13] Rooney, N.J., Bradshaw, J.W.S. and Robinson, I.H. **Do dogs respond to play signals given by humans?** Animal Behaviour, 61:715–722. (2001)

[14] Kidd, A.H. and Kidd, R.M. **Factors in adults' attitudes toward pets.** Psychological Reports, 65:903–910. (1989)

[15] Albert, A. and Bulcroft, K. **Pets, families and the life course.** Journal of Marriage and the Family, 50:543–552. (1988)

[16] Anderson, W., Reid, P. and Jennings, G.L. **Pet ownership and risk factors for cardiovascular disease.** Medical Journal of Australia, 157:298–301. (1992)

[17] Barker, S.B. and Barker, R.T. **The human–canine bond: closer than family ties?** Journal of Mental Health Counseling, 10:46–56. (1988)

[18] Cain, A.O. **A study of pets in the family system.** In: *New Perspectives on Our Lives with Companion Animals* (A.H. Katcher and A.M. Beck, editors), University of Philadelphia Press, Philadelphia, PA, pp. 72–81. (1983)

[19] Ory, M. and Goldberg, E. **Pet possession and life satisfaction.** In: *New Perspectives on Our Lives With Companion Animals* (A. Katcher and A. Beck, editors), University of Pennsylvania Press, Philadelphia, PA. (1983)

[20] Brown, L.T., Shaw, T.G. and Kirland, K.D. **Affection for people as a function of affection for dogs.** Psychological Reports, 31:957–958. (1972)

[21] Albert, A. and Bulcroft, K. **Pets and urban life.** Anthrozoos, 1:9–23. (1987)

[22] Miller, M. and Lage, D. **Observed pet–owner in–home interactions: species differences and association with the pet relationship scale.** Anthrozoos, 4:49–54. (1990)

[23] Friedmann, E., Katcher, A.H., Thomas, S.A., Lynch, J.J. and Messent, P.R. **Social interaction and blood pressure; influence of animal companions.** Journal of Nervous and Mental Disease, 171:461–465. (1983)

[24] Katcher, A.H., Friedmann, E., Beck, A.M. and Lynch, J. **Looking, talking, and blood pressure: the physiological consequences of interaction with the living environment.** In: *New Perspectives on Our Lives with Companion Animals* (A. Katcher and A. Beck, editors), University of Pennsylvania Press, Philadelphia, PA, pp. 351–362. (1983)

[25] Allen, K. and Blascovich, J. **Presence of human friends and pet dogs as moderators of autonomic stress in women.** Journal of Personality and Social Psychology, 61:582–589. (1991)

[26] Katcher, A.H. and Beck, A.M. **Health and caring for living things.** In: *Animals and People Sharing the World* (A.R. Rowan, editor), University Press of New England, Hanover, NH, pp. 53–73. (1988)

[27] Messent, P.R. **Facilitation of social interaction by companion animals.** In: *New Perspective on our Lives with Companion Animals* (A.H. Katcher, and A.M. Beck, editors), University of Pennsylvania Press, Philadelphia, PA, pp. 37–46. (1983)

[28] Serpell, J.A. **Beneficial effects of pet ownership on some aspects of human health and behaviour.** Journal of the Royal Society of Medicine, 84:717–720. (1991)

[29] Melson, G. **The role of companion animals in human development.** In:

Companion Animals in Human Health (Cindy Wilson and Dennis Turner, editors), Sage, pp. 219–236. (1998)

[30] Levinson, B.M. *Pets and Human Development*, Charles C. Thomas Company, Springfield, IL. (1972)

[31] Levinson, B.M. *Pet-Oriented Child Psychotherapy*, Charles C. Thomas Company, Springfield, IL. (1969)

[32] Miner, R.J. **The experience of living with and using a dog guide.** RE:View 32:183–190. (2001)

[33] Hart, L., Hart, B.L. and Bergin, B. **Socializing effects of service dogs for people with disabilities.** Anthrozoos, 1:41–44. (1987)

[34] Kidd, A.H. and Kidd, R.M. **Seeking a theory of the human/companion animal bond.** Anthrozoos, 1:140–157. (1987)

[35] Rowan, A.N**. Companion animal demographics and unwanted animals in the U.S.** Anthrozoos, 5:222–225. (1992)

[36] Zawistowski, S., Morris, J., Salman, M.D. and Ruch-Gallie, R. **Population dynamics, overpopulation, and the welfare of companion animals: new insights on old and new data**. Journal of Applied Animal Welfare Science, 1:193–206. (1998)

[37] Salman, M.D., New, J.G., Scarlett, J.M., Kass, R., Ruch-Gallie, R. and Hetts, S. **Human and animal factors related to the relinquishment of dogs and cats in 12 selected animal shelters in the U.S**. Journal of Applied Animal Welfare Science, 1:207–226. (1998)

[38] Patronek, G.J., Glickman, L.T., Beck, A.M., McCabe, G.P. and Ecker, C. **Risk factors for relinquishment of dogs to an animal shelter.** Journal of the American Veterinary Medical Association, 209:572–581. (1996)

[39] Kass, P.H., New, J.C., Scarlett, J.M. and Salman, M.D. **Understanding animal companion surplus in the U.S.: relinquishment of nonadoptables to animal shelters for euthanasia**. Journal of Applied Animal Welfare Science, 4:237–248. (2001)

[40] DiGiacomo, N., Arluke, A. and Patronek, G. **Surrendering pets to shelters: the relinguisher's perspective.** Anthrozoos, 11:41–51. (1998)

[41] Clancy, E.A. and Rowan, A.N. **Companion animal demographics in the United States: a historical perspective.** In: *The State of the Animals 2003*, Humane Society of the United States, Washington, DC, pp. 9–26. (2003)

第一部分　推荐书籍与参考文献

推荐书籍

1　Ackerman, L. Healthy Dog!, Doarl Publishing, Wilsonville, OR. (1993)

2　American Veterinary Medical Association. U.S. Pet Ownership and Demographics Sourcebook. AVMA, Schaumburg, IL. (2002)

3　American Kennel Club. Obedience Regulations, American Kennel Club, New York. (2002)

4　American Kennel Club. The Complete Dog Book, Howell Book House, Inc., New York. (2002)

5　Anderson, R.K., Hart, B.L., and Hart, L.A. The Pet Connection: Its Influence on Our Health and Quality of Life, Center to Study Human-Animal Relationships and Environments,Minneapolis, MN. (1984)

6　Beck, A.M. and Katcher, A.A. Between Pets and People, G.T. Putman's Sons, New York. (1983)

7   Bestrup, C. Disposable Animals: Ending the Tragedy of Throw-Away Pets, Camino Bay Books, Leander, TX. (1997)

8   Case, L.P. The Cat: Its Behavior, Nutrition and Health, Iowa State Press, Ames. (2003)

9   Coppinger, R. and Coppinger, L. Dogs: A Startling New Understanding of Canine Origin, Behavior, and Evolution, Scribner, New York. (2001)

10   Fiennes, R. and Fiennes, A. The Natural History of Dogs. The Natural History Press, Garden City, NY. (1970)

11   Fogle, B. The Dog's Mind, Howell Book House, New York. (1990)

12   Fox, M.W. Behaviour of Wolves, Dogs and Related Canids. Harper and Row, New York. (1971)

13   Fox, M.W. The Dog: Its Domestication and Behavior, Garland STPM Press, New York.(1978)

14   Genoways, H.H. and Burgwin, M.A. (Editors) Natural History of the Dog, Carnegie Museum of Natural History. (1984)

15   Gibbs, M. Leader Dogs for the Blind, Denlinger's Publishers Ltd., Fairfax, VA. (1982)

16   Gilbert, E.M. and Brown, T.R. K-9 Structure and Terminology, Howell Book House, New York. (1995)

17   Hall, R.L. and Sharp, H.S. (Editors). Wolf and Man: Evolution in Parallel, Academic Press, New York. (1978)

18   Hoage, R.J. (Editor). Perceptions of Animals in American Culture, Smithsonian Institution Press, Washington, DC. (1989)

19   Holst, P.A. Canine Reproduction: A Breeder's Guide, Alpine Publications, Inc., Loveland, CO. (1985)

20   James, R.B. The Dog Repair Book, Alpine Press, Mills, WY. (1990)

21   Kay, W.J. and Randolph, E. (Editors) The Complete Book of Dog Health, Macmillan Publishing Company, New York. (1985)

22   Lorenz, Konrad. Man Meets Dog, Kodansha International, New York. First printed in 1953. (1994)

23   Lopez, Barry Holstun. Of Wolves and Men, Charles Scribner's Sons, New York. (1978)

24   Manning, A. and Serpell, J. Animals and Human Society: Changing Perspectives, Routledge, London. (1994)

25   Marder, A. Your Healthy Pet: A Practical Guide to Choosing and Raising Happier, Healthier Dogs and Cats, Rodale Press, Emmaus, PA. (1994)

26   Miner, R.J. The experience of living with and using a dog guide. RE:View, 32:183-190. (2001)

27   O'Farrell, V. Dog's Best Friend, Methuen, London. (1994)

28   Olsen, S.J. Origins of the Domestic Dog. University of Arizona Press, Tucson, AZ. (1985)

29   Podberscek, A.L., Paul, E.S., and Serpell, J.A. (Editors). Companion Animals and Us: Exploring the Relationships between People and Pets, Cambridge University Press, Cambridge. (2000)

30   Ritchie, C.I.A. The British Dog: Its History From Earliest Times, Robert Hale, London. (1981)

31   Robinson, I. The Waltham Book of Human-Animal Interaction: Benefits and Responsibilities of Pet Ownership, Pergamon Press, Oxford. (1995)

32   Scott, J.P and Fuller, J.L. Genetics and the Social Behavior of the Dog. University of Chicago Press, Chicago, IL. (1965)

33   Seigal, M. (Editor) UC Davis School of Veterinary Medicine Book of Dogs, Harper Collins Publishers, Inc., New York. (1995)

34   Serpell, J.A. (Editor). The Domestic Dog: Its Evolution, Behavior, and Interactions with People, Cambridge University Press, Cambridge. (1995)

35　Serpell, J.A. In the Company of Animals, Blackwell, Oxford. (1986)

36　Thorne, C. (Editor) The Waltham Book of Dog and Cat Behaviour, Pergamon Press, Oxford. (1992)

37　Wilson, C.C. and Turner, D.C. Companion Animals in Human Health, Sage Publications, Thousand Oaks, CA. (1998)

38　Willis, M.B. Genetics of the Dog, Howell Book House, New York. (1989)

39　Zeuner, F.E. A History of Domesticated Animals, Harper and Row, New York. (1963)

参考文献

1　Abrantes, R. The expression of emotions in man and canid. In: Canine Development Throughout Life, Waltham Symposium, No. 8 (A.T.B. Edney, editor), Journal of Small Animal Practice, 28:1030-1036. (1987)

2　Adams, J.R., Leonard, J.A., and Waits, L.P. Widespread occurrence of a domestic dog mitochondrial DNA haplotype in southeastern US coyotes. Molecular Ecology, 12:541c546. (2003)

3　Albert, A. and Bulcroft, K. Pets and urban life. Anthrozoos, 1:9-23. (1987)

4　Allen, K. and Blascovich, J. Presence of human friends and pet dogs as moderators of autonomic stress in women. Journal of Personality and Social Psychology, 61:582-589. (1991)

5　Altom, E.K. Davenport, G.M., Myers L.J., and Cummins, K.A. Effect of dietary fat source and exercise on odorant-detecting ability of canine athletes. Research in Veterinary Science, 75:149-155. (2003)

6　Anderson, W., Reid, P., and Jennings, G.L. Pet ownership and risk factors for cardiovascular disease. Medical Journal of Australia, 157:298-301. (1992)

7　Andelt W.F. Relative effectiveness of guarding-dog breeds to deter predation on domestic sheep in Colorado. Wildlife Society Bulletin, 27:706-714. (1999)

8　Arkow, P. A new look at overpopulation. Anthrozoos, 3:202-205. (1994)

9　Arkow, P.S. and Dow, S. The ties that do not bind: A study of the humananimal bonds that fail. In: The Pet Connection, (R.K. Anderson, B.L. Hart and L. A. Hart, editors), Center to Study Human-Animal Relationships and environments, University of Minnesota, Minneapolis, pp. 348-354. (1984)

10　Arluke, A. The no-kill controversy: manifest and latent sources of tension. In: The State of the Animals II (D.J. Salem and A.N. Rowan, editors), Humane Society of the United States, Washington, DC, pp. 67-83. (2003)

11　Bassing, J. Companion animals for the blind. In: The Loving Bond: Companion Animals in the Helping Professions (P. Arkow, editor), R & E Publishers, Inc., Saratoga, CA, pp. 171-189. (1987)

12　Baun, M.M., Oeting, K., and Bergstrom, N. Health benefits of companion animals in relation to the physiologic indices of relaxation. Holistic Nursing Practice, 5:16-23. (2001)

13　Baun, M., Bergstrom, N., Langston, N., and Thoma, I. Physiological effects of petting dogs: influences of attachment. In: The Pet Connection: Its Influence on Our Health and Quality of Life (R. Anderson, B. Hart, and L. Hart, editors), Grove Publishing, St. Paul, MN, pp. 162-170. (1984)

14　Birney, B.A. Children, animals and leisure settings. Animals and Society, 3:171-187. (1995)

15　Bonnet, B.N., Egenvall, A., Olson, P., Hedhammer, A. Mortality in insured Swedish dogs: rates and causes of death in various breeds. Veterinary Record, 141:40-44. (1997)

16　Bradshaw, J.W.S. and Brown, S.L. Behavioural adaptations of dogs to domestication. In: Pets: Benefits and Practice (I.H. Burger, editor, BVA Publication, London, pp. 18-24. (1990)

17 Bulcroft, K. Pets in the American family. People, Animals, Environment, 8:13-15. (1990)

18 Bustad, L.K. and Hines, L.H. Historical perspectives of the human-animal bond. In: The Pet Connection (R.K. Anderson, B.L. Hart, and L. A. Hart, editors), Center to Study Human-Animal Relationships and Environments, University of Minnesota, Minneapolis, pp. 15-29. (1984)

19 Butler W.F. and Wright, A.I. Hair growth in the greyhound. Journal of Small Animal Practice, 22:655-661. (1981)

20 Byrne, R.W. Animal communication: what makes a dog able to understand its master? Current Biology, 13:R3467-R348. (2003)

21 Cain, A.O. A study of pets in the family system. In: New Perspectives on Our Lives with Companion Animals, (A.H. Katcher and A.M. Beck, editors), University of Philadelphia Press, Philadelphia, PA, pp. 72-81. (1983)

22 Cattanach, B. The "Dalmatian dilemma": white coat color and deafness. Journal of Small Animal Practice, 40:193-200. (1999)

23 Christiansen, F.O., Bakken, M., and Braastad, B.O. Behavioural differences between three breed groups of hunting dogs confronted with domestic sheep. Applied Animal Behaviour Science, 72:115-129. (2001)

24 Clutton-Brock, J. and Jewell, P. Origin and domestication of the dog. In: Miller's Anatomy of the Dog, 3rd ed. (H.E. Evans, editor), W.B. Saunders, Philadelphia, PA, pp. 21-31. (1993)

25 Clutton-Brock, J. Dog. In: Evolution of Domesticated Animals, (I.L. Mason, editor), Longman Press, London, pp. 198-211. (1984)

26 Clutton-Brock, J. Man-made dogs. Science, 197:1340-1342. (1977)

27 Clutton-Brock, J. A review of the family Canidae with a classification by numerical methods. Bulletin of the British Museum of Natural History, Zoology, 29:117-199. (1976)

28 Concannon, P.W. Canine pregnancy and parturition. Veterinary Clinics of North America: Small Animal Practice, 16:453-475. (1986)

29 Concannon, P.W., Hansel, W., and McEntee, K. Changes in LH, progesterone and sexual behavior associated with preovulatory lutenization in the bitch. Biology and Reproduction, 17:604-615. (1977)

30 Coppinger, R.P. and Schnieder, R. Evolution of working dogs. In: The Domestic Dog: Its Evolution, Behavior and Interactions with People, (J.A. Serpell, editor), Cambridge University Press, Cambridge, pp. 21-47. (1995)

31 Coppinger, R.P. and Feinstein, M. Why dogs bark. Smithsonian Magazine, January:119-129. (1991)

32 Coppinger, R.P. and Smith, C.K. A model for understanding the evolution of mammalian behavior. In: Current Mammalogy, Volume 2 (H. Genoways, editor), pp. 33-74, Plenum Press, New York. (1989)

33 Currier, R.W., Raithel, W.F., Martin, R.J., and Potter, M.E. Canine brucellosis. Journal of the American Veterinary Medical Association, 180:187-198. (1982)

34 Dalziel, D.J., Uthman, B.M., McGorray, S.P., and Reep, R.L. Seizure-alert dogs: A review and preliminary study. Seizure, 12:115-120. (2003)

35 Davis, S.J. and Valls, F.R. Evidence for domestication of the dog 12,000 years ago in the natufian of Israel. Nature, 276:608-610. (1978)

36 Deeb, B.J. and Wolf, N.S. Studying longevity and morbidity in giant and small breeds of dogs. Veterinary Medicine (supplement), 89:702-713. (1994)

37 DeGopegui, R.R. and Feldman, B.F. Acquired and inherited platelet dysfunction in small animals. Compendium on Continuing Education for the Practicing Veterinarian, 20:1039-1046. (1998)

38 Dodd, G.H. and Squirrel, D.J. Structure and mechanism in the mammalian olfactory system. Symposia of the Zoological Society of London, 45:35-36. (1980)

39　Edney, A.T.B. Reason for the euthanasia of dogs and cats. Veterinary Record, 143:114-116. (1998)

40　Edney, A.T.B. Companion animal topics: dogs and human epilepsy. Veterinary Record, 132:337-338. (1993)

41　Egenvall, A., Bonnett, B.N., Shoukri, M., Olson, P., Hedhammar, A., and Dohoo, I. Age pattern of mortality in eight breeds of insured dogs in Sweden. Preventive Veterinary Medicine, 46:1-14. (2000)

42　Endenburg, N., Hart, H., and de Vries, H.W. Differences between owners and non-owners of companion animals. Anthrozoos, 4:120-126. (1990)

43　Egenvall, A., Bonnett, B.N., Shoukri, M., and others. Age pattern of mortality in eight breeds of insured dogs in Sweden. Preventive Veterinary Medicine, 46:1-14. (2000)

44　Fletch, S.M., Pinkerton, P.H., and Brueckner, P.J. The Alaskan Malamute chondrodysplasia (dwarfism-anemia) syndrome—a review. Journal of the American Animal Hospital Association, 11:353-361. (1975)

45　Fogle, B. The bond between people and pets. A review. Veterinary Annual, 26:361-365. (1986)

46　Fox, M.W. Origin and history of the dog. In: Understanding Your Dog, Coward, McCann and Geoghegan, New York, pp. 1-17. (1974)

47　Fox, M.W. Socio-ecological implications of individual differences in wolf litters: a developmental and evolutionary perspective. Behaviour, 41:298-313. (1972)

48　Frank, H. Evolution of canine information processing under conditions of natural and artificial selection. Zeitschrift fur tierpsychologie, 53:389-399. (1980)

49　Frank, H. and Frank, M.G. On the effects of domestication on canine social development and behavior. Applied Animal Ethology, 8:507-525. (1982)

50　Freedman, D.G., King, J.A., and Elliot, O, Critical period in the social development of dogs. Science, 133:1016-1017. (1961)

51　Friedmann, E., Katcher, A.H., Thomas, S.A., Lynch, J.J., and Messent, P.R. Social interaction and blood pressure; Influence of animal companions. Journal of Nervous and Mental Disease, 171:461-465. (1983)

52　Gazit, I. and Terkel J. Domination of olfaction over vision in explosives detection by dogs. Applied Animal Behaviour Science, 82:65-73. (2003)

53　Goodwin, D., Bradshaw, J.W., and Wickens, S.M. Paedomorphosis affects agonistic visual signals of domestic dogs. Animal Behavior, 53:297-304. (1997)

54　Gorodetsky, E. Epidemiology of dog and cat euthanasia across the Canadian prairie provinces. Canadian Veterinary Journal, 38:649-652. (1997)

55　Grossberg, J.M., Alf, E.F., Jr., and Vormbrock, J.K. Does pet dog presence reduce human cardiovascular responses to stress? Anthrozoos. 2:38-44. (1988)

56　Grossberg, J. and Alf, E. Interactions with pet dogs: effects on human cardiovascular response. Journal of the Delta Society, 2:20-27. (1986)

57　Gullone, E. The proposed benefits of incorporating non-human animals into preventative efforts for Conduct Disorder. Anthrozoos, 16:160-174. (20 03)

58　Hart, L., Hart, B.L., and Bergin, B. Socializing effects of service dogs for people with disabilities. Anthrozoos, 1:41-44. (1987)

59　Heffner, H.E. Hearing in large and small dogs: absolute thresholds and size of the tympanic membrane. Behavioral Neuroscience, 97:310-318. (1983)

60　Hennessy, M.B., Voith, V.L., Buttrania, J., Miller, D.D., and Lindetic, F. Behavior and cortisol levels of dogs in a public animal shelter and an exploration of the ability of these measures to predict problem behavior after adoption. Applied Animal Behavior Science, 73:217-233. (2001)

61　Hines, L.M. Historical perspectives on the human-animal bond. American Behavioral Scientist, 47:7-15. (2003)

62　Irion, D.N., Schaffer, A.L., Famula, T.R., and others. Analysis of genetic variation in 28 dog breed populations with 100 micro satellite markers. Journal of Heredity, 94:81-87. (2003)

63　Jacobs, G.H., Deegan, J.F., and Crognale, MA. Photopigments of dogs and foxes and their implications for canid vision. Visual Neuroscience, 10:173-180. (1993)

64　Johnson, G.F., Sternlieb, I., Twedt, D.C., Grushoff, P.S., and Scheinberg, I.H. Inheritance of copper toxicosis in Bedlington Terriers. American Journal of Veterinary Research, 41:1865-1866. (1980)

65　Juraschko, K., Meyer-Lindenberg, A., Nolte, I., and Dist, O. Analysis of systematic effects on congenital sensorineural deafness in German Dalmatian Dogs. The Veterinary Journal, 166:164-169. (2003)

66　Kaimus, H. The discrimination by the nose of the dog of individual human odours and in particular of the odours of twins. Animal Behaviour, 3:25-31. (1955)

67　Katcher, A.H. and Beck, A.M. Health and caring for living things. In: Animals and People Sharing the World (A.R. Rowan, editor), University Press of New England, Hanover, NH, pp. 53-73. (1988)

68　Katcher, A.H., Friedmann, E., Goodman, M., and Goodman, L. Men, women and dogs. California Veterinarian, 2:14-16. (1983)

69　Katcher, A.H. Interactions between people and their pets: Form and function. In: Interrelationships between People and Pets (B. Fogle, editor), Charles C. Thomas, Springfield, IL, pp. 41-67. (1981)

70　Kass, P.H., New, J.C., Scarlett, J.M., and Salman, M.D. Understanding animal companion surplus in the U.S.: relinquishment of nonadoptables to animal shelters for euthanasia. Journal of Applied Animal Welfare Science, 4:237-248. (2001)

71　Kidd, A.H. and Kidd, R.M. Factors in adults' attitudes toward pets. Psychological Reports, 65:903-910. (1989)

72　Kidd, A.H. and Kidd, R.M. Personality characteristics and preferences in pet ownership. Psychological Reports, 46:939-949. (1980)

73　Kotrschal, K. and Ortbauer, B. Behavioral effects of the presence of a dog in a classroom. Anthrozoos, 16:147-159. (2003)

74　Kretchmer, K.R. and Fox, M.W. Effects of domestication on animal behaviour. Veterinary Record, 96:102-108. (1975)

75　Lehman, N., Eisenhawer, A., Hansen, K., and others. Introgression of coyote mDNA into sympatric North American gray wolf populations. Evolution, 45:104-109. (1991)

76　Leonard, J.A., Wanyne, R.K, Wheeler, J., and others. Ancient DNA evidence for Old World origin of New World dogs. Science, 298:1613-1616. (2002)

77　Leppanen, M., Paloheimo, A., and Saloniemi, H. Attitudes of Finnish dog owners about programs to control canine genetic diseases. Preventive Veterinary Medicine, 43:145-158. (2000)

78　Lepper, M., Kass, P.H., and Hart, L.A. Prediction of adoption vs. euthanasia among dogs and cats in a California animal shelter. Journal of Applied Animal Welfare Science, 5:29-42. (2002)

79　Marston, LC. and Bennett, P.C. Reforging the bond—towards successful canine adoption. Applied Animal Behaviour Science, 83:227-245. (2003)

80　Marx, M.B., Stalones, L., Garrity, T.F., and Johnson, T.P. Demographics of pet ownership among U.S. adults 21 to 64 years of age. Anthrozoos, 2:33-37. (1988)

81　Messent, P.R. Pets as social facilitators. Veterinary Clinics of North America, Small Animal Practice, 15:387-397. (1985)

82　Messent, P.R. Facilitation of social interaction by companion animals. In: New Perspective on our Lives with Companion Animals (A.H. Katcher, and A.M. Beck, editors), University of Pennsylvania Press, Philadelphia, pp. 37-46. (1983)

83　Michell, A.R. Longevity of British breeds of dog and its relationships with sex, size, cardiovascular variables, and disease. Veterinary Record, 145:625-629. (1999)

84　Miklosi, A., Kubinyi, E., Topal, J., and others. A simple reason for a big difference: wolves do not look back at humans, but dogs do. Current Biology, 13:763-766. (2003)

85　Miller, P.E. and Murphy, D.J. Vision in dogs. Leading edge of medicine—a review. Journal of the American Veterinary Medical Association, 12:1623-1634. (1995)

86　Miller, M. and Lage, D. Observed pet-owner in-home interactions: species differences and association with the pet relationship scale. Anthrozoos, 4:49-54. (1990)

87　Millott, J.L. Olfactory and visual cues in the interaction systems between dogs and children. Behavioral Processes, 33:177-188. (1994)

88　Mitchell, R.W. and Edmonson, E. Functions of repetitive talk to dogs during play: control, conversation or planning? Society and Animals, 7:55-81. (1999)

89　Morey, D.F. The early evolution of the domestic dog. American Scientist, 82:336-347. (1994)

90　Morey, D.F. Size, shape and development in the evolution of the domestic dog. Journal of Archaeological Science, 19:181-204. (1992)

91　Moulton, D.G. Minimum odorant concentration detectable by the dog and their implications for olfactory receptor sensitivity. In: Chemical Signals in Veterbrates (D. Muller-Schwarz and D. Mozell, editors), Plenum Press, New York, pp. 455-464. (1977)

92　Moulton, D.G., Ashton, E.H., and Eayrs, J.T. Studies in olfactory acuity. 4. Relative detectability of n-aliphatic acids by the dog. Animal Behaviour, 8:117-128. (1960)

93　Myers, O.E., Jr. Child-animal interaction: Nonverbal dimensions, Society and Animals, 4:19-35. (1996)

94　Niedhart, L. and Boyd, R. Companion animal adoption study. Journal of Applied Animal Welfare Science, 5:175-192. (2002)

95　Neitz, J., Geist, T., and Jacobs, J.H. Color vision in the dog. Visual Neuroscience, 3:119-125. (1989)

96　New, J.C., Salman, M.D., Scarlett, J.M., Kass, P.H., Vaughn, J.A., Scherr, S., and Kelch, W.J. Moving: characteristics of those relinquishing companion animals to U.S. animal shelters. Journal of Applied Animal Welfare Science, 2:83-96. (1999)

97　Odendaal, J.S.J. and Meintjes, R.A. Neurophysiological correlates of affiliative behaviour between humans and dogs. The Veterinary Journal, 165:296-301. (2003)

98　Odendaal, J.S.J. Animal-assisted therapy—magic or medicine? Journal of Psychosomatic Research, 48:275-280. (2000)

99　O'Farrell, V. Owner attitudes and dog behaviour problems. Applied Animal Behaviour Science, 52:205-213. (1997)

100　Ory, M., and Goldberg, E. Pet possession and life satisfaction. In: New Perspectives on Our Lives with Companion Animals (A. Katcher and A. Beck, editors), University of Pennsylvania Press, Philadelphia. (1983)

101　Ostrander, E.A., Galibert, F., and Patterson, D.F. Canine genetics comes of age. TIG, 16:117-124. (2000)

102　Patronek, G.J., Waters, D.J., and Glickman, L.T. Comparative longevity of pet dogs and humans: implications for gerontology research. Journal of Gerontology: Biological Sciences, 52A:B171–B178. (1997)

103 Patronek, G.J., Glickman, L.T., Beck, A.M., McCabe, G.P., and Ecker, C. Risk factors for relinquishment of dogs to an animal shelter. Journal of the American Veterinary Medical Association, 209:572-581. (1996)

104 Patronek, G.J., Glickman, L.T., and Moyer, M.R. Population dynamics and the risk of euthanasia for dogs in an animal shelter. Anthrozoos, 8:31-43. (1995)

105 Paul, E.S. and Serpell, J.A. Why children keep pets: The influence of child and family characteristics. Anthrozoos, 5:231-244. (1992)

106 Podberscek, A.L. and Serpell, J.A. The English Cocker Spaniel: preliminary findings on aggressive behavior. Applied Animal Behaviour Science, 47:750- 89. (1996)

107 Prato-Previde, E., Custance, D.M., Spiezio, C., and Sabatini, F. Is the doghuman relationship an attachment bond? An observational study using Ainsworth's strange situation. Behavior, 140:225-254. (2003)

108 Proschowsky, H.F., Rugbjerg, H., and Ersboll, A.K. Morbidity of purebred dogs in Denmark. Preventive Veterinary Medicine, 58:53-62. (2003)

109 Proschowsky, H.F., Rugbjerg, H., and Ersboll, A.K. Mortality of purebred and mixed-breed dogs in Denmark. Preventive Veterinary Medicine, 58:63-74. (2003)

110 Purswell, B.J. and Freeman, L.E. Reproduction in the canine male: anatomy, endocrinology, and spermatogenesis. Canine Practice, 18(3):8-13. (1993)

111 Ritvo, H. The emergence of modern pet-keeping. In: Animals and People Sharing the World (A.R. Rowan, editor), University Press of New England, Hanover, NH, pp. 13-31. (1988)

112 Rooney, N.J., Bradshaw, J.W.S., and Robinson, I.H. Do dogs respond to play signals given by humans? Animal Behaviour, 61:715-722. (2001)

113 Rowan, A.N. and Beck, A.M. The health benefits of human-animal interactions. Anthrozoos, 7:85-89. (1994)

114 Rowan, A.N. Companion animal demographics and unwanted animals in the U.S. Anthrozoos, 5:222-225. (1992)

115 Ruefenacht, S., Gebhardt-Henrich, S., Miyake, T., and Gaillard, C. A behaviour test on German Shepherd dogs; heritability of seven different traits. Applied Animal Behaviour Science, 79:113-132. (2002)

116 Ryder, M.L. Seasonal changes in the coat of the cat. Research in Veterinary Science, 21:280-283. (1976)

117 Salman, M.D., Hutchinson, J., Ruch-Gaillie, R., Kogan, L., New, J.C.J., Kass, P.H., and Scarlett, J.M. Behavioral reasons for relinquishment of dogs and cats to 12 shelters. Journal of Applied Animal Welfare Science, 3:93-106. (2000)

118 Salman, M.D., New, J.G., Scarlett, J.M., Kass, R., Ruch-Gallie, R., and Hetts, S. Human and animal factors related to the relinquishment of dogs and cats in 12 selected animal shelters in the U.S. Journal of Applied Animal Welfare Science, 1:207-226. (1998)

119 Savolainen, P., Zhang, Y., Luo, J., and others. Genetic evidence for an East Asian origin of domestic dogs. Science, 22:1610-1613. (2002)

120 Schenkel, R. Submission: its features and functions in the wolf and dog. American Zoologist, 7:319-330. (1967)

121 Serpell, J.A. Evidence for an association between pet behavior and owner attachment levels. Applied Animal Behavior Science, 47:49-60. (1996)

122 Serpell, J.A. and Paul, E. Pets and the development of positive attitudes to animals. In: Animals and Human Society: Changing Perspectives, (A. Manning and J. Serpell, editors), Routledge, London, pp. 127-144. (1994)

123 Serpell, J.A. Beneficial effects of pet ownership on some aspects of human health. Journal of the Royal Society of Medicine, 84:717-720. (1991)

124 Serpell, J.A. The personality of the dog and its influence on the petowner bond. In: New Perspectives on Our Lives with Companion Animals (A.H. Katcher and

A.M. Beck, editors), University of Philadelphia Press, Philadelphia, pp. 57-63. (1983)

125 Szetei, V., Miklosi, A., Topal, J., and Csanyi, V. When dogs lose their nose: an investigation on the use of visual and olfactory cures in communicative context between dog and owner. Applied Animal Behaviour Science, 83:141-152. (2003)

126 Tchernov, E. and Valla, F.F. Two new dogs and other natufian dogs from the Southern Levant. Journal of Archaeological Science, 24:65-95. (1997)

127 Topal, J., Miklosi, A., Csanyi, V., and Doka, A. Attachment behavior in dogs (Canis familiaris): a new application of Ainsworth's (1969) strange situation test. Journal of Comparative Psychology, 112:219-229. (1998)

128 Tsuda, K., Kikkawa, Y, Yonekawa, H., and Tanabe, Y. Extensive interbreeding occurred among multiple matriarchal ancestors during the domestication of dogs: evidence from inter- and intraspecies polymorphisms in the D-loop region of mitochondrial DNA between dogs and wolves. Genes and Genetic Systems, 72:229-238. (1997)

129 Thorne, C. Feeding behaviour of domestic dogs and the role of experience. In: The Domestic Dog: Its Evolution, Behavior and Interactions with People (J.A. Serpell, editor), Cambridge University Press, Cambridge, pp. 103-114. (1995)

130 Topal, J., Miklosi, A., Scanyi, V., and Doka, A. Attachment behavior in dogs (Canis familiaris): a new application of Ainsworth's (1969) strange situation test. Journal of Comparative Psychology, 112:219-229. (1998)

131 Vila, C., Maldonado, J.E., and Wayne R.K. Phylogenetic relationships, evolution, and genetic diversity of the domestic dog. Journal of Heredity, 90:71-77. (1999)

140 Voith, V. Attachment of people to companion animals. Veterinary Clinics of North America, Small Animal Practice, 15:289-295. (1985)

141 Watson, N.L. and Weinstein, M. Pet ownership in relation to depression, anxiety, and anger in working women. Anthrozoos, 6:135-138. (1993)

142 Wayne, R.K. Origin, genetic diversity and genome structure of the domestic dog. Bioessays, 21:247-257. (1999)

143 Wayne, R.K. Phylogenetic relationships of canids to other carnivores. In: Miller's Anatomy of the Dog, 3rd ed. (H.E. Evans, editor), WB Saunders Company, Philadelphia, PA, pp. 15-21. (1993)

144 Wayne, R.K. Molecular evolution of the dog family. Trends in Genetics, 9:218-224. (1993)

145 Wells, D.L. and Hepper, P.G. The behavior of visitors towards dogs housed in an animal rescue shelter. Anthrozoos, 14:12-18. (2001)

146 Willis, M.B. Breeding dogs for desirable traits. Journal of Small Animal Practice, 28:965-983. (1987)

147 Wilsson, E. and Sindgren, P. The use of a behaviour test for selection of dogs for service and breeding. II. Heritability for tested parameters and effect of selection based on service dog characteristics. Applied Animal Behaviour Science, 54:235-241. (1997)

148 Wolfensohn, S. The things we do to dogs. New Scientist. May 14:404-407. (1981)

149 Wood, J.L.N., Lakhani, K.H., and Rogers, K. Heritability and epidemiology of canine hip dysplasia score and its components in Labrador Retrievers in the United Kingdom. Preventive Veterinary Medicine, 55:95-108. (2002)

150 Young, M.S. The evolution of domestic pets and companion animals. Veterinary Clinics of North America, 15:297-309. (1985)

151 Zawistowski, S., Morris, J., Salman, M.D., and Ruch-Gallie, R. Population dynamics, overpopulation, and the welfare of companion animals: New insights on old and new data. Journal of Applied Animal Welfare Science, 1:193-206. (1998)

第二部分　行为：与人类最好的朋友

第七章　行为发育：从幼犬到成犬

60多年来，人们对家犬的行为发育已进行了广泛的研究。20世纪40年代，位于缅因州巴尔港的罗斯科B.杰克逊纪念实验室围绕犬的遗传与社会行为之间的关系展开了一系列研究。这些研究的一个重要成果是确定了幼犬对环境影响特别敏感的特定发育时期。这项研究产生了一个观点，即早期的经历会对后来的行为产生影响。进一步的研究更详细地定义了这些"敏感期"，并提供了犬特定行为发育的阶段时间表。犬的早期行为发育可以分为4个主要阶段：新生儿期、过渡期、初级社会化期和青年期。

新生儿期（出生后的14天）

家犬的新生儿期以一系列幼犬适应获得食物、温暖和母性照顾的行为为特征。幼犬出生时处于相对无助的状态，这意味着犬是一种需要被照顾的物种。刚出生的幼犬无法看见或听到，因为它们的眼睛尚未睁开，耳朵也暂无功能。它们的运动能力有限，仅限于短距离爬行。并且无法调节体温，因此必须依赖外部的供暖。排尿和排便需要母亲的触觉刺激。触觉和嗅觉似乎是幼犬最发达的特殊感官。幼犬能够对热和冷的表面做出反应，并在出生后不久，学会对母亲的气味做出反应（图7.1）。

幼犬天生就有一套适应行为模式，其中大多数会随着神经系统的成熟而逐渐消退。觅食反射是由母犬舔食刺激来触发的，其特征是后腿向前推向温暖的刺激源，而前腿做"游泳"动作。这种反应使幼犬在出生后不久就能寻找到母犬的腹部和乳头，当幼犬找到乳头时，就会开始吮吸，开始它的第一餐。这个反射也可以通过将手指放入幼犬的嘴中来触发。吮吸会伴随着幼犬前肢的踏动，使其双腿靠在乳房上移动，有助于刺激乳汁分泌。在新生儿期，发声仅限于痛苦的叫声。这些高频率、高音调的叫声伴随着活动的增加，当幼犬与温暖的窝分开或饥饿时就会引发这种叫声。

图 7.1　新生幼犬

虽然幼犬在出生后的前两周内生长非常迅速，但它们的行为模式并没有太大变化。因为它们完全依赖于母犬的照顾，所以最好将母犬和它的幼犬视为一个协同运作的集合体，在最初的两周内必须一起被监测和照顾。母犬有一套与幼犬发育相匹配的母性行为。这包括用力舔舐幼犬，侧卧露出乳房，以及对幼犬的叫声做出迅速反应。母犬的能力对幼犬的健康和幸福产生深远的影响，特别是在幼犬出生后的最初几天。

在新生儿期，幼犬的学习能力似乎非常有限。但由于它们对嗅觉和触觉刺激很敏感，所以犬主人对其进行早期抚摸是有好处的。在其他哺乳动物中，早期每天抚摸新生儿已被证明对其行为有长期的积极影响 [1-2]，其中包括加速神经系统的成熟、提高生长速度、促进运动能力、促进特殊感官发育和解决问题能力的增强。一项对新生幼犬的研究发现，在幼犬出生后的前 5 周，每天对其进行温柔地抚摸，那么幼犬在青年期比那些没有被抚摸的幼犬更自信，探索性和社会主导地位更强 [3]。这些结果还表明，新生儿期的抚摸会提高幼犬的抗压能力、情绪稳定性和学习能力。

过渡期（出生后 14~21 天）

过渡期是幼犬生理快速变化的时期，在此期间，幼犬感知外部世界和处理信息的能力显著提高。这主要是感觉器官和神经系统成熟的结果。这一时期通常从出生后 12~14 天睁开眼睛开始，大约 1 周后结束，此时幼犬耳道打开，第一次出现听觉"惊吓"反应。乳牙在 20 天左右长出来，幼犬开始对固体食物感兴趣。在这重要的一周内，许多新生儿期的行为模式慢慢消失，并被幼年后期的行为模式所取代。幼犬开始站立和行走，首次观察到摇尾巴。排尿和排便不再需要母犬对其肛门生殖器刺激。幼犬排泄时会离开它们的睡眠区域。这种变化也与求救信号的变化有关。新生幼犬只在饥饿或寒冷的时候发出求救信号，但在过渡期结束后，如果它们离开母犬或同伴太远，也会发出求救信号。社会行为也开始出现，包括基本的嬉戏打闹、调整身体姿势和吠叫。

在过渡期，幼犬具有学习能力，但学习速度和条件反射的稳定性直到幼犬 4~5 周时才达到成年水平。由于幼犬已能够对嗅觉、听觉和视觉刺激做出反应，故在幼犬出生的区域引入玩具和其他新奇物品是有益的，尽管幼犬还不能操纵这些物品，但在这个阶段让幼犬接触正常的声音、气味和视觉景象或者是接受日常照料、爱抚和温和地刷牙是有益的。

初级社会化期（出生后 3~12 周）

初级社会化期是幼犬社会化发展最重要的时期。这个时期幼犬行为变化非常迅速，特别是包括物种特有的社会化行为的发展。在不到 3 周大的时候，幼犬的神经系统和特殊感官还不太成熟，无法进行社会化。初级社会化的开始与幼犬脑电波的成熟和脊髓最终的髓鞘形成有关。这些变化表明，幼犬已能够以与成犬相同的方式感知环境并对环境做出反应。这一时期最迟出现在 12 周左右，其特征是在暴露于新刺激时表现较为冷静。

敏感期：像其他发育阶段一样，初级社会化期最初被称为"关键期"。然而，由于犬的这些时期的界限往往是渐进的而不是突然的，而且由于在初级社会化过程中获得的行为或偏好通常随着动物年龄的增长而出现一定程度的改变，所以在犬和其他物种中，术语"敏感期"已经取代了"关键期"[4]。敏感期是指在这个年龄段内，某些事件可能对个体的发展和行为产生长期影响。敏感期过后，个体对这些事件的敏感性逐渐降低。在初级社会化阶段，幼犬对环境中的刺激反应强烈：包括学习的机会以及与其他幼犬、人或其他伴侣动物形成主要的社交依恋的机会。

社会化的重要性：社会化是一个动物发展为特定物种的社交行为并形成主要社会关系的过程。犬与大多数其他物种的不同之处在于幼犬可以同时与自己的物种（同种）和人类进行社会化。在这一敏感期内，针对幼犬与人、犬这两个物种的关系和其他形式的环境刺激进行充分的社会化，对于预防行为问题或行为缺陷的发展具有价值，这些问题行为可能会严重阻碍犬与主人之间关系的建立或与其他犬互动的能力。社会化还有助于使幼犬习惯于新的刺激，目的是减少犬的反应性或恐惧反应。同时能让幼犬在初级社会化的早期学会识别同类物种。这一敏感期的后半部分可以针对性地促进对人的社会依恋的发展。与其他犬和人适当地社会化的犬将把这两个物种都纳入其社会结构，并倾向于引导物种的典型行为模式，特别是针对和这两个物种的交流方式。

初级社会化阶段的变化：在初级社会化的早期阶段，犬的活动量迅速增加，行为日趋复杂。当幼犬在 3~4 周大的时候，探索性行为显著增加。幼犬们探索它们的出生地，并开始相互玩耍或与母犬玩耍。幼犬也会很容易接触并探索新的事物，而不会表现出任何恐惧。大约 5 周后，这种行为逐渐消失，幼犬开始对新事物表现出一些警惕。追溯到犬的祖先来看，这种变化是有道理的。5 周的时间相当于小狼崽第一次离开安全的巢穴外出的时间点。在这个年龄段，惧外恐惧症或"对新事物的恐惧"的心理具有重要生存价值，因为这种心理提供了保护，使其免受潜在捕食者的伤害。场地依恋也在社会化早期发展，幼犬会对它们的睡觉和吃饭区域产生依恋，当它们被允许进入家里的其他区域时，似乎会对家里的特定区域产生依恋。

同窝幼崽之间的玩耍变得越来越复杂，可能在社会关系、交流模式和其他物种特有行为的发展中非常重要。打闹迅速教会幼犬控制它们咬的力度，并对其他幼犬的哀叫做出适当的反应。大约在 5 周大时，犬可以使用面部表情进行交流和攻击性的吠叫，伴随着幼犬的奔跑、攀爬和咀嚼等运动能力迅速成熟。这也是第一个等级制度发展的时期。幼犬学到复杂的肢体语言，可表达主动、服从、游戏邀请和寻求关怀。在幼犬玩耍的过程中，也可以看到部分性行为，如骑跨和性交行为。

学习成为一只犬：在初级社会化的第一阶段，幼犬与同窝幼犬及母犬一起生活很重要。另外除了通过玩耍学习物种典型行为外，幼犬与母犬的互动也非常重要，因为母犬与幼犬的互动提供了社会行为的重要信息。当幼犬玩耍太粗暴或太疯狂时，母犬会通过低声咆哮，相应的身体姿势和对幼犬的体罚（如轻咬）管教它们。这会教它们正确解读主导信号，控制咬的力度，对领导阶层的犬展示顺从的姿势（图7.2）。总的来说，幼犬应该与它们的同胞在一起，直至达到7~9周龄。在这个时间段内，人类应该经常与幼犬进行互动或接触。但是，幼犬也需要与同类生活在一起，因为这对幼犬形成物种特异性的交流能力和社会行为非常重要。

母犬会在幼犬3.5~4周龄时，开始自然断奶。这是一个渐进的过程，断奶会在幼犬7~9周龄时完成。当母犬开始断奶后，它会在给幼犬哺乳期间离开，缩短哺乳时间，并且减少与幼犬在一起的时间。这种逐步与幼犬分开的行为，会教导幼犬产生自信心，帮助它们远离母亲的照顾并独立成长，这是一个逐渐减少幼犬对母犬依恋的时期，而不是人为引入或突然分离。此外，大多数母犬会继续花时间跟幼犬待在一起，并且提供重要的安抚和训导，直到幼犬7周大甚至更大时。

图7.2　母犬轻咬幼犬来训斥它

新家的安置： 由于幼犬在初级社会化第一阶段需要和同窝幼犬及母犬在一起，而在该过程的后半段，对人类、新地方和新情况的社交化也很重要。因此，将幼犬安置到新家的最佳时机是在幼犬7~9周大的时候。过早将幼犬从同窝中分离出来往往会导致它们缺乏与其他犬正常互动和交流的能力。此外，早期断奶可能会使幼犬过分依赖人类，并可能使它们在以后的生活中容易出现过度依恋的问题（详见第十章）[5]。

与人类社交化： 一系列对成长中的幼犬的研究已经表明，与人类的社交化最经常发生在幼犬 5~12 周大的时候，最佳时期是 6~8 周[6]。那些在 14 周龄时仍然与母犬在一起、完全没有与人接触过的幼犬会表现出极度的恐惧，并且成年后几乎无法训练。如果一只犬直到 14 周龄，都没有与人接触或接触很少或很少接触新的刺激，这只幼犬将很难与人交往，也很难与人发展正常的社会关系。因此，当它们仍然与同窝幼犬在一起时就需要经常与人类接触，当它们进入新家后这种接触应该继续保持。

作为社会性物种的一个重要特点是有能力与该物种社会群体的其他成员形成依恋关系。对犬来说，其他成员包括其他品种犬，它们的宠物主人以及家中的其他伴侣动物。在幼犬初级社会化的后半段，从原来的窝到搬进新家，它们把对母犬和同窝小伙伴的依恋转移到它们新的主人身上。幼犬在这段时间适应能力很强，会与各种各样的哺乳动物建立联系。因此，如果犬将要与一只猫、兔子、沙鼠或其他家庭宠物共存，介绍新"室友"的最佳时间是初级社会化阶段。如果该幼犬是家中唯一的宠物犬，那么继续让它与其他犬（最好是年龄相同的幼犬）社交也同样重要。

恐惧印迹期： 幼犬在 3~5 周大的时候表现出极高的好奇心、极低的迟疑和对新刺激极低的恐惧。5 周之后，它们逐渐开始对新的人、物体或环境表现出一些警惕性。这种变化在 8~10 周大的时候达到顶峰，这一时期被称为恐惧印迹期。恐惧印迹期间出现的年龄段非常一致，但是，幼犬表现出不确定或者信心减少的程度却又有很大的差异。虽然一些幼犬对新的刺激变得很敏感甚至害怕，但是，另一些幼犬却几乎没有出现这些迹象。遗传因素或早期社会化都对幼犬恐惧印迹的表达有影响。尽管如此，因为在恐惧印迹期间，幼犬通常都待在新家，所以，在这段时间里，应该注意不要让幼犬暴露在任何创伤事件中。

社会化过程： 适当的社会化会使犬能够与其他犬和人类形成社交依恋关系，能很好地适应新环境，不会对新的刺激产生恐惧反应，并对训练反应灵敏。相反地，幼犬社会化不足可能导致犬不能形成很强的社会依恋，易受压力、新环境、新的人或犬的异常威胁。在这些情况下，无论成年后接触这些经历的频率有多高，新生事物可能会给犬的一生带来压力。

　　社会化包括在生命早期提供各种各样积极的经历，最好是在初级社会化期间（3~12周龄）。当幼犬还和同窝幼犬在一起时，它们可以逐渐接触多样化环境。在过渡期后，幼犬变得更灵活时，可以把它们安置在带有铁丝的围栏内。在这个安全的围栏里，幼犬可以接触到很多刺激。正常的家庭场景和声音，以及新的人、孩子和其他家庭宠物都可以被引入，也应该经常抚摸幼犬或与其玩耍。尽管在这期间，幼犬仍然在母犬的照顾下，但它们应该有与母犬和小伙伴短暂分离的经历。随着幼犬的成熟，这种分离的频率和持续时间可以逐渐增加。这么做的好处是引入温和的分离压力，促进犬与人的关系，并且帮助幼犬学习适应以后生活中的独处时间。

　　一旦幼犬在7~9周龄时进入新家，社会化过程可能会变得更加多样化和广泛。尽管12周龄被确定为主要社会化的正式"结束"，但通常普遍认为在4~5月龄内对幼犬进行社会化都属于一个适宜的时期。事实上，有证据表明，如果社会化在青年期持续进行，犬的受益率将最大化。在幼年时提供各种各样的经历，有助于培养犬在以后能够接受新情境且不会对新事物产生恐惧反应。犬对新环境和新刺激的适应能力也会增强。

　　一只新出生的幼犬参与社会化最好的方法之一就是参加"幼犬幼儿园"课程。大多数社区都有这种类型的课程，一般由私人犬培训学校或者训练俱乐部开设。社交化课程对新主人非常有益，并为幼犬提供接触新的犬、人和地方的积极机会。此外，由于幼犬在这段时间内有快速学习的能力，初级社会化代表着可以开始服从训练的时间。大多数"幼犬幼儿园"课程包括基本的服从训练（详见第九章）。最近一项关于为期4周的幼犬社会化课程的效果的研究发现，在相对较短的课程结束时，大多数幼犬对基本命令（坐下、停留、过来、跟随）做出了对应的反应[7]。教导幼犬家庭礼仪、汽车出行和小区散步，以及提供去会见友好的成人和孩子的机会都有助于提高犬的情绪和适应能力。这些过程可以持续到青年期，随着犬开始养成成年行为。

青年期（第二阶段社会化）到成年

　　青年期从初级社会化结束一直延伸到性成熟。这是一个完善现有的能力并且增强协调能力的时期。因为犬达到体成熟了，运动能力变得更协调和成熟，注意力持续时间也逐渐增加。当犬4~5个月大的时候恒齿开始取代乳牙，到 6 个月的时候乳牙完全被恒齿替换。在 3~4 个月的时候，幼犬探索性行为增多，变得更加自信和独立，行为方面的逐渐变化和对学习的应对能力是先前的经验所导致的（详见第九章）。

随着青春期的到来，与性相关的行为开始发育。母犬的性成熟年龄在 6~16 个月，具体取决于其体型大小和品种。而公犬通常在 10~12 个月的时候达到性成熟。尽管犬在 1 岁时已经达到了生殖成熟，但社会化行为仍会继续发育和变化，直到犬满 18 个月或更大。随着青春期的到来，公犬开始出现由雄性激素促进的行为，如尿液标记行为、攻击性、漫游倾向和爬跨行为。其他成年行为，如领土性、保护性和支配性攻击，会在公犬和母犬性成熟后发展出来（详见第八章）。

结论

幼犬的行为发展历经 4 个时期。这些时期促进了正常社会性行为的发展，并为主人提供教导幼犬与主人建立积极情感联系的机会，以及让犬在以后的生活中对新事物产生积极反应。犬的社会性行为及其对犬融入人类社会的意义将在下一章中详细讨论。

参考文献

[1] Levine, S. **Maternal and environmental influences on the adrenalcortical response to stress in weanling rats.** Science, 135:795–796. (1962)

[2] Denenberg, V.H. **A consideration of the usefulness of the critical period hypothesis as applied to the stimulation of rodents in infancy.** In: *Early Experience and Behaviour* (G. Newton and S. Levine, editors), Charles Thomas, Springfield, IL, pp. 142–167. (1968)

[3] Fox, M.W. *The Dog: Its Domestication and Behavior*, Garland STPM Press, New York. 1978

[4] Bateson, P. **How do sensitive periods arise and what are they for?** Animal Behaviour, 27:470–486. (1979)

[5] Borchelt, P.L. **Separation–elicited behavior problems in dogs.** In: *New Perspectives on Our Lives with Companion Animals* (A.H. Katcher and A.M. Beck, editors), University of Philadelphia Press, Philadelphia, PA, pp. 187–196. (1983)

[6] Freedman, D.G., King, J.A. and Elliot, O. **Critical periods in the social development of dogs.** Science, 133:1016–1017. (1961)

[7] Seksel, K., Mazurski, E.J. and Taylor, A. **Puppy socialization programs; short and long term behavioral effects.** Applied Animal Behaviour Science, 62:335–349. (1999)

第八章　理解犬的正常行为

　　家犬，犬科犬属动物。犬科动物还包括狼、郊狼、胡狼和狐狸。人们普遍认为犬是从狼的一个或多个亚种演变来的（详见第一章）。犬生来就具有的社会化天性正是被认为来源于狼的血脉传承。然而，犬距今被驯化已超 12000 多年的历史，人类对犬的选择育种早已大幅改变了犬的行为、性情和外貌。虽然研究狼的行为可以为研究家犬的行为提供基础，但从长远来看，关于犬行为研究的最佳信息还是来源于犬本身，家犬亚种。

犬的社会性传承

　　众所周知，犬的近亲狼是一种高度社会化的肉食性物种。在不同的狼亚种间，它们所捕杀的猎物种类跨度以及它们所建立的社会体系均存在较大差异。一般来讲，野生犬科动物可以根据它们所生活的生态环境、猎物种类的大小和猎物的可获得性来灵活组成几种类型的社会群体[1]。灰狼最普遍建立的社会群体是狼群。狼群是由多个终年生活在一起的有羁绊的小团体组成的大群体，狼群内部遵循着复杂严格的社会等级制度，通常群体内部只有一对动物主要负责繁衍后代（雄性首领和雌性首领）。另外，狼群的所有成员会一起养育幼崽，搜寻和觅食，保护巢穴以及划分领地。

　　要想在恶劣的环境中生存，就必须维持群体的团结，合作无间，尽量减少内部纷争或争斗。狼群主要分工包括获取食物、抚养幼狼、保护自己免受其他捕食者伤害。要实现这些目标，狼群就必须团结一致，最大限度地减少成员之间的争斗或攻击行为所耗费的精力和时间。社会等级制度是一种为实现这一目标而进化出来的社会系统模式。除了促进协作行为外，这种类型的系统能最大限度地减少冲突，并为整个狼群提供安全保障。狼群通过建立并维护这种等级制度的方式增加了每个个体的生存概率。

　　在狼群中，成员的社会等级排序通常是通过单性别的等级制度来实现的。跨性别的支配控制通常很弱甚至不存在。狼群的社会等级制度结构呈金字塔形，在最高等级的个体之间往往会爆发狼群中最大程度的支配冲突。雄性首领和雌性首领处于每个单性别控制等级的顶端。位居统治地位（最高等级）的动物通常是成年狼，它们负责维护狼群的秩序和安全。这些个体对等级较低的动物表现出支配性的身体姿势，会把等级较低的个体赶出他们喜欢的睡眠区域，会负责发起狼群的群体活动，如狩猎或迁徙，地位较高的它们通常在狩猎后或在拾荒点先于地位低的动物进食。但是要着重认识到的一点是，狼群中地位高的成员和地位低的成员之间的互动在本质上并非属于敌对或者对抗性的。相反，这些关系反而具有建立狼群的凝聚力和安全感、减少群内攻击的作用。狼群内一系列的仪式化和固定化的行为有助于维持社会层级秩序，促进群体成员之间的协作。

家犬继承了狼祖先的社会属性。像狼一样，犬也需要生活在一个安全有序的社会群体中。然而，对于大多数宠物犬来说，它们所在的主要社会群体是由人类看护者构成的。在拥有多只宠物的家庭中，犬也会与家中其他犬或宠物产生主要的社会依恋。居住在一起的犬，其群体中可能会形成等级制度，等级地位划分在一定程度上取决于犬的品种和个体性格。与狼一样，这些等级地位排序是单一性别的。在两只异性动物之间，支配竞争并不常见。地位高的犬对其他犬会表现出支配性的身体姿势，并倾向于从地位低的犬那里窃取玩具或食物。它们会选择最佳的睡眠和休息区域，在家里和院子里发起较多社交活动，并积极寻求和争夺主人的关注。一般而言，年龄和地位之间存在着密切相关性，年龄较大的犬在群体中拥有并保持较高的地位。然而，即使在等级地位严格划分的犬群中，其群体内部发生的大部分互动也是服从性居多。与爆发攻击打斗相比，地位高的犬发出安抚与和解信号的沟通显然更常见，许多生活在家中的犬都以和平且深情的方式彼此相处。有句话"犬之间的统治关系是由无休止的争斗和争夺'首领'地位组成的"，这种描述非常流行，但其实并不准确，因为这完全歪曲了多犬家庭中犬之间关系的复杂性和环境特殊性。

直到最近，人们还普遍认为可以用狼群的行为模式来充当解释家犬行为及其与宠物主人之间关系的完美模型来研究。然而，近年来对犬的研究表明，犬不仅仅是一只幼态持续的狼。更确切地说，犬的社会行为就其本身来说也是独特的。在长达12000多年的历史里，人类极大地改变和控制了犬的生态环境和繁殖。在此期间，通常引导物种进化的自然选择并没有发挥作用。人类为犬提供了食物、住所和保护。这些变化有效地消除了犬对猎物的可获得性和与其他捕食者的竞争性的进化压力。犬的繁殖也一直处于人类的控制下。狼群中只有首领才能交配的限制已被人类根据特定身体和行为特征的选择性繁育所取代。犬基本上是和它的人类看护者共同进化的，这种进化几乎完全依赖于人类的照顾和生存模式。这些变化以及人工选育的遗传影响，形成了家犬特有的社会行为。家犬行为的重要组成部分包括支配/从属行为，复杂而仪式化的交流模式，各种类型的攻击行为和特定品种的行为模式。

支配和从属的概念

支配的概念最早出现于 20 世纪 50 年代，是用来描述在某些鸟类身上观察到的社会关系和领地行为的一种理论[2]。这一理论后来被普及(并被曲解)为反映简单而线性的"啄食秩序"，在这种秩序中，占优势地位的动物保留了对所有资源的控制权，并积极捍卫自己的地位来对抗从属动物。这种对优势序位和单线型等级地位划分的描述是不准确的，并且一再被错误地应用于家犬和其他群居的哺乳动物身上。在描述正常的家犬行为时，深入讨论什么是支配地位（什么不是）以及它的有用性和局限性，对于理解犬与犬之间以及犬与人类看护者之间的关系是至关重要的。

应该区分以下两种情况：反映支配行为的支配性情况、使用优势序位模型来描述个体在社会群体中的支配地位情况。支配行为指当一个个体积极与另一个个体为获得或控制所需资源而竞争时发生的行为。在这种情况下，保持对相关资源控制的个体(犬)属于表现出支配行为。放弃资源或拒绝竞争的犬则属于表现出从属行为。这些交流通常是通过仪式化的沟通来解决，而通过公然斗殴这种行为的解决要少得多。在特定情况下的支配行为并不能完全界定犬与其他犬之间的支配从属关系，因为这种行为在很大程度上取决于具体情况。例如，两只犬中有一只一直控制着某些玩具不让给另一只，但却乐意让另一只犬从它的食物碗里偷吃东西，这种情况并不罕见。当支配性被用在描述个体犬之间的互动时，该词形容的往往是与获得所需资源有关的一系列支配性行为，而并非指犬的支配性地位本身。

反之，支配性也可以被用在形容个体在群体内的社会地位（尤其是在大众媒体）。当支配性被用在形容地位时，重要的是要意识到该支配性地位本身与攻击性行为无正相关关系。因为地位高的动物通常对地位低的个体非常宽容。实际上，决定动物地位等级的是从属个体的行为，即表现出顺从和退出冲突的行为，而不是由支配动物的行为所决定。当支配性被用在描述一个社会群体中的地位关系时，处于支配性优势地位的动物通常不太成为其他动物的攻击威胁目标，它不仅可以肆无忌惮地显示它的优势统领地位，而且很少对其他动物做出顺从的姿态，并能引起其他动物自然而然的敬畏和顺从 [3]。然而，即使一个个体可以被认定为群体中"最"占优势地位的，群体中的支配－从属关系也不是简单的线性等级结构可以解释的。这种过于简单的描述忽略了犬类之间的支配性关系的高度情景特异性，也曲解了犬类的社会行为。相反，应该将支配－从属地位的排序视为由动物之间一系列配对关系组成的，这些关系既可以是情景化的，也可以是灵活的，这为描述家犬的优势序位划分提供了一个更好的模型。

在驯化过程中，人工选育的动物会比它们的野生祖先更容易被训练和具有依赖性。这种被增强的可训练性与动物的幼态持续和延续到成年后的从属特性有关（详见第一章）。实际上，这意味着大多数犬天性为从属性，许多犬在成年后并不会对处于同一个社会群体中的其他犬表现出支配性行为。作为不同的个体，每只犬在那些可能引起支配性表现的情况下所表现出的支配性行为的程度均存在较大差异。同样地，尽管优势序位等级划分似乎在狼群中维持群体结构方面非常重要，但家犬的社会结构是否具有等级性质却不太清楚。虽然"支配欲"更强的犬确实存在，而且必须被恰当饲养和控制，但并不是所有的犬都表现出争夺资源或想在群体中获得支配地位或表现出支配性攻击行为的欲望。此外，群内的优势序位模型经常被人类研究时不恰当地套用在犬的个体行为中，而这些支配/从属性行为与支配或从属地位完全无关 [2]。

犬的支配行为特征包括与生俱来的气质特征以及对其他犬和人类表现出的行为模式。天生"领导型"倾向的幼犬往往具有强烈的探索欲、无所畏惧和具有好奇心。在同窝幼犬中，它们经常占有食物和玩具，并发起和控制与其他幼犬的玩耍。随着幼犬长大，它们会越来越频繁地对社会群体中的其他犬表现出支配行为。犬这些迹象包括在玩耍时表现出支配性的身体姿势、抵制束缚或控制的企图，表现出对所需资源（如食物、玩具或睡眠区域）的占有欲，以及主动与宠物主人或社会群体中的其他动物进行互动。根据犬的品种、个性和环境的不同，这些迹象可能伴随着攻击性表现的增加。通常情况下，当犬在18~36个月龄达到社会化成熟时，与支配性相关的特征就会完全表现出来。对于表现出支配行为的幼犬，从小开始进行操控练习和服从训练是非常重要的。这可以确保犬主人的领导地位，并防止发展成一种关系，即让犬觉得犬主人的地位可挑战（详见第九章和第十章）。相比之下，天生服从性更强的幼犬会避免与同窝幼犬争夺资源，随时把玩具、食物和睡觉的地方让给别人，它们通常被称为"追随者"而非"领导者"。这种犬即使它们成熟了，也通常不存在对主导地位的挑战。培训一般包括教导犬养成良好的习惯和预防不必要的行为，而不是主动建立人的领导地位。此外，采用正强化的早期社会化和操作性条件反射训练对增加这些幼犬的自信心和培养其适应能力非常有帮助。

　　驯化的过程中，弱化了犬对支配地位的渴望。人对犬幼态持续化特征及性情特质的选择导致了犬中许多个体"生来就处于从属地位"。因此，大部分犬即使到了社会化成熟阶段，也永远不会对主人表现出支配迹象。对许多犬来说，并不存在想对统治地位挑战，因为它们从来没有产生过争夺社会地位或所需资源的强烈需求。例如，比格犬和猎狐犬等一些犬种是为了在非常大的群体中工作而培育出来的，因此它们几乎不需要社会等级制度。相比之下，一些工作犬种则是为了守卫和保护而发展起来的，因此自然会表现出支配行为，具有一定的支配性攻击阈值。这些品种的个体在成熟时更容易发展出支配行为和社会等级地位需求。

沟通模式

　　物种内部的沟通对于社会纽带的联结和维持协作的群体结构至关重要。犬，和它的狼祖先一样，拥有一套高度发达的交流模式。其中，包括视觉、嗅觉和听觉信号，这些在犬类成员中是普遍存在的。在大多数情况下，无论品种、体型大小、毛发长度的差异或外科手术的外表改变如耳部修剪、尾巴截断等，都不影响犬的相互识别和相互熟悉。此外，犬会向它们的主人使用它们与其他犬互动时表现出的相同或相似的信号。尽管其中的许多信号在细节上有微小差异，但这有利于它们与人类的沟通，且便于人类的理解。但反之，如果仅从人类视角来评估犬类的行为含义，往往会对犬的行为产生误会。尽管一些流行的训练手册鼓励犬主人在与犬交流时尝试模仿犬的许多视觉和听觉信号，但最近的研究表明，这并不是一种有效的交流方式。人类无法再现这些信号的细微差别，基本上，是非常糟糕的"拟犬行为"。了解犬的交流模式并适当地做出反应（作为人类），可以让主人和犬之间建立有效的交流，而不需要试图模仿犬的特定物种行为。

气味信号（嗅觉）： 作为群居物种的交流工具，气味有几个优点。气味可以在环境中长时间留存，即使动物离开该区域后，气味也能传达该动物的相关信息如领地、性别和繁殖阶段等。事实上，所有的犬，不管外表如何，都能识别出自己的同类，这表明犬在物种识别方面更依赖嗅觉而不是视觉线索。嗅闻是犬之间打招呼行为的一个重要组成部分，可以识别犬的性别、年龄、情绪状态以及可能的社会地位等信息。犬使用几种不同来源的气味进行交流，包括尿液、粪便和肛门腺分泌物以及个体的体味。

尿液既可以用来识别个体，也可以用来标记领地。在狼群中，抬高腿排尿（RLU）是在用尿液标记气味。在一个群体中，占主导地位的狼比从属的狼更频繁地进行 RLU，并且当支配地位发生变化时，这种排尿方式的频率会增加。还有证据表明，狼群领地内的尿迹会阻止其他狼在该区域行走[4]。和狼一样，犬也用 RLU 进行尿液标记。然而，与狼不同的是，所有健全的成年公犬都会进行 RLU，但狼群内只有占主导地位的狼才使用 RLU。另外，也没有证据表明，在犬中公犬的尿液沉积会排斥其他公犬[5]。RLU 与性成熟有关。在青春期前几个月就去势的公犬即使在成年后通常也不会表现出 RLU。母犬也会进行尿液标记，在发情期增加，有些母犬会表现为改良形式的 RLU。发情母犬的尿液中含有信息素，可能是雌激素的代谢物，能够吸引公犬从很远的地方前来。最近的证据表明，相当大比例未进入发情期的未绝育母犬（56.7%）和已绝育的母犬（60.8%）将尿液排向环境中的特定物体这一行为，被解释为一种标记行为[6]。

用于标记领地的排尿模式包括在许多地点频繁蹲下或 RLU，以及排出少量尿液。公犬通常会瞄准垂直表面，甚至可能在不排出尿液的情况下表现 RLU。尿液被进行覆盖标记是常见的，特别是在同一性别的犬群中。母犬经常站在其他母犬旁边排尿，当第一只犬离开时，它们会立即在同一位置排尿。公犬在检测到其他犬之前留下的尿液时，也会进行覆盖标记。在尿液标记后，公犬常被观察到用后腿向后抓挠地面的行为，而母犬则较少。有理论认为，对标记区域周围的土壤破坏可以作为一种视觉线索，并在该区域传播气味。有数据表明，当其他犬发现这种行为时，排尿后的抓挠行为更为常见 [7]。抓挠还可能会通过在脚趾间的腺体（指间腺）和脚垫上（汗腺）留下额外的气味。有些犬在闻到其他犬或动物的粪便后，也会用后脚抓挠，而不是自己排便。这可能代表覆盖标记，或者可能在破坏其他动物留下的气味。所有的犬都对其他犬的粪便感兴趣，经常会用尿液来覆盖标记粪便。然而，目前还不清楚粪便在标记领地或识别个体方面的重要性。在狼群中，排便行为似乎在交流中有一定作用。野狼在狼群领地内和领地外围的小道上排泄粪便。孤狼似乎视这些粪便为警示信号，以此避免进入狼群领地 [8]。然而，没有证据表明犬以类似的方式使用粪便信号。这可能更多的是和犬饲养环境有关（即被牵着走、被限制在家里和围栏院子里），而不是这种行为模式本身发生的变化。尽管有一些证据表明，公犬比母犬更有可能用粪便做标记，但还需要对自由化的犬群进行研究，以进一步阐明粪便在家犬中作为交流信号的作用。

在所有犬科动物中，包括犬，肛门腺分泌物都会在排便时被排出。肛门腺是位于肛门两侧的一对腺体。它们将分泌物排至靠近肛门口的肛门腺管中，这些分泌物来自肛门腺囊的分泌液和位于导管壁上的皮脂腺的分泌。肛门腺导管内的分泌物在排便时被挤压带出，并向粪便和肛门区域提供信息素。研究表明，犬的肛门腺分泌物具有高度特异性，可以提供关于个体年龄、性别和身份的信息 [9-10]。有假设认为，这些分泌物可能对识别个体和标记领地很重要。圈养狼群的研究表明，肛门腺分泌物在粪便中的沉积是随意的。优势公狼的分泌率最高，当新狼加入狼群时，分泌率会增加。这一信息支持了肛门腺在领地标记中的作用。狼和犬在受到压力或恐惧时，偶尔也会在不排便的情况下挤压肛门腺。

许多犬表现出的最后一个有趣的嗅觉行为（这让它们的主人感到不悦）是倾向于在难闻气味的物质中打滚。犬洗澡或游泳后也经常在地毯上或草地上打滚。目前尚不清楚打滚是为了传播犬自身气味，并在该区域留下视觉标记，还是一种获取气味的方法。在一个典型的行为顺序中，犬首先嗅闻该区域，然后小心地放低自己的肩膀去蹭该区域，随即打滚，使得脖子和肩膀附近沾染更多的气味。在打滚之后，犬可能会站起来抓挠这片区域。尽管许多人坚持认为犬的乐趣主要在于获得气味，但打滚的多重作用也不可忽视。

视觉信号（眼神交流、面部表情和身体姿势）： 犬使用一系列复杂而多样的视觉信号与其他犬和人类交流。这些信号包括眼神交流、面部表情和身体姿势。犬与人或与其他犬交流时会使用很多相似的信号，因此，主人们通常会将其理解为具有相似的含义。虽然在某些情况下，这是适当的和有帮助的，但在某些情况下，它们之间几乎没有或根本没有相关性，犬的信号可能会被严重误解。因此，了解犬的特定物种的交流信号和它们当时的状态是很重要的。

眼神交流对犬来说是一种重要的交流方式，可以是友好的问候，也可以是明显的威胁。当犬之间初次相遇时，会发生一定程度的眼神交流。更具有支配性的犬会主动进行眼神交流，而且通常会保持较长时间的凝视。较为顺从的犬要么转移视线，要么完全避免直接的眼神接触。幼犬和青年犬在遇到成熟的成年犬时通常会表现出顺从的行为。在打招呼时，成年犬经常会盯着幼犬看，而幼犬会转移视线，表现出顺从的身体姿势。当这些交流模式完成后，有助于它们进一步地社交互动，并减少攻击的可能性。

相反，如果两只犬相遇，其中一只不低头，另一只可能会通过呲牙、竖毛和咆哮来增加显示自己的支配地位。如果其中一只犬不转移目光，矛盾会继续升级，可能会导致公开的攻击和打斗。虽然通过直接的眼神交流来传达上位者气势，对建立优势序位很重要，但犬能够完全进行友好的眼神交流，这似乎与社会地位排序无关。这种友好的眼神交流经常在熟悉的犬之间以及犬和它们的主人之间可以观察到。成群结队生活在一起的犬以及有着稳定优势序位的犬群并不会频繁使用支配/从属性质的眼神交流。这种压迫性质的眼神互动通常只在犬争夺想要的资源时出现，如珍贵的玩具、食物，或者可能是主人的注意力。在问候、玩耍和社交性舔舐过程中，更常见的是友好而不具威胁性的眼神接触。在这些情况下，适用于眼神交流的一般规则（即不能长时间对视）似乎被"暂时搁置"了。犬的身体姿势没有显示威胁性，因此，可以使用凝视，且无需担心引起其他犬的混淆或被误解为支配威胁。同样，眼神交流是犬和人之间互动的重要组成部分。犬会把人类持续而直接的凝视理解为一种支配性的凝视，大多数犬的反应和它们对另一只犬的反应是一样的。然而，与人类建立了安全和爱的关系后，犬会接受并同样使用友好的眼神交流来与它们的主人或其他人进行交流。因此，这种情况下就可以使用凝视，而无需担心引起犬的混淆或被误解为支配威胁。

犬的耳朵和嘴的位置是重要的视觉信号。当犬处于警觉状态时，它的耳朵会向上和向前移动，朝向刺激物（图 8.1）。同样，当犬表现出支配地位时，耳朵会向上和向前，而当犬表现出从属行为或恐惧时，耳朵会向后和向下。在问候和顺从的表现中，耳朵通常会紧贴在头部后面（图 8.2）。嘴巴的位置提供了犬的自信心程度和社会地位的信息。在显示支配性侵略时，嘴角会向前拉成咆哮状。相比之下，在显示被动或主动顺从的犬中，嘴唇紧紧地向后拉成"顺从地咧嘴笑"（图 8.2）。在主动服从的过程中，犬可能会试图舔正在表现出支配行为的犬的嘴。一只动物在争夺资源或面对社会地位挑战时，会表现出使它看起来比实际更大的身体姿势。强势的犬会踮着脚尖站立，昂着头，尾巴翘起（具体取决于犬的尾巴类型和长度），肩膀和背部的毛竖起（图 8.3）。当犬处于高度兴奋或具有攻击性时，尾巴开始以高频率摆动。如果这个动作是针对另一只犬的，占主导地位的犬可能会试图把前爪放在从属犬的肩膀上。相反，表现顺从的犬身体姿势会让它的身体看起来比实际小。在主动服从的过程中，犬会蹲下身子，夹起尾巴，避免眼神接触，并可能尝试舔占主导地位的犬或人的脸。有些犬会抬起爪子作为安抚的信号。许多犬在向它们的主人或其他人打招呼时表现出主动的顺从。极端服从会让犬天性使然地做出服从姿势，最常见于幼犬和青春期的犬。犬会躺下，部分仰卧，卷起尾巴，转过头以避免眼神接触，还可能会滴尿（图 8.2）。这种姿势被认为是许多成年犬中幼态持续的行为。

图 8.1　警觉的犬展示出自信的身体姿势

图 8.2　顺从的姿势：主动（上方）和被动

图 8.3　展示出统治地位的犬

恐惧的犬会躲避／远离恐惧源（逃跑）、会静止不动（僵住）或者会变得有攻击性（好斗）。大多数犬，如果有机会，会避免与引起恐惧的刺激物接触。然而，如果犬因为牵引约束或障碍物的存在而无法移动，或者如果它意识到无处可逃，它会停在原地不动，或会表现出因恐惧引起的攻击行为。恐惧的一般迹象包括身体姿势降低、低头、夹尾巴、瞳孔放大和毛发竖起（图 8.4）。许多犬会发出典型的"汪汪"的声音作为示警，并迅速寻找逃生路线。被控制或无法逃跑的非反应性的犬通常会低着头躺下，转过身去，避开眼神接触。相反，更具有反应性的犬可能会变得具有防御攻击性。在这种情况下，犬的耳朵仍然向后靠在头部，但口角会收缩成咆哮状，眼睛会盯着刺激物。有些人将犬的这害怕且具有攻击性的身体姿势描述为矛盾心理，因为这表明犬既没有安全感，又具有防御性。换句话说，犬表现出顺从的较低身体姿势，但也会竖起毛发，并会咆哮，可能会对威胁的人或犬撕咬（图 8.5）。

图 8.4　恐惧的身体姿势

图 8.5　防御性攻击姿势

犬的另一种常见的身体姿势是"游戏鞠躬"（图 8.6）。当犬遇到它熟悉的人或犬时，或者当它邀请另一只犬玩游戏时，就会表现出这种身体姿势。犬将前肢放低，后腿伸直，臀部抬起。犬（或人类）将此理解为一种一起去游戏的邀请，通常会以类似的鞠躬姿势回应，或者立即开始追逐和"抓住我"的游戏。其他普遍的游戏信号包括用前爪挠（通常朝向玩伴的脸），玩耍式的"咧嘴笑"和张大嘴巴喘气。幼犬和成年犬都用这些姿势来表达友好。此外，对犬和它们的饲养员如何一起玩耍的研究发现，人类用来引诱犬玩游戏的最常见的身体姿势之一是模拟犬科动物游戏鞠躬的姿势[11]。大多数犬把这种姿势理解为邀请它们接近并与主人接触，一起玩游戏或抚摸。

图 8.6　"游戏鞠躬"——邀请一起玩游戏

犬的一个重要的视觉信号是摇尾巴，但人们对它的理解却很少。有些人认为摇尾巴传达了一种不确定或矛盾心理。然而，犬在信赖地向人类或犬同伴打招呼时会摇尾巴，这一事实并不支持以上观点。另一种观点认为，摇尾巴最初是为了更有效地散发犬的气味。摇尾巴也可以作为一种视觉暗示，向其他犬表示友好的意图。同样，这也有例外，如占支配地位的有攻击性的犬，它的尾巴会在战斗前迅速摆动。最好的解释似乎是，摇尾巴是一种特定情境的行为，用于多种不同情况，表明兴奋性或受到高度刺激。大多数犬的主人都很容易意识到，尾巴放松、摇摆，位于犬的背部水平或略高于犬的背部则表示友好和自信。焦虑或紧张的犬摇尾巴时，尾巴会放在较低的位置，甚至可能夹在两腿之间。尾巴翘得很高，并快速、高频地摆动，则传达着支配性的威胁，可能预示着即将发生攻击。

听觉（声音）信号：声音信号在远距离和视力受损时仍具有有效优势。犬能够发出各种各样的声音，并经常使用声音交流。此外，特殊的声音信号是高度语境化的，通常根据它们使用的不同情景传达完全不同的信息。常见的犬叫声包括咕噜声、咆哮、呜呜声、吠叫和嚎叫。咕噜声经常在问候时听到，或者作为满足或放松的标志。幼犬通常在进食或睡觉时发出咕噜声，但许多成年犬一生都会保持这种声音。咆哮常用来表示防御或侵犯性攻击，或者以一种改良的形式表示好玩。幼犬和青春期的犬会发出呜呜声和呜咽声，表示饥饿、不适或孤独。许多成年犬在某些情况下也会发出这种声音。此时它们的呜呜声通常表示寻求关注、问候或表示顺服。当犬感到害怕或疼痛时，也会发出呜呜声和呜咽声。

家犬在犬科动物中使用吠叫是独一无二的。虽然狼也会吠叫，但它们通常只会发出一两声短促的吠叫，然后就沉默了。重复的吠叫是家犬特有的。有人认为，在驯化过程中，重复的吠叫是可取的，因为这提供了一种表示警报或入侵者接近的信号的方法。吠叫可能是一种幼态持续性行为，代表了幼犬和青春期犬声音存在的痕迹[12]。犬的吠叫通常是为了保卫领地，宣告有另一只犬或人的存在。当犬在玩耍、被孤立或者作为一种寻求关注的行为时，吠叫也可以成为一种交流信号来传达警告或情况变化，吠叫代表的含义通常具有高度可变性及情景特异性，并非一成不变。

嚎叫作为听觉交流的形式之一，狼经常会使用，犬也都能嚎叫，但并不是所有犬都选择用这种声音交流。狼在分开时用嚎叫与其他狼群成员联系，或者在狩猎及迁徙前用来召集狼群成员。犬被单独隔离时通常会嚎叫。犬的嚎叫似乎是狼行为的残留，可能传达了犬的孤独感，并试图让社会群体内的成员回归。有些犬也会对环境声音做出反应，如汽笛、头顶飞过的飞机的声音或某些类型的音乐。这种行为的意义尚不清楚。一些人认为，这可能与犬感知声音频率的能力有关，这种能力比人类感知的声音频率更高。

攻击性

攻击行为是犬最常见的行为问题之一。一般情况下，一只犬对其他犬、人或其他物种表现出攻击性，在某种程度上被认为是不正常的。然而，对犬来说，攻击性是一种正常的功能性行为，可以由各种情况或冲突引发。当犬攻击阈值异常低、攻击行为过度或表现不当时，就被认定是一种行为问题。犬的攻击行为也与环境有关。这意味着犬所处的环境和犬所受到的刺激会强烈地影响犬的攻击性反应。例如，一只在院子门口才表现出攻击性的犬在任何其他情况下都不会表现出这种行为。因为攻击是一种具有多种原因的复杂行为，所以，对其进行功能性分类是有必要的。最常见的攻击形式是支配、恐惧、领地/保护和占有欲。其他形式包括母性间、雄性间、玩耍和重定向攻击行为。掠食性行为经常被错误地描述为一种攻击行为，但应该被归类为一种独立的行为模式。有关攻击问题以及识别和解决攻击问题的方法，详情请参阅第十章。

支配性攻击： 支配性攻击是指当犬的社会地位受到明显的挑战或想要控制渴望的资源时做出的攻击性反应。在犬与犬的互动间，经常引发竞争和支配 – 从属性质互动的资源包括食物、玩具、骨头以及占据喜爱的睡眠区域。当两只犬在争夺主人的注意力时，犬之间的支配性攻击也可能被触发。社会行为中的支配性模式预示着，在一段关系中，更占优势的主导犬会更自信，更容易获得想要的资源。然而，当地位较低的动物试图提高自己的地位或竞争特定的资源时，统治权之争可能会导致冲突。在一对建立了良好关系的犬中，这可能仅仅表现为直接的眼神交流、低吼和无威胁地撕咬。然而，在某些情况下，表现出支配行为的犬之间的竞争，或者正在争夺有价值的玩具或骨头的犬之间，会迅速升级为打斗。

针对人类的支配性攻击通常涉及犬将人类视为对其社会地位威胁的情况。最典型的是，对被犬感知为主导的手势或身体姿势的反应。这些可能包括站在犬旁边，对其进行身体惩戒或限制。试图拿走犬的占有物也可能引发支配性犬的攻击性，因为对资源的控制是支配行为的重要组成部分。然而，犬的占有性攻击，特别是当犬只对一两个特定的东西表现出占有欲时，本身并不意味着一定存在支配性攻击。

恐惧性攻击： 一只在周围是陌生人或新环境中感到紧张或恐惧的犬，当人接近或抚摸它时，它会咬人。犬表现出典型的身体紧张姿势（踱步、喘气、不安和降低身体姿势）或身体恐惧姿势（身体姿势降低、耳朵后拉、夹尾巴和竖起毛发）。当一个人（或另一只犬）靠近时，犬通常会先低吼，然后试图后退或逃跑。或者，犬可能僵住（呆愣状态），耳朵向后拉，身体姿势降低。如果有人试图与犬互动，那些因恐惧而僵住的犬可能会突然呼吸急促或咬人。恐惧性攻击也可以是一种习得性行为，是对痛苦经历的反应（例如，在宠物医生办公室）或当一只犬被虐待或以不适当的方式受到体罚时。犬把以前的疼痛与人或宠物医生联系在一起，并做出攻击行为，试图防止再次发生痛苦经历。同样，如果犬有被陌生犬攻击的历史，或者有被同住的犬类攻击的历史，犬也会对其他犬产生恐惧性攻击行为。

领地 / 保护性攻击： 就像支配和从属一样，领地行为是犬的正常行为。犬的领地代表着一种宝贵的资源，必须得到保护和竞争维护。犬最常保护的领域包括它们的家、院子、睡觉或花很多时间待的地方，以及宠物主人的车。在特定的环境下，吠叫和兴奋的领地行为是恰当的，当入侵者进入领地并被接受（或离开）时，这些行为会消退。然而，一直吠叫，并升级到对入侵者攻击的犬则属于表现出领地攻击行为。该类犬可能针对人类、其他犬或其他物种。

保护性攻击是指犬对接近或与主人互动的人的攻击。保护性攻击本质上是一种领地或占有性攻击的一种形式，可以说，保护主人的犬要么是在保护主人的"领地"，要么是把主人视为私有物品（见下文）。

天性更自信的犬或者被选中作为保卫犬品种的犬，会表现出更强的领地和保护性行为。有些没有事先经过训练或没有经验的犬也可能会对闯入者做出攻击性行为。在某些情况下，宠物主人可能会有意或无意地加强对自己犬的领地攻击性训练。与支配的情况一样，犬的领地行为存在显著的品种差异和个体差异。可以通过训练来使领地攻击性表现变得更温和。然而，如果犬具有很强的攻击性或这种行为得到主人的鼓励，这种类型的攻击一旦形成则很难被改正。

有些时候，领地攻击是由恐惧和紧张而非自信引起的。感到易受攻击或不能逃脱的犬可能会发动攻击把入侵者赶出领地。这种类型的领地防御行为常见于社交不良的犬，如那些被限制在一个小区域内或被牵在狗窝旁的犬。在这种情况下，犬治疗的重点在于减少紧张和恐惧程度，并使其对来访者不再敏感（详见第十章）。

占有性攻击：占有性攻击通常被归为支配性攻击的一个亚类，因为它涉及在争夺宝贵资源时的攻击性表现。对宠物犬来说，这类资源包括玩具、食物或接近宠物主人的机会。然而，有些犬关注不寻常的物品如纸巾、衣物甚至电视遥控器。当主人试图把这些物品从犬身边拿走时，它们会紧紧护着这个物品，低声咆哮并且可能咬人。另外，还有一种情况，犬会把东西拿给主人，然而当主人伸手去拿时，犬会咆哮，这种情况也并不少见。

上述情况可以反映出习得性的行为，并且与犬偷东西的过往有关。当宠物主人的反应是追赶或严厉斥责犬时，犬学会了保护被偷的东西。占有型攻击行为也可能发生在那些被迫从其他动物手中夺回食物的犬身上，或者那些已经学会不信任靠近食盆的人类的犬身上。这些犬通常防御性地守护着它们的饭碗，但没有表现出其他占有攻击的迹象。在这种情况下，这可能是一种对有限食物获取或者与其他动物竞争的习得性行为。一些监护人在犬吃东西的时候反复拿走犬的碗，他们错误地认为这是一种维护支配地位的有效手段，但这种做法只会在与犬的关系中建立不信任，可能会导致只要有人接近，犬就保护食碗这个行为。虽然所有的犬都应该乐于接受人类接近它们的饭碗，但反复和随意地移走碗会给犬传递一个信息，即它们获得食物的途径是不可预测的，因此，应该加以保护。

其他类型的攻击：犬有两种性别特定的攻击行为。当它们认为某人或某动物对自己的幼崽构成威胁时，有幼崽的母犬会做出母性攻击。这种类型的攻击并不是在所有的母犬身上都能看到的，通常在幼犬几周大后就会减少。有些公犬表现出公犬之间的攻击性。这可能是一种支配攻击的形式，通常出现在未去势的公犬中，他们表现出支配的身体姿势和凝视。虽然去势通常会降低公犬间的攻击强度，但也不能完全去除。此外，一些在社交成熟时表现出公犬间攻击性的犬会开始直接攻击所有不认识的犬，不仅仅针对公犬。当犬受伤并对被处理做出攻击性反应时，疼痛引发的攻击就会紧接着发生。玩耍攻击是犬在与人类或其他犬玩耍时表现出来的，最常见于仍在学习正常玩耍规则的幼犬或青春期犬。当然也可能出现在不善于社交，并且错误地解读其他犬的玩耍信号的成犬身上。当一只具有攻击性动机的犬被阻止对目标犬或人进行攻击时，就会发生重新定向攻击。犬会将它的攻击"重新定向"到一个人、一只犬，甚至是一个靠近的无生命的物体上。一个重新定向攻击目标的"重新定向攻击"例子是一只犬守卫着入口通道，在被拉离该地区时咬伤它的主人。

捕食行为

捕食行为经常被错误地贴上一种侵略的标签。对于狼和其他犬科动物来说，捕食仅仅为了获取食物，而不是一种侵略形式。在犬科动物中，捕食行为顺序包括发现猎物（定位）、观察猎物、跟踪、追逐、捕捉、杀死、剖开和吞食猎物（进食行为）。与攻击行为相比，捕食行为通常相当安静，不会伴随低声咆哮或狂吠。虽然有些犬科动物在追逐时会吠叫，但咬杀是无声的。与其他行为模式一样，通过驯化和选择性繁育，家犬的捕食行为也发生了改变。所有犬的捕食顺序已经被完全截断，排除了致命的咬伤。在大多数品种中，捕食性行为反应的水平也已显著降低。但在一些品种中，捕食的某些方面被人为进行了选择和增强。例如，许多狩猎品种擅长发现猎物，但观察、追逐和捕捉部分已经从序列中去除。相比之下，放牧犬的观察和追赶代表了通过选择性繁育改变捕食性行为的另一部分。㹴犬有很高的捕食行为反应，包括最后的致命一击，但不包括剖开或吞食猎物。这些品种被开发为"掘地"犬，杀死兔子、老鼠和其他猎物。对所有的犬来说，捕食行为与饥饿没有直接关系，而是与猎物的存在和运动有关。

追逐小动物、汽车、儿童或骑自行车的人，这样的犬可能表现出捕食性行为（即跟踪和追逐）或领地性行为。如果犬默默地跟踪目标，继续追逐并试图攻击和咬伤目标，而不管目标在哪里，这表明它有捕食行为。然而，许多被允许在主人的院子里自由奔跑的犬会表现出领地性攻击，追逐跑步者、骑自行车的人和汽车，直到他们过了自己的领地。虽然这些犬可能会咬住甚至撕咬人，但这仅意味着领地攻击，而不是捕食行为。尽管在这两种情况下，攻击性都可能很严重，但表现出跟踪行为的犬，意图将目标变成猎物，可能要危险得多。无论如何，追逐和咬伤这两种行为都是危险的，应该加以治疗训练或控制（详见第十章）。

品种在行为上的差异

所有动物的行为都受到环境和基因的影响。在前一章节，我们探讨了环境在犬发育过程中的重要性。在决定犬个体行为时，同样重要的是犬的基因组成。几个世纪的选择性繁殖已经创造了许多品种犬，其中很多犬与它们的野狼祖先在身体上已没有什么相似之处（详见第二章）。选择性繁殖影响了犬的外貌，同样也改变了犬的行为模式。特定品种的行为反映了不同类型的犬被选育出来的不同目的。大多数宠物主人最关心的是品种的可训练性、反应性和攻击性。

与人类普遍认为的观点相反，基因并不直接编码行为。事实上，基因只是为生物体蛋白质分子中的所有氨基酸序列进行编码。这些分子的结构和生化效应最终会影响个体的发育、组织、生理和行为。目前还没有发现特定的基因甚至一组基因会导致攻击行为、捕食本能或任何其他类型的物种特定行为[13]。基因影响行为的方式是通过对行为的组成部分、成长期间发生的时间段以及刺激和强度的相对阈值设定限制[14]。在它们的原始形式中，这些模式是遗传的和本能的（即不是学习的），但这些原始数值随后会受到学习的影响。所有的犬在视觉、听觉和嗅觉的交流模式上都存在着普遍的一致性[见视觉信号（*眼神交流、面部表情和身体姿势*）和气味信号（*嗅觉*）]。除了个例外，不同品种的个体可以很容易地识别出彼此是同一物种，并本能地向彼此呈现出物种特定的沟通信号。然而，取决于品种或品种类型发展的原始功能，不同的犬会以不同的方式或不同程度的强度表现出特定的行为模式，甚至只是表现部分行为模式。

生理结构影响行为： 遗传学影响行为的一个重要方式是通过决定生理结构。所有的行为都取决于动物的生理能力。如犬，如果没有眼睛，犬就不能直接盯着看。同样地，如果没有必需的面部肌肉，顺从的微笑也是不可能完成的。因为基因调控这些结构，因此，所有的行为都受到基因的生理学影响。作为一个物种，家犬个体之间的身体结构差异范围是极大的。圣伯纳犬肩膀有 40 英寸（102 厘米）宽，体重超 150 英磅（68 千克）。相比之下，一只小吉娃娃不到 6 英寸（15厘米），体重不超过 5 英磅（2 千克）。灵缇又长又细的腿和深胸让它有能力利用它的视力追踪猎物。相比之下，巴塞特猎犬又粗又短的腿则有助于它进行气味追踪。特定品种的生理特征与该品种的原始功能密切相关，因此，也会影响到执行该功能所必需的行为。

犬的生理特征可能以第二种方式影响行为[15]。外观上的生理改变可能会显著影响发送和感知特定物种交流信号的能力。从视觉上看，犬会通过身体姿势、面部表情和眼神接触来与他人交流。有些品种具有的身体特征，可能会干扰，甚至禁止它们发送或接收这些信号。厚而丰富的皮毛可能会阻碍犬表现出支配和顺从的身体姿势、毛发竖起或眼神接触的能力。耳朵位置较低、耳廓下垂（扁平下垂）或经过人工裁剪的耳朵都可能改变面部表情。弯曲的尾巴和自然或人工截尾都会抑制正常的尾巴摆动及扭曲了抬起或放下尾巴的视觉信号。面部和眼睛周围过多的皮肤皱褶或毛发可能会改变显示正常面部表情和眼神接触的能力。目前尚不清楚这些差异在与其他犬交流能力方面的重要性。然而，这些变化确实会干扰人类解读犬的信号的能力。有人认为，这些扭曲在犬之间的互动中可能不那么重要，因为家犬也依赖于来自其他犬的嗅觉信号[16-17]。

性格的遗传： 除了对生理特征的影响外，遗传还会影响动物的反应性、可训练性和从环境中学习的能力。动物性格的遗传性首次在大鼠迷宫学习的经典研究中得到证明[18]。研究人员发现，某些老鼠以食物为奖励一直都能成功地找到通过迷宫的路，而其他老鼠即使经过重复的训练，也无法学会成功穿过迷宫。选择"迷宫-聪明"老鼠为繁殖配对，并连续繁衍数代。同样也在"迷宫－迟钝"的老鼠身上重复了相同过程。几代之后，出现了两种不同的老鼠系：一种是迅速学会穿过迷宫的老鼠，另一种是在迷宫学习中反复失败的老鼠。这两种老鼠在学习迷宫奔跑的能力上在统计学中有显著差异。进一步的研究表明，迷宫－聪明的老鼠对食物具有强烈的动机，不轻易被机械装置吓到，而迷宫－迟钝的老鼠对食物的动机较少，对新环境胆怯。该试验促进了其他物种遗传性学习能力的研究。随后的研究表明，基因在各种类型的攻击性、求偶和交配行为以及情感表现中均发挥着作用。

在 20 世纪 60 年代中期，斯科特和富勒研究了 5 种犬的性格差异的遗传基础：巴辛吉犬、比格犬、可卡犬、喜乐蒂牧羊犬和刚毛猎狐㹴 [19]。不同品种在许多特征上存在差异，包括情感反应性、可训练性和解决问题的能力。㹴犬、巴辛吉犬和比格犬对限制的反应比喜乐蒂牧羊犬和可卡犬更强烈。训练测试包括让犬安静地坐在体重秤上、牵引行走、待在桌子上直到听到命令允许移动。这一系列测试的结果表明，可卡犬是最容易训练的，而巴辛吉犬和比格犬是最难教的。此外，解决问题的测试结果表明给犬的任务类型不同，结果也会随之发生变化。斯科特和富勒的研究为犬的遗传基因显著影响犬自身情绪行为表达的理论提供了基础，而犬在情绪行为和可训练性方面存在品种差异。然而，当试图将他们的结果应用于一般的犬或其他品种时需要谨慎。杰克逊实验室进行的研究仅包括少数几个品种（所有品种都是小型到中型犬），与家犬的变异性相比，涉及的个体和基因库的数量相对较少。

有学者对犬的特定行为模式的遗传也进行了研究。在一群指示猎犬中人为选择出易恐惧紧张特质的犬作为亲本进行繁育，然后发现被繁育出来的后代犬也不愿意探索新的区域，对新奇的声音反应往往是僵住，并避免与人类接触 [20]。与此同时，研究人员还另外繁育了一种"无恐惧"的犬系，该系的个体没有表现出这些特征。将易恐惧紧张的幼犬与正常母犬，以及将正常幼犬与易恐惧紧张的母犬交叉养育，结果显示母性行为对幼犬紧张恐惧程度的影响极小。通过社交和训练来减少紧张恐惧的尝试，效果也非常有限。这些性格上的遗传差异可能与某些类型的神经化学物质的分布和数量的差异有关 [21]。例如，对牧羊犬、牲畜护卫犬和雪橇犬的比较发现，反应性较低的牲畜护卫犬的神经递质多巴胺水平比反应性更强的边境牧羊犬和雪橇犬的水平要低。

伴侣动物相关的专业人员对犬的攻击性行为遗传是比较感兴趣的。虽然品种的差异在文献中有很好的记录，但关于攻击性遗传的对照研究却非常缺乏。此外，除非数据经过全面收集和筛选，否则社区内犬咬伤的统计数据只是反映了当下某一品种在该时间点的受欢迎程度（养的多，出问题的概率就大），而非特指该品种具有攻击性倾向的遗传性质。而且对特定品种的研究也会产生不一致的结果。例如，据报道，荷兰的一种伯恩山犬品系表现出极端的支配性攻击行为，但同一品种的其他分支犬系似乎没有这种行为问题。

评估问题行为或不适当攻击的风险预估用不同品种间相互比较的方法可能更实用。与拉布拉多寻回犬相比，德国牧羊犬被发现更有可能表现出犬之间的攻击性、对陌生人的攻击性和焦虑的普遍迹象[22]。同样的不同品种对比方法表明，与拉布拉多寻回犬相比，可卡犬更有可能对其主人表现出攻击性。在几年前，据报道，可卡犬、英国可卡犬和史宾格犬都被报道表现出一种被称为"愤怒综合征"或"低阈值攻击"的现象。这个问题在金色的可卡犬中比其他颜色更常见，特定犬系似乎有更高的发病率[23]。一项对1000多只英国可卡犬的研究发现，该犬种似乎确实有相对较高的攻击性发生率，而"愤怒综合征"似乎是社会支配性的一种表现[24]。最近，一项对丹麦4000多只纯种犬的研究，调查了上报的行为问题的患病率与类型，结果表明，比利时牧羊犬、腊肠犬、大麦町犬、德国牧羊犬、杜宾犬和罗威纳犬也可能对其他犬存在支配性攻击[25]。

在训练导盲犬和其他类型的服务犬的机构中使用受控育种项目，有助于得知关于犬的某些性格特征的遗传性信息。当位于加利福尼亚州圣拉斐尔的导盲犬们首次开始训练时，工作人员发现这批犬的成功率都非常低[26]。为了提高它们的训练成功率，该组织制订了一个繁育计划，选择训练成功的犬进行繁殖。在5年内，培训成功率从30%提高到60%。遗传力得分可以从此类的受控育种研究中计算出来。这些分数提供了由遗传影响引起的表型变异性的比例的估计值。一项对澳大利亚导盲犬的研究估计，紧张情绪的遗传力在0.47~0.58。这些值被解释为，犬之间的紧张特征的47%~58%的差异可以归因于遗传因素。另一项关于导盲犬繁育计划的研究报告称，在选择用于这些任务的犬中，对声音的敏感性和身体敏感性是观察到犬最具高度遗传性的特征[27]。

最近对不同犬种是否适合从事几种类型的服务工作的研究提供了更多证据，证明不同犬种在性格方面存在差异。研究人员对一组在警察、安保、毒品检测或导盲犬工作中饲养长大的拉布拉多寻回犬和德国牧羊犬，进行了性格测试，比较了它们的得分和排名[28]。结果显示，德国牧羊犬在攻击性和防御力方面的得分明显较高，而拉布拉多寻回犬在情绪稳定性、克服恐惧和从矫正中恢复的能力、合作性和亲和力方面的得分明显较高。作者的结论是，这些性格上的差异实证表明了拉布拉多寻回犬通常更适合作为导盲犬，而德国牧羊犬更适合警察工作。另一项有关性格的研究测试了被选定并接受工作犬试验训练的比利时特伏丹犬和德国牧羊犬[29]。研究结果显示犬（和品种）之间性情差异较大可能与犬的胆小或胆大程度有关。从全方位测试来看，德国牧羊犬的得分（即更大胆）高于比利时特伏丹犬。然而，无论品种如何，在工作试验中表现良好的犬往往整体得分也很高。

品种的一般性格特征：选择一只犬作为宠物时，大多数潜在的主人都对品种的性格非常重视。20世纪80年代末开展的一项著名的研究，试图识别行为特征，从而最大限度地区分不同品种的犬[30]。这项研究调查了96名兽医和犬的评分员，涉及56个AKC（美国养犬俱乐部）认可的流行犬品种的行为特征。研究确定了13种不同的行为特征，并对其进行了排序，选出被认为对宠物主人特别重要的特征。这些特征包括支配性、领地行为、亲近性、破坏性、对情感的需求、对儿童的方式和情绪。结果显示，有4个主要性状可以表现出明显的品种差异。它们是兴奋性、整体活动水平、对儿童发脾气的倾向和过度吠叫。相比之下，拆家、破坏性和对情感的需求在品种之间的差异不那么明显。这些结果表明，犬的某些行为特征可能比其他动物具有更强的遗传影响。

研究人员将行为特征分为3个主要部分，即不同品种之间的大多数差异行为：反应性、攻击性和可训练性。反应性的行为包括兴奋性、对情感的需求、对儿童发脾气的倾向和整体活动水平。攻击性的行为包括领地防御、看门犬的吠叫、对其他犬的攻击性以及支配主人的意向。口令训练的成功程度和拆家程度被纳入了可训练性类别。为了便于实际使用该研究结果，研究人员根据犬在兴奋性吠叫方面的评级，将它们分为10个类别。研究人员出版了一本书，旨在帮助人们选择合适的品种，书中根据这项研究成果对犬种进行分类[31]。

在第二章中，根据犬对人类的原始用途进行了犬种分类。这些品种包括狐狸犬、獒犬、视觉猎犬、嗅觉猎犬、㹴犬、枪猎犬、放牧犬、护卫家畜犬和玩赏犬等品种。尽管相同品种中存在着个体性格差异及训练可塑性差异，但犬的品种对个体的性格也有着深远的影响。通过研究这些不同的犬群，我们还可以推断出有关性格和可训性的一些概括性信息。狐狸犬的品种包括雪橇犬和其他北极犬种。雪橇犬被选中当工作犬的原因是它们彼此之间的层级关系跨度极小，这有助于它们在组内共同工作。这一特征使它们能够以团队形式合作奔跑，并有助于在团队中随时切换到不同的位置。然而，常规选择一只"领头犬"的事实表明，在某种程度上，这些犬可能仍然存在统治等级。此外，大多数雪橇犬主要作为户外犬饲养，与主人有着严格的工作关系。因此，这些品种通常被称为在犬与人的关系中属于相对独立或冷漠的。它们表现出低到中等程度的反应性、攻击性和可训练性。

獒犬被认为是当今许多工作品种犬的祖先，当初这些品种是为了保护人类和人类家园而被繁育出来的。保护特性实际上是领地行为（或占有性行为）的一种形式。因为具有支配性的犬更具有领地性，所以，这些品种的个体往往具有一定的支配性。由于它们经常需要通过警告甚至攻击入侵者来积极保护领地，所以，工作品种的犬反应性较高，攻击性属于中等到高水平。这些犬往往与主人或家庭有紧密的联系，当犬在一个有稳定关系的环境中长大时，它们非常易于训练。

放牧犬是为了运送牲畜而被繁育起来的。放牧本能实际上是一种被截断的捕食行为。它们本能的捕食性序列是完整的，追逐反应的表现在一代接一代的选育中被加强。但是，捕捉和撕咬行为却受到抑制，因为这在牧羊犬中是被强烈禁止的。一般来说，那些已经表现出撕咬反应的个体很难改变撕咬行为，所以，咬牲畜的犬不会被选择进行繁殖。放牧犬品种被认为是高度可训练的，会与它们的主人建立非常牢固的联系。由于它们需要对畜群的运动和行为的变化做出快速反应，这些品种也具有高度的反应性。

护卫家畜犬是在中欧被培育出来的，用于保护羊群免受掠食者的捕食。这些犬大多体型很大，毛色都是白色或浅褐色的。例如，大白熊犬、安那托利亚牧羊犬、阿卡巴士犬和玛瑞玛牧羊犬。与牧羊犬不同，护卫家畜犬被选中是因为不会或者很少有捕食行为。它们不会表现出对猎物的定向或追踪的反应。事实上，在幼犬时期，这些犬大多数甚至不会追逐球或玩具。一般来说，护卫家畜犬具有低到中等的反应性、低等的可训练性和中等的攻击性。尽管它们确实具有攻击护卫能力，但它们对野生捕食者的威慑作用很大程度上只是取决于它们庞大的体型和在畜群中的存在。

在寻回犬、指示猎犬、塞特猎犬和西班牙猎犬身上也可以看到捕食行为的某些组成部分。为用于指示和拾回猎物而饲养的猎犬具有高度的可训练性和反应性，并具有低水平的攻击性。早期对狩猎性状遗传力的研究（如指示能力和野外追踪试验）表明，这些特征非常复杂，遗传力较低 [32]。然而，最近对几个狩猎品种的研究表明，狩猎的热情和其他特征是可遗传的，而且一些重要的特征往往会一起遗传 [33]。在这些品种中，可训练性十分重要，因为它们的成功依赖于对猎人信号的正确反应。指示犬和寻回犬的捕食序列包括捕捉（这是拾回的一部分），但不包括咬死或剖开猎物。

狸犬是为了寻找并杀死被农民和牧场主认为是由有害物种的小型啮齿类动物和其他动物而培育的。这些品种犬的工作几乎不需要训练者的指示，并且要求在捕捉猎物时立即杀死猎物。这两种要求导致了这些品种具有低到中等的可训练性、高反应性和高攻击性。总的来说，狸犬会表现出更多的犬之间的攻击性以及夸张的捕食反应。

视觉猎犬和嗅觉猎犬都是作为猎犬培育而来的，但它们在不同的地形工作，被用来捕猎不同的目标猎物。视觉型猎犬是为了使用视觉跟踪它们的猎物，追逐并最终捕获。这些犬不仅在体格上适合高速奔跑，而且具有强烈的捕食性追逐本能。在许多个体中，捕捉和杀死猎物仍然是捕食性序列的一部分。视觉猎犬独立于猎人工作，因此，这些品种的犬通常被认为是相当独立的，甚至是孤僻的。然而，一些视觉型猎犬，如灵缇和惠比特犬，也以其温和及安静的性格而闻名。大多数的视觉型猎犬都是相对安静的，因为在追逐猎物时吠叫并不是这些品种的理想特征。嗅觉猎犬则是为了利用它们的嗅觉来追踪猎物而培育起来的。这些犬的身体结构上耐力会更持久，而非速度爆发型，其身体结构也有助于它们以鼻子贴近地面的姿势长距离行走。这些犬种的反应性水平较低，相当懒散，作为宠物时意志坚韧。它们表现出低水平的攻击性，并被认为具有低到中等程度的可训练性。由于追踪犬在追踪到气味时，需要向猎人发出信号，所以，大多数追踪犬在狩猎时都会发出独特的嚎叫或叫声。

最后，许多玩赏犬是其他品种犬的小型化。在某些情况下，它们可能保留了大型祖先的行为特征。在其他情况下，选择更从属的性格并保留了幼态特征。这些玩赏犬可能是第一批真正的伴侣犬，其中，许多犬种都反映了这一点，它们具有强烈的与人类亲近的倾向、幼犬般的行为和高度的可训练性。

结论

　　虽然犬最初是从狼那里驯化而来的，并从这个野生祖先那里继承了社会天性，但家犬也有自己独特的行为模式。了解犬的交流以及犬如何与其他犬以及宠物主人互动，对于犬主人和每天与犬打交道的专业人员来说是很重要的。这些信息还为了解犬类、学习和解决犬的常见行为问题提供了基础——这些内容将在接下来的两章中进行探讨。

参考文献

[1] Fox, M.W. *The Dog: Its Domestication and Behavior*, Garland STPM Press, New York. (1978)

[2] Hinde, R.A. **The biological significance of territories in birds**. The Ibis, 98:340–369. (1956)

[3] Borchelt, P.L. and Voith, V.L. **Dominance aggression in dogs.** In: *Readings in Companion Animal Behavior* (V.L. Voith and P.L Borchelt, editors), Veterinary Learning Systems, Trenton, NJ, pp. 230–239. (1996)

[4] Peters, R.P. and Mech, LD. **Scent marking in wolves.** American Scientist, 63:628–637. (1975)

[5] Bekoff, M. **Scent–marking by free–ranging domestic dogs: olfactory and visual components.** Biological Behavior, 4:123–139. (1979)

[6] Wirant, S.C. and McGuire, B. **Urinary behavior of female domestic dogs** *(Canis familiaris)*: **influence of reproductive status, location and age.** Applied Animal Behaviour Science, in press. (2003)

[7] Bekoff, M. **Ground scratching by male domestic dogs: a composite signal.** Journal of Mammalogy, 60:847–848. (1979)

[8] Mech, L.D. *The Wolf: The Ecology and Behavior of an Endangered Species*, Natural History Press, New York. (1970)

[9] Bradshaw, J.W.S., Natynczuk, S.E. and Macdonald, D.W. **Potential applications of anal sac volatiles from domestic dogs.** In: *Chemical Signals in Vertebrates*, 5th edition, (D.W.MacDonald, D.Muller-Schwarze, and S.E. Natynczuk, editors), Oxford University Press, Oxford, UK, pp.640– 644. (1990)

[10] Natynczuk, S., Bradshaw, J.W.S. and Macdonald, D.W. **Chemical constituents of the anal sacs of domestic dogs.** Biochemical Systematics and Ecology, 17:83–87. (1989)

[11] Rooney, N.J, Bradshase, J.W.S. and Robinson, I.H. **Do dogs respond to play signals given by humans?** Animal Behaviour, 61:715–722. (2001)

[12] Coppinger, R.P. and Feinstein, M. **Why dogs bark.** Smithsonian Magazine, January, PP. 119–129. (1991)

[13] Coppinger, R. And Coppinger, L. **Biological basis of behavior of domestic dog breeds.** From: Readings in Companion Animal Behavior (V. Voith and P. Borchelt, editors), Veterinary Learning Systems, Trenton, NJ, pp. 9–18. (1996)

[14] Estep, D.Q. **The ontogeny of behavior.** In: *Readings in Companion Animal Behavior* (V.L. Voith and P.L Borchelt, editors), Veterinary Learning Systems, Trenton, NJ, pp. 19–31. (1996)

[15] Bradshaw, J.W.S. and **Brown, S.L. Behavioural adaptations of dogs to domestication.** In: *Pets: Benefits and Practice* (I.H. Berger, editor), British Veterinary Association Publications, London, pp. 18–24. (1990)

[16] Beaver, B.V. **Friendly communications by the dog.** Veterinary Medicine: Small Animal Clinician, 76:647–649. (1981)

[17] Blackshaw, J.K. **Human and animal inter-relationships. Review series 3: Normal behaviour patterns of dogs. Part 1.** Australian Veterinary Practitioner, 15:110–112. (1985)

[18] Tryon, R.C. **Genetic differences in maze-learning ability** in rats. In: *39th Yearbook of the National Society for the Study of Education*, Public School Publishing Company, Bloomington, IN, pp. 111–119. (1940)

[19] Scott, J.P and Fuller, J.L. *Genetics and the Social Behavior of the Dog*, University of Chicago Press, Chicago. (1965)

[20] Dykman, R.A., Murphree, O.D., and Reese, W.G. **Familial anthropophobia in pointer dogs?** Archives of Genetics and Psychiatry, 36:988–993. (1979)

[21] Arons, C.D. and Shoemaker, W.J. **The distribution of catecholamines and beta-endorphin in the brain of three behaviorally distinct breeds of dogs and their F1 hybrids.** Brain Research, 594:31–39. (1992)

[22] Lund, J.D., Agger, J.F. and Vestergaard, K.S. **Reported behaviour problems in pet dogs in Denmark: Age distribution and influence of breed and gender.** Preventive Veterinary Medicine, 28:33–48. (1996)

[23] Mugford, R.A. **Aggressive behaviour in the English Cocker Spaniel.** The Veterinary Annual, 24:310–314. (1984)

[24] Podberscek, A.L. and Serpell, J.A. **The English Cocker Spaniel: Preliminary findings on aggressive behavior.** Applied Animal Behaviour Science, 47:750–789. (1996)

[25] Rugbjerg, H., Proschowsky, H.F., Ersboll, A.K., and Lund, J.D. **Risk factors associated with inter-dog aggression and shooting phobias among purebred dogs in Denmark.** Preventive Veterinary Medicine, 58:85–100. (2003)

[26] Falt, L. **Inheritance of behaviour in the dog.** In: *Nutrition and Behaviour in Dogs and Cats* (R.S. Anderson, editor), Pergamon Press, Oxford, PP. 183–187. (1984)

[27] Bartlett, C.R. **Heritabilities and genetic correlations between hip dysplasia and temperament traits of seeing-eye dogs.** Master's thesis, Rutgers University, New Brunswick, New Jersey. (1976)

[28] Wilsson, E. and Sundgren, P.E. **The use of a behaviour test for the selection for dogs for service and breeding, I. Method of testing and evaluating test results in the adult dog, demands on different kinds of service dogs, sex and breed differences.** Applied Animal Behaviour Science, 53:279–295. (1997)

[29] Svartberg, K. **Shyness-boldness predicts performance in working dogs.** Applied Animal Behavior Science, 79:157–174. (2002)

[30] Hart, B.L. and Hart, L.A. **Selecting pet dogs on the basis of cluster analysis of breed behavior profiles and gender.** Journal of the American Veterinary Medical Association, 186:1181–1185. (1985)

[31] Hart, B.L. and Hart, L.A. *The Perfect Puppy: How to Choose Your Dog by its Behavior*, W.H. Freeman and Company, New York. (1988)

[32] Burns, M. and Fraser, M.N. *Genetics of the Dog: The Basis of Successful Breeding*, Oliver and Boyd, Edinburgh. (1966)

[33] Vangen, O. and Klemetsdal, G. **Genetic studies of Finnish and Norwegian test results in two breeds of hunting dog.** VI World Conference on Animal Production, Helsinki, Sweden, *paper 4.25.* (1988)

第九章　学习过程和训练方法

犬一旦有能力接收和处理信息，它们就可以开始学习了。幼犬的身体感官和神经系统的成熟始于发育的过渡期。到了断奶的时候，幼犬的大脑已经能够接收和处理来自所有身体感官的信息。犬的学习过程涉及对环境刺激做出持久的行为变化，通常分为几个阶段。犬的主要学习类型包括习惯化和敏感化、经典条件反射、操作性条件反射和社会性学习。犬的学习能力也受到许多内在和外在因素的影响。当试图教授幼犬和成犬新的行为或纠正不良行为时，需要考虑这些内外部因素。

习惯化和敏感化

习惯化： 所有动物生来都有一套物种特有的行为模式，以保护它们免受伤害。在犬科动物中，这包括对新刺激的视觉定位，随后是探索、逃跑、静止或攻击反应。在犬的狼祖先身上，这些反应具有适应性价值，因为这些反应增加了狼在不可预测且危险环境中生存的机会。虽然犬的驯化消除了大多数自然危险，但家犬仍然保留了这些与生俱来的反应。习惯化是一种非常基本的学习形式，其特征是反复暴露于或接触刺激而导致对刺激源的反应停止或减轻。这种现象在所有幼龄动物中都会发生，因为它们在学习区分环境中相关和无关的刺激。一般来说，相关刺激是那些可能在某种程度上对动物有害或有益的刺激。无关刺激是那些对动物没有任何影响的刺激，因此可以从动物的感知世界中"剔除出去"。习惯化让犬能够分辨出环境中哪些事物应该被忽略，哪些应该被关注。例如，刚出生的幼犬可能会被家里吸尘器运行的声音吓到，但在反复暴露于这种噪声后会逐渐习惯这种声音。

习惯化的发展分为两个阶段。当犬反复接触刺激时，会出现短暂的习惯化，其持续时间相对较短。例如，在房间内让犬接触工作中的吸尘器，持续半小时左右，这样可能会使犬出现短暂的习惯化。在此期间，幼犬可能会完全忽略吸尘器的噪声和存在。然而，如果在第二天重新让它接触吸尘器的噪声，它可能会再次表现出惊恐或害怕。这种现象被称为自发性恢复。如果重新引入的刺激没有引起犬只的严重反应或反应强度较低，通常可以轻松地改变自发性恢复。当多次重复的刺激不再引起犬的反应时，就会形成长期习惯化。

训犬者在指导宠物主人如何社会化他们的幼犬，让幼犬适应新的场所、陌生人以及新的经历时，实际上是在促进幼犬对各种无害刺激的习惯化。经常性地带着幼犬坐车、让它们接触不同的人，以及在新的区域散步等都是促进习惯化的训练方法。习惯化是幼犬学习的一种重要形式，比在成年犬中更容易成功。此外，习惯化程度更高的犬更有可能表现出刺激泛化，即某种特定条件刺激反应形成后，与之类似的其他刺激也能引起同样的条件反射的现象。例如，如果一只犬已经习惯了在散步时听到旁边汽车经过的声音，它通常会在新区域散步时对其他汽车的声音表现出刺激泛化。习惯化的缺失，尤其是成犬，可能是一个非常严重的问题。习惯化缺失所导致的恐惧或焦虑反应的例子包括，犬对孩子的恐惧，对乘坐汽车的恐惧以及对其他犬的恐惧，原因仅仅是它从未接触过这些刺激源。

敏感化： 这种学习方式是习惯化的对立面。当反复接触刺激源导致反应强度增加时，就会发生敏感化，而不是习惯化学习中的反应减少。对于犬来说，致敏通常包括恐惧（静止或逃跑）或攻击性（争斗）反应。例如，当幼犬第一次看到猫时，可能会好奇地靠近猫。如果猫不习惯犬，它可能会对幼犬挥爪子。反复接触"挥爪子"的行为可能会使幼犬对猫产生敏感反应。未来犬、猫的相遇可能会引起幼犬的恐惧反应，表现为尝试逃跑或静止不动。对类似刺激的泛化是很常见的。在这种情况下，幼犬可能会对所有的猫产生恐惧感。敏感化效应比习惯化效应特异性更弱。这意味着，即使犬之前已经习惯了该刺激，但是和该刺激有关的任何微小变化都可能导致其敏感化。例如，习惯了吸尘器的幼犬，如果吸尘器出现故障并发出更大的噪声或不正常的移动时，幼犬可能会突然对机器产生敏感性。同样地，即使完全适应坐车的犬，在同乘人员发生交通事故时也可能产生敏感化反应。一般来说，强烈的刺激通常会导致敏感化，而较弱的刺激则会导致习惯化。

经典条件反射

经典条件反射包括学习两个或更多刺激之间的关系。这种学习的基本要素是一开始不引起反应的无意义刺激和一开始引起反应的有意义刺激。两种刺激的一致配对（无意义信号始终在有意义信号之前出现）导致经典条件反射。动物能够知道第一种刺激预示着第二种刺激的到来，并开始对第一种刺激表现出与最初只对第二种刺激相同或相似的反应。这被称为刺激关联，构成了经典条件反射的基本原理。在其最简单的形式中，经典条件反射涉及先天性反应，如恐惧、焦虑或快乐。例如，大多数犬在进食时会表现出兴奋。它们的兴奋通常伴随着更多的活动表现，例如，分泌唾液和发声。犬粮的存在是无条件的（但有意义的）刺激（称为 US）。一个中性（无意义的）的刺激（称为 NS）可能是宠物主人在饲喂犬粮之前，问"你想吃东西吗？"最初，这个问题本身不会引起反应（即它是一个中性的刺激）。然而，随着时间的推移，犬开始将这个口头暗示与紧随其后的犬粮联系起来，并以与实际食物存在时相同的方式做出反应。"你想吃东西吗？"现在是一个条件刺激（CS），即使没有犬粮出现，它也能够引起与实际食物存在时相同的反应（表 9.1）。

表 9.1　经典条件反射

非条件刺激 食物	→→→	非条件反射 活跃、分泌唾液、发声
条件刺激 "你想吃东西吗？"	→→→	条件反射 活跃、分泌唾液、发声

对早期经典条件反射的研究只涉及无意识反应和简单的反射。然而，经典条件反射在犬训练中的实际应用包括更复杂的反应，其中既有非自愿的部分，也有自愿的部分。具体而言，促进这种学习的训练方式可以用来教犬在面对压力环境时做出积极（或中性）的反应。例如，许多幼犬和青春期的犬会抗拒梳毛和洗澡，因为被人操控或洗澡的操作过于刺激。与进食相关的愉悦情感（非条件刺激）可以与洗澡时所用的工具（中性刺激）相配对。如果逐渐对犬使用

这种训练方法，犬最终会开始将洗澡工具的出现和被洗澡的刺激与食物积极地联系起来。

在经典条件反射中，发出刺激源的时机是一个重要因素。中性刺激之后必须紧接非条件刺激，并且如果条件允许的话，应该与非条件刺激重叠。这有助于在两个刺激之间建立联系，并将中性刺激转化为条件刺激。如果条件刺激在非条件刺激之后出现，学习过程会很慢，甚至不会发生。例如，犬可以通过经典条件反射来学习排泄指令。非条件刺激包括触发排泄行为的内部信号和外部事件，例如，进食、午睡后醒来或嗅闻以前用于排泄的区域。中性刺激包括带犬出门和发出"快点"的指令。为了促进经典条件反射（即在指令和其他提示排泄的刺激之间建立联系），应该在犬排尿或排便之前立即给出指令。当犬在院子里绕圈或嗅闻用于排泄的某个区域时，可以重复几次指令。但是，在犬已经开始排泄时才给指令，经典条件反射通常不会发生。为了获得最大的成功，两个刺激的配对也必须是可预测和一致的。犬需要总是在排泄前立即听到指令，并且指令需要总是用相同的措辞和相同的语调发出。

除了在实际的犬训练中使用外，经典条件反射在犬的恐惧和焦虑发展控制中也起着重要作用。其中，最常见的例子是减少犬在去宠物医院就诊时的焦虑和害怕。如果犬曾经经历了疼痛的手术，现在它会将宠物医院与疼痛的创伤联系在一起，这就代表着一种经典条件反射。在幼年时期经历过极其可怕或创伤性的医疗体验的犬可能会产生一种终身的恐惧反应。到达宠物医院（甚至是停车场）的中性刺激会变为条件反射，引发焦虑和恐惧。相反，经典条件作用可以被积极地使用，当犬初次去宠物医院时为它提供愉快的就诊体验，以防犬负面联想的发展。

操作性条件反射（工具性学习）

由犬行为产生的效果（或后果）而发生的学习被称为操作性条件反射或工具性学习。该术语起源于一个概念，即表现出行为的动物不断地"对环境进行操作"，并随后根据后果调整自己的行为。其基本前提是，积极和消极的后果会影响动物将来参与某种行为的频率。如果一种行为导致愉悦的结果（正向强化），能停止或避免不愉快的结果（负向强化），则动物重复该行为的概率会增加。如果一种行为与惩罚相联系，那么犬重复该行为的概率将会降低。这个过程涉及学习刺激与反应、反应与后果之间的关系（表9.2）。犬学会了刺激和反应与结果之间的关系[1]。

表 9.2　　操作性条件反射

非条件刺激 放在鼻子前的 食物奖励	→→→	非条件反射坐	→→→	结果 吃掉食物奖励
条件刺激 口头指令"坐下"	→→→	条件反射坐	→→→	结果 吃掉食物奖励

　　强化与惩罚：在操作性条件反射中可能存在 4 种类型的反应 – 后果关系（或偶然性）。一种导致行为出现增加的结果称为强化，而一种导致行为出现减少的结果称为惩罚[2]。在一种行为产生愉悦或令人满意的刺激时，就会出现正强化。对于犬来说，典型的正强化包括食物、赞美、抚摸、社交互动、亲密的眼神交流和玩耍的机会。相反，导致阻止或终止不愉快刺激的行为是负强化。在犬训练中常用的负强化包括使用项圈纠正不适当的行为、口头训斥和严厉的眼神交流。惩罚有两种类型。在某个行为产生令人厌恶的结果时，正向惩罚就会发生。在犬训练中使用的典型惩罚方法包括严厉的话语、轻轻拍打、猛拉绳子或其他任何让犬觉得不愉快或讨厌的刺激。导致阻止或终止已经存在或即将到来的愉悦刺激的行为是负向惩罚（表9.3）。

　　实际犬的训练通常包括这 4 种反应 – 后果偶然性的组合。例如，大多数基本服从性训练课程都包括教犬在坐着的同时保持不动（即坐稳训练）。对这种行为的正强化可能包括当犬保持不动的同时提供温柔的赞美、抚摸或食物奖励。在这种情况下，要对犬的移动置之不理或者通过轻拉牵引绳来纠正。相反，当犬离开正确的位置时，坐定训练的负强化是给予项圈拉扯和／或严厉的训斥。由于负强化是指在当所期望的行为出现时消除负性刺激，因此当犬没有持续保持在正确的位置时，项圈纠正或口头训斥要连贯出现，而当犬坐下并保持时，惩罚行为要立即停止。在这个例子中，犬保持不动的行为被负强化（即频率增加），而从指定位置移开的行为被正惩罚。

表 9.3 强化与惩罚（强化保持不动，惩罚咬人行为）

	正向的 刺激增加	负向的 刺激消除
强化 增强行为	在犬保持不动和结束不动的过程中，提供温柔的赞美、抚摸和食物奖励；忽略犬的姿势移动	每当犬从坐定训练中站起或离开时，都会受到项圈拉扯、口头警告等惩罚；当犬保持不动时，惩罚行为停止
惩罚 降低行为	当幼犬开始咬人时，可以进行身体上的纠正（如摇晃嘴套、轻轻拍打等）或口头警告	当幼犬开始咬人时，主人停止与幼犬的互动或玩耍

在某些情况下，惩罚行为会被单独使用，而不是与负强化相配合。在以下情况中，惩罚被用于制止不良行为，而不是增加另一种行为的频率。例如，当主人试图教育幼犬不要在玩耍时咬人，通常会使用惩罚。每当犬开始咬人时，使用体罚或口头训斥（即负刺激）就是正惩罚的一个例子。相反，每当咬人行为开始时，停止互动和玩耍则是负惩罚。这两个例子中强化和惩罚的区别在于，强化针对的是一种特定的希望出现的行为（即坐定训练），而惩罚与增加行为无关，与制止行为有关（表 9.3）。

逃避 / 回避方法： 第二次世界大战后不久发展起来的实用训犬方法主要基于负强化和惩罚的使用 [3-4]。这些程序是所谓的"逃避 – 回避"训练的基础。每当犬表现出不良行为时，负面刺激会被增加（例如，当犬想要挣脱项圈时，猛地拉紧绳子）。在学习阶段，犬可以通过改变自己的行为（不拉紧绳子或保持原位）来避免这种不想要的后果。随着犬学习了与负强化（或惩罚）相关的条件，它会开始通过不断表现出所需的行为来避免负面刺激，并且不表现出负面行为（例如，想要挣脱绳子）。同样，这个时期的基于纠正的训练方法包括各种形式的惩罚，以阻止不良行为的出现。

逃避 / 回避条件反射依赖于犬的天生逃逸行为和（所有活着的动

物）避免疼痛与不适的本能反应。然而，逃避反应的确切行动在犬之间有很大的差异[5]。尽管大多数犬会在有逃生路线的情况下远离使自己感到不悦的刺激，但有的犬可能会表现出顺从、恐惧、原地不动或变得具有攻击性。因此，犬对不悦刺激的反应具有不可预测性和不可控性。犬还对不悦刺激的敏感度有显著差异。选择合适形式和强度的负刺激是比较困难的，遗憾的是，经常会出现判断错误的情况。因此，在训练中依赖负强化和惩罚对犬有极大的虐待危害（身体上和情感上），并且可能会严重伤害人犬关系中内在的信任和爱。

近年来，人们研究了使用负强化和体罚作为训练犬的主要方法的短期和长期效果。电子项圈（也称为"电击"项圈）多年来被用于犬训练或纠正某些不良行为。这种项圈通过向犬施加电击（强度和时间长短不同）来阻止行为的发生（即惩罚器），或者引导犬表现出所需的行为（即负性强化器）。电击项圈是典型的用于训练护卫犬和各种类型的狩猎犬比赛的工具。此外，大多数地下围栏系统依赖于电击来训练犬在院子或指定区域内停留。一项对实验犬的研究表明，电子项圈发出的电击不仅是令犬反感的，还会引起犬急性的压力、疼痛和恐惧[6]。然而，实验室环境可能会增加压力，因此结果并不确定。相反，研究人员发现，当为保护工作训练的犬使用传统方法或使用电子训练项圈时，与对照组相比，受到电击的犬在训练期间明显表现出更多的压力、恐惧和屈服迹象[7]。当犬被带到一个新公园散步时，即使没有进行任何训练，受过电击的犬仍然显示出比未经历过电击训练的犬更大的压力。

此外，经历过电击训练的犬将电击与其训练者的存在联系在一起（无论是否进行训练），并倾向于将口头命令的响应视为电击到来的预告。这些行为包括蹲下、畏缩或发出声音，无论犬是否正确地响应，甚至在没有进行电击时也会出现这种情况。这些结果明显驳斥了使用电击项圈的训练者经常声称的犬不会将令人不悦的刺激与训练者的存在联系起来的说法。此外，犬将命令与电击联系起来（而不是与未遵守命令联系起来）的事实表明，电击的时机并不准确，即使在犬不存在行为问题时，它也会受到惩罚。尽管这些结果反映了犬对电击的反应，电击代表了最强烈和最严重的一种负强化类型，但它们无疑证明了在犬的训练中过度或滥用令人不悦的刺激所带来的风险。

即使使用得当，负强化也存在一个严重的缺陷。负强化只能向动物提供关于不应该做什么的信息，而不能提供关于应该做什么的具体信息。从本质上讲，犬是通过排除法来学习的。它尝试各种不同的行为以逃避令人不悦的刺激，直到成功"避开"不愉快的刺激。在教授犬坐姿等指令时，它可能会试图逃跑、顺从地趴下，或者变得害怕或具有攻击性，而不是在项圈纠正的刺激下保持静止。简而言之，负强化依赖于犬选择适当行为以逃避负性刺激的能力。由于负强化和惩罚经常会带来压力或恐惧，所引发的行为可能不是训练者所期望的行为。正如人类一样，压力和恐惧也会干扰犬的学习能力。虽然适当的负强化在某些训练和行为矫正中是有帮助的，但过度依赖负强化和正向惩罚作为犬训练方法的做法是无效的、没有根据的，本质上是不人道的。

正强化法：关于犬类行为以及对待非人类动物更加人道和关爱的转变，导致了在训练和行为矫正中正强化使用频率的增加。过去15年内编写的许多犬训练和行为的书籍都专注于正强化、纠正和塑造[8-14]。毫无例外，在行为矫正方面，正强化和纠正已被证明比负强化和惩罚更有效，优点更多。正强化向犬提供了关于所需确切行为的具体信息。例如，在教授犬坐姿等指令时，只在犬坐着时提供食物和赞美，如果犬移动或改变位置，则不提供食物和赞美。对于非常热情的幼犬或青春期的犬来说，食物的给予最初可以用作提示，以引出坐姿并保持不动（一种无条件的刺激），进一步增加犬成功的机会（表9.3）。与负强化和惩罚不同，正强化不会引起压力、恐惧或逃避行为，并提供了一个人道和愉快的训练环境。使用正强化增强了主人和犬之间的联系和相互依赖。最后，正强化非常适合进行逐步加强与训练，而负强化则不行。正强化法有助于人类训练犬学习需要高度控制的复杂行为和动作。本书没有提供实际的训犬指导。但是，第二节的参考书目包含了使用操作性条件反射训练方式并强调使用正强化训练的书籍推荐列表。

时机：就像在经典条件反射中一样，将刺激和强化性工具呈现给犬的时间是操作性条件反射中的一个重要考虑因素。研究表明，正强化和负强化的时机必须在行为发生后一秒钟或在更短的时间内发生，才能达到想要的目的[15]。如果行为和其结果之间有一些重叠，犬学习得会更快。如果强化性工具在行为发生一秒以上的时间之后出现，动物通常已经开始进行另一种行为，并且这种行为会被强化。例如，如果在犬坐下时提供正强化（抚摸、表扬、食物奖励），那么这种行为就会被强化。然而，如果训练者的奖励有些许的滞后，在犬站起或躺下时表扬它，那么这种动作就会无意中被强化。

还必须考虑后续巩固强化的时间。当一只犬最初学习所需的反应时，如果每个正确的反应都得到正强化，学习速度会达到最快。这被称为连续强化计划，一旦行为已经形成，最好采用间歇性强化去巩固维持它。间歇性强化仅涉及加强一些正确的行为反应。可类比人类赌博行为，一个对拉斯维加斯老虎机上瘾的人利用的正是该机制。这种"老虎机"游戏行为之所以能够坚持下去，是因为它偶尔会因为金钱的奖励而不可预测地得到了强化。同样，一只犬被训练成能够积极响应主人的呼唤，并且不定期地重复这种训练，该行为便可能会得到强化。有几种类型的间歇性强化方案包括固定比例、固定间隔、可变比例和可变间隔（表 9.4）。总的来说，所有类型的间歇性强化计划都会产生比连续强化计划更好的行为学习效果。有趣的是，犬的许多行为问题是由于主人无意中使用间歇性强化计划来保持的。例如，晚餐时犬吠叫以引起主人注意的行为通常会在不同的时间得到食物奖励，从而强化（并经常加强）这种行为。

表 9.4　强化方案

连续的	为每个正确的反应提供强化物
可变间隔的	在不规则的时间间隔内提供强化物（例如，在坐姿—保持练习中，犬在 30 秒、40 秒、90 秒、200 秒和 240 秒时得到食物奖励）
固定间隔的	在固定的时间间隔内提供强化物（例如，在坐姿—保持练习中，犬在 30 秒、60 秒、90 秒、120 秒、150 秒、180 秒、210 秒和 240 秒时得到食物奖励）
可变比例的	在不规则的正确反应次数后提供强化物（例如，在呼唤时，犬在第一次、第二次、第五次、第七次和第十二次正确反应后得到食物奖励）
固定比例的	在固定的正确反应次数后提供强化物（例如，在呼唤时，犬在第一次、第四次、第七次、第十次和第十三次正确反应后得到食物奖励）

初级和条件性强化物：初级强化物（也称为无条件强化物）是受试者在没有任何先前的条件或暴露下就会对其做出反应的刺激。例如，大多数犬（和其他动物）会增加它们获得食物奖励的行为的频率。这种联系不需要初级的条件反射，因为犬本能地渴望和享受食物（因为

食物对于生存至关重要）。同样，因为它们是社会性动物，大多数犬会自发地对积极的社交互动做出回应，特别是如果这些机会涉及犬的主要社交群体成员（宠物主人或犬同住者）。玩耍、抚摸，以及赞美是许多犬会在没有条件反射的情况下做出反应的初级强化物。虽然关于社交对犬产生这种类型的强化物的条件反射程度存在争议，但很明显，对大多数宠物犬来说，社交互动并不是一个完全中立的刺激。

相反，条件性强化物或次级强化物是一种中性刺激，它与初级或生物强化物相关联。随着时间的推移，这种刺激具有独立强化特性，并且基本上具有与初级（或无条件）强化物相同的强化能力。"好"字就是一个常见的例子。如果宠物主人对着他的犬说"好孩子！"让它坐下，然后立即提供一个初级强化物，如食物奖励，那么"好孩子！"就会与初级强化物（食物奖励）相关联。这个词很快就会成为一个次级强化物，即使在没有与食物搭配的情况下，也会起到积极强化因素的作用。然而，定期将条件性强化物"好孩子"与初级强化物配对，以维持次级强化物的强化特性是很重要的。虽然赞美本身可能具有主要的强化属性，但将特定的词或短语与主要的食物强化物相配对会使该词或短语具有次要的强化属性。

条件强化物的一个主要优点以及它的主要功能是允许训练者能够非常精确地针对所需强化的行为。然而在许多情况下，当犬正在表现出理想的行为时，训练者很难在同一时间给犬提供食物奖励（初级强化物）。当犬距离训练者超过 12 英寸（30 厘米）时可以试图通过奖励它食物，让它有目标地做出靠近训练者的行为，该行为就被强化了。例如，训练犬听到呼唤后过来，当犬回到训练者身边时立即提供抚摸和食物奖励，这实际上加强的是犬走向训练者的最后几步以及犬身体接近训练者的行为动作。短距离下，仅使用初级强化物有助于训练犬保持身体接近，并且能有效地训练犬在短距离内响应主人的呼唤，但是当犬远离训练者时，并不能有效地加强它过来的行为。那么在这种情况下，当犬从远处转向训练者时，适时地新增一个条件强化物（如"乖孩子！做得好！"等）可以提供这种提示，这对于强化犬快乐地回到训练者身边的行为是必不可少的。

如今，在犬的训练中使用的一个非常流行及常见的条件强化物（或桥接刺激）是点击器[11-12, 16]。使用点击器训练不是一个"训练噱头"，而是一种有效而极为成功的训练技术。简单来说，点击器训练之所以受欢迎，是因为它非常有效。点击声是由一个小型金属或塑料组件（通常称为"信号器"）发出的，在训练开始时是一种中性刺激。作为桥接刺激，点击声是一个持续时间非常短暂、独特的声音，这两个属性都是有效条件强化物的重要属性。与训练者的声音或话语不同，这些声音在语气和持续时间上有很大的不同，点击器可以向犬提供针对特定行为的非常精确和准确的提示。通过反复将点击声与初级强化物（食物奖励）配对，建立了联系。与所有条件强化物一样，点击声必须立即在提供奖励之前响起（即"点击—奖励"）。当犬对点击声产生惊吓或警觉反应时，表明点击预示着犬会得到初级强化物（食物奖励）的刺激。一旦被条件化，训练者就可以开始改变点击声和奖励之间的时间关系，训练犬听到点击声后一秒内到几秒内期待得到奖励。对于需要让犬在离开训练者的情况下进行任何类型的练习，使用点击器进行训练是必不可少的。

当第一次使用点击器进行训练时，应使用点击器来对应犬易于表现出来的非常简单的行为，如坐下或与训练者进行眼神交流。这使得训练者可以熟练使用点击器准确地针对犬的行为（时机仍然非常重要），并且让犬能够快速将它所从事的行为、点击器的声音和初级强化物之间建立关联。随着犬（和训练者）变得更加熟练，便可以开始训练更复杂的行为，并且可以使用点击器来强化训练远距离行为。与初级强化物一样，行为的强化方案也很重要。当犬学习时，使用连续强化计划（每次行为正确时点击一次并提供奖励）。随着犬持续表现出期望的行为时，逐渐使用间歇性强化计划替代连续强化计划。此外，一旦点击声被确定为条件强化物时，该声音不必总是与初级强化物相配对，便可以有效地强化行为。但是，如果太多重复的点击没有跟某种类型的初级强化物配对时，它最终会失去条件反射，便不能再作为有效的训练工具。

社会性学习

社会性学习最常见于群居性动物，其中个体之间的交流和对他人行为的关注对生存非常重要。狼是一种群居性动物，其生存依赖于一个有效运转且能保护个体成员免受伤害的群体。社会性学习是狼和犬学习的重要方式，由行为或学习的几个子分类组成。其中包括互效行为、社会促进效应、局部增强和观察学习。

社会性学习类型：互效行为是反映群居动物效仿群体中其他个体倾向的群体协调行为。这些行为在初级社会化的幼犬以及共同生活的犬群中最常见。例如，同窝幼犬一起睡觉和进食、一起探索新的物体或地方，一起奔跑和玩耍。宠物主人利用互效行为的常见例子是跑离幼犬，以鼓励幼犬去追随主人。共同生活并具有相似日常经历的成年犬也倾向于在相同的时间睡觉、进食和玩耍。这些都是互效行为的例子。

社会促进效应与互效行为相关，因为它涉及群体行为。然而，尽管互效行为只是一群犬表现出的相同行为，但社会促进效应影响个体的动机状态或个体参与群体促进行为的程度。最常见的是犬的进食行为。犬的进食时间受到其他犬的强烈影响，当有其他犬在场时，许多犬会吃得过多或吃得更快。另一只犬（或多只犬）甚至可能未进食，但仍然可以对正在进食的犬的行为产生增强作用。同样，如果家里一只犬会在陌生人接近时吠叫，从而促使其他犬冲向门口并用更强烈的吠叫来升级它们的领地行为。

局部增强是指个体会像其社交群体中的其他个体一样关注环境提示并做出反应。因为犬关注到了另一只犬做出反应的刺激，导致行为反应类似。常见的例子包括，当犬看到另一只犬在臭气熏天的地方嗅闻和打滚，那么它也学会在这个地方嗅闻并打滚，或者当另一只犬在场时跟它一起食粪。第二只犬通常通过对另一只犬的嗅闻做出反应，然后做出相同的行为。一个对大多数宠物主人来说不那么令人反感的例子是，幼犬或年轻的犬通过跟随一只年长、经验丰富的犬学会爬楼梯。虽然有些人将这种行为定义为观察学习，但其他学者认为局部增强比观察学习更简单，因为经验不足的个体有机会接触到与演示者相同的刺激。

最后（也是最复杂的）一种社会学习类型是观察学习。观察学习指主体仅通过观察演示动物执行或学习执行某个行为时而学会执行该动作的过程。观察学习与其他形式社会学习的一个重要区别是，展示所需行为的动物与观察这种行为的动物是分开的。这种约束消除了观察动物与演示动物的关注或对相同刺激做出反应的机会。因此，以这种方式定义时，当个体在没有机会对相关刺激做出反应或通过试错得到加强的情况下学习时，就会表现出观察学习。有趣的是，在20世纪初进行的一些深度控制和有限的实验室研究中，表明犬几乎没有观察学习的能力。基于这些实验，认为犬不会通过观察学习的观点似乎已被奉为经典，并被反复提及，以致成为不容置疑的事实。事实上，曾经有一段时间人们认为只有人类和一些大猩猩才有这种学习能力。

近年来，对其他物种的研究表明，许多动物都具有观察学习的能力包括猫、许多鸟类、海豚、老鼠和犬。研究人员针对 5 周半大的幼犬进行了一场试验，他们让一组幼犬观察另一组幼犬通过反复试验学习拉住一条丝带，将一小包食物拉入它们的围栏内[17]。在 5 次训练后，观察到幼犬平均只需要 9 秒钟就能学会这个任务，而作为演示者的幼犬通过试错学习平均需要 697 秒。当该试验在 9 周大的幼犬身上重复时，结果类似。另一项研究针对的是受过毒品侦查训练的犬[18]。当 9~12 周大的幼犬观察到它们的母亲搜寻和探测隐藏的毒品时，与没有观察母亲工作的对照组幼犬相比，它们在 6 个月大学习气味探测任务时的能力显著增强。虽然目前关于成犬的观察学习案例报告较少，但有证据表明，成犬与其主人之间存在社会学习。这些研究（下文将讨论）表明，像幼犬一样，成犬能够进行各种类型的社会学习。

与主人进行社会学习：生活在家中的犬将其主要社会依恋关系建立在人类身上，并似乎将人类纳入了其主要社交群体中。因此，最近的研究发现犬与它们的主人之间存在社会学习的证据并不令人惊讶。在其中一项研究中，使用了经典的"绕路测试"来研究成犬通过观察其主人或陌生人展示一个不熟悉的动作来学习的能力[19]。在第一次测试中，犬被放置在一个"V"形的围栏中，围栏的顶端后面放置了一份食物或一件玩具。犬可以通过试错来学习如何走出围栏并获得食物。这被称为绕路测试，因为犬需要先学会远离与绕开食物，以便绕过围栏返回另一侧去接近食物。大多数犬能够在 6 次测试中有效地学会解决问题。然而，当犬观察到它们的主人或陌生人绕过围栏将食物或玩具放在顶端外围时，犬的表现会明显改善，许多犬在第一次尝试中就正确地解决了绕路问题。有趣的是，无论演示者是犬的主人还是陌生人，犬的表现都很好。当犬通过绕路获得食物或玩具时，并不一定沿着演示者的确切路径前进，而是选择不同的路径或选择另一侧的围栏出口。后续研究表明，特定犬的路径选择既取决于先前的学习经验，也取决于观察人类演示者的机会[20]。这些结果表明，犬能够通过某种（或几种）类型的社会学习从人类身上增强学习相当复杂的任务的能力。

最近的一项研究比较了在不同训练法中犬学习认识和分辨特定玩具的能力，其中一种是采用通过正向强化（赞扬和食物奖励）进行操作性训练，另一种则是使用称为"模型竞争者"的社会学习方法进行训练[21]。模型竞争者训练方法包括犬观察两个训练者通过名字分辨出玩具，然后其中一个训练者给第二个训练者玩具作为奖励。结果表明，两种方法都能有效地教会犬认识和分辨玩具，但使用哪种训练方法最成功有个体差异性。作者推测，模型竞争者训练方法实际上可能是在训练犬通过名称识别对象，而不是将对象的辨别检索与强化物（即操作性条件行为）相关联。总的来说，这些研究表明，犬通过社交互动学习的能力已经得到了很好的发展，这对人犬互动以及新训练技术的发展具有重要意义。

当然，我们不应忽略同样可能会发生的现象，即主人或犬的训练者也会通过观察他们的犬来学习的现象。一个非常常见的例子是人们与他们的犬互动和玩耍。一项关于主人和他们的犬之间游戏行为的研究发现，当主人邀请他们的犬玩耍时，他们会对几种正常的犬行为进行模仿[22]。研究确定了参与试验的人使用的 35 种不同的游戏邀请信号，包括身体姿势、各种类型的身体接触和发声。其中，在犬中最有效地引发玩耍的两个信号是模拟玩耍鞠躬时的动作和快速向前冲的动作，在向前冲这个动作中，主人会快速地跑向犬。研究发现，如果这些信号伴随着人类高音调和愉快的声音，邀请犬玩耍的效果会更好。玩耍鞠躬和向前冲的动作在犬之间互相邀请玩耍时是很常见的。高音调的吠声也经常伴随着犬的游戏。因此，看来人类能够观察并很快采用了至少一种常见的犬的交流信号，试图更好地与他们的犬类同伴沟通和互动。

训练和行为纠正技巧

有许多训练方法和技巧可用于教授犬新行为和纠正问题行为。本节回顾了使用操作性条件和正强化的方法。本节末尾的参考文献提供了几本详细介绍这些技术并在犬的训练中能够提供具体指导的书籍。

逐步训练法(塑形法)： 操作性条件反射的学习依赖于行为的后果。因此，根据定义，犬首先必须表现出所需的行为，以便后续可以强化它。然而，主人和训练者有时会希望教给犬一些发生频率很低的行为，或者不是犬的习惯行为。例如，犬自发地静静地坐在原地 4 分钟，以便可以强化这种行为。但这种方法是很无效的，因为大多数犬不会自发展示这种行为！因此，操作性条件反射训练方法几乎总是包括逐步训练法，也称为塑形法。塑形法需要诱导犬表现出所需的一部分动作或近似动作，并在犬学习时连续加强诱导该动作。由于犬在每个反应水平上都取得了成功，强化的标准会逐渐转变为最终行为，并且不再需要强化先前的近似行为。

例如，在教犬坐下并保持时，第一级响应动作只是简单地坐下，不要求停留。当犬听从指令坐下时，标准就会改变，训练者便会强化坐下后让犬保持 2 秒。当犬在命令下坐着时，这个标准（时间）会逐渐变化，直到它能保持几分钟。犬保持不动的第二个标准是离训练者的距离。可以使用相同的方法来达成这个标准，但必须与"塑形"时间间隔分开进行。换句话说，训练者先集中精力训练犬长时间保持不动，此时与犬的距离不变。一旦犬能够可靠地保持不动后便可以采取间歇性强化计划，增加训练者与犬之间的距离了。当训练者开始调整距离时，他会离犬越来越远，但只会持续很短的时间。一旦犬保持时间和训练都成功了，两个训练科目就可以合并，犬便能够完成保持不动姿势的同时与训练者保持一定的距离。如果在训练的任何一级出现失败，训练者只需退回到上一阶段，直到犬再次熟练掌握该级别的动作。逐步训练法是一种强大且极为有效的训练方法，因为可以训练犬学会非常复杂的行为，并且许多行为问题可以得到解决，而不需要使用负强化或惩罚（详见第十章）。

消除法： 消除法提供了一种有效的方法来消除不必要的学习关联。对于经典条件反射，消除法包括反复呈现条件刺激，而不提供无条件刺激。这会导致条件反射逐渐下降（或消失）。例如，当主人拿起牵引绳时，犬看到后会兴奋地跳起来去散步，表明牵引绳（条件刺激）与外出散步（无条件刺激）之间存在联系。消除此行为的方法是主人频繁地拿起牵引绳但不随之外出散步。操作条件行为的消除是通过从目标反应中撤回强化来实现的。在没有强化的情况下，犬提供行为的频率会降低，最终导致行为的消失。通常，在第一次取消强化后的一段时间内，犬会突然增加该行为，这被称为消退性爆发。如果随后不再强化该行为，该行为则会消失。但是，如果在消退爆发期间强化该行为，该行为将再次被强化并得到大幅加强。为了引起注意而吠叫是犬常见的问题，通常是经过操作性条件学习后形成的。这种行为的强化来自主人的关注。当犬为了引起注意而吠叫时，主人不予理睬便会使该行为消失。然而，表现出消退爆发行为的犬通常会吠叫更长的时间，变得更加焦虑或发展出其他寻求关注的行为。如果主人此时"让步"并给予关注，不仅会再次强化吠叫行为，而且犬发展出的其他行为也会被犬用来去寻求主人的关注。

消除法必须始终伴随着加强其他期望的行为来使用。如果仅使用消除法，犬通常会表现出另一种可能让主人更讨厌甚至对犬有危险的行为。在上面的例子中，犬为了引起注意而吠叫，只是在请求与它的社交伙伴进行互动。这本身并不是一种不良行为，因为大多数犬把它们的人类主人视为主要的社交群体。如果主人简单地忽略叫声而不强化其他行为，一只孤独或顽皮的犬可能会开始乱咬物品、偷东西并玩"抓我吧"的游戏，或者叫着并跳向主人。可以试着强化一些合适的行为，而不是强化吠叫，如可以强化坐下等待被抚摸、躺下咀嚼骨头或去散步这些行为。为了最大程度地提高训练效率，应该在犬开始表现出需要被消除的行为之前，强化其他行为，以防止行为链的形成。这意味着主人需要意识到哪些情况会导致犬的吠叫，并当这些情况发生时采取预防性措施，以使犬表现出其他期望的行为。最后，重要的是要意识到，只有当训练者能够完全控制行为的强化物时，消除法才是一种有效的训练工具。例如，如果一只犬因为追逐松鼠而吠叫，那么消除法就不是一个明智的选择，因为这种行为的强化物是松鼠逃跑，这是训练者无法控制的事情。

消除法作为一种训练工具，其有效性经常被忽视，因为主人通常会使用惩罚来阻止不想要的行为。然而，如上所述，厌恶的刺激通常会引起犬的压力、恐惧或攻击性，并且并不一定能够消除这种问题行为。如果犬的行为是由压力或焦虑引起的，使用惩罚或负强化实际上是适得其反的（而且是不人道的）。当犬表现出行为问题时，只要该方法被持续使用，那么它可以作为一种有效和人道的训练方法来消除犬的许多不良行为。

系统脱敏法：这是一种应用于具有习惯性恐惧或攻击性反应的犬的训练方法。诱发恐惧（或诱发攻击）的刺激以非常低的强度呈现，直到犬对该刺激形成习惯。然后，强度水平略微增加，犬被暴露在刺激中，直到犬在该强度下脱敏为止。这是一个循序渐进的过程，直到犬逐渐习惯了该刺激的全部强度。例如，对吸尘器敏感的幼犬，可以进行系统脱敏计划来减轻其恐惧反应。它将被逐渐暴露于低强度的吸尘器刺激中，可能从远距离的未启动状态开始，随着对每个级别的脱敏，逐渐启动吸尘器并靠近幼犬。对于该方法而言，必须始终以低于引起恐惧反应的强度去呈现刺激。在增加刺激强度的同时避免恐惧反应，需要通过保持微妙的平衡来取得脱敏的成功。系统脱敏法通常用于治疗胆小或对陌生人感到恐惧的犬。它还有助于治疗某些类型的攻击行为（详见第十章）。为了提高该方法的效率和成功率，系统脱敏法应始终与反向条件训练和反向命令相结合（见下文）。

反向条件训练和反向命令：反向条件训练是指教会犬面对同一种刺激时表现出一种与先前反应截然不同的反应。选择一种在行为、情感或生理上与以前不想要的反应不同的新反应。例如，进食对犬来说是一种愉悦的过程，与逃跑（逃避）反应相反，在大多数犬中也与恐惧或焦虑感相反。在针对恐惧 / 逃避反应的系统脱敏计划中，反向条件训练包括在每个脱敏级别给犬喂食。随着犬的习惯化，它开始将刺激的存在与进食的快乐联系起来，而不是与恐惧联系起来。

反向命令训练涉及教犬提供一种与先前不希望的行为相反的替代自愿反应。例如，如果吸尘器的声音导致敏感的幼犬试图逃跑，可以在脱敏计划实施期间使用正强化来反向命令犬坐稳。在犬已接受了一些服从性训练且表现出不可取的行为的动机相对较低时，使用反向命令效果最好。使用正强化始终是反向条件训练的目标，因为目标是将先前不愉快的情况变成对犬来说愉快的体验。与系统脱敏法一样，反向条件训练和反向命令在不引发敏感反应的强度级别上进行是至关重要的。

冲击疗法：冲击疗法也称为"反应预防法"，可以用于消除某些类型的回避反应。它几乎与系统脱敏法的使用完全相反。传统意义上的消除反应与后果之间联系的方法在解决某些回避行为时可能是无效的。这是因为，一旦经过条件化，犬永远不会让自己再次遇到反感的刺激。因此，犬无法学习到已经不存在的厌恶事件。例如，当犬看到一辆大卡车驶过街道时，它就会躲在主人的后面，可能会习惯性地在接近路缘时总是试图躲藏。通过避免接近路边街道，犬再也不会暴露于卡车之下，但也不会知道卡车通常不存在于路边（即临街的马路实际上并不能代表着卡车的到来）。有理论支持，当犬能够第一时间避免即将产生恐惧的情境时，该回避行为会因为恐惧反应的减轻而被加强。冲击疗法涉及将动物暴露于回避情境中，同时防止回避行为。犬被"淹没"在警告信号中，但反感的刺激不会出现。对于害怕卡车的犬来说，将它反复暴露于临街的马路上，但是没有大车的出现。但冲击疗法可能是一种不稳定的训练方法，因为它经常会导致最初恐惧反应的增加。因此，需要确保在使用该方法的过程中不会出现不良刺激。一般来说，冲击疗法可以在犬的恐惧反应不严重且训练者能够完全控制恐惧引起刺激的情况下获得成功。

当试图解决极度恐惧或恐惧症时，冲击疗法并不是一种有效的训练方法，事实上可能会对犬造成极大的伤害。此外，一些训练者主张错误地使用冲击疗法，直接向犬展示厌恶的刺激，而不是去引诱厌恶的刺激。在上述理论下，犬会被拴在路边，强迫它忍受许多卡车的接近（即用使它产生恐惧的刺激"淹没"它）。这种"训练技术"不仅是对冲击疗法的错误应用，而且是无效和残忍的，不应得到支持。在绝大多数情况下，系统脱敏法是更有效、更人道的处理犬的恐惧或回避行为的方法。

影响学习的因素

外部和内部因素均会影响犬表现某种行为的动机，进而影响它的学习能力。如果犬倾向于进行一种可取的行为，那么这种行为相对容易通过正强化和刺激控制来达成（使得该行为被"命令化"）。然而，如果犬的动机不足，则强化物的强度必须足够强大，才能加强犬自身较弱的动机。同样地，如果问题行为的潜在动机非常高，则需要非常强大的强化物来对抗替代行为的条件反射。在试图改变一种行为之前，应该评估犬表现该行为的动机。影响动机的内部因素包括犬的品种、性格、敏感性和过去的经历。外部因素包括可用的强化物类型、学习环境和训练者自身。

影响学习的内部因素：所有纯种犬最初都是为了担任特定的工作职能而培育出来的（详见第二章）。向犬教授一种新行为的难易程度取决于新行为与该品种（和个体）的本能程度之间的协调与契合程度[23]。例如，寻回猎犬最初是作为狩猎助手培育出来的，用于为猎人标记和拾取猎物。拾取本能代表了犬自然捕食过程中的一部分，它被略微训练，以便放大抓咬和衔取的过程。因此，大多数寻回猎犬可以很容易地学会接球、叼飞盘或衔取玩具。相比之下，寻回猎犬也被选为高度社交化的品种，表现为较低的支配和领地侵略意识。由于它们的保护动机天生就很弱，很少有寻回猎犬可以很轻易地被训练成为保护犬。同样，某些品种具有选择性倾向，会表现出主人可能觉得不良的行为。边境牧羊犬最初是为了在羊群中工作而培育出来的。它们的工作是控制羊群，将其从一个地方赶到另一个地方。牧羊本能代表了犬的捕猎过程中的定位、追踪和追逐部分。作为在郊区家庭中的宠物，这种本能可能会表现为追逐孩子、跑步者、骑车人或小动物。由于牧羊犬的本能追逐动机非常高，因此改变这种行为可能会非常困难，尤其是当犬没有其他的本能发泄途径时。

无论什么犬种，每只犬都是独立的个体。犬的性情特征和过去的经历强烈影响它学习新行为的能力。应考虑的因素包括犬与人类和其他犬之间支配/从属关系的程度，当它被激发时表现出的反应类型和强度，当面对新经历时的自信或胆怯程度，以及它对主人的依赖程度。需要考虑的以往经历包括犬在初期社会化和青春期所经历的社交化（即习惯化）的程度、它经历的训练的数量和类型，以及以往和当前的生活环境。犬在触觉、视觉和听觉敏感度方面也存在显著差异。敏感度受品种、性格和以往经历的影响。

影响学习的外部因素：在选择适当的强化物用于犬的训练时，必须考虑犬对强化物的渴望程度。简单地说，是由犬来决定什么是积极（或消极）强化，而不是训练者。例如，一些犬可能会乐意为一小块奶酪而工作，而其他犬则更容易对吱吱作响的玩具、网球、玩耍或接球的机会而做出强烈的反应。积极强化物仅在犬期待收到它时展示是有用的。如果将食物奖励作为主要强化物，则该积极强化物的效力将在犬有适度饥饿感时得到增强。同样，如果社交互动（抚摸、赞美、玩耍）被作为强化物，犬在短时间内被主人疏远的情况下，预计会对此强化物做出比在训练之前数小时内一直有机会获得主人关注的犬更强烈的反应。由于大多数犬会对几种不同类型的积极强化物做出反应，因此改变强化物或轮流使用主要强化物是一种有效的训练技巧。最后，犬接受训练的环境和训练者的专业知识也是重要的影响因素。所有受试者（包括人类）在一个安静且没有干扰的区域学习新任务时效率最高。有规律和一致的作息也有助于快速学习。训练者的态度和经验水平同样重要。提供刺激（提示）的一致性和在适当的时间提供强化物的能力都有助于犬快速学习。

结论

犬主要通过习惯化、敏感化、经典条件反射、操作性条件反射和某些类型的社会性学习来学习新技能。此外，犬的品种、性别、年龄、个体性格和以往经验也会在很大程度上影响学习的效果。了解这些学习过程促进了几种有效训练工具的开发，并用于纠正犬的行为问题。下一章将阐述在犬中常见的行为问题以及相关的解决办法。

参考文献

[1] Reid, P.J. and Borchelt, P.L. **Learning**. In: *Readings in Companion Animal Behavior,* (V.L. Voith, and P.L. Borchelt, P.L., editors), Veterinary Learning Systems, Trenton, New Jersey, pp 62–71 (1996)

[2] Borchelt, P.L. **Punishment.** In: *Readings in Companion Animal Behavior,* (V.L. Voith, and P.L. Borchelt, P.L, editors), Veterinary Learning Systems, Trenton, New Jersey, pp 72–80 (1996)

[3] Koehler, W. *The Koehler Method of Dog Training*, Howell Book House, New York, New York, 208 pp. (1962)

[4] Saunders, B. *The Complete Book of Dog Obedience: a Guide for Trainers,* Howell Book House, New York, New York, 261 pp. (1976)

[5] Bolles, R.C. **Species–specific defense reactions and avoidance learning**. Psychology Review, 77:32–48. (1970)

[6] Beerda, B., Schilder, M.B.H., van Hooff, J.A., and deVries, H.W. **Behavioural, saliva cortisol and heart rate responses to different types of stimuli in dogs.** Applied Animal Behavior Science, 58:365–381. (1997)

[7] Schilder, M.B.H. and van der Borg, J.A.M. **Training dogs with help of the shock collar: short and long term behavioral effects.** Applied Animal Behavior Science, 85:319–334. (2004)

[8] Fisher, J. Dogwise; *The Natural Way to Train Your Dog,* Souvenir Press, London, UK. (1992)

[9] Rogerson, J. *Your Dog: Its Development, Behaviour, and Training.* Popular Dogs Publishing Company, London, UK, 174 pp. (1990)

[10] Neville, P. *Do Dogs Need Shrinks?* Carol Publishing Group, New York, New York, 284 pp. (1992)

[11] Wilkes, G. *A Behavior Sampler, Sunshine* Books, North Bend, Washington, 237 pp. (1994)

[12] O'Farrell, V. *Dog's Best Friend: How Not to be a Problem Owner,* Methuen Press, London, UK. (1994)

[13] Donaldson, J. *Culture Clash: A Revolutionary New Way of Understanding the Relationship between Humans and Domestic Dogs,* James and Kenneth Publishers, Oakland, California, 224 pp. (1996)

[14] Reid, P.J. *Excel-erated Learning: Explaining How Dogs Learn and How Best to Teach Them,* James and Kenneth Publishers, Oakland, California, 172 pp. (1996)

[15] Skinner, B.F. *The Behavior of Organisms: An Experimental Approach,* AppletonCentury, New York, New York. (1938)

[16] Pryor, K. *Karen Pryor on Behavior,* Sunshine Books, North Bend, Washington, (1995)

[17] Adler, L.L. and Adler, H.E. **Ontogeny of observational learning in the dog** *(Canis familiaris).* Developmental Psychology, 10:267–280. (1977)

[18] Slabbert, J.M. and Rasa, O.A.E. **Observational learning of an acquired maternal behaviour pattern by working dog pups: An alternative training method?** Applied Animal Behaviour Science, 53:309–316. (1997)

[19] Pongracz, P., Miklosi, A., Kubinyi, E. and others. **Social learning in dogs; the effect of a human demonstrator on the performance of dogs in a detour task.** Animal Behaviour, 62:1109–1117. (2001)

[20] Pongracz, P., Miklosi, A., Timar-Geng, K. and Czanyi, V. **Preference for copying unambiguous demonstrations in dogs** *(Canis familiaris).* Journal of Comparative Psychology, 117:337–343. (2003)

[21] McKinley, S. and Young, R. **The efficacy of the model–rival method when compared with operant conditioning for training domestic dogs to perform a retrieval–selection task.** Applied Animal Behaviour Science, 81:357–365. (2003)

[22] Rooney, N.J, Bradshaw, J.W.S. and Robinson, I.H. **Do dogs respond to play signals given by humans?** Animal Behaviour, 61:715–722. (2001)

[23] Bradshaw, J.W.S., Goodwin, D., Lea, A.M. and Whitehead, S.L. **A survey of the behavioural characteristics of purebred dogs in the United Kingdom.** Veterinary Record, 138:465–468. (1996)

第十章 常见的行为问题与解决方法

在犬和人类的早期联系中，拥有着生存本领的犬融入了人类社会，继而成为了人类不可或缺的好帮手。在世界各地，人们选择性地饲养犬来守卫家园、辅助打猎、放牧及运输牲畜。后来，随着社会的发展，现代科技逐渐替代了犬的职责，犬的工作职能也随之减弱。如今，犬早已变成了人类所珍视的好朋友，通常也被认为是家庭中不可或缺的成员。然而矛盾的是，尽管宠物主人们已经与犬建立了牢固的关系，但是很多宠物主人最终还是会选择半途弃养，把它们送走，或是对它们实施安乐死[1]。在美国各地的动物收容所每年就需要被迫对数百万只犬实施安乐死。宠物主人表示他们选择弃养宠物并决定把它们交给收容所的主要原因是犬存在行为问题[2]。

在过去的25年里，关于犬类行为和训练的知识得到了极大的扩充及发展。这一领域的从业人员数量有所增加，所采用的行为纠正方案的数量和复杂性也有所提高。接下来的这一章概述了家犬中几种类型的行为问题的诊断及纠正。主要分为4类：攻击性问题、恐惧症、分离焦虑和排泄问题。因为详述这个类目内容超出了本书的范畴，所以在本文中另提到了几本完整详述犬类行为、训练和问题纠正的优秀书籍，并在第二部分末尾推荐书籍中列举了它们。

识别和诊断：获取行为史

犬的正常行为包括促进群体联结的社交行为、支配/从属行为、掠食行为和攻击行为（详见第七章和第八章）。这些行为对犬来说都是正常的，并不一定会构成问题。所有的犬都会表现出攻击性行为、支配/从属的身体姿势、分离焦虑和掠夺行为。然而，当这些行为的表现强度或频率与主人的生活方式高度不相容，主人无法控制犬的行为，或者当犬对自己的主人、环境、其他动物或对它本身构成危险时，这些行为就会被认定是有问题的。

考虑到问题行为产生的不同原因，成功的治疗需要仔细诊断潜在的动机或原因。例如，犬把房子弄脏可能是由于犬缺乏家庭训练，存在健康问题、分离焦虑，或标记行为（详见*排泄问题*[3]）。当诊断犬的行为问题时，第一步应该始终是填写完整的行为史表格，进行完整的宠物医生检查以及与犬的主人面谈[4]。表格内容应该包括：宠物主人的家庭人口统计信息以及犬的描述性数据，犬的来源及饲养时间长短，犬的日常护理、训练以及运动信息（表10.1）。该表格需要阐明问题行为的开始和持续的时间、发生的背景、哪些家庭成员（或其他人）参与其中、行为表现的强度和频率。如果行为问题可能是由医学原因造成的，必须由宠物医生进行彻底的医学检查。如果可能的话，应评估主人处理问题和实施行为纠正治疗方案的动机及能力水平。以上这些排查手段有助于制订有效的治疗计划，也提供了有关整体预后的见解。

综合预后，纠正犬的行为可以有多种方案。在许多案例中，将犬的生活环境和生活状况管理与行为矫正计划相结合，可以减少（主人／其他家庭成员）干扰因素的出现并加强纠正问题行为的训练动力，也可消除对问题行为的强化因素。影响整体预后的因素包括确诊的行为问题类型和数量，出现问题时的年龄和持续时间，主人接受和实施行为纠正治疗方案的能力和意愿，以及对其他犬、动物或人造成的风险程度。在犬具有攻击性的情况下，它在不同的环境中表现出不同类型的攻击性并不罕见。例如，一只具有强势攻击性的犬也可能具有占有欲和领地意识。一般来说，犬表现出的攻击类型或其他行为问题越多，行为纠正治疗的总体预后情况就越差。

表 10.1　犬行为史调查

日期：_____　主人的姓名 / 地址 / 电话：_____

犬名：_____　犬品种：_____

犬年龄：_____　犬性别：_____　是否绝育：_____　绝育年龄：_____

开始养犬的犬龄：_____　来源：_____　其他饲养在家的动物：_____

犬的主要责任人：_____　第二责任人：_____

犬的运动方式：_____　频率：_____

犬的出门方式：_____　犬的户外行为：_____

犬的主要生活区域：_____　最喜欢的睡觉地点：_____

没人在家时犬在哪：_____　独处的时间 / 频率：_____

犬粮类型：_____　犬粮饲喂量：_____　饲喂时间表：_____

对食盆或玩具是否具有占有欲：___　犬的反应：_____　主人的回应：_____

与犬的互动游戏：_____　玩具的类型：_____　犬的反应：_____

犬护理的类型：_____　频率：_____　护理后犬的反应：_____

犬喜欢的互动类型：_____

主人喜欢的互动类型：_____

对其他犬的反应：_____　对陌生人的反应：_____

对小朋友的反应：_____　对猫 / 小动物的反应：_____

对家里访客的反应：_____　对邮递员 / 外卖员的反应：_____

有人靠近家门时的反应：_____　车靠近时的反应：_____

犬坐车的状态：_____　在宠物医院的状态：_____

犬做过哪些指令训练：_____　会对哪些指令做出反应：_____

==

犬行为问题的描述：_____

犬出现问题时的年龄：_____　频率：_____　针对对象：_____

尝试过的解决方案：_____　犬做出的反应：_____

诊断：_____　行为矫正项目的类型：_____

提供的材料和解决方案：_____

后续安排：_____

犬的攻击性问题

攻击性行为是犬最常见的行为问题[5]。在美国，每年有 100 万 ~ 300 万人被犬咬伤，其中 200 多万人受到严重伤害[6]。儿童比成人更容易被犬咬伤，特别容易受到严重伤害甚至死亡。犬之间的相互攻击也是一个严重的问题。可能发生在陌生的犬之间，也可能发生在同一家庭的多只犬之间。虽然雄性之间的攻击更常见，但雌性之间或两性之间的攻击也会发生。追逐或攻击小动物如猫、松鼠或者小兔子也经常被认为具有攻击性问题。然而，在许多情况下，这是一种捕食行为的表现，并不是一种真正意义上的攻击性行为（详见第八章）。

攻击行为本身是犬类的一种正常行为，且攻击行为为许多动物提供了生存优势。群体成员之间和物种之间的竞争是生存和自然法则的一部分。成功的防御行为能够防止自身成为猎物或其领地被同类所占据。对狼来说，狼群成员之间的竞争是高度仪式化的，包括精准的交流方式。此外，大多数攻击性的表现都是被抑制的，通常不会导致严重的争斗或伤害。这些高度仪式化和精准的交流方式已经被家犬所继承（详见第八章）。然而，需要意识到，犬和它的祖先一样，仍然是一种极具危险性的掠食物种。因此，尽管这些仪式化的行为通常是为了尽量避免伤害和减少同类之间的冲突，但生活在同一社会群体中的犬却有能力打架和相互伤害，咬伤它们的主人或其他人。此外，很明显，在某些品种中，为了增强优势地位、领地行为和降低攻击性的刺激阈值而进行的选择性繁育，导致了这些犬实际上比它们的狼祖先更具有攻击性[7]。

因为攻击行为是每只犬行为构成的一部分，所以不能将犬简单归类为"攻击性"或"非攻击性"。从最小的玩赏犬品种到最大的工作犬品种，都有可能表现出攻击性行为。此外，简单地给一只犬贴上"攻击性"的标签，并不能提供有关攻击性发生的背景或促成它攻击的因素信息，也不能帮助制订有效的治疗方案。

犬的攻击性行为曾经分为几大类。主要根据攻击对象（即主人、陌生人、来访者或其他犬）、犬表现出的防御行为类型，以及这种行为是习得性的或遗传性的来划分[8,9]。然而，这些分类方法都不能有效地纠正攻击行为，因为它们并没有解决行为发生的根本原因。

如今，使用最广泛的诊断和分类攻击性问题的方法是依赖于确定攻击性行为对犬的功能及作用。正常的攻击性行为通常是通过评估犬表现出攻击性情况的适当性和攻击反应的严重程度来确定的。攻击性行为功能需要根据攻击发生时的背景、犬表现出的行为模式和身体姿势来进行分类。这可以推断出攻击性行为的潜在动机，并有助于制订有效的纠正方案。据报道，家犬最常见的攻击行为包括支配、占有、恐惧和领地保护。其他攻击形式包括疼痛引起的、由母性驱动的、雄性间的和重定向攻击（表 10.2）。以下章节将了解支配、占有、领地 / 保护和恐惧攻击的诊断及纠正方案。如需更全面地回顾这个主题，请参阅第二部分末尾提供的阅读材料列表。

表 10.2　犬的攻击类型

分类	描述	行为纠正治疗方案类型
支配性攻击	对主人或家中其他犬的社会地位挑战的反应（可能有几种表现）	纠正主从关系；系统脱敏，重新引入诱发因素进行脱敏训练；控制犬对所有其所需资源的获取
占有性攻击	当主人或家中其他犬对家庭中有价值资源竞争时的反应	纠正其发生的根本原因（犬支配性行为；护食）；进行操作性条件反射（给予食物，让它离开 / 或过来）
领地性攻击	针对来访者或动物；在入口或出口处区域，攻击性会加剧	减少犬（对来访者的攻击）动机 / 想法；训练犬远离入口 / 出口区域的条件反射；系统脱敏疗法
恐惧性攻击	针对任何紧张或恐惧的来源（人类或非人类），特别是当犬意识到自己无法逃脱时；防御姿态（但并非总是）先于攻击	系统脱敏训练和对抗恐惧来源；对新环境、家庭成员和动物的适应
疼痛性攻击	针对主人或其他人的；发生在受伤或挨打的反应中	避免疼痛的原因；避免使用逃避 / 回避的训练方法
母性型攻击	针对人类或其他动物接近时的动作反应，或处理幼崽时（仅限雌性）	自限性；反向条件反射训练和系统脱敏训练
雄性间攻击	公犬之间的攻击（通常是未去势术的公犬）	去势；系统脱敏训练；进行操作性条件反射（坐、蹲、离开）
重定向攻击	当无法攻击激起攻击欲的刺激源时，直接转而攻击人类或其他犬	纠正攻击性的潜在原因；进行操作性条件反射（坐、蹲、离开）

支配性攻击：攻击是犬的主要问题行为，根据行为学家和训犬师反馈，支配性攻击是最常见的攻击性行为问题[10]。这种类型的攻击可能直接针对人类或其他犬（同一种类），攻击的程度从温和的姿势到咆哮着直接攻击到肆无忌惮地撕咬。通过调查获知犬的行为史以及它们与主人关系的完整情况对于区分该攻击是否为支配性攻击或其他形式的攻击是必要的。支配性攻击通常只在非常特殊的情况下才会被激起，而这些情况因犬而异[11-12]。在这方面，主人通常非常擅长预判会引起犬攻击性反应的条件，这就可以为行为学家或训犬师提供有价值的诊断信息。

通常来说，当占支配地位的犬的社会地位受到明显挑战或失去对有价值资源的掌控时，就会表现出支配性攻击。在犬与犬的互动中，有价值的东西可能包括食物、玩具、骨头或最喜欢的睡觉区域。当两只犬在家里争夺主人的关注时，犬之间的支配性攻击也可能被触发。针对人类的支配性攻击通常发生在犬认为人类会威胁到它的社会地位时。最典型的是对犬做出某种形式的控制、支配的手势或身体姿势。这些可能包括从犬身体上方跨越、试图移动犬、对犬身体上的责打或约束犬的行为。试图拿走某样东西也可能引发攻击性反应（详见*占有性攻击*）。如果主人因为犬的攻击行为而惩罚它，具有强势攻击性的犬可能会立刻加剧它的攻击反应。例如，如果犬在被迫要求移位时低吼，而主人以大喊或殴打作为回应，那么具有强势攻击性的犬通常会转为龇牙吠叫和咬人。

在对抗没有发生的情况下，具有统治力攻击性的犬通常是友好和自信的。事实上，它的主人也会把它描述为一只很棒的、令人愉悦的宠物。在某些情况下，占主导地位的攻击性犬对某些家庭成员表现出攻击性，却与其他成员的关系保持正常。大多数占支配地位的犬对明显占支配地位或对它明显服从的人几乎没有或根本没有攻击性。从不因坚持自我意愿而强迫犬的人或不与犬互动的人也很少会被犬攻击。同样，表现出支配性攻击的犬通常不会对陌生人或家里的访客有攻击性。这是因为来访者不是犬的正常社会群体的一部分，他们通常仅被占主导地位的攻击性犬视为玩耍和关注的对象。虽然占主导地位的攻击性犬对来访者显得非常自信且咄咄逼人，但它们通常只在来访者在家里待了很长一段时间后或试图掌控犬的东西时才会主动攻击来访者。

大多数表现出支配性攻击的犬是未去势的公犬，相较于非纯种犬，该行为在纯种犬中更常见[13]。相比之下，大多数表现出支配性攻击的母犬则都是绝育的。有证据表明，在已经表现出攻击性迹象的母犬中，绝育可能会导致支配性攻击的增加[14]。然而，这些数据并不能说明给母犬绝育会导致支配性攻击，也不能说明母犬不绝育就能防止这种攻击行为的出现。当犬达到性成熟（9~12 月龄时）或社会化成熟（1.5~2 岁）时，公犬和母犬的支配性攻击通常会首先表现出来。目前有证据表明，在幼年期患严重疾病的犬中，出现支配性攻击行为的情况相较于在生长过程中没有患过疾病的犬更为普遍，这些犬也更可能表现出与恐惧相关的行为[15]。由疾病引起的社会化不足或有限（即缺乏习惯）可能是造成这些问题的原因。

　　纠正犬支配性攻击行为的目的是改变犬的问题行为以及营造犬与主人、其他人和其他犬都能和平相处的环境。理想的情况是犬身处之前会引发攻击的环境中时不再表现出攻击反应。如果犬的支配性攻击是针对主人的，这就需要犬与主人之间建立一种更明确的从属关系。如果支配性攻击是针对其他犬的，行为矫正治疗的方案就要包括塑造犬正常的社交群体（如果可能的话），同时更重要的是多犬家庭的管理方式，该行为矫正方案需要预防犬的互相攻击行为或重新定向犬的攻击行为。此外，给犬去势后会导致许多公犬的攻击性水平下降，但并不是所有具有支配性攻击的犬其攻击行为强度都有明显的减弱[16]。

　　身体上的惩罚对纠正支配性攻击行为来说是无效的，而且在大多数情况下会使问题恶化[17]。长期以来，疼痛一直被认为是引起攻击性的诱因，而责罚通常被占主导地位的犬视为直接的挑衅。同样，当一只占主导地位的犬对另一只犬表现出攻击性时，使用体罚可能会导致其对主人的攻击，并进一步加剧两只犬之间的冲突。对支配性攻击犬的案例研究表明，试图约束犬的攻击行为是导致它们攻击和咬人的常见原因[12]。因此，主人应该停止使用任何形式的体罚、控制或直接挑衅犬的行为。

　　最有效（也是最安全）的纠正支配性攻击的方法是逐渐增加主人和犬之间的互动，这样主人就能对犬的行为施加微妙的控制。通过控制犬对资源的获取，教会犬对基本服从命令做出一致的反应，主人能够逐渐恢复对犬的控制，并能够防止犬进一步表现出攻击行为。一些作者将这种方法称为"施加支配"，在这种方法中，人类表现出支配性行为，而犬则被要求服从。然而，在这种情况下，一只具有支配性的成犬是否真的会变成一只温顺的犬，这是值得怀疑的。但是适当的训练和行为矫正可以改变犬对它的主人与它之前认为有威胁的情况做出反应的方式。想通过解决犬支配性攻击的方法去成功地改变犬的性情，使其成为一个更顺从的宠物，这种想法可能是不现实的（也可能是错误的）。

支配性攻击的行为矫正方法是系统脱敏法和反向条件训练（详见第九章）。每一步都必须专门针对犬的攻击背景和强度、主人的生活方式及操作能力进行个性化定制。每只犬都是不一样的，主人在改变犬的生活环境和实施一致的训练计划方面的能力与寻求达到的治疗动机也各不相同。反向条件训练和反向命令是用来教犬对命令做出某些从属行为的反应（详见第九章）。最典型的应用是使用操作性条件反射和正强化来做蹲下或坐着的练习。在完成这些练习之后，犬可以获得它想要的有价值的资源，如食物、玩具、户外散步以及与主人的互动。支配性攻击纠正方案的一个基本规则是：将犬置于非对抗性的环境中，所有的食物、玩耍时间和其他有价值的资源都只能作为其对训练行为（坐、趴下、待命、过来）做出反应的正强化物。服从训练最初是用来教犬对指令做出反应，允许其支配或放弃其所有物。然而，对于宠物主人来说，很多基本的服从训练并不能充分解决支配性攻击问题，大多数情况下，个性化的纠正方案是必要的。

并不是所有的支配性攻击都能被成功纠正，必须考虑对主人和家庭成员的影响程度以及宠物主人自身的局限性。即使主人尽心尽责，始终如一并且遵循了完备的训练计划，一些具有攻击性犬的行为还是无法被纠正。此外，主人可能不愿意或无法承诺完成一整个完备的行为纠正计划，或继续让犬生活在可能持续对其家庭或其他人构成危险的环境中。在这种情况下，必须考虑将犬谨慎地放在另一个家庭或安乐死等选择。一些宠物主人可能会希望考虑使用药物治疗与行为纠正计划相结合。如果考虑药物辅助治疗，应该咨询宠物医生和行为学专家（详见*行为问题的药物治疗*）。

占有性攻击：占有性攻击通常与支配性攻击有关，在争夺宝贵资源时会有攻击性表现。对于家养犬来说，这些资源通常包括玩具、食物或主人的注意力。然而，有些犬会喜欢不寻常的东西，如纸巾、衣服，甚至是电视遥控器。这些情况通常反映了犬的学习行为，并且与犬偷东西的经历有关。当主人的反应是追赶或严厉地训斥犬时，犬就会试图守卫偷来的东西。占有性攻击也可能发生在那些被迫保护食物不被其他动物吃掉的犬身上，或者那些不信任接近它们食碗的人和／或犬身上。这些犬通常防御性地守护着它们的食碗（如害怕地），但没有表现出其他占有性攻击的迹象（见第八章）。

如果与支配性攻击同时存在，那么，占有性攻击的纠正方案首先包括识别和纠正支配性攻击，这个纠正方案还应该解决占有性侵犯问题。具体来说，所有被犬看守或偷取的东西都必须被移走，主人必须阻止犬接近这些东西。犬被教导当听到"给"的命令时需放弃东西，不能继续衔取东西，用"离开"的命令，不去叼取东西。如前所述，使用正强化和逐渐加强的操作性条件反射是安全、有效地进行这些练习的最佳方式[18]。当犬对家里其他犬的食碗或玩具有占有欲，但对人类却没有时，通常可以通过简单的方法来解决。在它们的社会群体中，犬保护食物不被其他犬吃是正常的行为，而占支配地位的动物则经常会从从属成员那里夺取东西，即使它们自己对这个东西没什么兴趣。这似乎是犬之间另一种刻板的"故作姿态"。只需要在不同的区域喂犬，不允许共用食碗，并谨慎地选择安全的玩具类型通常就可以解决这些问题。在日常生活中，建议主人将任何用于"找回"或"找到它"游戏的玩具束之高阁，并且只在人犬互动游戏期间才使用这些玩具。另外，不使用让犬痴迷的磨牙棒，或者仅在犬被分开或被监督的时候提供给它们，也有助于防止犬之间的占有欲争斗。

领地性 / 保护性攻击：当人类或动物接近或进入到它们的领地时，许多犬会表现出特定行为和吠叫，但并不会变得具有攻击性。这是犬的一种自然行为，所以只有当犬变得无法控制或具有攻击性时才会成为一种行为问题。家犬最有可能认为是自己领地的地方包括主人的房子、院子、汽车，可能还有其他经常遛狗的地方。对于自信的犬来说，领地是一种宝贵的资源，必须得到保护和竞争性维护。对于胆小或紧张的犬来说，领地侵略是一种习得的行为，事实证明这种行为能有效地赶走入侵者。第二种类型的领地防御通常出现在社交能力差的犬身上，它们被限制在一小块区域或被拴在犬窝里。就像占有性攻击一样，领地性攻击也经常出现在具有支配性攻击的犬身上。这3种行为，支配性、领地性和占有性侵略，被称为"支配性三位一体"。

当领地性行为与犬的支配性行为相关时，纠正支配性攻击行为的同时也应该纠正犬的领地性行为。当犬长时间被拴在外面，且被限制在一个小院子里，或者被主人安排去看守入口或院子时，领地侵略性行为最为普遍。在这些情况下，可以通过简单地将犬带进房子或改变家中管理犬的方式来预防或缓和暴露于诱发刺激下犬所表现出的行为。在纠正过程中，那些倾向于守卫房屋某些门或窗户的犬应该不被允许自由出入这些区域。这是纠正方案中一个重要的组成部分，因为每次犬在无人监督的情况下进入守卫区域，都有可能发生攻击性反应。领地性行为的一个独特特征是：当目标移动时，该行为总能立即得到加强。一个典型例子是邮递员每天上门送信时，犬就会对他狂吠和咆哮。当目标（邮递员）离开时，犬的躁动减少，这些都加强了犬吠叫和咆哮的行为。

反向条件训练、反向命令和系统脱敏法是纠正领地性攻击行为的有效方式。首先，需要教犬一种与撞门和吠叫不相容的行为。常用的经典行为命令是让犬走到主人身边坐下。在试图让犬对来访者的接近不敏感之前，必须让犬对这种行为的命令做出可靠的反应。当犬的反应可靠时，再引入系统的脱敏计划，从家庭成员或朋友接近戒备区域开始。当犬开始将来访者的存在与对反向命令的反应联系起来，并且对这种反应接受正强化后，刺激可以逐渐加强。

反向条件训练和脱敏计划可以与尽量减少犬的防卫性并增加它以友好的方式迎接来访者的积极性相结合。这是通过经典条件反射来完成的（详见第八章）。主人或来访者出现在门口时，为犬准备可口的食物或甚至为它准备晚餐。经典条件反射训练最终会让犬将来访者与积极的反应联系在一起。虽然一开始主人会强制要求犬在门口保持安静，但来访者进入家中的动作会强化犬的行为。最终，犬会把来访者和它的晚餐、食物或积极的奖励联系在一起。

如果犬因为紧张或恐惧而表现出领地性攻击，那么为犬针对来访者建立一个循序渐进的脱敏计划是很重要的（详见*恐惧性攻击*）。在该过程中，刺激的强度（即来访者进入家中）不应该达到引起犬恐惧反应的程度。在某些情况下，犬的行为可能会有所改变，对来访者变得平静和友好。然而，在更多的情况中，特别是犬对因恐惧引起的领地侵略有很强的被强化经历时，那行为纠正的目标可能就变成只是为了减少犬的攻击或每当来访者到来时教犬能顺利转移到另一个房间中去。

恐惧性攻击：恐惧是一种情绪状态，处于该状态下的动物对特定刺激的反应要么是试图逃避，要么是变得具有防御性。在所有动物中，恐惧及其伴随的行为都是为了保护自身免受潜在威胁的影响。在家犬中，最常见的恐惧性攻击是针对陌生人的攻击[19]。当然犬也会对其他犬做出防御性和攻击性的反应。这在社交能力差或那些与其他犬有负面互动历史的犬身上最常见。大多数犬首先会通过原地不动、走开或后退来避免可怕的情况。如果这样做失败了（例如，陌生人继续靠近），犬通常会进行咆哮、空咬或直接撕咬。与可怕的攻击性行为相关的身体姿势包括低头、耳朵向下低垂和狰狞的面部（图8.5）。当犬感到更大的威胁时，它可能会紧闭嘴巴或龇牙咆哮。虽然这种姿势的某些地方与顺从的身体姿势相似，但一个主要的区别是，恐惧的犬会直接看着刺激源并表现出毛发竖起。相比之下，当犬对人或其他犬表示顺从时，它们会避免目光接触，毛发不会竖起，也不会咆哮。

恐惧性攻击是一种习得性行为。其根本原因要么是与人或与其他犬的社交不足，要么是之前有过被伤害或被虐待的经历。当第一次暴露在令犬恐惧的环境中时，大多数犬都会试图逃跑或原地不动。当犬觉得自己无法躲开的时候就会产生攻击行为。对于一些犬来说，当它们被主人拴住或被关在院子里的时候就会产生这样的感觉。而且人通常会因为犬的攻击性反应立即结束即将到来的互动，所以这对犬行为的影响会得到强化。换句话说，一只犬咆哮着冲向一个接近的陌生人，犬很快就能知道，这些行为会让陌生人走开，从而防止进一步到来的恐惧感。随着时间的推移，一只感到恐惧的犬可能会在人或犬靠近之前，就开始表现出攻击性的身体姿势和先发制人的叫声。这是因为犬已经知道这些行为和身体姿势是有效的，可以让犬完全避免接触到任何刺激。因为犬的恐惧被缓解了，所以犬难以知道这个人或犬是无害的，所以每次类似事件发生时都会不断地强化和加强攻击性反应。

治疗恐惧性攻击的方法与治疗恐惧和恐惧症的方法是一样的（见本章后文）。行为纠正的第一阶段是反向条件反射，让犬在命令下坐着或趴下，并保持放松状态，与社会化良好、友好的人类（或犬）保持亲密。在没有威胁存在的情况下，犬会因为所有友好和平静的行为得到食物奖励。另一项预防措施是让具有攻击性的犬习惯戴一个口环牵引绳。目前已有多款类型的口环，这些口环可以温和地控制犬的头部。一旦犬被训练成在没有威胁的情况下保持坐姿或趴下，系统脱敏训练就可以开始了（见本章后文）。当攻击性行为是犬的恐惧反应的一个组成部分时，脱敏过程要以犬永远不会感到被迫做出攻击性反应的强度下开展。患有恐惧性攻击的犬的预后取决于犬表现出这种行为的时间长短，攻击反应的严重程度，以及宠物主人在治疗期间防止攻击行为出现所投入的精力和能力。大多数犬的行为会有所进步，一部分犬开始接受并享受与陌生人的互动。然而，许多神经紧张的犬在它们的一生中仍然会感到恐惧或出现攻击性行为。在大部分情况下，谨慎的家庭管理和防止犬暴露于某些类型的刺激源是行为纠正方案中的重要组成部分。

恐惧和恐惧症

如前所述，恐惧是犬行为表现中自然且正常的一部分，所有动物都具有适应恐惧的本能。在所有物种的恐惧反应中，有些类型的恐惧反应是天生的，而往往正是这类恐惧对动物的生存有着极大的影响。对于狼来说，对不熟悉的动物和物体的恐惧（惧外恐惧症）在狼幼崽能够离开巢穴并探索附近领地后不久就开始出现了。在野外环境中，当遇到不熟悉的动物或情况时，成年狼群成员会倾向于跑回安全的洞穴，这有利于狼的生存。家犬遗传了这种倾向，但世代选择性育种大大降低了这种倾向的强度。社会化技能允许犬在初级和中级社会化过程中适应新的人、环境和其他犬，这对于防止大多数家犬出现与恐惧相关的问题是有效的（详见第七章）。然而，当被无形的刺激触发时或这种行为发生的强度和频率影响到犬的安全、生活质量或与其主人的关系时，恐惧行为就会成为问题。

伴侣动物行为学家和训犬师认为，恐惧是犬常见的行为问题，在他们碰到的案例中占很大比例。一项针对2000多名犬主人的调查显示，近38%的人表示他们的犬害怕高分贝的噪声，22%的犬害怕不熟悉的成年人，33%的犬害怕孩子，14%的犬害怕其他犬[20]。送到宠物行为诊所的宠物中大约1/3存在与恐惧相关的问题。最近一项对从动物收容所收养的犬的研究发现，53.4%的主人报告说，他们的犬在收养的第一年里就出现过与恐惧行为有关的问题[21]。与恐惧相关的问题并不局限于宠物犬或随机繁育的犬。对导盲犬的研究表明，恐惧性问题行为是人们拒绝被专门繁育出来的工作导盲犬最常见的原因[22-23]。

恐惧相关行为出现的迹象和原因： 与恐惧相关的问题行为因引发恐惧的刺激类型不同和犬的反应程度不同而形成较大差异。有些犬表现出的恐惧反应程度相对较低，但容易被各种各样的刺激触发，这些犬通常被认为是害羞或胆小的。有些犬则表现出非常具象化的恐惧，例如，仅针对某种类型的人或特定的地点或情况而表现出的恐惧行为。恐惧症是情绪上的恐惧比实际情况的强度以及潜在危险程度更严重的一种恐惧反应。例如，一只犬在听到烟花时变得非常激动和狂躁，以至于它在试图逃跑时表现出伤害到自己的危险行为。虽然行为纠正通常有助于治疗与恐惧相关的问题行为，但其预后是不确定的，这通常取决于犬的发病年龄、恐惧反应的持续时间和强度、控制诱发刺激的能力、犬的性情以及之前的经历。

当面对可怕的刺激时，犬可能表现出 1~3 种组合反应。它们会表现出呆滞、逃离或者攻击等反应。呆滞反应包括喘气、颤抖、试图靠近主人、蹲下或躺着不动。逃离行为包括所有试图逃跑或躲避刺激的行为。攻击性反应行为则通常会表现为咆哮、空咬或直接撕咬（见前一节）。这种行为之后可能会有逃跑的企图。大多数胆小的犬在所有尝试逃跑受阻时才会变得具有攻击性。

恐惧和恐惧症会在任何年龄出现。虽然在某些情况下，它们的起源可以追溯到特定的创伤性事件，但在更多时候，主人无法确定引发行为变化的特定事件。另外，在某些情况下，遗传因素会有很大的影响。早期对犬的行为基因遗传的研究发现，在一个群体中，52% 的神经紧张的犬是来自一只因恐惧而表现出攻击性母犬的后代[24]。众所周知，犬的神经紧张行为可以通过选育而增加（详见第五章）。某些品种似乎表现出更高的胆怯或恐惧相关行为的发生率。这些品种包括一些玩赏犬和牧羊犬，牧羊犬中如喜乐蒂牧羊犬、德国牧羊犬和比利时牧羊犬。也有来自育种者的证据表明，某些品种的犬会有表现恐惧性行为倾向[20]。

犬的早期经历对犬恐惧行为的发展有着深远的影响，特别是在初级和中级社会化过程中。一项针对苏格兰㹴犬的研究发现，在几乎未与人接触的环境下长大的 7 月龄幼犬在面对陌生人时会表现出极度的恐惧反应[25]。为了使这些幼犬适应陌生人而进行了反复的训练，但收效甚微。进一步的研究表明，在初级社会化（3~12 周龄）期间的介入干涉对生长期幼犬建立正常无恐惧性行为的发展是至关重要的（详见第七章）。此外，在幼犬出生后的最初几周内，经常接触幼犬甚至是给其轻微的刺激，并不会使幼犬轻易受到惊吓，同时也能让其比从未接触过刺激的幼犬更容易适应新的刺激[26]。同一项研究表明，母犬的神经紧张行为显著影响了幼犬的恐惧性行为。初级社会化时期的社会化（习惯化）建立对幼犬的发展至关重要，因为这能使幼犬适应并友好地面对新的环境和新的朋友。许多与恐惧相关的行为问题可以简单地使幼犬在初级和中级社会化阶段（7周龄至6月龄）期间，去进行与人、地点和经历有关的适当的社会化训练来预防问题行为的发生。

恐惧的强化： 解决犬的恐惧行为和恐惧症的主要困难之一是，每次犬产生这些行为时，这些行为往往会被即时强化。当一个可怕的经历导致犬试图逃跑，而犬成功地逃跑时，这种行为就会被自动强化。例如，当一只犬被邻居家小男孩用两个金属垃圾桶撞在一起的声音吓到后，那它就学会了每当男孩靠近时就跑进车库进行躲避。男孩和高分贝噪声之间的联系（经典条件反射）导致即使男孩没有发出任何大的噪声，犬也会持续表现出这种行为。跑进车库基本上可以避免暴露在噪声中（不管这个男孩是否有意吵闹）。这种行为每次发生时都会被强化，因为犬在避免接触不愉快的刺激（即逃跑被负强化）（详见第九章）。当犬对引起恐惧的刺激表现出攻击性时，也会出现类似的学习模式（前面讨论过）。

第二种可以强化犬恐惧性反应的方式涉及主人对犬行为的反应。当犬遭遇了一个可怕的经历，而主人此时做出了错误的回应，即用关注或食物来抚慰犬时，犬这种行为（恐惧）通常会被加强。给予安慰是主人做出的很常见的反应，也是一个正常并且可以理解的反应。同样，惩罚也是没有效果的，因为这只会加剧犬恐惧和逃避性行为。除了不人道之外，对一只处于恐惧的犬使用惩罚通常是发展成恐惧性攻击的潜在原因。

犬常见的恐惧类型： 犬的恐惧行为或恐惧症可以分为四大类：对新地方或新环境的恐惧、对不熟悉的人的恐惧、对不熟悉的犬的恐惧，以及对噪声的恐惧。有些犬只表现出一种特定类型的恐惧，而另一些犬可能表现出几种明显不相关的恐惧反应或恐惧症。

对新环境和新经历的恐惧（恐新症）最常见于那些常年生活在犬窝里的犬或没有充分社会化的家犬，如犬只是偶尔离开家去宠物医院、美容店或寄宿犬舍。同样，来自大型繁殖犬舍的犬可能很少或根本没有离开犬舍的经历。在这些情况下，年龄对预后有显著影响，年长的成犬对纠正方案的反应不如青年犬。另外，在某些情况下，犬也会因为不愉快的经历而导致恐新症。在一个案例研究中发现，犬在被邻居的犬袭击并严重咬伤后，变得不愿意离开家去附近散步（以前是乐意的）。尽管犬克服环境恐惧的能力各不相同，但许多犬在其余生中仍会保持一定程度的胆怯。

遇到陌生人时胆怯或害怕的犬通常没有充分地适应不同类型和年龄的人。一个典型的例子是由一对安静的老夫妇养的犬，当有儿童靠近时，它会表现出紧张或恐惧的行为。同样，对其他犬的恐惧主要是由于缺乏社会化。这些犬还没有学会正常的种群内交流模式，可能无法发送或感知正常的犬类交流信号。当然，像被另一只犬攻击这样的创伤性事件也可能会导致恐惧反应，但这种情况远没有许多主人想象的那么常见。当幼犬社会化不足导致对人或其他犬的恐惧时，预后是不理想的 [27]。有些犬会试图逃跑，而另一些犬则会在遇到不熟悉的犬或人时，通过打架或撕咬来做出防御反应。恐惧是导致犬与犬之间以及犬与人类之间攻击的常见原因，经常被误判为支配性攻击。因此，完整的行为史和与主人的面谈对于准确诊断和制订行为纠正方案是很有必要的。

噪声恐惧症在犬的恐惧相关问题中所占比例最大 [22]。最常见的刺激是雷声、枪声和烟花。虽然一些噪声恐惧症可以通过行为纠正计划成功地被改善，但预后结果很大程度上取决于个体性情、恐惧症持续的时间、控制暴露于刺激源的能力，以及找到有效的人工刺激在暴露训练中的使用。对雷暴的恐惧通常发生在成犬中，随着犬年龄的增长，这种恐惧会逐渐增强。患有雷暴恐惧症的犬通常会表现出与风暴强度成正比的恐惧行为。当天气变暗，暴风雨即将来临的迹象出现时，犬开始紧张地踱步，并企图靠近主人。纠正雷暴恐惧症的一个问题是犬可能对多种刺激均有反应。这些因素通常包括风、雨、大气压力和电离的变化、闪电及气味。但因为这些刺激中最容易复制的是听觉（如雷声），且这是主人们普遍能关注到的，所以这也是我们在系统脱敏方案中会使用到的关键刺激源。

恐惧症的治疗：纠正与恐惧相关的行为问题的第一步是确定引起犬恐惧反应的所有刺激源的属性。鼓励主人列出犬可能表现出恐惧或胆怯的所有情况，这通常是有所帮助的。改善犬的恐惧最有帮助的训练方法包括习惯化、系统脱敏、反向条件训练、塑形法和冲击疗法（详见第九章）。

一旦确定了引起犬恐惧的刺激源，主人和训犬师就可以对这些刺激进行梯度式接触训练，从犬最不害怕的刺激强度到最害怕的刺激强度开展训练。这是行为纠正治疗的系统脱敏部分。例如，一只害怕陌生孩童的犬，特别是针对 5 岁以下的孩童（表 10.3），对它使用系统脱敏疗法以及反向条件训练相结合时最有效。对于那些对人有恐惧和逃跑反应的犬来说，使用食物、玩具和反向命令的静坐相结合是最有效的。主人要以最低强度的刺激开始整个纠正计划。如果犬在训练中没有表现出恐惧，这种"无恐惧"或放松的反应会通过食物、抚摸或玩具来加强。如果恐惧被诱发，刺激源需立即被移除。等待一段时间后，该训练可再次开始，但刺激强度需降低。我们的目标是使犬保持在舒适的刺激源中，不引起其恐惧，允许其状态放松和中立（即无恐惧）行为的反向条件反射。静坐趴下练习也可以作为一种反向命令训练方法。当犬在每一级刺激下变得不敏感时，可以引入下一级刺激，同样需要使犬保持在不会引起恐惧的暴露环境。虽然一些主人能够一直进行到最高强度的刺激，但当其他主人达到一定程度时，犬就不能再往下进行了。在这些情况下，恐惧往往会减轻，但问题并没有完全解决。

表 10.3　刺激梯度系统性脱敏（对陌生孩童的恐惧）

刺激（在中性环境中）	犬的典型反应
熟悉的成年女性	友好，不害怕
熟悉的成年男性	友好，不害怕
熟悉的青少年	友好，不害怕
熟悉的 10 岁左右的儿童	友好，不害怕
熟悉的 5 岁左右的儿童	冷漠，不害怕
陌生的成年女性	冷漠，不害怕
陌生的成年男性	胆怯的
陌生的青少年	胆怯的
陌生的 10 岁左右的儿童	恐惧，轻度回避
陌生的 5 岁左右的儿童	恐惧，极度回避

在治疗噪声恐惧症时，系统脱敏疗法和反向条件训练的使用可能会有点复杂，因为这些问题需要先找到合适的人工刺激。雷暴噪声的录音可以用于此目的，但由于大多数犬对雷暴中的多种刺激都有反应，如刮风、气压变化和温度变化等，使用这些录音通常并不能成功地完全消除犬的恐惧。在某些情况下，如果无法避免暴露于诱发性刺激（例如，真正的风暴期间），药物治疗在纠正计划中可能是有用的。对药物治疗应始终作为最后的治疗手段，并在宠物医生和行为学专家的监

督下使用。

冲击疗法是将动物暴露在引起恐惧的刺激中，只有当犬没有表现出恐惧时才移除刺激（详见第九章）。为了达到目的，犬、环境和刺激源都必须在训犬师或主人的掌控之中。如果可能的话，冲击疗法的初始阶段先从温和的刺激模式开始。只有当犬不再表现出恐惧并变得平静时，才给予强化（食物、表扬、抚摸）。一旦出现恐惧的情绪，必须坚持到犬变得平静，否则恐惧的行为会被加强。因为无法知晓犬的承受能力，所以这种方法总是存在不经意间加强犬恐惧的风险。如果成功的话，冲击疗法称得上是解决恐惧问题的权宜之计，并且能够节省主人所投入的时间。然而，这种治疗方法有严重的缺点。当犬非常害怕时，它可能会在试图逃跑时伤害自己，变得具有攻击性，或者变得非常紧张，以致永远无法恢复平静。有些犬的反应可能是将它们的恐惧泛化到纠正过程中出现的其他相关刺激。这些刺激可能包括主人、环境或用于约束犬的设备。一般来说，长时间表现出来的恐惧用冲击疗法的效果并不好，反而会因此恶化。

一些与恐惧相关行为的案例显示，由于犬表现出的恐惧程度、问题持续的时间、遗传倾向，或者主人不能或不愿意承诺坚持完整的行为纠正计划而对纠正效果产生负面影响。在这种情况下，管理犬所处的环境，防止其暴露在可怕的刺激源下可能是最好的解决方案。然而，主人应该意识到，这只是掩盖了潜在的问题，大多数犬的恐惧通常不会随着时间的推移而减弱。

分离相关的问题

"分离焦虑"或"分离应激"是用来描述犬在被与人分离时可能表现出的问题行为。这些行为包括破坏性行为（咬家具、破坏出入口区域、挖掘、抓挠）、发出声音（吠叫、呜咽或嚎叫），以及较少出现的不当排泄问题。破坏性行为和发声行为似乎代表犬试图与主人团聚，而排泄可能是广泛性焦虑的症状。因为犬的破坏性行为和弄脏房子有很多潜在的原因，所以犬完整的行为史对于准确诊断分离焦虑是必不可少的。由无聊、寻求关注、缺乏家庭训练或健康问题引起的破坏性行为和房屋污染问题的治疗将在本章的其他篇幅讨论。下面一节将回顾这些问题的诊断和治疗，特别是分离焦虑的表现。

　　发病率：据估计，在美国，与分离相关的问题占行为问题咨询的 20%~40%，在某些实践调查中发现其发生率甚至高达 70%[28-30]。过度活跃和破坏性行为是分离应激最常见的表现，破坏性行为通常指对入口/出口区域的破坏。尽管在拉布拉多寻回犬、德国牧羊犬和英国可卡犬中都有关于这些品种好发分离焦虑症的报道，但这些观察结果仅是初步的推测，而且其他关于品种发病率的研究报告也有发现相反的结果[31]。有理论认为，为高度活跃和与人类密切合作而培育的品种，如放牧和运动品种，可能容易出现分离焦虑问题[32]。尽管有研究人员发现纯种犬明显比杂交犬更容易出现分离焦虑，但也有其他研究人员报告称，杂交犬更容易出现这种问题[33-34]。

　　无论品种如何，犬的来源似乎很重要。从收容所中领养的犬比从其他来源获得的犬的分离焦虑发病率更高。被诊断患有分离焦虑症的犬中，有 20%~26% 是从收容所中领养的，而在因其他原因去医院的犬中，只有 8% 是从收容所收养的[33]。对近 500 个犬类行为案例的统计分析表明，来自收容所的犬比来自纯种繁育者、朋友、宠物店或广告宣传得到的犬更有可能表现出分离焦虑迹象[35]。然而，这些研究并没有清晰地指出这种结果相关的潜在原因。犬被遗弃或抛弃是因为患有与分离相关的行为问题吗？还是收容所的环境和被遗弃的经历导致了犬分离应激的迹象？其他可能使犬容易出现与分离有关问题的因素包括性别（公犬比母犬更容易受到影响）、过早断奶、多次被收养，或患犬幼年时受到惩罚性或严厉的训练[27,31]。

　　过度依恋和分离焦虑：犬天生高度社会化，对它们的主人有强烈的依恋。依恋行为对于社会性物种来说是必不可少的，它们的生存最初依赖于个体之间的合作和紧密结合的社会群体。依恋行为的作用是保持群体中的个体在一起，保持社会凝聚力。群居动物在与同伴分离时会表现出痛苦的反应。痛苦的哭泣和活动增加（甚至是过度活跃）是犬类在与依恋对象分离时的正常反应。幼犬用这些行为来表达饥饿、寒冷或孤独。母犬的反应是回到窝里照顾幼犬（从而强化了这些行为）。当一只新买的幼犬被带回家时，这些行为通常会在幼犬和它的新主人分开时表现出来。幼犬和青年犬在被隔离时表现出一定程度的分离痛苦是正常的反应。随着它们成熟，大多数犬逐渐习惯了适度的分离期，会习惯于它们主人的日常生活节奏。然而，对于一些犬来说，对分离的适应不会发生，或者当它们与主人分开时，由于过度依恋行为的倾向从而导致长期或严重的分离应激。

分离焦虑的迹象： 有分离应激 / 焦虑问题的犬，主人反馈的一个常见诱发情况是犬在与主人长时间且相对持续地待在一起一段时间后，突然与主人分离。典型的情况包括，当孩子放假时经常与家庭成员相处的犬，孩子开学后，因家中无人，犬突然被迫独处；主人的工作或旅行计划发生变化时，需要突然且长时间离开家；或者家庭状况的变化，如离婚或孩子离家去上大学。一些案例表明，犬的分离焦虑是在被寄养到犬舍或因其他因素被强制与人类家庭分离之后发生的。虽然许多犬适应了这些适度的分离，没有任何痛苦的迹象，但那些非常依恋主人的犬在被分开时很可能会出现与分离相关的行为问题。

表现出分离焦虑的犬通常也存在其他高度依赖和依恋主人的行为。它们可能会以一种兴奋过度的状态向主人打招呼，并表现出冗长而夸张的问候仪式。它们平时更喜欢在家里跟着主人四处走动，如果被隔离在另一个房间里，往往会表现得不安且痛苦。这些犬不能忍受禁闭，如果试图用笼子来限制犬的活动反而会增加它们的焦虑及破坏性。一些患有分离焦虑症的犬会表现出幽闭恐惧症，犬不能忍受被限制在小区域、被隔离在婴儿门栏以及其他类型的障碍物后面。有趣的是，许多患有分离焦虑症的犬可以忍受被关在主人的车里，但不能忍受在任何其他情况下被隔离。此外，还有一些主人报告说，如果主人不在场，犬就不愿意排泄。

分离应激表现为一种或多种问题行为，包括痛苦的声音（嚎叫、吠叫、呜咽）、破坏性行为（撕咬、挖掘）、过度活跃（过度的问候行为、持续寻求关注）或不适当的排泄。分离焦虑最明显的特征是只有当主人不在场时犬才会表现出这些行为。通常，如果主人有机会观察犬，这些行为要么在主人离开之前开始，要么在主人离开后几分钟内开始。虽然有些犬在主人离开后很短的一段时间内具有破坏性或发出声音，但最近的研究发现，许多患有分离焦虑症的犬在几个小时内都是活跃和具有破坏性的。应激或焦虑的迹象通常是在犬对人类的"临走提示"做出反应时触发的，如穿上外套、拿起车钥匙或锁门。根据主人描述，这些犬情绪低落、过于焦虑，经常表现出紧张的身体迹象，如颤抖、流口水和踱步。

吠叫和嚎叫是犬分离应激最常见的迹象。与看门犬的吠叫、玩耍行为或无聊时不同，与分离有关的声音主要发生在主人离开时或离开后不久，并可能持续几分钟或长达几个小时。这些声音通常伴随着破坏性的行为。当患有分离焦虑的犬具有破坏性时，它们会把自己的注意力集中在家或房间的出口处，或者带有强烈主人气味的物品。例如，犬可能会抓挠门的底部、门把手或窗户装饰，或者它可能会撕咬沙发垫或衣服。当分离焦虑是导致犬在家里随处排泄的原因时，这些犬排泄表现往往是无论是否已经在主人离开之前排泄过，都会在被独自隔离后不久再次进行任意排泄，而且通常这些犬早在主人在家时就已接受过全面的家庭训练。

　　分离焦虑治疗方案： 治疗分离焦虑的最终目标是减少犬对主人的依赖，增强它在与主人分开时的安全感，防止对家有破坏性的行为或危害犬的危险行为。一般通过反向条件反射作用和系统脱敏法来完成。某些情况下，在行为纠正计划的早期阶段，服用抗焦虑药物是有益的辅助治疗（见*行为问题的药物治疗*）。

　　第一步是纠正犬对主人离开前的提示行为的焦虑反应。例如，在主人进行"出发前纠正治疗"时，可以给犬一个特定的玩具，如一块末端塞满了零食、奶酪或花生酱的硬骨头。这些玩具效果很好，因为这些东西会占用犬 30 分钟甚至更长的时间，从而提供了一个必要的时间段，使犬习惯与主人分开。当犬对玩具还很感兴趣的时候，玩具就会被拿走，只有当主人发出离开前提示时，才会给犬玩具。让犬接触到想得到的强化物可以增强其作为反向条件反射作用工具的效果（详见第九章）。宠物主人通过在一天中反复地让犬接触到这些提示，但不跟随着这些提示离开家，逐渐使犬对离开前的提示脱敏。例如，主人可能会多次拿起钥匙，给犬特殊的玩具，然后继续在家里做他的事情。这些反向条件反射作用和习惯练习是分离焦虑治疗方案的重要组成部分。它们有助于减少犬对主人离开的焦虑，并开始在玩具和隔离独处之间建立积极的联系。当犬对出发前的提示变得不敏感时，可以引入一个逐步离开的计划。

　　当主人还在家的时候，将犬隔离在一个单独的房间里。这可以通过制订每日时间表来完成，其中犬与主人分开的时间间隔依次递增。分离与一个或多个塞满食物的玩具进行关系配对，这些玩具用来使犬适应出发前的提示。与前一阶段的行为纠正计划一样，这些玩具只在训练期间提供给犬，以加强愉快的事物与主人离开之间的联系。在这个项目的开始阶段，犬独处的时间应该比犬产生焦虑反应的时间短。

如果犬已经能够对出发前的提示很好地适应了，并且又给犬一个充满诱惑的咀嚼玩具，大多数时候让犬能对主人的离开容忍几分钟。主人把犬留在房间里几分钟并返回；通过赞美、爱抚和食物来强化平静的行为；移除咀嚼玩具；把犬从房间里放出来。将这样的顺序在一天中重复几次。

如果犬已经很好地适应了出发前的提示（即犬没再出现过焦虑反应，并且对所有出发前的提示表现得都很冷静），那么含有食物的玩具对犬来说就会成为一个"安全提示"。这意味着该玩具已经和离开前的提示或独自隔离时期完成正向关联，在这段时间里，主人只会离开很短的时间，并不需要产生焦虑。这就是为什么在任何其他时间都不能提供咀嚼玩具或骨头的原因，特别是在纠正过程中，当主人需要离开很长一段时间时，犬很有可能会感到焦虑。当主人离开犬的时间超过犬的承受能力时，不应该给它这种玩具，因为如果它与焦虑联系在一起，玩具就会失去作为安全提示的价值。当主人回来时，安全提示应该被移除，并且只在下一次离开之前再次提供给犬。主人返回时应非常低调和冷静，玩具应悄悄被移走。

当犬适应了隔离房间并开始期待想要的玩具（安全提示）时，主人可以使用可变的时间段（如 10 分钟、4 分钟、12 分钟或 1 分钟），慢慢增加持续时间。逐渐地，可延长到 30~45 分钟。一旦犬忍受了 45 分钟的独自隔离，主人就可以开始增加离开前的暗示。然而，当这些新线索条件被添加时，时间周期应该再次减至最初的几分钟，然后逐步恢复到 30 分钟甚至更多。同样，可以设计一个逐步增加时间周期的计划表辅助训练，但该计划表应根据纠正期间犬在每个级别的隔离反应时刻进行调整。

在分离焦虑的纠正过程中，犬的反应决定了主人的推进进度。因为犬在忍受隔离和对抗安全提示的能力上各有不同，主人必须利用犬对前一阶段的反应来确定犬是否具备忍受更长分离时间的能力。制订一个时间计划表是很有用的，但犬容忍每一个分离时间的承受能力才是最终确定是否可以进展到下一个新水平的最终标准。当犬在主人离开前没有表现出焦虑，回来时也没有表现出应激或夸张的问候行为，主人可以延长与犬分离的时间。但最重要的因素还是需要稳定犬保持不焦虑的程度。如果纠正进度增加得太快导致犬焦虑行为的出现，问题往往会加剧，安全提示的有效性可能会丧失。在分离焦虑治疗期间的辅助性建议包括为犬提供一个非常规律的运动、训练和关注计划。

一个有条理和可预测的日常计划有助于减少犬的整体应激。

对于一些犬来说，药物治疗作为分离焦虑的辅助治疗是有帮助的。其中三环类抗抑郁药对患有严重分离焦虑的犬来说是最有效的。这些药物的作用是降低犬的整体焦虑水平，这可能会增强行为纠正计划的效果。最常用的两种处方药是阿米替林和氯丙咪嗪。在任何情况下，药物治疗只能在宠物医生和行为学专家的监督下使用，并应与行为纠正计划结合使用。简单地给犬打镇静剂并不能解决分离焦虑，如果不解决潜在的分离应激问题，还会给主人带来一种虚假的安全感。

预防： 众所周知，分离焦虑是所有幼犬行为的正常组成部分，一旦幼犬被安置在新家，这些焦虑信号就会转移到与新主人分离的过程中。随着它们的成长和发育，幼犬可以通过定期的、短时间被关在一个单独的房间或笼子里来习惯短时间的独处状态。与许多人的社交和社会化经历，加上定期短时间的独处，可以逐步使幼犬欣然接受新的体验，并且与主人分开时是舒适的。一个"安全提示"玩具，如一个塞满零食的空心骨头，可以用于这些训练课程。目前，市面上有几款需要犬进行啃咬才能获得其中食物的新玩具可以供主人使用。这些玩具可以在幼犬被隔离时提供，将"特殊玩具"与短暂的独处时间配对。随着犬的成熟，有规律的独处隔离配合每天一致的锻炼、关注、玩耍和抚摸是必不可少的，可以防止长大后出现与分离有关的行为问题。

有证据表明，一贯对命令做出反应或参加过服从训练课程的犬不太可能出现分离性问题。一项研究比较了在 8 周的时间里训练人犬互动对于人、犬关系的影响[36]。据报道，与没有接受任何形式互动的犬相比，完成了 8 周服从课程或与主人进行了相当时间的积极互动的犬出现分离应激的概率较低。其他关于犬与主人关系的研究也支持了这一结果，表明对服从命令做出适当反应或参加服从课程的犬不太可能出现由分离引起的行为问题[37-38]。而且接受过服从训练的犬的主人报告的各种行为问题都更少，因此服从训练大概率可以提高人、犬关系的整体质量，从而降低犬出现分离焦虑的风险。此外，训练对于防止犬过度依恋可能是有具体好处的，分离应激的表现也与主人对犬的掌控水平有关，在逐步分离训练中，固有的操作则是当主人离开或到另一个房间前，教犬顺从坐着或躺下或保持停留的行为命令。大多数训练项目都是通过塑形法（循序渐进地形成理想行为）来引入这些练习的，为了减轻犬的过度依恋，大部分情况下采用逐步引入犬与主人分离的训练，同时结合强化犬保持冷静的行为（非激动状态待在主人身边）。另外，服从训练和犬行为问题减少之间的关联很有可能仅存在于主人无法轻易察觉那些从一开始就接受了服从训练的犬本身存在的行为问题。

排泄问题

虽然排泄问题通常被犬的主人认为是行为问题，但大多数犬的排尿或排便不当的情况反而是与主人的管理有关，并不构成异常行为。但就主人认为是有问题的行为而言，正确找出问题所在的潜在原因对有效纠正是有用的。犬弄脏房子最常见的原因是没有经历过系统性的家庭训练，标记行为和顺从 / 兴奋的排尿。其他潜在的原因包括健康状况、对地板材料的偏好以及分离应激。

不完整的室内训练：幼犬通常在 7~8 周龄的时候被安置到新家。在这个年龄，幼犬对膀胱的控制有限，需要在醒着和玩耍时频繁地小便。它们也无法在不小便的情况下整晚入睡，因此必须在晚上至少给它们一次排泄的机会。一般的规律是，当幼犬非常活跃和玩耍时、在进食或饮水后不久，以及午睡后需要立即被带到室外进行每次 20~30 分钟的排泄（为了安全起见，应该再加 2~3 次户外遛狗的行程）。早期的家庭训练包括让幼犬经常去室外的排泄区域，积极地加强幼犬在指定区域的排泄，然后再回到室内。户外散步和户外玩耍的区域应该与排泄区域分开，让幼犬可以开始将院子里的特定区域逐步与排泄联系起来。成功的幼犬家庭训练依赖于耐心的等待，直到幼犬能够控制膀胱，以及可以提供给犬能常去的区域和位置。除了为幼犬提供许多可以在正确区域排泄的机会外，成功的室内训练也是同等重要的，以此来防止幼犬在室内排泄。要做到这一点，需要一直密切监督幼犬，当它们不能被密切关注时，就要把它们关在围栏里或"安全区域"。

幼犬家庭训练不完整的最常见原因之一是人类不切实际的期望。虽然有些幼犬可以快速地在 1~2 周内学会家庭训练项目，但显然还有一部分犬是完不成的，训练达成的时间并非约定俗成。在幼犬长到至少 5~6 个月大之前，主人都应该密切监督和安排幼犬频繁的户外活动。当幼犬在室内时，它应该在不能被密切监督的时候被限制在某处。不切实际地期望幼犬可以在出生后的头几个月内完成所有训练，这可能会导致幼犬在家里排泄。当一只幼犬在家里的某个区域停留超过 1~2 次时，位置偏好可能会形成，并且会妨碍家庭训练。如果一只幼犬在家里发生了排泄行为，主人需要及时地打断它（不要惩罚），并把它带到户外。这个区域也应该用清洁剂彻底清洁，幼犬不应该再被允许进入这块区域。"如果你抓住了幼犬的犯错行为，就教育它"这句老话不应该成为训练计划的一部分。这种被反复提及的老话对于训练既无效又适得其反。当一只幼犬因为排泄而被主人训斥时，它很快就学会了如何避免责罚，即在视线之外排泄，并且该行为被负强化。当主人坚定地认为他们的犬"知道在家里排泄是错误的"时候，往往是因为犬已经更换区域在另一个他们不知道的房间进行了排泄行为，而导致这种情形的潜在原因还是因为犬在排泄时遭到主人谴责。从本质上讲，在这些案例中，主人还算是行之有效地规范了他的犬在室内的排泄，即使只是错误地将位置变成了在另一个看不见的地方。此外，期望幼犬学会自己"要求"去外面排泄这并不合理，而且也给家庭训练增加了不必要的负担。虽然有些犬确实学会了通过走到门口或吠叫来"要求"，但作为主人总是有责任为犬提供足够的机会到外面去排泄。大多数成犬每天至少有 4~6 次户外时间来排泄（不包括日常户外活动）。

家庭训练问题的纠正很简单。方法对幼犬和成犬来说是一样的，但对于从未接受过完整家庭训练的老年犬来说会比较困难。训练时将犬限制在房子中的一小块区域，并结合高频率的外出遛狗。家里任何曾经被犬排泄过的地方都要彻底清理干净，并且在训练期间，不允许犬进入这些地方。普遍规则是，只有当犬被带到室外并在 30 分钟内排泄的情况下，犬才可以被允许扩大在室内的活动范围。如果犬被带出去不小便，则必须将它关起来或被严密看管，并应该在 20 分钟后再次带出去。应该持续使用院子里的一个指定区域，另外加上一个特定的暗示词（如"上厕所"或"快点"）用来作为典型的条件排泄行为暗示。在大多数情况下，简单地制订一个规则，强化正确的排泄习惯，并防止在室内乱排泄，就可以成功地完成家庭训练过程。

标记行为：第八章详细讨论了家犬的标记行为。所有的犬都会表现出标记行为，小便和大便都可以用来标记。其中，未去势公犬的尿液标记是最常见的标记行为。雄性的标记被认为是基于其社交属性以及散发荷尔蒙信息素的需要。因此，对犬会经常使用去势的方式来消除这种行为，但也并非总是如此[39]。标记的典型特征是经常在目标（通常是垂直）区域少量排尿。除了睡觉的地方，在家里或院子里，犬花时间最多的地方通常都有标记。标记的区域也可能表示这是一个与犬焦虑或应激相关的地方。例如，当新男友来访时，犬突然开始在他坐过的椅子上做标记，这可能是在表达对家庭成员架构变化的焦虑。对标记行为的纠正首先要确定内在原因。如果这只犬是一只自信、支配型的犬，它只是在表示它的存在，建议把它关起来并进行再训练。未去势的犬应该被去势，并且结合服从性训练，教会犬对坐下和趴下的命令做出反应，这有助于主人在家里对犬进行积极的控制。

　　相反，如果犬是因为焦虑或社会地位的变化而做标记，则必须确定并消减焦虑的潜在原因。使用反向条件训练和系统脱敏法来调节犬接受家庭新成员（人类或非人类）是治疗焦虑相关标记行为的重要组成部分。某些情况下，在宠物医生和行为学专家的监督下使用抗焦虑药物作为辅助治疗可能会有所帮助。

　　顺从性 / 兴奋性排尿： 顺从性排尿和兴奋性排尿实际上是两种不同的问题。然而，因为一般很难区分这两种行为，所以经常被放在一起讨论。此外，一只犬（尤其是幼犬）在不同的情况下也可以表现出两种不同类型的排尿。顺从性排尿的性质是犬在与主人或另一只犬打招呼时表现出的主动或被动服从。典型的姿势包括低着头，避免眼神接触，顺从的微笑，当人或犬靠近或触摸犬时排尿。幼犬向成犬打招呼时，顺从的问候是正常的，许多幼犬和人类打招呼时也是如此。然而，大多数犬会随着它们的成熟和自信而改变它们的问候仪式，不再表现出极端的顺从。如果幼犬出现顺从性排尿，通常可以简单地通过减少问候的强度并等待犬长大来纠正。纠正强烈问候的一个简单方法是，在主人迎接犬时，把饼干或玩具扔到一旁。犬向旁边移动时，使它无法直接与人进行目光接触，也防止了主人迎接犬的问候。一旦犬用这种方式吃了几次食物，就可以轻轻地让它坐下打招呼。在问候的这一部分，主人应该蹲下来，以避免在犬的上方出现，并防止直接的眼神接触（图 10.1）。

图 10.1　侧身蹲着向温顺的犬打招呼的人

　　在问候行为中也可以看到兴奋性排尿，但也可能发生在让幼犬变得兴奋的任何活动或玩耍时。表现出易兴奋性排尿的犬通常该行为发生时不会蹲下排尿，但可能是在走路或跳跃时出现小便（或漏尿）。因为兴奋性排尿通常是由于缺乏完全的神经肌肉控制引起的，类似顺从性排尿，大多数犬在成熟后会停止这种排尿形式。与顺从性排尿一样，该行为纠正包括减少问候和玩耍的强度，并将犬的注意力转移到其他物体上。用玩具或零食来减少问候强度，或者在问候之前让犬在外面嬉戏几分钟，有助于防止出现兴奋性排尿。

　　不适当排泄的其他原因：排泄问题的其他潜在原因包括健康状况，（建材）基质偏好和分离应激。如果不能确定直接的潜在行为原因，则应进行全面的检查，以排除医学疾病或障碍。可能导致家庭培训失败的疾病包括泌尿道疾病、泌尿生殖道先天性畸形、多种内分泌失调和神经系统异常。如果发现了健康状况异常，那么整体的治疗方案制订都应该是首先治疗健康问题，然后再关注纠正排泄问题的行为部分。（建材）基质偏好最常发生在那些未经适当家庭训练的犬身上，它们学会了喜欢某个特定的地方（房间或房间内的区域）或房子里的基材（地毯、瓷砖地板）。因为（建材）基质偏好通常与不充分的家庭训练有关，所以纠正的目的是对犬进行再训练，并禁止它进入偏好的区域。最后，分离应激也是一些犬排泄问题行为的原因。分离性问题诱发的排泄最显著的特点是主人在家的情况下，犬从来不会表现出问题，只有在犬被隔离、主人不在家的情况下，才会出现问题排泄。此时纠正的目的应该是解决分离应激的潜在原因（见分离相关的问题）。

行为问题的药物治疗

对犬的一些行为问题的治疗可以通过药物治疗来加强。其中可能导致犬行为改变的健康问题包括内分泌失衡（甲状腺功能减退、库欣氏综合征）、神经系统疾病、局部疼痛甚至营养失衡。然而，一定要采取谨慎的方法，因为药物仅仅是辅助治疗，而不应该期望提供神奇的治疗效果。近年来，关于药物疗法治疗犬的行为问题的好处得到了广泛的认可，现在有许多宠物医生和行为学专家接受过使用药物进行行为纠正的培训。无论何时需要使用药物治疗时，处方都应该在具有宠物医师资质的行为学专家监督下开具[40-41]。

结论

了解犬的社会化属性和行为发展史以及犬的学习方式对所有与伴侣动物相关工作的专业人士都很重要。此外，对常见行为问题的原因，管理和预防方法的透彻理解是维持人与犬之间牢固持久关系的必要条件。照顾和饲养伴侣动物的另一个重要组成部分是给予预防性和治疗性的医疗护理。在第三部分中，将阐述犬的预防性护理，并提供了关于常见传染性疾病和非传染性疾病、体内外寄生虫以及发育性骨骼疾病的内容这部分的最后一章则讲述了紧急情况下的急救操作流程。

参考文献

[1] Houpt, K.A., Honig, S.U., and Reisner, I.R. **Exploring the bond: breaking the human–companion animal bond.** Journal of the American Veterinary Medical Association, 208:1653–1658. (1996)

[2] Miller, D.D., Staats, S.R. and Partlo, C. **Factors associated with the decision to surrender a pet to an animal shelter.** Journal of the American Animal Hospital Association, 209:738–742. (1 996)

[3] Voith, V.L. and Borchelt, P.L **Elimination behavior and related problems in dogs.** In: *Readings in Companion Animal Behavior*, Veterinary Learning Systems,

Trenton, NJ, pp. 168–178. (1996)

[4] Voith, V. and Borchelt, P.L. **History taking and interviewing.** In: *Readings in Companion Animal Behavior,* Veterinary Learning Systems, Trenton, NJ, pp. 42–47. (1996)

[5] Hart, B. and Hart, L. *Canine and Feline Behavioral Therapy,* Lea and Febiger, Philadelphia, PA. (1985)

[6] Lockwood, R. **The ethology and epidemiology of canine aggression.** In: *The Domestic Dog: Its Evolution, Behavior, and Interactions with People,* Cambridge University Press, Cambridge, pp. 131–138. (1995)

[7] Netto, W.J. and Planta, D.J.U. **Behavioural testing for aggression in the domestic dog.** Applied Animal Behaviour Science, 52:243–263. (1997)

[8] Mugford, R.A. **Behavior problems in the dog.** In: *Nutrition and Behavior in Dogs and Cats* (R.S. Anderson, editor), Pergamon Press, Oxford, pp. 207–215. (1984)

[9] Campbell, W.E. *Behavior Problems in Dogs,* American Veterinary Publications, Santa Barbara, CA. (1975)

[10] Landsberg, G. **The distribution of canine behavior cases at three behavior referral practices.** Veterinary Medicine, 86:1011–1018. (1991)

[11] Line, S. and Voith, V.L. **Dominance aggression of dogs toward people: behavior profile and response to treatment.** Applied Animal Behavior Science, 16:77–83. (1986)

[12] Polsky, R.H. **Factors influencing aggressive behavior in dogs.** California Veterinarian, 37:12–15. (1983)

[13] Borchelt, P.L. **Aggressive behavior of dogs kept as companion animals: classification and influence of sex, reproduction statues and breed.** Applied Animal Ethology, 10:45–61. (1983)

[14] O'Farrell, V. and Peachey, E. **Behavioral effects of ovariohysterectomy on bitches.** Journal of Small Animal Practice, 31:595–598. (1990)

[15] Jagoe, J.A. **Behaviour problems in the domestic dog: a retrospective study to identify factors influencing their development.** Unpublished Ph.D. Thesis, Cambridge University. (1994)

[16] Borchelt, P.L. and Voith, V.L. **Dominant aggression in dogs.** In: *Readings in Companion Animal Behavior* (V.L. Voith and P.L. Borchelt, editors), Veterinary Learning Systems, Trenton, NJ, pp. 230–239. (1996)

[17] Borchelt, P.L. and Copopola, M.C. **Characteristics of dominance aggression in dogs.** Paper presented at Annual Meeting of the Animal Behavior Society, North Carolina, June. (1985)

[18] Donaldson, J. *Culture Clash: A Revolutionary New Way of Understanding the Relationship between Humans and Domestic Dogs,* James and Kenneth Publishers, Oakland, CA. (1996)

[19] Overall, K.L. *Clinical Behavioral Medicine for Small Animals,* Mosby, St. Louis, MO, pp. 106–108. (1997)

[20] Voith, V. and Borchelt, P.L. **Fears and phobias in companion animals.** *In: Readings in Companion Animal Behavior,* Veterinary Learning Systems, Trenton, NJ, pp. 140–152. (1996)

[21] Wells, D.L. and Hepper, P.G. **Prevalence of behaviour problems reported by owners of dogs purchased from an animal rescue shelter.** Applied Animal Behaviour Science, 69:55–65. (2000)

[22] Goddard, M.E. and Beilharz, R.G. **Factor analysis of fearfulness in potential guide dogs.** Applied Animal Behaviour Science, 12:253–265. (1984)

[23] Tuber, D.S., Hothersall, D., and Peters, M.F. **Treatment of fears and phobias in dogs.** Veterinary Clinics of North America: Small Animal Practice, 12:607–623. (1982)

[24] Thorne, F.C. **The inheritance of shyness in dogs.** Journal of Genetic Psychology, 65:275–279. (1944)

[25] Clark, R.S., Heron, W., and Fetherstonhaugh, M.L. **Individual differences in dogs: preliminary report on the effects of early experience.** Canadian Journal of Psychology, 5:150–156. (1951)

[26] Fox, M.W. and Stelzner, D. **Behavioural effects of differential early experience in the dog.** Animal Behaviour, 14:273–181. (1966)

[27] Landsberg, G., Hunthausen, W., and Ackerman, L. **Fears and phobias.** In: *Handbook of Behaviour Problems of the Dog and Cat,* Butterworth/Heinemann, Oxford, pp. 119–128. (1997)

[28] McCrave, E.A. **Diagnostic criteria for separation anxiety in the dog.** Veterinary Clinics of North America, Small Animal Practice, 21:247–255. (1991)

[29] Voith, V.L., Goodloe, L., Chapman, B., and Marder, A.R. **Comparison of dogs presented for behavior problems by source of dog.** Paper presented at AVMA Annual Meeting, Seattle, WA, July 18. (1993)

[30] Landsberg, G. **The distribution of canine behavior cases at three behavior referral practices.** Veterinary Medicine, 86:1011–1018. (1991)

[31] Mugford, R.A. **Attachment versus dominance: an alternate view of the man–dog relationship.** In: *The Human-Pet Relationship,* Vienna, Proceedings of the Institute for Interdisciplinary Research on the Human-Pet Relationship, pp. 157–165. (1985)

[32] Niego, M., Sternberg, S.,and Zawistowsky, S. **Applied comparative psychology and the care of companion animals: 1. Coping with problem behavior in canines.** Humane Innovations and Alternatives in Animal Experimentation, 4:162–164. (1990)

[33] Voith, V.L. and Ganster, D. **Separation anxiety: review of 42 cases. Abstract.** Applied Animal Behavior Science, 37:84–85. (1993)

[34] Voith, V.L. and Borchelt, P.L. **Separation anxiety in dogs.** In: *The Domestic Dog: Its Evolution, Behavior, and Interactions with People,* Cambridge University Press, Cambridge, pp. 124–139. (1995)

[35] Voith, V.L., Goodloe, L., Chapman, B., and Marder, A.R. **Comparison of dogs presented for behavior problems by source of dog.** Paper presented at AVMA Annual Meeting, Seattle, WA, July 18. (1993)

[36] Clark, G.I. and Boyer, W.N. **The effects of dog obedience training and behavioral counseling upon the human–canine relationship.** Applied Animal Behavior Science,37:147–159. (1993)

[37] Jagoe, A. and Serpell, J. **Owner characteristics and interactions and the prevalence of canine behaviour problems.** Applied Animal Behavior Science, 47:31–42. (1996)

[38] Takeuchi, Y., Ogata, N., Houpt, K.A., and Scarlett, J.M. **Differences in background and outcome of three behavior problems of dogs.** Applied Animal Behaviour Science, 70:297–308. (2001)

[39] Hart, B.L. **Castration and urine marking in dogs.** Journal of the American Veterinary Medical Association, 164:140–144. (1974)

[40] Simpson, B.S. and Simpson, D.M. **Behavioural pharmacotherapy.** In: *Readings in Companion Animal Behavior,* Veterinary Learning Systems, Trenton, NJ, pp. 100–115. (1996)

[41] Landsberg, G., Hunthausen, W., and Ackerman, L. **Drugs used in behavioural therapy.** In: *Handbook of Behaviour Problems of the Dog and Cat,* Butterworth/Heinemann, Oxford,pp.47–64. (1997)

第二部分 推荐书籍与参考文献

推荐书籍

1 Beck, A.M., Overall, K.L. and McKeown, D.B. Behavioural Problems in Small Animals, Ralston Purina, St. Louis, MO. (1992)

2 Beck, A.M. The Ecology of Stray Dogs: A Study of Free-Ranging Urban Animals, York Press, Baltimore, MD. (1973)

3 Burch, M.R. and Bailey, J.S. How Dogs Learn, Howell Book House, New York. (1999)

4 Burns, M. and Fraser, M.N. Genetics of the Dog: The Basis of Successful Breeding, Oliver and Boyd, Edinburgh. (1966)

5 Campbell, W.E. Behavior Problems in Dogs, American Veterinary Publications, Santa Barbara, California. (1992)

6 Donaldson, J. Culture Clash: A Revolutionary New Way of Understanding the Relationship between Humans and Domestic Dogs, James and Kenneth Publishers, Oakland, California. (1996)

7 Fisher, John (editor). The Behaviour of Dogs and Cats, Stanley Paul and Co., London. (1993)

8 Fisher, J. Dogwise; The Natural Way to Train Your Dog, Souvenir Press, London. (1992)

9 Fox, M.W. The Dog: Its Domestication and Behavior, Garland STPM Press, New York. (1978)

10 Fox, M.W. Behavior of Wolves, Dogs and Related Canids, Harper and Row, New York.(1971)

11 Hart, B.L. and Hart, L.A. The Perfect Puppy: How to Choose Your Dog by Its Behavior, WH Freeman and Company, New York. (1988)

12 Hart, B.L. and Hart L.A. Canine and Feline Behavioral Therapy, Lea and Febiger, Philadelphia, PA. (1985)

13 Hart, B.L. The Behavior of Domestic Animals, WH Freeman Company, New York. (1985)

14 Johnston, B. The Skillful Mind of the Guide Dog: Towards a Cognitive and Holistic Model of Training, Guide Dogs for the Blind Association, Reading. (1990)

15 Koehler, W. The Koehler Method of Dog Training, Howell Book House, New York. (1962)

16 Landsberg, G., Hunthausen, W., and Ackerman, L. Handbook of Behaviour Problems in the Dog and Cat, Butterworth-Heinemann, Oxford. (1997)

17 Lindsay, S.R. Handbook of Applied Dog Behavior and Training; Volume 1: Adaptation and Learning, Iowa State University Press, Ames. (2000)

18 Lindsay, S.R. Handbook of Applied Dog Behavior and Training; Volume 2: Etiology and Assessment of Behavior Problems, Iowa State University Press, Ames. (2001)

19 Lorenz, K. Man Meets Dog, Penguin Books, Harmondsworth. (1953)

20 Mech, L.D. The Wolf: The Ecology and Behaviour of an Endangered Species, Natural History Press, New York. (1970)

21 Neville, P. Do Dogs Need Shrinks? Carol Publishing Group, New York. (1992)

22 O'Farrell, V. Dog's Best Friend: How Not to be a Problem Owner, Methuen Press, London. (1994)

23 O'Farrell, V. Manual of Canine Behavior, BSAVA Publications, Cheltenham. (1986)

24 Overall, K. Clinical Behavioral Medicine for Small Animals, Mosby, St. Louis, MO. (1997)

25 Pfaffenberger, C.J., Scott, J.P., and Fuller, J.L. Guide Dogs for the Blind: Their Selection, Development and Training. Elsevier, Amsterdam. (1976)

26　Polsky, R.H. User's Guide to the Scientific Literature on Dog and Cat Behavior, Animal Behavior Counseling Services, Inc., Los Angeles. (1991)

27　Pryor, K. Karen Pryor on Behavior, Sunshine Books, North Bend, Washington, DC. (1995)

28　Pryor, K. Don't Shoot the Dog, Bantam Books, New York. (1984)

29　Reid, P. Excel-Erated Learning: Explaining How Dogs Learn and How Best to Teach Them, James and Kenneth Publishing, Oakland, CA. (1996)

30　Robinson, I. The Waltham Book of Human-Animal Interaction: Benefits and Responsibilities of Pet Ownership, Pergamon Press, Oxford. (1995)

31　Rogerson, J. Your Dog: Its Development, Behaviour, and Training. Popular Dogs Publishing Company, London. (1990)

32　Saunders, B. The Complete Book of Dog Obedience: A Guide for Trainers, Howell Book House, New York. (1976)

33　Scott, J.P. and Fuller, J.L. Genetics and the Social Behavior of the Dog. University of Chicago Press, Chicago. (1965)

34　Serpell, J.A. (Editor). The Domestic Dog: Its Evolution, Behavior, and Interactions with People, Cambridge University Press, Cambridge. (1995)

35　Skinner, B.F. The Behavior of Organisms: An Experimental Approach, AppletonCentury, New York. (1938)

36　Thorne, C. (Editor) The Waltham Book of Dog and Cat Behaviour, Pergamon Press, Oxford. (1992)

37　Tortora, D.L. The Right Dog for You, Simon and Schuster, New York. (1986)

38　Voith, V.L. and Borchelt, P.L. (Editors). Readings in Companion Animal Behavior, Veterinary Learning Systems, Trenton, NJ. (1996)

39　Walkowicz, C. The Perfect Match: A Dog Buyer's Guide, Howell Book House, New York. (1 996)

40　Wilkes, G. A Behavior Sampler, Sunshine Books, North Bend, WA. (1994)

参考文献

1　Abrantes, R. The expression of emotions in man and canid. In: Canine Development Throughout Life, Waltham Symposium, No. 8 (A.T.B. Edney, editor), Journal of Small Animal Practice, 28:1030-1036. (1987)

2　Adams, G.J. and Clarke, W.T. The prevalence of behavioural problems in domestic dogs; A survey of 105 dog owners. Australian Veterinary Practice, 19:135-137. (1989)

3　Adler, L.L. and Adler, H.E. Ontogeny of observational learning in the dog (Canis familiaris). Developmental Psychology, 10:267-280. (1977)

4　Arons, C.D., Shoemaker, W.J. The distribution of catecholamines and beta endorphin in the brain of three behaviorally distinct breeds of dogs and their F1 hybrids. Brain Research, 594:31-39. (1992)

5　Barrette, C. The "inheritance of dominance," or an aptitude to dominate. Animal Behaviour, 46:591-593. (1993)

6　Bateson, P. How do sensitive periods arise and what are they for? Animal Behaviour,27:470 -486. (1979)

7　Beaudet, R. Chalifoux, A., and Dallaire, A. Predictive value of activity level and behavioural evaluation on future dominance in puppies. Applied Animal Behavior Science, 40:273-284. (1 994)

8　Beaver, B.V. Owner complaints about canine behavior. Journal of the American Veterinary Medical Association, 204:1953-1955. (1994)

9　Beaver, B.V. Profiles of dogs presented for aggression. Journal of the American Animal Hospital Association, 29:564-569. (1993)

10 Beaver, B.V. Clinical classification of canine aggression. Applied Animal Ethology,10:35-4 3. (1983)

11 Beaver, B.V. Distance-increasing postures of dogs. Veterinary Medicine: Small Animal Clinician, 77:1023-1024. (1982)

12 Beaver, B.V. Friendly communications by the dog. Veterinary Medicine: Small Animal Clinician, 76:647-649. (1981)

13 Beerda, B., Schilder, M.B.H., van Hooff, J.A., and deVries, H.W. Behavioural, saliva cortisol and heart rate responses to different types of stimuli in dogs. Applied Animal Behavior Science, 58:365-381. (1997)

14 Bekoff, M. Play signals as punctuation. The structure of social play in canids. Behaviour, 132:419-429. (1995)

15 Bekoff, M. Scent-marking by free ranging domestic dogs: olfactory and visual components. Biology of Behaviour, 4:123-139. (1979)

16 Bekoff, M. Ground scratching by male domestic dogs: a composite signal. Journal of Mammalogy, 60:847-848. (1979)

17 Bekoff, M. Social play and play-soliciting by infant canids. American Zoologist, 14:323-340. (1974)

18 Blackshaw, J.K. Case studies of some behavioural problems in dogs. Australian Veterinary Practitioner, 17:101-103. (1988)

19 Blackshaw, J.K. Human and animal inter-relationships. Review series 3: Normal behaviour patterns of dogs. Part 1. Australian Veterinary Practitioner, 15:110-112. (1985)

20 Borchelt, P.L. and Voith, V.L. Dominance aggression in dogs. In: Readings in Companion Animal Behavior (V.L. Voith and P.L Borchelt, editors), Veterinary Learning Systems, Trenton, NJ, pp. 230-239. (1996)

21 Borchelt, P.L and Coppola, M.C. Characteristics of dominance aggression in dogs. Paper presented at Annual Meeting of the Animal Behavior Society, North Carolina, June. (1985)

22 Borchelt, P.L. Behavioral development of the puppy. In: Nutrition and Behavior in Dogs and Cats (R.S. Anderson, editor), Pergamon Press, Oxford, pp. 165-174. (1984)

23 Borchelt, P.L. Separation elicited behavior problems in dog. In: New Perspectives on our Lives with Companion Animals (A.H. Katcher and A.M. Beck, editors), University of Pennsylvania Press, Philadelphia, pp. 187-196. (1983)

24 Borchelt, P.L. Aggressive behavior of dogs kept as companion animals: classification and influence of sex, reproduction status and breed. Applied Animal Ethology, 10:45-61. (1983)

25 Borchelt, P.L. and Voith, V.L. Diagnosis and treatment of separation related behavior problems in dogs. Veterinary Clinics of North America (Small Animal Practice), 12:625-635. (1 982)

26 Borchelt, P.L. and Voith, V.L. Classification of animal behavior problems. Veterinary Clinics of North America (Small Animal Practice), 12:571-585. (1982)

27 Bradshaw, J.W.S., Goodwin, D., Lea, A.M., and Whitehead, S.L. A survey of the behavioural characteristics of pure-bred dogs in the United Kingdom. Veterinary Record, 13 8:465-48. (1996)

28 Bradshaw, J.W.S., Wickens, S.M., and Goodwin, D. Dogs and wolves: Do they really speak the same language? Association of Pet Behaviour Counselors' Newsletter. (1994)

29 Bradshaw, J.W.S., and Brown, S.L. Behavioral adaptations of dogs to domestication. In: Pets: Benefits and Practice (I.H. Burger, editor), BVA Publications, London, pp. 18-24. (1990)

30 Bradshaw, J.W.S., Natynczuk, S.E., and Macdonald, D.W. Potential applications of anal sac volatiles from domestic dogs. In: Chemical Signals in Vertebrates, 5th

ed. (D.W. MacDonald, D. Muller-Schwarze, and S.E. Natynczuk, editors), Oxford University Press, Oxford, pp. 640-644. (1 990)

31　Byrne, R.W. Animal communication: what makes a dog able to understand its master? Current Biology, 13:R347-R348. (2003)

32　Call, J., Brauer, J., Kaminski, J., and Tomasello, M. Domestic dogs (Canis familiaris) are sensitive to the attentional state of humans. Journal of Comparative Psychology, 117:257-263. (2003)

33　Christiansen, F.O., Bakken, M., and Braadstad, B.O. Behavioural differences between three breed groups of hunting dogs confronted with domestic sheep. Applied Animal Behaviour Science, 72:115-129. (2002)

34　Clark, G.I. and Boyer, W.N. The effects of dog obedience training and behavioural counseling upon the human-canine relationship. Applied Animal Behavior Science,37:147-159. (1993)

35　Clark, R.S., Heron, W., Fetherstonhaugh, M.L., Forgays, D.G., and Hebb, D.O. Individual differences in dogs: preliminary report on the effects of early experience. Canadian Journal of Psychology, 5:150-156. (1951)

36　Cooper, J.J., Ashton, C., Bishop, S., West, R., and others. Clever hounds: social cognition in the domestic dog (Canis familiaris). Applied Animal Behaviour Science, 81:229-244. (2003)

37　Coppinger, R. and Coppinger, L. Biological basis of behavior of domestic dog breeds. From: Readings in Companion Animal Behavior (V. Voith and P. Borchelt, editors), Veterinary Learning Systems, Trenton, NJ, pp. 9-18. (1996)

38　Coppinger, R.P. and Feinstein, M. Why dogs bark. Smithsonian Magazine, January:119-129. (1991)

39　Coppinger, R., Coppinger, L, Langeloh, G., Gettler, L., and Lorenz, J. A decade of use of livestock guarding dogs. In: Proceedings of the Vertebrate Pest Conference, Volume 13 (A.C. Crabb and R.E. Marsh, editors), University of California at Davis, Davis, pp. 209-214. (1988)

40　Crowell-Davis, S.L. Identifying and correcting human-directed dominance aggression of dogs. Veterinary Medicine, October:990-998. (1991)

41　Denenberg, V.H. A consideration of the usefulness of the critical period hypothesis as applied to the stimulation of rodents in infancy. In: Early Experience and Behaviour (G. Newton and S. Levine, editors), Charles Thomas, Springfield, IL, pp. 142-167. (1968)

42　Doty, R.L. and Dunbar, I.F. Attraction of beagles to conspecific urine, vaginal and anal sac secretion odours. Physiology and Behaviour, 12:325-333. (1974)

43　Duxbury, M.M., Jackson, J.A., Line, S.Z., and Anderson, R.K. Evaluation of association between retention in the home and attendance at puppy socialization classes. Journal of the American Veterinary Medical Association, 223:61-66. (2003)

44　Dykman, R.A., Murphree, O.D., and Reese, W.G. Familial anthropophobia in pointer dogs? Archives of Genetics and Psychiatry, 36:988-993. (1979)

45　Dykman, R.A., Murphree, O.D., and Ackerman, P.T. Litter patterns in the offspring of nervous and stable dogs. II. Autonomic and motor conditioning. Journal of Nervous and Mental Disease, 141:419-431. (1966)

46　Elliot, O. and Scott, P. The development of emotional distress reactions to separation in puppies. Journal of Genetic Psychology, 99:3-22. (1961)

47　Estep, D.Q. The ontogeny of behavior. In: Readings in Companion Animal Behavior (V.L. Voith and P.L Borchelt, editors), Veterinary Learning Systems, Trenton, NJ, pp. 19-31. (1996)

48　Falt, L. Inheritance of behaviour in the dog. In: Nutrition and Behaviour in Dogs and Cats (R.S. Anderson, editor), Pergamon Press, Oxford, pp. 183-187. (1984)

49　Feddersen-Petersen, D. The ontogeny of social play and agonistic behaviour in selected canid species. Bonner Zoologische Beitrage, 42:97-114. (1991)

50 Fiset, S., Beaulieu, C., and Gagons, S. Spatial encoding of hidden objects in dogs (Canis familiaris). Journal of Comparative Psychology, 114:315-324. (2000)

51 Fox, M.W. The behaviour of dogs. In: The Behaviour of Domestic Animals, 3rd ed. (E.S.E. Hafez, editor), Bailliere Tindall Press, London, pp. 370-409. (1975)

52 Fox, M.W. Behavioral effects of rearing dogs with cats during the "critical period of socialization." Behaviour, 35:273-280. (1969)

53 Fox, M.W. Socialization, environmental factors, and abnormal behavioral development in animals. In: Abnormal Behavior in Animals (M.W. Fox, editor), WH Saunders, Philadelphia, PA, pp. 332-355. (1968)

54 Fox, M.W. and Stelzner, D. Behavioural effects of differential early experience in the dog. Animal Behaviour, 14:273-281. (1966)

55 Freedman, D.G., King, J.A., and Elliot, O. Critical periods in the social development of dogs. Science, 133:1016-1017. (1961)

56 Gagnon, S. and Dore, F.Y. Search in various breeds of adult dogs (Canis familiaris): object permanence and olfactory cues. Journal of Comparative Psychology, 106:58-68. (1992)

57 Ginsberg, B.E. and Hiestrand, L. Humanity's "best friend": the origins of our inevitable bond with dogs. In: The Inevitable Bond: Examining Scientist-Animal Interactions (A. Davis and D. Balfour, editors), Cambridge University Press, New York, pp. 93-108. (1992)

58 Goddard, M.E. and Beilharz, R.G. Factor analysis of fearfulness in potential guide dogs. Applied Animal Behaviour Science, 12:253-265. (1984)

59 Goddard, M.E. and Beilharz, R.G. Genetic and environmental factors affecting the suitability of dogs as guide dogs for the blind. Theoretical and Applied Genetics, 62:97-102. (1 982)

60 Guy, N.C., Luescher, U.A., Dohoo, S.E., Spangler, E., Miller, J.B., Dohoo, I.R., and Bate, L.A. Risk factors for dog bites to owners in a general veterinary caseload. Applied Animal Behavior Science, 74:29-42. (2001)

61 Hare, B., Brown, M., Williamson, C., and Tomasello, M. The domestication of social cognition in dogs. Science, 298:1634-1636. (2002)

62 Hare, B., Tomasello, M. Domestic dogs (Canis familiaris) use human and conspecific social cures to locate hidden food. Journal of Comparative Psychology, 113:173-177. (1999)

63 Hart, B.L. and Hart, L.A. Selecting pet dogs on the basis of cluster analysis of breed behavior profiles and gender. Journal of the American Veterinary Medical Association,186:1181 -1195. (1985)

64 Haug, L.I., Beaver, B.V., and Longnecker, M.T. Comparison of dogs' reactions to four different head collars. Applied Animal Behaviour Science, 80:1-9. (2002)

65 Hennesy, M.B., Davis, H.N., Williams, M.T., Mellot, C., and Couglas, C.W. Plasma cortisol levels of dogs at a county animal shelter. Physiology and Behavior, 62:481-490. (1997)

66 Hepper, P.G. Long-term retention of kinship recognition established during infancy in the domestic dog. Behavioral Processes, 33:3-14. (1994)

67 Hetts, S. and Estep, D.Q. Behavior management: Preventing elimination and destructive behavior problems. Veterinary Forum, November:60-61. (1994)

68 Hinde, R.A. The biological significance of territories in birds. The Ibis, 98:340-369. (1956)

69 Hird, D.W., Ruble, R.P., Reager, S.G., Cronkhite, P.K., and Johnson, M.W. Morbidity and mortality in pups from pet stores and private sources: 968 cases (1987-1988). Journal of the American Veterinary Medical Association, 201:471-474. (1992)

70 Hsu, Y. and Serpell, J.A. Development and validation of a questionnaire for measuring behavior and temperament traits in pet dogs. Journal of the

American Veterinary Medical Association, 223:1293-1300. (2003)

71 Jacobs, C., DeKeuster, T., and Simoens, P. Assessing the pathological extent of aggressive behaviour in dogs: a review of the literature. Veterinary Quarterly, 25:53-60. (2003)

72 Jagoe, A. and Serpell, J. Owner characteristics and interactions and the prevalence of canine behaviour problems. Applied Animal Behavior Science, 47:31-42. (1996)

73 Jagoe, J.A. Behaviour problems in the domestic dog: a retrospective study to identify factors influencing their development. Unpublished Ph.D. Thesis, Cambridge University. (1994)

74 King, J.N., Simpson, B.S., Overall, K.L., and others. Treatment of separation anxiety in dogs with clomipramine: results from a prospective, randomized, double-blind, placebo-controlled, parallel-group, multicenter clinical trial. Applied Animal Behaviour Science, 67:255-275. (2000)

75 King, T., Hemsworth, P.H., and Coleman, G.J. Fear of novel and startling stimuli in domestic dogs. Applied Animal Behaviour Science, 82:45-64. (2003)

76 Kobelt, A.J., Hemsworth, P.H., Barnett, J.L., and Coleman, G.J. A survey of dog ownership in suburban Australia—conditions and behavior problems. Applied Animal Behaviour Science, 82:137-148. (2003)

77 Koda, N. Inappropriate behavior of potential guide dogs for the blind and coping behavior of human raisers. Applied Animal Behavior Science, 72:79-87. (2001)

78 Landsberg, G., Hunthausen, W., and Ackerman, L. Drugs used in behavioral therapy. In: Handbook of Behaviour Problems of the Dog and Cat, Butterworth/Heinemann, Oxford, pp.47-64. (1997)

79 Landsberg, G., Hunthausen, W., and Ackerman, L. Fears and phobias. In: Handbook of Behaviour Problems of the Dog and Cat, Butterworth/Heinemann, Oxford, pp.119-128. (1997)

80 Landsberg, G. The distribution of canine behavior cases at three behavior referral practices. Veterinary Medicine, 86:1011-1018. (1991)

81 Ledger, R.A. Owner and dog characteristics: their effects on the success of the owner-dog relationship. Part 1: owner attachment and ownership success. Veterinary International,11:2-1 0. (1999)

82 Ledger, R.A. Owner and dog characteristics: their effects on the success of the owner-dog relationship. Part 2: owner expectations and ownership success. Veterinary International,12:8- 18. (2000)

83 Levine, S. Maternal and environmental influences on the adrenal cortical response to stress in weanling rats. Science, 135:795-796. (1962)

84 Line, S. and Voith, V.L. Dominance aggression of dogs toward people: Behavior profile and response to treatment. Applied Animal Behavior Science, 16:77-83. (1986)

85 Loveridge, G. Environmentally enriched housing for dogs. Applied Animal Behaviour Science, 59:101–113. (1998)

86 Lund, J.D. and Jorgensen, M.C. Behaviour patterns and time course of activity in dogs with separation problems. Applied Animal Behaviour Science, 63:219-236. (1999)

87 Lund, J.D., Agger, J.F., and Vestergaard, K.S. Reported behaviour problems in pet dogs in Denmark: age distribution and influence of breed and gender. Preventative Veterinary Medicine, 28:33-48. (1996)

88 Markwell, P.J. and Thorne, C.J. Early behavioral development of dogs. Journal of Small Animal Practice, 28:984-991. (1987)

89 Marston, LC. and Bennett, P.C. Reforging the bond: towards successful canine adoption. Applied Animal Behaviour Science, 83:227-245. (2003)

90　McConnell, P.B. Acoustic structure and receiver response in domestic dogs, Canis familiaris. Animal Behaviour, 39:897-904. (1990)

91　McCrave, E.A. Diagnostic criteria for separation anxiety in the dog. Veterinary Clinics of North America, Small Animal Practice, 21:247-255. (1991)

92　McKinley, S. and Young, R. The efficacy of the model-rival method when compared with operant conditioning for training domestic dogs to perform a retrieval-selection task. Applied Animal Behaviour Science, 81:357-365. (2003)

93　McKinley, J. and Sambrook, T.D. Use of human-given cues by domestic dogs (Canis familiaris) and horses (Equus caballus). Animal Cognition, 3:13-22. (2000)

94　Miklosi, A., Polgardi, R., Topal, J., and Csanyi, V. Intentional behaviors in dog-human communication: an experimental analysis of "showing" behaviour in the dog. Animal Cognition, 3:159-168. (2000)

95　Miklosi, A., Polgardi, R., Topal, J., and Csanyi, V. Use of experimenter-given cues in dogs. Animal Cognition, 1:113-121. (1998)

96　Miller, D.D., Staats, S.R., and Partlo, C. Factors associated with the decision to surrender a pet to an animal shelter. Journal of the American Animal Hospital Association, 209:738-742. (1 996)

97　Mugford, R.A. Attachment versus dominance: an alternate view of the man-dog relationship. In: The Human-Pet Relationship, Vienna, Proceedings of the Institute for Interdisciplinary Research on the Human-Pet Relationship, pp. 157-165. (1985)

98　Mugford, R.A. Behavior problems in the dog. In: Nutrition and Behavior in Dogs and Cats (R.S. Anderson, editor), Pergamon Press, Oxford, pp. 207-215. (1984)

99　Mugford, R.A. Aggressive behaviour in the English Cocker Spaniel. The Veterinary Annual, 24:310-314. (1984)

100　Murphree, O.D., Angel, C., DeLuca, D.C., and Newton, J.E.O. Longitudinal studies of genetically nervous dogs. Biological Psychiatry, 12:573-576. (1977)

101　Murphree, O.D. and Dykman, R.A. Litter patterns in the offspring of nervous and stable dogs. I. Behavioral tests. Journal of Nervous and Mental Disease, 141:321-332. (1965)

102　Natynczuk, S., Bradshaw, J.W.S., and Macdonald, D.W. Chemical constituents of the anal sacs of domestic dogs. Biochemical Systematics and Ecology, 17:83-87. (1989)

103　Neilson, J.C., Hart, B.L., and Ruehl, W.W. Selecting, raising, and caring for dogs to avoid problem aggression. Journal of the American Veterinary Medical Association, 210:1129-1134. (1997)

104　Netto, W.J. and Planta, D.J.U. Behavioural testing for aggression in the domestic dog. Applied Animal Behaviour Science, 52:243-263. (1997)

105　Niego, M., Sternberg, S., and Zawistowsky, S. Applied comparative psychology and the care of companion animals: 1. Coping with problem behavior in canines. Humane Innovations and Alternatives in Animal Experimentation, 4:162-164. (1990)

106　Nott, H.M.R. Social behaviour of the dog. In: The Waltham Book of Dog and Cat Behaviour (C. Thorne, editor), Pergamon Press, Oxford, pp. 97-114. (1992)

107　Nott, H.M.R. Behavioural development in the dog. In: The Waltham Book of Dog and Cat Behaviour (C. Thorne, editor), Pergamon Press, Oxford, pp. 65-78. (1992)

108　O'Farrell, V. and Peachey, E. Behavioral effects of ovariohysterectomy on bitches. Journal of Small Animal Practice, 31:595-598. (1990)

109　Pal, S.K. Urine marking by free-ranging dogs (Canis familiaris) in relation to sex, season, place and posture. Applied Animal Behaviour Science, 80:45-59. (2003)

110　Peters, R.P. and Mech, L.D. Scent marking in wolves. American Scientist, 63:628-

637. (1975)

111 Polsky, R.H. Electronic collars: are they worth the risks? Journal of the American Animal Hospital Association, 30:463-468. (1994)

112 Polsky, R.H. Factors influencing aggressive behavior in dogs. California Veterinarian, 37: 12-15. (1983)

113 Pongracz, P., Miklosi, A., Timar-Geng, K., and Czanyi, V. Preference for copying unambiguous demonstrations in dogs (Canis familiaris). Journal of Comparative Psychology, 1 17:337-343. (2003)

114 Pongracz P., Miklosi, A., Kbinyi, E., and others. Social learning in dogs: the effect of a human demonstrator on the performance of dogs in a detour task. Animal Behaviour, 62:110 9-1117. (2002)

115 Reid, P.J. and Borchelt, P.L. Learning. In: Readings in Companion Animal Behavior (V.L. Voith, and P.L. Borchelt, P.L, editors), Veterinary Learning Systems, Trenton, NJ, pp. 62-71 (1996)

116 Reisner, I.R. Differential diagnosis and management of humandirected aggression in dogs. Veterinary Clinics of North America: Small Animal Practice, 33:303-320. (2003)

117 Reisner, I.R., Erb, H.N., and Houpt, K.A. Risk factors for behaviour-related euthanasia among dominant-aggressive dogs: 110 cases (1989-1992). Journal of the American Veterinary Medical Association, 205:855-863. (1994)

118 Roll, A., Unshelm, J. Aggressive conflicts amongst dogs and factors affecting them. Applied Animal Behavior Science, 52:229-242. (1997)

119 Rooney, N.J. and Bradshaw, J.W.S. Breed and sex differences in the behavioural attributes of specialist search dogs—a questionnaire survey of trainers and handlers. Applied Animal Behaviour Science, 86:123-135. (2004)

120 Rooney, N.J, Bradshaw, J.W.S., and Robinson, I.H. Do dogs respond to play signals given by humans? Animal Behaviour, 61:715-722. (2001)

121 Rugbjerg, H., Proschowsky, H.F., Ersboll, A.K., and Lund, J.D. Risk factors associated with interdog aggression and shooting phobias among purebred dogs in Denmark.Preventive Veterinary Medicine, 58:85-100. (2003)

122 Sacks, J.J., Sattin, R.W., and Bonzo, S.E. Dog bite: Related fatalities from 1979 through 1988. Journal of the American Medical Association, 1489-1492. (1989)

123 Sales, G., Hubrecht, R., Peyvandi, A., and others. Noise in dog kenneling: is barking a welfare problem for dogs? Applied Animal Behaviour Science, 52:321-329. (1997)

124 Schenkel, R. Submission: its features and function in the wolf and dog. American Zoologist, 7:319-329. (1967)

125 Schilder, M.B.H. and van der Borg, J.A.M. Training dogs with help of the shock collar: short and long term behavioral effects. Applied Animal Behaviour Science, 85:319-334. (2004)

126 Scott, J.P. The evolution of social behaviour in dogs and wolves. American Zoologist,7:37 3-381. (1967)

127 Scott, J.P. Critical periods in behavioral development. Science, 138:949-958. (1962)

128 Scott, J.P. and Marston, M.V. Critical periods affecting the development of normal and mal-adjustive social behaviour of puppies. The Journal of Genetic Psychology, 77:25-60. (195 0)

129 Serpell, J.A. Evidence for an association between pet behavior and owner attachment levels. Applied Animal Behaviour Science, 47:49-60. (1996)

130 Serpell, J.A. and Jagoe, J.A. Early experience and the development of behaviour. In: The Domestic Dog: Its Evolution, Behavior, and Interactions with People (J.A. Serpell, editor), Cambridge University Press, Cambridge, pp. 80-102. (1995)

131 Serpell, J.A. The influence of inheritance and environment on canine behaviour: myth and fact. Journal of Small Animal Practice, 28:949-956. (1987)

132 Seksel, K., Mazurski, E.J., and Taylor, A. Puppy socialization programs; short and long term behavioural effects. Applied Animal Behaviour Science, 62:335-349. (1999)

133 Sherman, C.K., Reisner, I.R., Taliaferro, L.S.A., and Houpt, K.A. Characteristics, treatment, and outcome of 99 cases of aggression between dogs. Applied Animal Behavior Science, 47:91-108. (1996)

134 Shull-Selcer, E.A. and Stagg, W. Advances in the understanding and treatment of noise phobias. Veterinary Clinics of North America: Small Animal Practice, 21:353-367. (1991)

135 Simpson, B.S. and Simpson, D.M. Behavioral pharmacotherapy. In: In: Readings in Companion Animal Behavior, Veterinary Learning Systems, Trenton, NJ, pp. 100-115. (1996)

136 Slabbert, J.M. and Rasa, O.A.E. Observational learning of an acquired maternal behaviour pattern by working dog pups: an alternative training method? Applied Animal Behaviour Science, 53:309-316. (1997)

137 Slabbert, J.M. and Rasa, O.A. The effect of early separation from the mother on pups in bonding to humans and pup health. Journal of the South African Veterinary Association,64:4-8. (1993)

138 Soproni, K., Miklosi, A., Topal, J., and Csanyi, V. Dogs (Canis familiaris) responsiveness to human pointing gestures. Journal of Comparative Psychology, 116:27-34. (2002)

139 Soproni, K., Miklosi, A., Topal, J., and Csanyi, V. Comprehension of human communicative signs in pet dogs (Canis familiaris). Journal of Comparative Psychology, 115:12 2-126. (2001)

140 Stanley, W.C. and Elliot, O. Differential human handling as reinforcing events and as treatment influencing later social behavior in basenji puppies. Psychology Reports,10:775-788. (1962)

141 Stead, S.C. Euthanasia in the dog and cat. Journal of Small Animal Practice, 23:37-43. (19 82)

142 Stur, I. Genetic aspects of temperament and behavior in dogs. Journal of Small Animal Practice, 28:957-964. (1987)

143 Svartberg, K. Shyness-boldness predicts performance in working dogs. Applied Animal Behaviour Science, 79:157-174. (2002)

144 Svartberg, K. Personality traits in the domestic dog (Canis familiaris). Applied Animal Behaviour Science, 79:133-155. (2002)

145 Takeuchi, Y., Ogata, N., Houpt, K.A., and Scarlett, J.M. Differences in background and outcome of three behavior problems of dogs. Applied Animal Behaviour Science, 70:297-308. (2001)

146 Takeuchi, Y., Houpt, K.A., Scarlett, J.M., and Hart, B.L. Effectiveness of treatment for canine separation anxiety. Journal of the American Veterinary Medical Association, 217:342-34 5. (2000)

147 Thompson, W.R. and Heron, W. The effects of restricting early experience on the problem-solving capacity of dogs. Canadian Journal of Psychology, 8:17-31. (1954)

148 Thorne, F.C. The inheritance of shyness in dogs. Journal of Genetic Psychology, 65: 275-27 9. (1944)

149 Topal, J., Miklosi, A., and Csanyi, V. Dog-human relationship affects problem solving behaviour in dogs. Anthrozoos, 10:214-224. (1997)

150 Tryon, R.C. Genetic differences in maze-learning ability in rats. In: 39th Yearbook of the National Society for the Study of Education, Public School Publishing Company, Bloomington, IN, pp. 111-119. (1940)

151 Tuber, D.S., Hothersall, D., and Peters, M.F. Treatment of fears and phobias in

dogs. Veterinary Clinics of North America: Small Animal Practice, 12:607-623. (1982)

152 Turner, D.C. Treating canine and feline behaviour problems and advising clients.Applied Animal Behaviour Science, 52:199-204. (1997)

153 Uchida, Y., Dodman, N., DeNapiol, J., and Aronson, L. Characterization and treatment of 20 canine dominance aggression cases. Journal of Veterinary Medical Science, 59:397-399. (19 97)

154 Vacalopoulos, A. and Anderson, R.K. Canine behavior problems reported by clients in a study of veterinary hospitals. Applied Animal Behaviour Science, 37:84-89. (1993)

155 Vangen, O. and Klemetsdal, G. Genetic studies of Finnish and Norwegian test results in two breeds of hunting dog. VI World Conference on Animal Production, Helsinki, Sweden, paper 4.25. (1988)

156 Van der Borg, J.A.M., Netto, W.J., and Planta, D.J.U. Behavioural testing of dogs in animal shelters to predict problem behaviour. Applied Animal Behaviour Science, 32:237-251. (1991)

157 Vila, C., Savolainen, P., Maldonado, J.E., Amorim, I.R., Rice, J.E., Honeycutt, R.L., Crandall, K.A., Lundeburg, J., and Wayne, R.K. Multiple and ancient origins of the domestic dog. Science, 276:1687-1689. (1997)

158 Voith, V. and Borchelt, P.L. History taking and interviewing. In: Readings in Companion Animal Behavior, Veterinary Learning Systems, Trenton, NJ, pp. 42-47. (1996)

159 Voith, V.L. and Borchelt, P.L. Elimination behavior and related problems in dogs. In: Readings in Companion Animal Behavior, Veterinary Learning Systems, Trenton, NJ, pp. 168-17 8. (1996)

160 Voith, V.L, and Borchelt, P.L. Separation anxiety in dogs. In: The Domestic Dog: Its Evolution, Behavior, and Interactions with People, Cambridge University Press, Cambridge, pp. 1 24-139. (1995)

161 Voith, V.L. and Ganster, D. Separation anxiety: review of 42 cases. Abstract. Applied Animal Behavior Science, 37:84-85. (1993)

162 Voith, V.L., Wright, J.C., and Danneman, P.J. Is there a relationship between canine behavior problems and spoiling activities, anthropomorphism, and obedience training? Applied Animal Behaviour Science, 34:263-272. (1992)

163 Voith, V.L. Human/animal relationships. In: Nutrition and Behaviour in Dogs and Cats (R.S. Anderson, editor), Pergamon Press, Oxford, pp. 147-156. (1984)

164 Voith, V.L., Goodloe, L., Chapman, B, and Marder, A.R. Comparison of dogs presented for behavior problems by source of dog. Paper presented at AVMA Annual Meeting, Seattle (July 18, 1993).

165 Weiss, E. and Greenberg, G. Service dog selection tests: effectiveness for dogs from animal shelters. Applied Animal Behaviour Science, 53:297-308. (1997)

166 Wells, D.L. A review of environmental enrichment for kenneled dogs, Canis familiaris. Applied Animal Behavior Science, 85:307-317. (2004)

167 Wells, D.L. Lateralised behaviour in the domestic dog, Canis familiaris. Behavioural Processes, 61:27-35. (2003)

168 Wells, D.L. The effectiveness of a citronella spray collar in reducing certain forms of barking in dogs. Applied Animal Behaviour Science, 73:299-309. (2001)

169 Wells, D.L. and Hepper, P.G. Prevalence of behaviour problems reported by owners of dogs purchased from an animal rescue shelter. Applied Animal Behaviour Science, 69:55-65. (2000)

170 Wells, D.L. and Hepper, P.G. Male and female dogs respond differently to men and women. Applied Animal Behaviour Science, 61:341-349. (1999)

171 Willson, E. and Sundgren, P.E. Behaviour test for 8-week-old puppies;

heritabilities of tested behaviour traits and its correspondence to later behaviour. Applied Animal Behavior Science, 58:151-162. (1998)

172 Wilsson, E. and Sundgren, P.E. The use of a behaviour test for the selection of dogs for service and breeding, I. Method of testing and evaluating test results in the adult dog, demands on different kinds of service dogs, sex and breed differences. Applied Animal Behaviour Science, 53:279-295. (1997)

173 Wilsson, E. The social interaction between mother and offspring during weaning in German shepherd dogs: individual differences between mothers and their effects on offspring. Applied Animal Behaviour Science, 13:101-112. (1984)

174 Wirant, S.C. and McGuire, B. Urinary behavior of female domestic dogs (Canis familiaris): influence of reproductive status, location and age. Applied Animal Behaviour Science, in press (2003)

175 Wright, J.C. and Nesselrote, M.S. Classification of behavior problems in dogs: distributions of age, breed, sex and reproductive status. Applied Animal Behaviour Science, 19:169-178. (1987)

176 Wright, J.C. Early development of exploratory behavior and dominance in three litters of German shepherds. In: Early Experiences and Early Behavior: Implications for Social Development (E.C. Simmes, editor), Academic Press, New York, pp. 181-206. (1980)

177 Wright, J.C. The development of social structure during the primary socialization period in German shepherds. Developmental Psychobiology, 13:17-24. (1980)

178 Yeon, S.C., Erb, H.N., and Houpt, K.A. A retrospective study of canine house soiling: diagnosis and treatment. Journal of the American Animal Hospital Association, 35:101-106. (1999)

179 Young, M.S. Treatment of fear-induced aggression in dogs. Veterinary Clinics of North America, Small Animal Practice, 12: 645-653. (1982)

第三部分　健康与疾病：照顾和保持健康

第十一章 传染病和免疫接种程序

　　"负责地照料犬"包括关注它们的健康状况和提供预防性疫苗的接种。在第三章中介绍了正常犬的健康标准。检查犬的体温、心率、呼吸、食物摄入量、体重和身体状况的变化以及皮肤状况都有助于评估犬的健康和活力。除此之外，预防性保健措施，例如，定期体检、定期接种疫苗和做好犬的体内外驱虫同等重要。在本章中，介绍了几种犬类中常见且重要的病毒、细菌和真菌性疾病，并介绍了针对疾病的免疫接种程序。

病毒性疾病

　　病毒和其相关的病原体（如立克次体，是介于细菌与病毒之间，而接近于细菌的一类原核生物，但不是病毒）是相对简单的微生物。它们是非常小的颗粒，由核酸链（RNA 或 DNA）组成，包裹在名为衣壳的蛋白质外壳中。有些病毒含有特殊类型的酶，有助于它们在宿主细胞内复制。病毒不能在宿主细胞外生存，必须有宿主的存在才能进行复制。一旦病毒进入易感细胞内，便会控制细胞的生化过程，从而允许病毒复制和感染其他细胞。当宿主细胞被病毒攻击时，受损的组织和宿主对感染的免疫反应会导致临床疾病的发生。

　　很少有病毒性疾病会对抗病毒药物产生反应，因此，控制犬致病病毒的方法主要是通过给予支持性治疗以及接种疫苗来预防感染（详见疫苗）。针对疾病的治疗主要包括补液、补充电解质、预防继发性细菌或真菌感染以及针对病毒特定影响的保守治疗。在美国，常见的主要病毒性疾病包括犬瘟热、犬传染性肝炎、狂犬病、犬传染性气管支气管炎、犬细小病毒病和犬冠状病毒病等（表 11.1）。

表 11.1 犬类主要的病毒性疾病

疾病	传播	受影响的器官系统	主要症状
犬瘟热	气溶胶传播；体液接触传播	呼吸系统、胃肠道系统、皮肤和黏膜、神经系统	发热，眼鼻分泌物；咳嗽；严重时发展成肺炎、腹泻，轻度瘫痪和抽搐
犬传染性肝炎	直接接触已经感染动物	肝、肾、中枢神经系统、血管内皮	发热，厌食，肝衰竭，易出血；可致幼犬迅速死亡
狂犬病	被感染动物咬伤或直接接触被感染的动物	中枢神经系统、呼吸系统、胃肠道系统、唾液腺	暴躁易怒，过度敏感，畏光，瘫痪；最终致命
犬传染性气管支气管炎	接触到感染动物的鼻或口腔分泌物	上呼吸道	持续咳嗽，短暂发热，发展到重症肺炎
犬细小病毒病	接触受感染动物的粪便或身体组织；病毒在环境中长期存在	胃肠道、淋巴结、胸腺、骨髓、幼犬的心脏组织	发热、腹痛、厌食症，便血、脱水、呼吸困难（心肌炎综合征）
犬冠状病毒病	直接接触受感染犬的粪便或体液	胃肠道、上呼吸道（罕见）	嗜睡、厌食、呕吐、腹泻

犬瘟热：犬瘟热是由副黏病毒科病毒引起的，与引起人类荨麻疹的病毒相似但不完全相同。这种疾病也被称为卡雷氏病，在 20 世纪初时被发现。虽然犬瘟热病毒在环境中存活的时间不长，但它很容易通过气溶胶传播或靠体液接触在动物之间传播。该病毒主要攻击眼结膜、胃肠道黏膜上皮细胞和部分神经系统。犬瘟热除了能够感染犬，还会感染郊狼、狼、狐狸、浣熊、鼬和其他一些野生哺乳动物，犬瘟热属于三类动物疫病，主要感染犬科及猫科动物。

目前已经发现了几种具有不同病原性的犬瘟热病毒毒株。由于大多数毒株的毒力较低，并且大部分美国家养的犬只都已免疫，大多数被感染的成犬几乎都是轻症或者无症状。重症病例常见于幼犬或者青年犬。7 周龄以内且其母亲未接种犬瘟热疫苗的幼犬是最易感的群体。未断奶幼犬感染犬瘟热时表现为出血性肠炎，症状包括低烧、精神沉郁、厌食和严重的急性腹泻。幼犬犬瘟热的治疗效果一般不佳，并在幼犬开始表现出症状后的 1~2 周内死亡。该病通常发生在拥挤且卫生条件较差的饲养环境中，且会导致整窝幼犬的死亡。

犬瘟热的感染通常分为两个阶段。从感染后的 3~15 天开始出现临床症状，此时为犬瘟热的第一阶段。犬开始发热（39.4~40.5℃），精神沉郁、疲倦、食欲减退，并出现眼鼻分泌物。几天后，分泌物变成脓性分泌物，并出现间歇性咳嗽。根据年龄和免疫状态的不同，有些犬会在几周内逐渐恢复，但有些犬的病情会持续反复且不会康复，并最终进入犬瘟热的第二阶段。第二阶段表现为多个组织的感染。肺和上呼吸道的感染会导致肺炎，小肠感染会导致腹泻和脱水，病毒扩散到皮肤则会出现皮疹和角质化过度（皮肤）。脚垫角质化型犬瘟热是指犬脚底部的皮肤被犬瘟热病毒感染而变得又硬又厚。

病毒最终侵袭神经系统和大脑，这也是犬瘟热导致大多数犬死亡的原因。神经系统受到感染可能表现得非常隐匿，因为它可能发生在看似犬已经从其他犬瘟热症状中恢复后的 6 周内。首先患犬会出现局部瘫痪（轻瘫）和肌阵挛，最终会发展到痴呆和抽搐。且康复后的犬通常会留有神经性后遗症，例如，轻微的肌阵挛、癫痫或身体平衡异常等。

犬传染性肝炎： 引起犬传染性肝炎的病毒为 1 型腺病毒。该病毒还会感染狐狸、郊狼、狼、鼬和熊，但不是导致人类肝炎的病毒。病毒通过与感染动物的直接接触传播。该疾病最常见于未接种疫苗且不到 1 岁的犬。

犬传染性肝炎病毒主要影响肝脏、肾脏和血管内皮。该病会表现出几种不同的发病形式。亚临床型病例表现为暂时性发热、食欲减退和口腔及眼睛黏膜发红发蓝。该类型的患犬常常在主人察觉之前就已经康复了。相比之下，6 周龄以内的幼犬容易患上严重的肝炎，这会导致幼犬在患病一天内或更短的时间内死亡。病情严重的幼犬会迅速出现发热、腹痛、口腔及结膜的红肿。尽管宠物医生会提供支持性治疗，但死亡率依旧很高。6~10 周龄幼犬的初期临床症状通常不会很严重，但也可能会受到严重的影响。虽然有些幼犬能够康复，但大多数会逐渐变得虚弱，并发展为被称为出血性素质的出血综合征。肝脏和中枢神经系统会受到影响并最终导致幼犬的死亡。总体而言，随着年龄的增长，预后会得到改善，年龄较大的幼犬和青年犬的死亡率要低得多。

从传染性肝炎中康复的犬可能会出现间质性角膜炎，或称为"蓝眼病"。这种情况最常见于从轻度肝炎中康复后的犬，是机体对病毒入侵产生的免疫反应引起的。这种情况通常具有差异性，并在感染后几周内恢复。早期用于预防肝炎的疫苗在一些犬身上会引起蓝眼病，具有短暂的副作用。但是，为预防传染性肝炎和犬传染性气管支气管炎而研制的腺病毒2型疫苗不存在这个问题（详见疫苗）。

狂犬病：狂犬病是一种致命的疾病，除澳大利亚和南极洲外，其余地方均有发现。狂犬病可以传染给所有的恒温动物，包括禽类都可感染狂犬病。尽管目前已有有效的疫苗，但当野生动物种群或有大量未接种疫苗的有犬猫的地区暴发疫情时，狂犬病仍然是一个世界性难题。在美国，狂犬病病毒的主要宿主是鼬、浣熊、蝙蝠和狐狸。由于疫苗接种的普及，美国家犬与狂犬病毒之间存在有效的免疫障碍。1947年，美国报告了6949例犬类狂犬病病例。在1993年这一数字减少到130例[1]。但犬仍然是狂犬病毒的主要宿主，并且是一些发展中国家人类接触到该类疾病的主要传染源。

狂犬病病毒属于含有RNA的病毒家族，属于弹状病毒科。受感染动物的唾液中含有大量的病毒颗粒，因此，主要的传播途径是被感染动物咬伤。病毒通过唾液的传播有可能会发生在动物出现临床症状前的2周内，狂犬病的独特之处就是其不确定的潜伏期。潜伏期是指病毒侵入机体后到出现临床症状之前的一段时间。狂犬病的潜伏期从感染后的几天到10周不等。甚至有报道称，被感染动物与传染源接触超过1年后才出现临床症状。这是由于病毒在被咬伤处的肌肉细胞内留存的时间不定。动物被咬伤后的几天到几周后，病毒会侵入神经系统，并进入脊髓和大脑。在这之后，病毒开始感染身体的其他组织，包括唾液腺、呼吸系统和消化系统。

狂犬病感染的初期症状表现为性情上的改变。患犬可能会变得烦躁不安、缺乏安全感、高度紧张、对主人或其他物体过度依赖。狂犬病的临床症状有两种表现形式（麻痹性和兴奋性）。大多数患病动物都会表现出这两种形式（麻痹性和兴奋性）的临床症状，而麻痹性症状的出现代表疾病终末期的到来。兴奋性或"狂躁"形式的狂犬病会持续1~7天，表现为极度狂躁、行为模式的改变以及异常的攻击性表现。犬会经常性咬人或攻击各种刺激物，即使是无生命的物体。随着病情的发展，犬表现出对触碰、光线（畏光）和声音的超敏感性。面部和喉部部分肌肉的瘫痪导致犬只面部表情古怪以及叫声的变化。最终犬表现出抽搐的症状。一些患病动物可能会在惊厥中死亡，但大多数会进入麻痹性狂犬病的发作阶段。这个阶段仅持续 1~2 天，并迅速导致患犬死亡。起初，犬的面部肌肉会发生瘫痪，导致嘴巴呈半张状态。犬只因为失去了咽喉肌肉的运动能力而无法饮水或进食。最终出现全身瘫痪，然后死亡。

疑似感染狂犬病的犬通常会被安乐死，然后将其脑组织提交给狂犬病诊断实验室进行诊断。咬伤人的犬必须被隔离至少 10 天并观察是否出现狂犬病的症状。接种过狂犬病疫苗并被疑似患有狂犬病的动物咬伤的犬应立即给予狂犬病加强免疫接种，并观察 90 天。

犬传染性气管支气管炎（犬窝咳）： 气管支气管炎一词指的是上呼吸道的炎症，包括喉、气管和支气管。犬急性传染性气管支气管炎俗称"犬窝咳"，并被称为综合征，因为一种或多种病毒和细菌都有可能引起相同的症状。犬窝咳最常出现于犬舍或动物收容所，但其他场所也会发生。

对照性研究对于确定犬气管支气管炎的主要病原体具有重要意义。虽然每种病原体都能单独引起犬传染性气管支气管炎，但多数自然感染病例涉及多个病原体组合感染，称为"混合感染"[2]。犬窝咳在犬只之间极易传播，可以通过直接接触患犬、被污染的碗或犬窝传播，或者通过间接接触患犬的口鼻分泌物进行气溶胶传播。它最常见于被安置在寄宿犬舍或动物收容所或在表演巡回赛中到处旅行的犬。犬舍通风不良或饲养密度过大会对一些犬造成较大的环境压力。所有这些因素都会引发犬急性气管支气管炎的传播和发展。

导致犬传染性气管支气管炎的主要病毒包括犬副流感病毒 –3 和犬腺病毒 2 型。犬疱疹病毒、犬腺病毒 1 型、犬瘟热病毒和犬呼肠孤病毒 1~3 型也被怀疑会引起或促成犬传染性气管支气管炎的发生。副流感病毒与犬瘟热病毒同属一个家族。副流感病毒似乎是导致犬气管支气管炎最常见的病毒，且通常症状较轻[3]。然而，当副流感病毒和支气管败血鲍特菌同时感染上呼吸道时，可引发严重的疾病。犬腺病毒 2 型与引起犬传染性肝炎的病毒（腺病毒 1 型）有关。这种病原体较为罕见，感染时会引起一种相对严重的气管支气管炎，可能导致易感动物患上肺炎。疱疹病毒本身能够引起轻度的呼吸道感染，但通常是与其他病毒或支气管败血鲍特菌混合感染。

支气管败血鲍特菌是引起犬传染性气管支气管炎的主要细菌，并且可以在不与其他微生物共同感染的情况下引起严重的犬窝咳[4]。在大型犬舍或动物收容所中，这是导致犬传染性气管支气管炎最常见的病因。支气管败血鲍特菌能够引起慢性低水平的感染，因为该细菌会黏附于支气管上皮细胞上，并能够抵抗纤毛的正常运动而不被带走。支气管败血鲍特菌可以在犬的上呼吸道内存活数月，并破坏气管的上皮细胞，使其他细菌和病毒入侵并进一步加重感染。由于支气管败血鲍特菌有定殖呼吸道的能力，犬在临床症状消失后的几周内仍可继续将该病原体传播给其他犬。其他疑似为犬传染性气管支气管炎病因的细菌包括巴斯德菌、链球菌和葡萄球菌。然而，它们通常与其他病毒或鲍特菌一起被发现，似乎并不是导致犬传染性气管支气管炎的单一病因。

犬传染性气管支气管炎具有相对较短的潜伏期，通常为 4~8 天[5]。犬只产生症状的严重程度因其免疫系统、年龄、感染的病毒或细菌的类型和数量而异。最一致和明显的症状是持续性的咳嗽，且具有特征性的"雁鸣"声音。通常不会出现发热、眼鼻分泌物、精神沉郁或厌食。一些犬只在感染的最初几天内会出现短暂的低热，但很快就会恢复，并且通常不会被主人察觉到。在大多数情况下，犬只看起来很健康，但会表现出持续性的咳嗽。最初的咳嗽是湿性的且能咳出分泌物，但很快变为干咳且会刺痛犬的喉咙。咳嗽通常是由气管的兴奋或压力所导致的。在大多数情况下，该疾病具有自限性，在 1~2 周的时间里，咳嗽会逐渐减轻，完全不咳嗽则需要 3 周时间。然而，有些犬会发展成持续长达 6 周的慢性咳嗽，这在幼犬或老年犬中最常见。对于非常年幼的幼犬，严重的犬传染性气管支气管炎感染可能会导致肺炎，需尽快带它去宠物医院就医。

患有传染性气管支气管炎的犬应尽快隔离并要保证隔离环境安静。通过增加环境湿度能够减轻持续性的咳嗽。宠物医生会为患犬开具止咳药，让气管在疾病的急性期内恢复。使用抗生素治疗犬传染性气管支气管炎一直存在争议。然而，研究表明无论致病菌是什么，使用抗生素治疗可以让犬康复得更快[6]。在缓解临床症状方面，最有效的两种抗生素是磺胺甲噁唑和氨苄西林（或阿莫西林）。当犬存在患肺炎的风险时，应该选择抗生素治疗。

免疫接种可以有效减少犬患犬传染性气管支气管炎的风险，但并不能完全预防（详见*疫苗接种时间表和指南*）。由于病原体种类较多，目前可用的疫苗并不能预防所有疾病。在犬舍或收容所中生活的犬经常处于应激状态，并且可能会通过接触新进的犬接触暴露于气管支气管炎的病原体。最近有证据表明，影响动物收容所的犬是否会出现犬传染性气管支气管炎的最重要因素是它被安置在那里的时间长短 [7]。结果显示，犬在收容所多停留一天，患上犬窝咳的风险便会增加3%。

可以通过犬的上呼吸道局部免疫来防止犬感染犬传染性气管支气管炎。局部免疫是由免疫球蛋白 IgA 介导的，一旦被激活，便能够提供 6 个月或更短时间的保护期。鼻内疫苗通常很受宠物主人的欢迎，因为在使用后很快便会产生保护性，并提供局部的免疫力。然而，对于患病风险高的犬来说，频繁地加强免疫是有必要的。保持环境卫生的清洁、场地的通风、降低饲养密度是控制犬传染性气管支气管炎病毒暴露和传播的有效措施。

犬细小病毒病：这种严重的疾病最初于 1978 年在美国路易斯维尔大型犬展上被发现，当时现场有一群犬病得很严重。犬细小病毒是世界公认能够引起严重且具有致命性出血性胃肠疾病的病毒。其病毒为犬细小病毒 2b 型 (CPV–2b)，隶属于细小病毒科。犬细小病毒于 20 世纪 70 年代末被首次鉴定，并被命名为犬细小病毒 2 型。该病毒被认为是由导致家猫感染泛白细胞减少症的细小病毒变异而来 [8]。自 1979 年以来，该病毒已经发生两次致命性突变，分别被命名为犬细小病毒 2a 型和犬细小病毒 2b 型。如今，美国犬细小病例感染的病毒大部分为犬细小病毒 2b 型 [9]。该病毒还能够感染郊狼和其他几种犬科动物。

细小病毒是一种具有高抗性的病毒。虽然它不通过空气传播，但病毒颗粒可以在无生命的物品如食盘和地板上存活，并且可以随鞋子和衣服传播。大多数清洁剂和消毒剂对细小病毒无效，该病毒能在环境中持续存活 6 个月或更长的时间。只有当接触到日光、福尔马林或次氯酸钠（漂白水）才能使它失去活性并变得不具有传染性 [10]。需要注意的是 1∶32 的家用漂白水溶液才能起效。此外，患病动物的粪便中含有大量的病毒颗粒，会进一步提高传播率。接触感染动物的粪便和其他身体组织是最常见的传播途径。

一旦病毒侵入宿主动物，它就会在活跃的分裂细胞内复制，其中大部分分布在肠道、骨髓、胸腺和淋巴结中。非分裂的细胞不易感染细小病毒。幼犬和 6 月龄以内的犬最易感染，在饲养密度过大且环境卫生较差的情况下生活的幼犬其疾病传播和暴发的风险最高。肠道寄生虫的存在和来自母源抗体的免疫水平不足，进一步增加了感染的风险。据报道，某些品种患上细小病毒的风险较高，而且注射疫苗的效果不佳。这些品种包括罗威纳犬、杜宾犬、拉布拉多寻回犬、美国斯塔福德獗和德国牧羊犬[11-12]。理论上，相较于其他品种的犬，这些犬的主动免疫发展得较晚，在幼犬母源抗体减少的情况下，易感期可能更长（详见疫苗）。

细小病毒的潜伏期为7~14天。然而，在临床症状出现的前3天，病毒就已经在粪便中存在了，并会持续存在到疾病期间的2周或更长时间。犬细小病毒病主要有两种表现形式。最常见的症状是严重的出血性肠炎。病毒感染小肠上皮细胞后便开始复制并最终杀死被感染的细胞。这导致肠道上皮层消失及炎症、出血性腹泻和小肠吸收能力的降低。疾病的临床症状包括腹痛、精神沉郁、食欲不振、呕吐和严重腹泻。大多数犬会发高烧，体温在39.4~41.2℃。患病犬最终会产生带有典型外观和气味的便血性腹泻。由于严重的肠炎，犬会迅速丢失体液和电解质。在该疾病阶段，治疗主要以补液和预防脱水为主。如果没有进行及时治疗，特别是幼犬，最终导致死亡的风险很高。

细小病毒感染的第二种不太常见的症状是心肌炎。这几乎只在2月龄以下的幼犬中出现，并且是由于在子宫内感染或出生后不久感染所致。心脏细胞在胎儿和新生儿中迅速分裂。幼犬几周龄后，细胞分裂的速率显著降低。这种细胞分裂速率的变化使心脏组织在很短的时间内就容易受到感染。心肌炎综合征几乎只出现在未接种疫苗母犬所生的幼犬中。患犬会突然出现非特异性临床症状。幼犬表现出持续抽泣，喘不上气，呼吸困难，且在24~48小时内死亡。由于疫苗接种的普及，现如今心肌炎综合征的病例相对较少。如果幼犬从心肌炎中康复，那么几个月后它可能会患上慢性充血性心肌病。在整窝幼犬被感染的情况下，该病的死亡率非常高。

细小病毒的诊断是间接性的，通过排除引起呕吐和便血的其他可能原因以及快速通过实验室检测识别粪便中的病毒来间接性地确诊[13]。与其他病毒病一样，目前没有针对细小病毒的抗病毒治疗方法。治疗的重点是预防脱水、补充电解质、预防次级细菌感染。治疗的主要目标是稳定犬的身体状态，使其正常的免疫反应可以被激活，并清除体内的病毒。由于患病犬体内水分大量丢失，液体疗法是细小病毒感染治疗最重要的组成部分。虽然目前死于细小病毒的犬较少，但对于非常年幼的幼犬和老年犬，该病的死亡率仍然相对较高。

预防感染的措施包括疫苗接种和采取正确的卫生措施。从犬细小病毒感染中康复的犬会获得长期的免疫力，而且有几种类型的犬细小病毒疫苗可供选择（详见疫苗）。犬细小病毒是一种极其强大的病毒，一旦在家里或犬舍中发现了犬细小病毒，该病毒可以在环境中持续存在数月，也可以随人们的鞋子或衣物传播。犬细小病毒可以用 1∶32 的漂白水溶液杀灭，这大约相当于将 1 杯漂白剂与 7.6 升温水混合稀释。舒适的居住环境和干净的卫生条件也是控制犬细小病毒传播的重要手段。

犬冠状病毒病：这种病毒于 1971 年在德国首次被分离和发现，当时在一个军犬的犬舍中暴发了肠炎。它与导致猫的传染性腹膜炎的病毒属于同一病毒科。由于冠状病毒的临床症状与细小病毒相似，因此，在快速诊断检测方法出现之前，冠状病毒病的误诊率较高[14]。与犬细小病毒一样，冠状病毒具有高度的传染性，通过接触感染犬的粪便、体液或其他被污染的物质进行传播。该病的潜伏期相对较短（1~4 天），且引起的肠道症状类似于犬细小病毒病，但通常不如犬细小病毒病严重。在家犬群体中，冠状病毒的患病率与其他犬类病毒的患病率相比是非常低的。

主要的临床症状为轻度至中度的胃肠道疾病，上呼吸道症状较为罕见。患犬首先表现出厌食症和嗜睡，然后在一天内出现呕吐和腹泻。与细小病毒不同，感染冠状病毒的犬通常不会发热。腹泻通常是间歇性的，大多数犬在 7~10 天内会完全恢复。个别病例腹泻会持续数周。给患犬提供支持性治疗以控制呕吐和腹泻，严重者可给予补液。疫苗可用于预防冠状病毒，但效力和安全性因犬而异。因此，目前建议对易感幼犬接种疫苗（见疫苗）。

细菌性疾病

许多类型的细菌可以感染家犬。有些是天然病原体，有些是条件致病菌，只有当宿主因感染另一种病原体而受到损害时才会引起疾病。钩端螺旋体病是一种重要的细菌性疾病，因为它是犬中为数不多的人畜共患病之一。人畜共患病是指一种人类和其他物种都可以自然感染并存在交叉感染的疾病。人类可以从多种感染源中感染钩端螺旋体病，这种细菌可以从受感染的犬传播给易感人群。犬脓皮病是一种常见的皮肤感染，通常是由金黄色葡萄球菌属的细菌引起的。有关其他犬细菌性疾病的详细内容，请参见第三部分末尾的参考书目。

钩端螺旋体病：这种疾病的病原体是一种被称为肾脏钩端螺旋体的细菌。这种细菌有超过 170 种不同的菌株或血清型。历史上发现最常感染家犬的两种血清型是犬钩端螺旋体和出血性黄疸钩端螺旋体。大多数疫苗可以保护犬免受这两种病原体的影响，但对其他血清型无效。然而，流行病学研究表明，犬类中感染犬钩端螺旋体和出血性黄疸钩端螺旋体的概率已经降低，而另外两种血清型，波莫那钩端螺旋菌和格病钩端螺旋菌的感染似乎正在增加 [15]。这种转变可能是广泛使用针对前两种血清型疫苗所导致的结果，过去由其他血清型病原体导致的犬钩端螺旋体病的影响可能被低估了 [16]。

引起钩端螺旋体病的病原体是经水传播的，可在被受感染野生动物（如啮齿动物）尿液污染的水源中发现，也可在受感染的牛或其他家畜体内发现。通常从钩端螺旋体病中康复的动物的肾脏中含有这种病原体，并能持续通过尿液排出数月，从而继续污染环境。螺旋体可以在地表水中存活很长时间，特别是当水停滞或流动较缓时。健康犬通过频繁地接触这些水源而感染疾病。一项针对 650 多只感染钩端螺旋体病的犬的研究发现，牧羊犬、猎犬和狩猎犬是最易感的 3 个品种 [17]。这一发现是合理的，因为这些犬会频繁接触到可能被污染的户外水源。除了经口摄入外，钩端螺旋体还可以穿透黏膜或通过皮肤伤口进入身体。

许多钩端螺旋体病为慢性疾病或无症状。虽然这种疾病通常不致命，但也可能会造成严重的症状，未经治疗的慢性感染有时会导致不可逆的肾脏损伤。虽然每种血清型通常与一种特定的疾病或一组症状相关，但临床症状差异很大，而且没有一种血清型具有特异性临床症状。当急性感染时，犬会出现 39.4~40℃的发热，随后出现肌肉阵痛、颤抖、呕吐和脱水。在亚急性感染中，也会出现同样的症状，但不会那么严重。对犬的血液进行凝集试验来对钩端螺旋体病进行最终确诊，这可以确认是否存在针对特定血清型的抗体。

犬钩端螺旋体与流行性伤寒杆菌感染通常会引起急性肾脏疾病（肾炎）。肾脏的损害通常是短期和可逆的。最初，这些临床症状是非特异性的，包括精神沉郁、食欲下降和体温略微升高。可见黏膜和结膜变红。血清尿素氮（肾功能的间接指标）水平略微升高。在某些情况下，肝脏也会受到影响，犬会出现黄疸的症状。如果不进行治疗，这种钩端螺旋体病会变为慢性疾病并导致严重的肝肾损伤。感染出血性黄疸钩端螺旋体会引起一种被称为威尔氏病的疾病，这是一种急性出血性且非常严重的钩端螺旋体病。该病会损害肝肾，并导致出血性疾病。出血性黄疸钩端螺旋体最常见的宿主是老鼠。采食被大批老鼠污染的食物是犬的潜在感染途径之一。感染波莫那钩端螺旋体通常会导致肝脏疾病。

抗生素和支持性治疗被用于治疗钩端螺旋体病。如果在感染的早期阶段诊断出该疾病并及时治疗，则治疗的成功率较高。如果肾脏疾病较为严重，可能需要支持性治疗和透析。由于钩端螺旋体病有可能传染给人类，因此在照顾患有钩端螺旋体的患犬时，需要特别注意个人卫生。为生活在高危地区的犬接种疫苗以及防止犬接触感染源是防止犬感染钩端螺旋体的最佳方法。

犬脓皮症： 脓皮症是一个通用术语，被用来描述伴随脓液产生的皮肤病。在大多数犬的病例中，该病是由中间葡萄球菌引起的，而由金黄葡萄球菌引起的病例较少[18]。中间葡萄球菌似乎存在于许多健康犬的皮肤中，但只会导致个别犬发病[19]。葡萄球菌在自然界中广泛分布，对干燥的环境和家用消毒剂具有高度的抵抗力。它们是条件致病菌，少量存活在皮肤和黏膜中，只有当合适的条件出现时才会致病。

犬脓皮症有多种表现形式。脓疱症是幼犬和青年犬的常见病症，其特点是犬的鼻子和下巴处的浅表感染。脓疱症通常具有自限性，但也可以使用抗生素和抗菌沐浴露来治疗。浅表性脓皮症（也称为浅表性细菌性毛囊炎）是一种非常常见的皮肤病，其特征是与毛囊相关的感染性脓疱。这些感染会发展成犬的腹部和皮肤褶皱处的硬皮性病变。虽然有些犬会表现出瘙痒，但其他的犬似乎并不会感到不适。在许多患犬中，病变只会在皮肤褶皱中发现，如斗牛犬、沙皮犬和京巴犬的面部皱褶内。感染同样也会发生在雌性犬的外阴周围和尾巴卷曲的尾褶皱内。在许多情况下，浅表性脓皮症与跳蚤感染或犬蠕形螨感染有关（见第十三章）。深层脓皮症是一种不常见但更严重的脓皮症。因为这种疾病经常出现在中老年德国牧羊犬身上，所以它也被称为"德国牧羊犬脓皮症"。然而，它也发生在其他品种上，包括金毛寻回犬、爱尔兰赛特犬、斗牛犬、大麦町犬和杜宾犬。感染涉及深层皮肤，大多数病变发生在臀部和大腿。如果不进行治疗，感染就会扩散到身体的其他部位，这会让犬感到非常痛苦。

外用抗生素和类固醇药物可用于治疗局部性脓皮症。如果犬有全身性病变，就需要用抗菌沐浴露给它洗澡以及服用抗生素。因为中间葡萄球菌已被证明对几种抗生素有耐药性，包括青霉素、氨苄西林和四环素，所以，选择合适的治疗药物是很重要的[20]。如果犬有其他相关的疾病或问题，如跳蚤或螨虫感染，应同时进行治疗。

真菌感染

癣：癣或皮肤癣菌病，是一种毛囊的真菌感染，由几种不同类型的真菌引起。犬癣最常见的病因是犬小孢子菌。另外两种感染犬但不太常见的真菌是石膏样小孢子菌和须毛癣菌。皮肤真菌首先侵入皮肤的角质层，然后进入毛囊。真菌向下侵入到正在生长着毛发的毛囊中。处于休眠期的毛发不受皮肤真菌的入侵，因为它没有足够的营养物质供真菌生长和繁殖。

温暖和潮湿的环境是促成癣感染的理想条件。1岁以下的犬最容易被感染。营养不良、居住条件拥挤以及处于压力中的犬更易感。该病可通过直接接触受感染的动物或被其皮屑污染的物质进行传播。因此，癣会在犬舍或动物收容所迅速传播，因为这些地方的饲养密度较高，且不具备隔离条件。癣是一种人畜共患疾病，很容易传染给人类和其他宠物。

癣通常首先出现在犬的头部、耳朵或前肢周围，表现为斑片状、圆形的脱毛区域。在斑点的外边缘可观察到小的病变或肿块，中心有红斑（红色区域）。这些特征使病变具有典型的"环状"外观。病变区域的毛发基部断裂，看起来像是被剃毛似的。虽然大多数癣的出现仅局限于身体的小部分区域，但有些也会发展成大面积的脱毛。这在健康状况不佳、营养不良或受伤的犬中最为常见。大多数患犬不会感到不适或瘙痒，所以宠物主人可能不会察觉到犬身上的癣。在某些情况下，皮肤会出现炎症反应，导致皮肤出现小肿块并给犬带来不适。

能够发射紫外线（330~365纳米波长）的伍德氏灯可以照亮大多数犬身上的癣菌。如果存在癣菌，该区域会显示黄绿色的荧光。虽然这种诊断工具相对快捷和简便，但其使用价值有限，因为并非所有的癣菌都能在伍德氏灯下表现出荧光特征。通过显微镜镜检毛发或皮屑培养物可做出明确的诊断。对于某些犬来说，感染具有差异性，犬可以在不接受治疗的情况下杀灭癣菌。对于局部感染，使用含有碘或氯己定的局部药物可以杀灭癣菌。这些药物通常会被添加到沐浴露中，也可作为药膏或乳膏涂抹。给患犬涂抹药膏能够限制病原体的传播，但由于许多犬会舔舐药膏，所以通常该方法并不能完全治愈癣病。常用的全身性药物包括灰黄霉素、伊曲康唑和酮康唑。但这3种药物均可能产生严重的副作用，应在宠物医生的密切监督下使用。由于癣病能够传染给人类和其他动物，因此，对犬的居住环境也应该进行相应的处理。犬窝里的所有东西都应使用消毒剂进行消毒，经常性地除尘可以清除有感染性的皮屑和角蛋白，这些物质都是癣菌在环境中生存所必需的。

芽生菌病： 芽生菌病是一种全身性真菌疾病，由机体的皮炎芽生菌引起。这种真菌存在于含有腐烂植被或动物粪便的沙质酸性土壤中。有利于芽孢菌增殖的环境条件是非常特殊的，因此，真菌往往存在于面积较小的有限区域，通常不会在一个特定的地区广泛传播。在美国，芽孢菌病感染发病率最高的地区是密西西比州、密苏里州和俄亥俄河谷以及大西洋中部和南部各州。犬和人类都有可能感染芽孢杆菌，但犬比人类更易感。

感染是通过吸入土壤中存在的感染性孢子而发生的。这些孢子进入肺部，然后开始慢慢地扩散到全身。长时间待在户外的犬，如狩猎犬和牧羊犬，被感染的风险最大，且幼犬的患病率更高。芽生菌病的最初症状是非特异性的，包括食欲不振、体重减轻、发热和嗜睡。有些犬会出现慢性咳嗽、跛行和皮肤损伤。眼部感染则会导致葡萄膜炎或视网膜脱落。大多数患犬会出现肺部病变，随着时间的推移逐渐恶化，导致呼吸急促、呼吸困难和呼吸窘迫。约有一半的病例会出现淋巴结肿大，有时也会出现骨骼症状，但这种情况比较罕见。

芽生菌病的诊断是基于犬的病史、生活的地理区域和临床症状，也可以在某些情况下通过显微镜鉴定。受感染器官（皮肤、淋巴结）的组织样本或穿刺液样本仅在约50%的时间内含有该菌。如果经检测没有发现芽孢菌，并且仍然怀疑患有芽孢菌病，可使用血清学检测做进一步的诊断。这些检测针对芽孢菌的抗体或血液样本中存在的真菌抗原。但是，抗体检测可能在疾病早期呈现阴性，因此，如果获得阴性结果，犬应该重新进行检测。表现出芽生菌病临床症状的犬不能进行自我恢复，所以，相应的治疗是很有必要的。芽生菌病的确诊往往处在疾病的晚期，因此，多达30%的患犬无法幸存。抗真菌药物伊曲康唑是治疗芽生菌病的首选药物。可持续给药60~90天，或在所有临床症状缓解后再给药至少1个月。其他可使用的药物包括两性霉素B

和酮康唑，但这两种药物的副作用较大，且治疗效果不佳。

目前，还没有有效的疫苗来预防芽孢菌的感染。因此，预防的方案是禁止犬进入高风险地区，如在疾病流行地区内禁止靠近水源潮湿、低洼地区。生活在真菌病疫区的犬需要其主人密切关注它是否出现临床症状，并密切关注犬的健康状况。最后，由于养在户外的犬患上芽生菌病的概率明显较高，因此，防止犬暴露于芽生菌所处的环境中是宠物主人将犬养在室内的众多理由之一。

组织胞浆菌病：这种真菌感染是由荚膜组织胞浆菌引起的，这是一种通过土壤传播的真菌，在不同的环境条件和温度中均有发现。组织胞浆菌在富含氮的土壤中生长，因此最常见于含有高浓度鸟类或蝙蝠粪便的土壤中。与芽生菌病类似，美国组织胞浆菌感染发病率最高的地区是俄亥俄州、密苏里州和密西西比河流域。但是，这种真菌存在于一切有利于其生长的土壤中，所以全国各地的犬都可能会被感染。

犬和其他动物通过吸入土壤中存在的真菌颗粒而感染组织胞浆菌。被吸入的真菌进入下呼吸道和肺部，并开始复制。在一些犬中，疾病仅限于呼吸道，其临床症状与芽孢菌病相似。组织胞浆菌病也有可能影响胃肠道。胃肠道受影响的症状包括慢性腹泻和肠道出血。一些患有肺组织胞浆菌病轻症的犬会自我恢复。然而，建议对所有患犬进行治疗，以降低真菌扩散到其他器官的风险。组织胞浆菌病的诊断包括临床症状、胸部和腹部的影像学检查，以及检测抽吸物或组织活检中的真菌颗粒。口服抗真菌药物伊曲康唑是最有效的治疗方法，药物使用周期长达数月。预防荚膜组织胞浆菌感染的方法与芽生菌相同（参见上文）。

疫苗

接种疫苗是为了保护犬免受传染病的感染。它们由修饰后的病原体组成，具有诱导免疫反应的作用，能够为犬提供完全或部分保护。由于缺乏治疗抗病毒的药物，疫苗接种在控制家犬中的许多病毒性疾病中发挥着重要作用。此外，一些疫苗被用于保护犬免受细菌的感染，如钩端螺旋体和支气管败血鲍特菌。虽然没有疫苗是百分之百有效的，但疫苗接种有助于防止前面所讨论的那些危害犬健康的疾病广泛暴发。

免疫类型：免疫力是指动物通过机体循环中足够水平的抗体和免

疫细胞对某种疾病的反应，从而获得抵抗该疾病的能力。天然免疫是物种特异性免疫，意味着能够感染一个物种的疾病可能不会传染给其他物种。例如，猫传染性腹膜炎是由一种可能致命的冠状病毒引起的，但不会传播给犬。

被动免疫，也称为获得性免疫，是指动物从其他动物或其他来源获得保护性抗体。对犬来说最重要的被动免疫类型是新生幼犬食用母犬初乳时得到的保护。初乳是母犬在分娩后的最初几天产生的乳汁。初乳因含有来自母犬血清的抗体，特别适合新生幼犬食用。通过食用初乳并吸收这些抗体，幼犬被动地获得了对抗疾病的能力，能够抵抗疾病的类型与母犬一致。

如果母犬接种了疫苗（或它已经从疾病中康复），母犬将有足够水平的循环抗体通过初乳提供给新生幼犬。相反，如果母犬体内没有相应足够的抗体，幼犬将无法在初乳中获得保护性水平的抗体。

抗体是一种大分子蛋白质。正常情况下，胃和小肠会消化蛋白质，并将其分解成氨基酸，以便被机体吸收（详见第十五章）。新生幼犬就像许多其他物种的幼崽一样，只能在出生后的 36 小时内有能力以完整的形式吸收这些抗体。经过这段时间后，小肠内的细胞失去了吸收大分子蛋白质的能力，幼犬便不能从初乳中获得进一步的免疫保护。因此，新生幼犬必须在出生后的最初几小时内食用到母犬的初乳。

幼犬被动免疫保护时间的长短取决于母犬体内抗体的水平。在交配前立即接种疫苗的母犬通常具有最高浓度的抗体，因此，能够在初乳中提供最高浓度的抗体。初乳中抗体浓度越高，对幼犬的保护时间就越长。幼犬的母源抗体保护时间最长约为 16 周。这种保护对幼犬来说非常重要，因为新生幼犬的免疫系统功能没有发育完全，幼犬在约 6 周大时才能发育出主动免疫的能力（见疫苗免疫失败）。

另外一种免疫类型是主动免疫。当动物的网状内皮（免疫）系统受到抗原的攻击时，便会产生相应的抗体，即发生主动免疫。就疫苗而言，抗原是一种细菌或病毒，以某种方式被改变或修饰，使其成为非致病性细菌或病毒。当疫苗被注射到体内时，犬的免疫系统对它的反应就像实际的病原体入侵一样。机体便会产生抗体，保护机体免受自然病原体的入侵。主动免疫力随着时间的推移会缓慢下降。因此，必须定期接种加强疫苗，以维持体内较高水平的抗体。

疫苗类型：目前常规使用的疫苗主要有 3 种，改良（弱毒）活疫苗、灭活疫苗和重组疫苗。这些疫苗大多数是通过皮下或肌内注射给药的。促进局部免疫的疫苗经鼻内给药（表 11.2）。

改良活疫苗含有弱化或"弱毒"形式的致病性微生物。疫苗被注射到犬体内后，修饰后的病毒在宿主体内复制但不会引起疾病。病毒通过复制会产生大量的病毒颗粒，以增强机体的免疫反应。此外，免疫系统对改良活疫苗的反应比灭活疫苗更快。产生的免疫反应（主动免疫）对致病性病毒具有保护作用。虽然单次注射改良活疫苗通常会产生较持久的免疫力，但考虑到母源抗体阻断期的存在（见疫苗免疫失败），建议幼犬首次免疫时按间隔多次注射疫苗，以确保给幼犬提供完整的保护。对于犬来说，大多数可用的犬瘟热、犬传染性肝炎、病毒形式的犬窝咳和犬细小病毒的疫苗都是弱毒活疫苗。

表 11.2　疫苗种类

疫苗类型	说明	优点	推荐使用
弱毒活疫苗	包含病原体的弱化形式，在宿主动物中复制但不会引起疾病	增加抗原数，可以刺激强而快速的主动免疫。通常一个剂量就足以获得免疫力	犬瘟热、犬传染性肝炎、病毒型犬窝咳和犬细小病毒都是改良活疫苗；可用于幼犬和成犬（非妊娠母犬也可用）
灭活疫苗	包含已灭活的病原体形式，不能引起疾病，但能刺激主动免疫	保质期更长，稳定性比改良活疫苗好，需要多次接种，不会引起疾病	狂犬病、犬冠状病毒、钩端螺旋体病、莱姆病、鲍特菌；妊娠犬推荐使用
重组疫苗	包含大量病毒抗原，但不含整个病原体	没有造成疾病的风险，不需要使用佐剂疫苗	可用于狂犬病和莱姆病的疫苗接种
鼻内疫苗	用于刺激上呼吸道的局部 IgA 免疫	虽然这种类型的疫苗产生的免疫力持续时间较短，但在保护免受支气管败血鲍特菌引起的上呼吸道感染方面最为有效	推荐将要接触到高风险环境的犬接种针对犬窝咳的疫苗；在高风险环境中饲养的犬应该每 6 个月重新接种一次

灭活疫苗含有灭活形式的传染性病原体。当疫苗注射到犬体内时，不会引起疾病，但仍然能够激起免疫反应。灭活疫苗被认为比弱毒活

疫苗更稳定，保质期更长。被灭活的疫苗不会在宿主体内复制，因此，它们并不能恢复到致病形式而引起疾病。因此，灭活疫苗通常被认为在妊娠动物中使用更安全。然而，由于宿主动物接触到的抗原数量较少，需要高剂量的灭活疫苗才能产生强大和持久的免疫反应。此外，灭活疫苗通常含有一种能够帮助刺激身体免疫反应的化学物质。这些化学物质称为佐剂，佐剂的存在增加了犬对疫苗过敏反应的风险，并被认为是一些犬猫疫苗相关疾病潜在的致病因素。常用的灭活疫苗包括防治狂犬病、犬冠状病毒病、钩端螺旋体病、莱姆病和支气管败血鲍特菌病的疫苗。

近年来，新技术推动了重组疫苗的发展。重组疫苗是用基因重组技术在活载体上插入目的基因所表达的病原微生物特异性抗原制备的疫苗。一旦基因序列被分离出来，就可以在实验室条件中操作以产生大量的特异性抗原，然后将其用作疫苗。由于重组疫苗不包含整个病原体，因此不会引起疾病，同时由于疫苗中含有足够水平的抗原，因此不需要包含佐剂等化学物质。目前，重组疫苗可用于犬莱姆病和狂犬病疫苗。

单价疫苗与多价疫苗：单价疫苗是只含有一种被修饰或灭活病原体的疫苗，用来保护犬不受某一种病毒的感染。其中，最常见的是狂犬病疫苗（可以参考"核心"与"非核心"疫苗）。多价疫苗是指可以在一次接种中获得针对多种疾病抗体的疫苗。这些疫苗最初是为了宠物医生和护理人员方便使用而开发和销售的。支持使用疫苗的人认为，疫苗还能确保宠物主人遵守完整的疫苗接种计划。最初开发多价疫苗时，它们通常只包含 3 种病毒制剂（犬瘟热、犬传染性肝炎、钩端螺旋体病）。如今，这些疫苗可以在单剂量中包含 7 种或更多的抗原。例如，最常用于犬的多价疫苗包括犬瘟热、犬传染性肝炎、犬细小病毒、犬副流感病毒、犬腺病毒 2 型、钩端螺旋体，有时还包含冠状病毒等。近年来，常规使用多价疫苗对成犬进行免疫接种一直受到质疑 [21]。每年持续接种这些疫苗令人担忧。由于疫苗对每种疾病所赋予的免疫力时间长短不同，针对所有犬类疾病每年使用多价疫苗重新接种是不必要的，而且可能会增加相关的健康风险（见*疫苗接种时间表和指南*）。

给药途径：除狂犬病和莱姆病疫苗是肌内注射外，大多数犬类疫苗都是皮下注射。第三种疫苗给药途径是鼻内注射。鼻内疫苗旨在刺激上呼吸道的局部免疫球蛋白 A（IgA）免疫。虽然这种类型的免疫被认为持续的时间相对较短，但它对预防支气管败血鲍特菌最有效，该菌是引起传染性气管支气管炎的主要细菌。该疫苗只建议给那些生活在高风险区域的犬（如犬舍或参加犬展）接种。

免疫的持续时间： 通常，宠物医生和伴侣动物疫苗制造商建议每年度为宠物接种常见疾病的疫苗。这些疫苗通常称为"加强针"，这意味着犬的免疫系统每年都会被重新刺激，以保持对传染性病原体的抵抗力。每年重复一次免疫接种的做法在最初只是一个未被理论支持的建议，因为没有任何研究表明免疫力持续的最长时间为多久。所有犬类疫苗（不包括狂犬病）的许可证规定要求在完成疫苗接种程序后2周收集病原体的抗体数据，但2周后的数据不重要。到目前为止，可用于犬的疫苗通常没有进行免疫期持续时间的研究。宠物主人需要每年带他们的宠物去医院重新免疫接种，再加上疫苗制造商建议每年接种疫苗，所以该免疫计划成为大多数宠物医生执行的标准。其他的日常健康护理，例如，年度体检、口腔检查和寄生虫检查也可以每年进行一次。

最近由于针对过度接种疫苗的潜在负面影响的担忧，导致人们重新思考年度免疫的必要性[22]。越来越多的证据表明，犬通过接种犬瘟热、犬细小病毒和肝炎疫苗可以获得长期的免疫力。研究表明，犬在最初接种疫苗后至少3年内不会感染这些疾病[23-24]。其他研究表明，疫苗诱导的免疫在接种疫苗7年后仍然有效。一些宠物医生和主人建议使用检测抗体水平（滴度）的血清学测试来确认犬的免疫状态以及判断是否需要重新接种疫苗。然而，抗体水平并不是总能代表动物的免疫力水平。而且对涉及抗体水平的测定缺乏标准化检测方法。尽管如此，近期的相关数据和对通过疫苗接种产生的免疫力的理解已经促使人们对成犬疫苗新接种程序的优化制订（见*疫苗接种时间表和指南*）。

疫苗接种的不良反应： 虽然疫苗接种只是一种相对简单的预防医疗，但它并非没有风险，而且它可能与一些潜在的不良反应有关。对疫苗接种产生严重不良反应的病例较少，但偶尔也会发生，甚至会危及生命。潜在的不良反应包括过敏反应（超敏性反应）、疫苗相关的免疫介导疾病以及因疫苗接种产生的疾病（疫苗毒性）。其中，最让宠物主人和从业人员担忧的是超敏反应和与疫苗接种相关的疾病。

I型超敏反应，或过敏反应，是一种与疫苗接种相关的不良反应。

这种过敏反应通常发生在接种疫苗后的几分钟内。不同个体的临床表现差异很大，症状涉及胃肠道系统、呼吸系统或皮肤。最严重的不良反应为心血管衰竭，称为过敏性休克，如果不及时治疗，患犬就会迅速死亡。大多数 I 型过敏反应的临床症状为腹泻和呕吐，或上呼吸道症状（打喷嚏、咳嗽）。虽然严重的心血管疾病较为罕见，但如果一旦出现，患犬便需要紧急救治。所有对疫苗接种有过敏反应的患犬都应及时去宠物医院进行治疗。治疗包括支持性治疗和抗炎药物的使用，如抗组胺药、皮质类固醇或肾上腺素。对疫苗接种有过敏反应的犬应至少被监测 48 小时，因为在这期间患犬可能会复发。

有研究表明，疫苗接种过程很可能会成为易感犬种发展为免疫介导性疾病的触发因素。虽然缺乏对照研究，但回顾性研究表明，近期接种多价或单价疫苗与发生免疫介导溶血性贫血有关 [25]。该病具有特定品种的易感倾向，易感品种包括秋田犬、可卡犬、德国牧羊犬、金毛寻回猎犬和贵宾犬。其他可能由于疫苗接种引起的疾病包括免疫介导性血小板减少症和免疫介导性多关节炎。尽管受影响的犬数量非常少，但自身免疫性疾病的严重性需要进一步研究，并且提供进一步的支持以优化传统的疫苗接种程序（详见*疫苗接种时间表和指南*）。

疫苗免疫失败： 给幼犬和成犬定期接种疫苗以预防常见的传染病。然而，没有一种疫苗是 100% 有效的，疫苗的接种偶尔也会免疫失败。造成免疫失败通常包含几种原因。最常见的原因是幼犬体内母源抗体阻断。幼犬在出生后 1~2 天通过采食初乳获得被动免疫。这些抗体可以保护幼犬免受疾病的入侵，但接种疫苗时会干扰这种主动免疫。这是因为幼犬体内的母源抗体会把疫苗识别为病原体，并在幼犬产生主动免疫力之前破坏它。但在幼犬生命最初的几周内这不是一个需要关注的问题，因为幼犬被动免疫水平能够保护幼犬免受感染。然而，幼犬体内的母源抗体水平在 6 周龄后开始下降，到 16 周龄时下降到无法被检出的水平。幼犬失去母源抗体的程度会根据母犬所拥有的抗体水平而有所不同。例如，妊娠前没有接种疫苗的母犬其抗体水平会较低，那么后代幼犬在 7~8 周龄时会失去母源抗体的保护。相比之下，抗体水平较高母犬的幼犬获得母源抗体保护的时间会更长。

保护幼犬免受自然感染的母源抗体带来的免疫力比接种疫苗产生的免疫力消失得更早。换句话说，在这个关键时期，母源抗体水平仍然高到足以阻止幼犬对疫苗产生积极的反应，但不足以预防疾病感染。所以在此期间，幼犬易感染传染病。关键转变期发生在幼犬出生后的前18周内，该时期受母源抗体水平和幼犬网状内皮系统（单核 – 吞噬细胞系统）发育程度的影响。

母源抗体阻断是幼犬断奶后需要接种疫苗的主要原因（详见*疫苗接种时间表和指南*）。理想情况下，应在母源抗体免疫力下降期间经常性接种疫苗，当幼犬能够对疫苗产生被动免疫反应时便停止疫苗注射。通常在幼犬6周龄时进行第一针疫苗的接种，也就是在它们断奶并进入到新家之前的1~2周。6周龄之前没必要接种疫苗，因为这时的幼犬体内仍含有足够水平的母源抗体，并且免疫系统还不能针对疫苗产生免疫力。通过较短的时间间隔接种疫苗，可以减少幼犬感染疾病的风险。注射疫苗对犬瘟热的防疫是最关键的，因为该病在幼犬中的死亡率很高，而且犬瘟热病毒在环境中普遍存在[26]。

犬免疫失败的第二个原因发生在犬处在自然疾病潜伏期时接种疫苗。在这些情况下，免疫系统试图增强自身免疫力，但在主动免疫能够对抗疾病之前，入侵的病原体通常会先导致组织的损伤并引发疾病。宠物主人可能会错误地归咎于是疫苗导致了疾病的发生，而事实上，犬在接种疫苗之前就已经接触到病毒了。因为疫苗中的病原体是修饰后的形式，所以由于注射疫苗而导致犬患严重疾病的情况比较罕见。

免疫失败的最后一个原因是对疫苗本身的处理或储存不当。改良活疫苗的保质期相对较短，当二次水合时，必须保持低温。处理不当或重组不当可能导致疫苗无效。因此，当给犬接种疫苗之前需要按照疫苗制造商的要求对疫苗进行妥善储存和处理。

疫苗接种时间表和指南

疫苗接种在控制传染病和幼犬的预防保健方面起着至关重要的作用。目前已经制订了完备的免疫接种程序，伴侣动物中的各种传染病发病率已大大降低。疫苗不能对任何个体产生100%的保护，也不能对所有的犬产生相同水平的保护。然而，疫苗接种计划的总体目标是为大量存在感染风险的个体完成免疫接种，以提高个体对疾病的抵抗力并减少疾病的传播。未满16周龄的幼犬比成犬更容易感染疾病。此外，生活条件拥挤（犬舍）或接触到大量犬只（参加犬展）的犬更容易传播和感染疾病。这两种群体是主要的疫苗接种对象。相反地，成年健康的犬只，如果其医疗记录已知（即幼犬时已完成免疫接种程序），则不需要每年接种疫苗，而应根据个体受感染的风险进行评估再决定是否接种疫苗。

核心疫苗与非核心疫苗：目前将犬类疫苗分为两类：核心疫苗和非核心疫苗。核心疫苗是针对那些严重疾病的疫苗，且病原体高度易传播并广泛流行，患病率和死亡率较高。同时，这些疫苗已被证实有效，对大多数犬来说获得的益处高于所承担的免疫风险。目前，美国的犬类核心疫苗包括犬瘟热、犬细小病毒病、犬传染性肝炎（腺病毒2型疫苗，可同时预防肝炎和气管支气管炎）和狂犬病疫苗。相反，非核心疫苗是指预防某些特定犬在某些情况下或生活在特定区域时可能面临高风险疾病的疫苗。非核心疫苗还包括对轻症疾病预防的疫苗以及缺少科学证据证明其有效性的疫苗。犬类非核心疫苗包括副流感、鲍特菌感染、钩端螺旋体、冠状病毒、莱姆病和贾第鞭毛虫病（莱姆病和贾第鞭毛虫病分别在第十三章和第十四章中讨论）。

幼犬免疫指南：幼犬应在6~7周龄时完成首次疫苗接种，然后每3~4周重新接种一次，直到16~18周龄（表11.3）[27]。易感染细小病毒的犬种，例如，罗威纳犬和杜宾犬，需继续接种疫苗，直到至少20周龄[28]。有证据表明，对于细小病毒来说，弱毒活疫苗在犬6周龄、9周龄和12周龄时接种3次即可有效[29]。但是，在确定疫苗接种计划时，宠物主人和宠物医生需考虑犬接触病原体的概率以及所承担的风险大小。社交活动频繁、参加犬培训班、生活在犬舍环境中或将要被寄养在犬舍的犬应该接种疫苗，直到18~20周龄。在幼犬6周龄之前可以接种的疫苗是支气管败血鲍特菌的鼻内疫苗。这种疫苗可以给2周龄或以上的幼犬接种，但仅建议给有高感染风险的幼犬接种。

由于母源抗体阻断的风险，为幼犬进行完整的免疫程序非常重要。大多数宠物医生指出，目前他们所接触到的细小病毒感染的情况都发生在未完成所有免疫程序的犬身上，说明这些犬仅完成了部分免疫接种程序，或在幼犬时仅进行了一次免疫，后续未进行免疫加强针的注射[30]。狂犬疫苗是个例外，幼犬在4月龄的时候进行第一次接种，然后次年需再进行第二次接种。

成犬免疫指南：目前针对成犬建议的疫苗接种计划为在犬初次免疫接种后一年给予核心疫苗加强针。对于宠物医生认为患病风险较低的健康犬，最多每3年接种一次加强针。每年进行的健康体检需评估犬感染疾病的风险，宠物主人应根据需要按照推荐的核心疫苗和非核心疫苗进行重新接种。狂犬疫苗的接种时间为每年一次或每3年一次，这取决于使用的疫苗和犬所在地对狂犬疫苗接种的要求（表 11.3）。

表 11.3   幼犬和成年犬的疫苗接种计划

年龄	疫苗	注意事项
2~6 周龄	鼻内疫苗：支气管败血鲍特菌	仅建议为生活在高风险环境中的幼犬使用
6~7 周龄	核心疫苗（所有犬）：犬瘟热、犬细小病毒病、肝炎 非核心疫苗（根据需要）：副流感、钩端螺旋体病、鲍特菌感染、冠状病毒、莱姆病、贾第鞭毛虫病	细小病毒病易感的犬种，如罗威纳犬和杜宾犬，还有暴露在高风险区域的幼犬需持续接种疫苗，至少到 20 周龄为止
9~11 周龄	参考以上	
12~15 周龄	参考以上	
15~20 周龄	参考以上	
4~5 月龄	狂犬病；1 年后重复免疫一次	可用 1 年苗或 3 年苗
成犬	在完成首次疫苗接种程序后一年再进行核心疫苗的加强针接种；重复免疫时间间隔不能超过 3 年；根据宠物医生的建议决定是否接种非核心疫苗	频繁地接种疫苗对于那些暴露在高风险易感的环境中、健康状况不佳、易感品种的犬有益

结论

虽然有许多传染病能够引起家犬的疾病，但是可以通过定期接种疫苗、注意居住环境的卫生及通风条件有效地控制传染病的传播和发生。但遗憾的是，有一些非传染性疾病也会发生在家犬身上，影响着犬的健康、生命活力和寿命。下一章将介绍一些常见的非传染性疾病及其治疗方法。

参考文献

[1] Seigal, M. (Editor) *UC Davis School of Veterinary Medicine Book of Dogs,* Harper Collins Publishers, New York, pp. 351. (1995)

[2] Thrushfield, M.V. **Canine kennel cough: a review.** Veterinary Annual, 32:1–12. (1992)

[3] Ueland, K. **Serological, bacteriological and clinical observations on an outbreak of canine infectious tracheobronchitis in Norway.** Veterinary Record, 126:481–483. (1990)

[4] Appel, M.J. **Canine infectious tracheobronchitis (kennel cough): a status report.** Compendium on Continuing Education for the Practicing Veterinarian, 3:70–79. (1981)

[5] Thrushfield, M.V., Aitken, C.G.C., and Muirhead, R.H. **A field investigation of kennel cough: incubation period and clinical signs.** Journal of Small Animal Practice, 32:215–220. (1991)

[6] Thrusfield, M.V., Aitken, C.G.C., and Muirhead, R.H. **A field investigation of kennel cough: efficacy of different treatments.** Journal of Small Animal Practice, 32:455–459. (1991)

[7] Edinboro, C.H., Ward, M.P., and Glickman, L.T. **A placebo–controlled trial of two intranasal vaccines to prevent tracheobronchitis (kennel cough) in dogs entering a humane shelter.** Preventive Veterinary Medicine, 62:89–99. (2004)

[8] Parrish, C.R. **Emergence, natural history and variation of canine, mink, and feline parvoviruses.** Advances in Virus Research, 38:403–450. (1990)

[9] Parrish, C.R., Aquadrom, C.F., and Strassheim, M.L. **Rapid antigenic–type replacement and DNA sequence evolution on canine parvovirus.** Journal of Virology, 65:6544–6552. (1991)

[10] Kennedy, M.A., Mellon, V.S., Caldwell, G., and Potgieter, L.N.D. **Virucidal efficacy of the newer quaternary ammonium compounds.** Journal of the American Animal Hospital Association, 31:254–258. (1995)

[11] Brunner, C.J. and Swango, L.J. **Canine parvovirus infection: effects on the immune system and factors that predispose to severe disease.** Compendium on Continuing Education for the Practicing Veterinarian, 7:979–989. (1985)

[12] Glickman, L.T., Domanski, L.M., Patronek, G.J., and Visintainer, F. **Breedrelated risk factors for canine parvovirus enteritis.** Journal of the American Veterinary Medical Association, 187:589–594. (1985)

[13] Macintire, D.K. and Smith-Carr, S. **Canine parvovirus. Part II: Clinical signs, diagnosis, and treatment.** Compendium on Continuing Education for the Practicing Veterinarian, 19:291–300. (1997)

[14] Evermann, J.F., McKeirnan, A.J., Eugster, A.K., Solozano, R.F., Collins, J.K, Black, J.W., and Kim, J.S. **Update on canine coronavirus infections and interactions with other enteric pathogens of the dog.** Companion Animal Practice, 19:6–12. (1989)

[15] Ferguson, I. **A European perspective on leptospirosis.** Microbiology Europe, 8–11. (1994)

[16] Sasaki, D.M. **Questions stated prevalence of leptospirosis in dogs.** Journal of the American Veterinary Medical Association, 220:1452–1453. (2002)

[17] Ward, M.P., Glickman, L.T., and Guptill, L.F. **Prevalence of and risk factors for leptospirosis among dogs in the United States and Canada: 677 cases (1970‐1998).** Journal of the American Veterinary Medical Association, 220:53–58. (2002)

[18] DeBoer, D.J. **Canine Staphylococcus pyoderma.** Veterinary Medicine Reports, 2:24–265. (1 990)

[19] Cox, U.H., Hoskins, J.D., and Newman, S.S. **Temporal study of Staphylococcal species on healthy dogs.** American Journal of Veterinary Research, 49:747–751. (1988)

[20] Oluoch, A.L., Weisiger, R., Siegel, A.M., Campbell, K.L., Krawiec, D.R., and McKiernan, B.C. **Trends of bacterial infections in dogs: characterization** *of Staphylococcus intermedius* isolates (1990–1992). Canine Practice, 21:12–19. (1996)

[21] Cole, R. **Rethinking canine vaccinations.** Veterinary Forum, January:52–57. (1998)

[22] Klingborg, D.J., Hustead, D.R., Curry-Galvin, E.A., and others. **AVMA Council on Biologic and Therapeutic Agents' report on cat and dog vaccines.** Journal of the American Veterinary Medical Association, 221:1401–1407. (2002)

[23] Olson, P. **Duration of immunity elicited by canine distemper virus vaccinations in dogs.** Veterinary Record, 141:654–655. (1997)

[24] Ford, R.B. **Canine vaccination protocols.** Proceedings of the Twenty-Seventh Congress of the World Small Animal Veterinary Association, 2002.

[25] Giger, D.D. **Vaccine–associated immune–mediated hemolytic anemia in the dog.** Journal of Veterinary Internal Medicine, 10:290–295. (1996)

[26] O'Brien, S.E. **Serologic response of pups to the low–passage, modifiedlive canine parvovirus–2 component in a combination vaccine.** Journal of the American Veterinary Medical Association, 204:1207–1209. (1994)

[27] Smith-Carr, S., MacIntire, D.K., and Swango, L.J. **Canine parvovirus. Part I: Pathogenesis and vaccination.** Compendium on Continuing Education for the Practicing Veterinarian, 19:125–133. (1997)

[28] Swango, L., Barta, R., Fortney, W., Garnett, P., Leedy, D., and Stevenson, J. **Choosing a canine vaccine regimen. Part 3.** Canine Practice, 6:21–26. (1995)

[29] Larson, L.J. and Schultz, R.D. **High titer canine parvovirus vaccine: serologic response and challenge of immunity study.** Veterinary Medicine, 91:210–218. (1996)

[30] Swango, L. **Choosing a canine vaccine regimen, Part 1.** Canine Practice, 20:10–14. (1995)

第十二章　犬常见非传染性疾病

前面的章节综述了家犬的常见传染病。适当的疫苗接种以及良好的管理和卫生保健可以预防大多数传染病。除了传染病外，还有一些非传染性疾病会影响家犬。尽管概述不全，但本章对一些更常见的此类疾病进行了探讨，对于养犬人士仍有一定的参考意义。

犬髋关节发育不良

健康犬的髋关节是一个球窝关节，连接犬的后腿与身体。股骨的末端称为股骨头，形成关节球，与骨盆的髋臼紧贴，形成关节窝（图12.1）。健康、正常关节的股骨头在髋臼内能够自由旋转。关节囊是一层非常坚固的结缔组织，包围着两块骨头，使其紧密地保持协调一致，并有助于进一步的关节稳定。

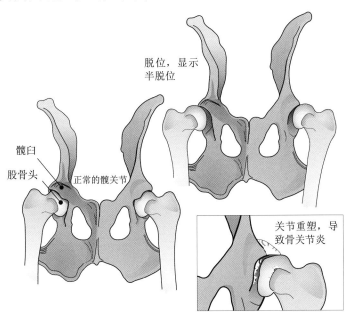

图 12.1　正常和发育不良的髋关节

除了股骨头和髋臼之间的紧密连接外，股骨和骨盆之间还有一条韧带将这两块骨头连接在一起。关节面是指两块骨的表面相互接触的区域。健康髋部的关节面是一个光滑的表面，有一层海绵状软骨作缓冲。总之，关节内的骨骼、韧带、关节囊和关节软骨相配合形成了一个能够不受干扰稳定工作的关节。

犬髋关节发育不良（CHD）是一种随着犬的成长而发展的病理状况，是由于支持髋关节的肌肉、结缔组织和韧带松弛导致的疾病。虽然CHD通常表现为骨骼疾病，但它并不是直接由骨骼生长受损引起的。相反，软组织发育受损导致了犬的骨骼生长异常。随着关节周围的软组织异常发育，骨骼无法正常固定，并开始分离。这一过程被称为半脱位，随着骨间韧带的拉伸，关节的不稳定性不断增加，导致关节进一步不稳定。最终，两块骨头的关节面彼此失去协调一致性。随着犬的继续发育，髋关节试图通过骨骼重塑来弥补这种不稳定性。股骨头、髋臼和髋臼边缘的形状均在缓慢变化，最终导致一种称作骨关节炎或退行性关节疾病的关节炎。某些犬，骨关节炎和关节稳定之间能维持平衡，疾病进展基本停止。但有些犬，关节不能充分稳定，且退行性关节疾病随着生长而逐渐恶化。因此，在临床上，CHD差异化是很高的，一部分犬完全没有临床迹象，而另一些犬可能会有严重的致残疾病。

如今，CHD是犬后肢跛行最常见的诱因，也是最常见的遗传性骨科疾病[1]。虽然所有犬种都有机会发生CHD，但临床症状最常出现在成年体重超过35磅（15.9千克）的犬。美国动物矫形外科基金会（OFA）报告称，斗牛犬（74.9%）、猎水獭犬（51.4%）、克伦伯猎犬（47.5%）、圣伯纳犬（46.7%）和博伊金猎犬（40.5%）的CHD发病率很高。巴哥犬是据报道CHD发病率较高的最小犬种之一（58.1%）。其他易感犬种包括纽芬兰犬、斗牛獒犬、伯恩山犬、威尔士史宾格犬、库瓦兹犬和寻血猎犬[2-3]。根据OFA的统计数据，目前流行的高风险犬种包括拉布拉多寻回犬、德国牧羊犬、罗威纳犬和金毛寻回犬。相比之下，CHD发病率低的大型犬品种包括大多数猎犬品种，如俄罗斯猎狼犬、萨卢基猎犬和阿富汗猎犬，以及西伯利亚雪橇犬和比利时牧羊犬（表12.1）。

因为像OFA这样的骨科的登记机构通常不收集杂交犬的数据，也不监测一般的家养宠物，这些登记信息可能无法准确反映一般宠物犬群体中CHD的发病率。近期有研究报道了在之前没有进行过CHD筛查的家养宠物犬的CHD发病率[4]。

表 12.1　　不同犬种髋关节发育不良的发病率

高发病率品种	低发病率品种
斗牛犬	俄罗斯猎狼犬
巴哥犬	萨卢基猎犬
猎水獭犬	灵缇犬
圣伯纳犬	惠比特犬
德国牧羊犬	伊维萨猎犬
寻血猎犬	西伯利亚雪橇犬
罗威纳犬	巴辛吉犬
库瓦兹犬	阿富汗猎犬
纽芬兰犬	比利时牧羊犬
斗牛獒犬	法老王猎犬
大丹犬	苏格兰牧羊犬
伯恩山犬	
金毛寻回犬	
博伊金猎犬	
克伦伯猎犬	
威尔士史宾格犬	

　　该研究调查了美国一家兽医学校教学宠物医院近 3000 只纯种犬和杂交犬的髋关节影像学检查情况。犬的 CHD 总患病率为 19.3%。与普遍看法相反，纯种犬和杂交犬患 CHD 的风险是相同的。与 OFA 数据相似，研究发现 CHD 具有很强的品种特异性。目前流行的品种发病率较高的为：金毛寻回犬（30.3%）、德国牧羊犬（27.94%）、拉布拉多寻回犬（27.4%）和罗威纳犬（35.4%）。该比例与 OFA 报告的 2 岁以下犬的髋关节发病率数据相似，但高于 OFA 报告的 2 岁或以上犬的发病率。这项研究表明 CHD 是一种在普通犬群（包括纯种和杂种犬）中很常见的疾病，而且许多受欢迎的大型犬种患 CHD 的风险更大。

　　品种间发病率的差异表明，体型本身并不是导致 CHD 的原因。据推测，犬骨盆肌肉质量占身体总质量的比例是决定患 CHD 风险程度的一个因素 [5]。相对于骨骼质量，肌肉质量比例高的犬患该疾病的概率通常较低。然而，这一理论可能并不完全准确，因其无法解释罗威纳犬和斗牛獒犬等肌肉发达的犬 CHD 发病率相对较高的原因 [6]。因此，虽然 CHD 发病率可能涉及盆腔肌肉质量，但其他因素也很重要（详见 *CHD 的发展*）。

CHD 的发展： 发育不良意指"发育异常"。在正常的髋关节中，股骨头牢固地位于髋臼内（图 12.1）。如前所述，患有 CHD 的犬会出现股骨头与髋臼的分离。这种半脱位会导致发育中的髋关节（面）受到异常的压力磨损和髋关节内部软组织的牵拉损伤。由于髋关节是主要的负重关节，且是前进产生推力所必须的，因此，松弛或半脱位引起的不规则力会导致关节的代偿性重塑。随着时间的推移，股骨头的形状会发生改变，髋臼也会变扁变浅。在 CHD 的早期阶段，这种重塑有助于支持关节，帮助正常运动。然而，过一段时间，异常的形状加上持续的压力会导致炎症和骨关节炎（退行性关节疾病）的发生。大多数 CHD 的临床症状，特别是成年犬的临床症状，是由退行性关节疾病引起的，退行性关节炎随着犬年龄的增长而发展并恶化。

遗传和环境因素都影响 CHD 的发病率。调查和育种研究表明，根据所研究的群体和品种，CHD 的遗传力系数在 0.11~0.5[7-8]。这意味着 CHD 中高达 60% 的变异是由犬的基因组成导致的。CHD 是一种多基因疾病，受一系列影响体型、生长模式、肌肉发育、骨盆肌肉质量和髋关节结构的基因的影响 [9]。由于环境因素也影响这些性状和基因的表达，因此很难（即使并非不可能）将遗传因素与环境因素分开。虽然影响 CHD 表达的基因数量尚不清楚，但最近的研究已经确定了两个关于关节松弛和骨构象发展的重要基因 [10]。

影响 CHD 的最重要的环境因素是生长速度。当为了达到最大生长速度，给幼犬喂食富含一定水平的营养和能量的食物时，犬患 CHD 的风险就会增加。例如，一项对 CHD 易感的拉布拉多寻回犬的研究发现，与自由采食的幼犬相比，日粮少喂 25% 卡路里的幼犬患 CHD 的概率和严重程度都显著降低 [11]。当这些犬 2 岁时，对 CHD 的评估显示，71% 限饲的犬髋关节正常，而自由采食的犬只有 33% 髋关节正常。犬快速生长的时期也很重要。早期的研究表明，在 3~8 个月时体重迅速增加的犬患 CHD 的频率更高，并且与体重增长速度较为缓慢的同一品种的犬相比，关节出现更严重的退行性变化 [12]。

快速生长导致髋臼生长板的提前闭合，这可能导致髋臼和股骨头之间的不匹配 [13]。此外，当犬快速生长时，较大的软组织（肌肉和脂肪）会对正在生长和未成熟的髋关节施加异常的力量。髋关节肌肉和结缔组织的发育阶段与快速生长期骨骼的成熟阶段之间的不协调导致了髋关节结构的异常。虽然任何全价均衡的饮食如果大量喂食都有可能达到最大限度的生长速度，但高能量和高营养密度的饮食风险最大。因为这些饮食通常适口性好，而且因为摄入相对较少的食物即可获得所需营养，如果不控制摄入量，生长中的犬很容易过度进食（详见第十九章）。除了饮食中的能量密度外，其他营养物质如蛋白质、脂肪、碳水化合物或维生素 C 的水平尚未被发现会影响 CHD 的发展[14]。

生长过程中的创伤是第二个重要的环境因素。过度的负重运动或髋关节的创伤可能容易诱发犬的髋关节结构异常。单方面来看，创伤通常是导致 CHD 的一个潜在因素。然而，由于腿部肌肉质量较大的犬不太可能患上 CHD，因此，在发育过程中仍然建议进行适度和持续的运动。

临床症状：与 CHD 相关的疼痛和跛行程度是高度可变的，有些犬没有临床症状，有些犬严重跛行甚至致残。CHD 发展的最关键时期是 3~8 月龄。然而，只有受到严重影响的犬才会在这个年龄出现临床症状。犬首次出现 CHD 临床症状的年龄从 4 个月到老年期不等。临床上受 CHD 影响的犬一般可分为两类。第一类是 1 岁以下的幼犬，突然出现站立、行走、奔跑或爬楼梯困难。可见单侧或双侧后腿负重跛行，这些症状会因运动或用力而加重。第二类是成年犬，其临床症状是由退行性关节疾病导致的。症状包括运动耐受性下降、运动后的僵硬或跛行、后腿的步幅缩短以及不愿意爬楼梯。

诊断：CHD 的诊断是基于临床症状、髋关节触诊和影像学检查。触诊可以有效地检测幼犬的髋关节松弛，但老年犬关节的退行性改变使得无法使用关节松弛程度作为诊断依据。宠物医生可以用两种方法来检测关节松弛和半脱位程度，即 Ortolani 试验和 Bardens 试验[15-16]。这些方法对尚未发生退行性关节变化的幼犬最有效。在所有的犬中，CHD 可以通过评估骨盆的影像学检查来确诊。影像学检查将显示股骨头和髋臼之间的匹配程度、髋臼的深度和形状，是否存在股骨头和股骨颈的重塑以及退行性关节疾病。有多种影像学评估方法可供选择，其中一些可以在犬被保定进行放射学检查时施加外力来评估被动髋关节松弛情况[17-18]。

治疗方法： CHD 有几种治疗方法。最保守和侵入性最小的治疗是通过体重和运动管理及药物治疗来改善与骨关节炎相关的炎症和疼痛。历来用药时首选阿司匹林缓冲剂，该药物对许多中度 CHD 患犬有效。使用阿司匹林时，应仔细监测剂量，并注意避免长期使用引起胃肠道不适。还有一些处方非甾体类抗炎剂也可以用于犬，是强力有效的缓解剂。因为这些药物都有潜在严重的副作用，所以必须在宠物医生的指导下使用。近年来，硫酸软骨素及氨基葡萄糖和相关的化合物已成为治疗犬退行性关节疾病的常用药物。这些化合物被称为"软骨保护剂"，有助于某些犬的病变关节内受损软骨的愈合。临床研究报告称，选取一定数量的犬，使用这些化合物来治疗退行性关节疾病有一定程度的成功率 [19-21]。相比之下，有少数使用了这些化合物的临床对照组取得了相反的结果 [22-23]。

对于绝大部分被诊断为 CHD 的犬来说，全髋关节置换手术是一种比较适合的治疗方法。全髋关节置换手术通常用于患有中度至重度骨关节炎的大型犬（患有慢性病的犬）。该手术会用一个机械的假体关节来替换患病的髋关节，使犬能够充分活动并能够利用后腿推动身体向前移动 [24]。犬全髋关节置换手术最早于 20 世纪 70 年代末由俄亥俄州立大学兽医学院首次开创 [25]。手术包括切除股骨头、清除髋臼中的损坏软骨和关节炎导致的骨刺，以及用人造球窝关节来替代受损的关节。髋关节置换的一个主要优势是犬不会再发展成退行性疾病，因为通常会发生关节炎的关节面已被切除。术后康复期大约为 2 个月，在此期间，犬只能在牵引下短距离散步。术后 3 个月内，犬可逐渐恢复正常活动水平。

在确定一只犬是否适合进行全髋关节置换手术时，需要考虑的因素包括犬的年龄、体型和整体健康状况。进行这种手术的犬最好是体重不低于 50 磅（23 千克）、髋关节仍然具有相对良好的活动范围，并且没有明显的肌肉萎缩的青年犬。尽管预后都是良好或者非常好的，但手术费用让一些宠物主人望而却步 [26]。虽然 CHD 会影响大多数犬的双侧髋关节，但 80% 的犬只需要替换一侧的髋关节就可以了，因为身体重量会转移到替换的髋关节上，从而减轻对侧髋关节的疼痛。如果确实要替换双侧的髋关节，两次手术之间需要间隔 3 个月。

此外，还有两种可以用于治疗犬 CHD 的手术方法，即股骨头、股骨颈切除术（FHO）以及骨盆 3 处截骨术（TPO）。FHO 去除股骨的头部和颈部，并在剩余的股骨和骨盆之间形成假关节。FHO 是一种补救手术，是对关节发生退行性病变或无法进行全髋关节置换手术的犬进行的最常见的髋关节手术。与全髋关节置换术相比，该手术术后早期骨间接触会导致疼痛，因此，犬术后功能恢复较缓慢。大多数犬的假关节不会疼痛且可以活动，但活动范围受限，关节稳定性有所降低。FHO 通常会导致术后步态异常，但这种异常与疼痛无关。接受FHO 手术的犬最好是体型相对较小（体重不超过 50 磅）、已经发生关节炎变化且无法通过药物治疗来控制疼痛的犬。由于大型犬和巨型犬的预后结果较差，对于超过 50 磅的犬，通常不建议进行 FHO 手术。FHO 的优点是手术费用较低，与全髋关节置换术相比，手术相对简单。然而，犬主人必须充分意识到手术后犬的活动范围受限，另外，犬的运动能力也可能受限。

TPO 手术是指对盆骨的髂骨和坐骨进行手术重建，重新定位髋臼覆盖股骨头。手术旨在增加股骨头的覆盖范围并增加关节的适应性。TPO 是一种大型手术，与全髋关节置换手术一样昂贵。但它通常能够成功解决疼痛和跛行问题，并似乎有助于防止退行性关节疾病的发展。TPO 手术只适用于跛行和发育不良、没有或只有轻微骨关节炎，并且髋臼边缘仍然完整的幼犬（年龄不到 10 个月）。

预防 CHD： 选择性育种计划是消除 CHD 的最佳方法。对照育种研究表明，只饲养髋部正常的犬或那些后代髋部正常的犬（后代测试）可以显著降低被测试群 CHD 的发病率[27-28]。然而，由于 CHD 受多基因遗传影响，并且美国监管犬种饲养规范的法规很少，犬 CHD 的预防进展相对缓慢。动物骨科基金会（OFA）是一个为所有品种的犬提供中央注册服务的组织，也会通过影像学检查信息评估和鉴定犬的髋关节健康。该组织还监测已登记犬的 CHD 发病率。OFA 将 1972—1980 年出生的犬与 1998—2001 年出生的犬的数据进行了比较。这些数据表明，在不同犬种中，CHD 的发病率显著下降，且髋关节评分优秀的犬的比例有所增加。秋田犬、金毛寻回犬、罗威纳犬和拉布拉多寻回犬的 CHD 发病率显著下降。在金毛寻回犬中，髋部状态被评估优秀的犬的数量增加了 35%，罗威纳犬增加了 217%，秋田犬增加了 319.7%！该组织认为这些变化归因于选择性育种计划。

虽然选择性育种对于消除犬群中 CHD 的基因型发病率很重要，但采用适当的喂食和饲养方法对降低犬个体中 CHD 的表型表达也是有效的。生长中的幼犬应该在维持正常但不是最大生长速率的水平上饲喂全面均衡的饮食。根据经验，幼犬生长时保持理想体态和健康，并为它们提供预估的食物量有助于达到最佳生长和骨骼发育速度。此外，犬每天应保持适度但不过度的运动。定期运动有助于保持理想体态和健康，并能够促进肌肉和支持骨骼生长的结缔组织的发育。

骨软骨炎

骨软骨炎是骨骼生长中软骨发育异常的通称。软骨为成骨的沉积提供了一个框架，并为关节运动提供了一个光滑的表面。当骨软骨炎发生时，软骨细胞无法得到足够的血液供应，导致不完全骨化和软骨层增厚。随着时间的推移，异常的软骨变弱，导致炎症和关节炎变化。这种疾病主要见于快速生长的中型和大型犬种。它最常影响肘关节和肩关节，但也见于跗关节和膝关节。

骨软骨炎的类型： 在犬身上有 3 种主要类型的骨软骨炎：肱骨内剥脱性骨软骨炎（OCD）、肘突不闭合（UAP）以及冠状突碎裂（FCP）。这 3 种类型中，OCD 是最常见的，几乎可以发生在任何关节，但最常见于肘部或肩部，其特点是软骨与底层骨骼分离。软骨碎片可能继续附着，也可能断裂并移动到关节囊中成为所谓的关节游离体。

肘突不闭合（UAP）是犬肘关节发育不良最常见的类型。肘突是位于尺骨滑车切迹内侧的一小块骨头（图 12.2）。该切迹是一个中空的区域，通常与肱骨的两个圆形切迹紧密贴合，称为内侧髁、外侧髁。尺骨切迹的近端是肘突，而远端是冠状突。正常情况下，幼犬的肘突在 10~13 周龄时骨化，在 15~20 周龄时与尺骨的其余部分完全连合。当骨化过程出现障碍且肘突未完全与尺骨连合时则出现肘突不连合。在健康的幼犬中，最迟在 20~24 周时肘突应与尺骨闭合，否则将无法再闭合。当这块小骨头通过纤维软骨桥或结缔组织连接到尺骨时即被诊断为肘突不连合。

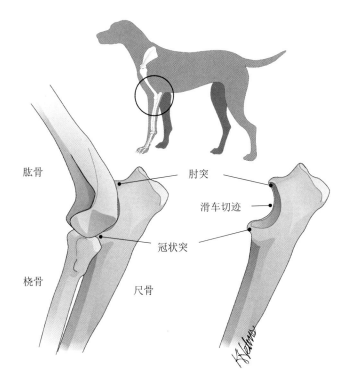

肱骨

肘突

滑车切迹

冠状突

桡骨

尺骨

图 12.2　肘关节骨骼构成

冠状突碎裂（FCP）也是肘关节发育不良的一种类型，是一些大型犬种最常见的骨骼疾病。发病率非常高的品种包括伯恩山犬（高达70% 发病率）、拉布拉多寻回犬（高达 20% 发病率）和金毛寻回犬。由于冠状突位于肘关节内，在影像学上很难识别 FCP。因此，患有FCP 的犬通常在 8 月龄后出现临床症状，并能通过影像学在关节中观察到骨性关节炎时才能被首次诊断出来。

在所有这些类型的骨软骨炎中，如果不进行治疗，关节就会发生关节炎性病变。骨软骨炎的临床症状一般首先见于 4~9 月龄的犬，并通常与快速生长相关。大约一半的患病犬患有双侧骨软骨炎，其中有些犬还可能涉及多个关节[29]。

患有 OCD 的犬通常会有间断性跛行的病史，在运动时跛行会加重。当触诊患肢时，会产生疼痛反应，并且可能会有捻发音（骨摩擦音）。随着时间的推移，犬为了照顾患肢，站立时腿可能会向外旋。关节内往往会发生液体积聚，使关节看起来肿胀。最终，患肢的使用减少导致肌肉萎缩。

病因：虽然骨软骨炎的确切原因尚不清楚，但有几个因素可能会导致其发生。遗传是一个重要的影响因素，遗传可能会影响生长速度、软骨形成速率以及发育中骨骼区域的血管分布。其他诱发因素包括过度饲喂以及可能由在膳食中补充维生素或矿物质导致的生长速度过快[30]。

诊断：骨软骨炎是通过临床症状和患病关节的影像学检查来诊断的。OCD表现为关节软骨碎裂，或者严重的在关节间隙内有悬浮的软骨碎片（关节游离体）。由于骨软骨炎经常发生在双侧，并有可能影响多个关节，大多数宠物医生会综合多个影像学检查来评估犬患病的严重程度。其他可能出现的变化有骨表面出现扁平区域或凹痕线、关节炎病变如骨刺（骨赘）以及关节表面密度增加。

治疗：在关节发生明显的关节炎变化之前，可以选择手术治疗。手术治疗的优点在于它可以解决关节内的问题并促进新的软骨和骨骼生长。骨软骨炎手术指移除松动的软骨碎片（关节游离体）或附着的软骨碎片，刮削（刮除）骨表面以刺激新的软骨生长。对于UPA病例，肘突不连合的现象整个被消除，而针对FCP病例，会移除冠状突的碎片和骨刺。术后恢复需要4~6周，但手术后的长期预后非常好，特别是在疾病进展早期进行干预的病例。医学管理对于早期病例可能更适合，也可以作为关节出现广泛关节炎变化的老年犬的手术替代方案。这种治疗包括限制运动和使用抗炎药物缓解疼痛。常用的处方药物包括阿司匹林缓冲剂或非甾体抗炎药。此外，氨基葡聚糖和透明质酸等软骨保护剂也可能有作用[31]。

幼年型骨髓炎（交替跛行）

幼年型骨髓炎，又称为"交替跛行"或"转移性跛行"，是一种影响大型和巨型犬成长期幼犬长骨的疾病。这种疾病通常是自限性的，并且似乎没有长期影响。这种疾病可能导致严重疼痛和跛行，并可持续数月，对宠物主人和犬来说都是一种折磨。

临床症状：骨髓炎是一种以长骨普遍炎症为特征的疾病，特别是肱骨、桡骨、尺骨、股骨和胫骨。超过一半的报告病例中，这种疾病会从一条腿转移到另一条腿，最终几乎所有的长骨都会受到影响。德国牧羊犬、杜宾犬、圣伯纳犬、大丹犬、德国短毛指示犬和巴塞特猎犬似乎更容易患骨髓炎，公犬的发病率是母犬的 4 倍 [32]。在没有任何外伤或创伤病史的情况下，患有骨髓炎的犬会突然出现中度至严重的跛行。大部分情况下，犬主人会称犬异常疲倦，食欲减退，并且不愿意运动。由于患肢使用减少最终会导致肌肉萎缩。大多数犬在没有治疗的情况下几个月内能完全康复，但跛行通常会发展到其他骨骼，直到最终症状完全消失。尽管这个情况可能在不同的腿和骨骼中多次出现，但是一旦一个骨骼康复，通常该肢体不会再次复发。

诊断：虽然骨髓炎是自限性的，但诊断仍然很重要，因为必须排除其他可能引起相同症状的骨骼疾病。骨髓炎通常很难诊断，因为影像学表征可能非常轻微。当患病时，可见骨中部或髓质部分的骨密度增加。由于影像学表征变化往往滞后于临床症状，如果影像学检查未显示出骨髓炎相关的病变，且已排除其他病因，则应在 1~2 周内进行影像学复查。尽管有些犬的嗜酸性粒细胞计数会升高，但血细胞和血液生化指标通常正常。因此，这种疾病最初被称为嗜酸性骨髓炎。

治疗：因为大多数犬患幼年型骨髓炎可以自我康复，治疗旨在缓解疼痛。通常止疼剂可选择阿司匹林缓冲剂，也可以使用其他处方类抗炎药物。建议通过限制运动来缓解疼痛和防止炎症的恶化。

胃扩张 – 扭转综合征（胃扭转、胃扩张）

胃扩张是一种危及生命的疾病，即犬的胃由于气体、胃分泌物或食物的积累而变得异常膨胀。随着病情的发展，胃可能会发生自我扭曲（扭转）。胃扩张对犬来说是极其痛苦的，如果不立即治疗，往往会致命。当胃扭转发生时，犬的重要器官和胃的血液供应就会减少或完全被切断。这会迅速导致这些组织的坏死，并导致心脏供血的两个主要血管闭塞。这是一种医疗紧急情况，因为心脏失去血液供应会迅速导致心律失常和死亡。

发病率和原因：急性胃扩张最常发生于胸较深的大型犬中，某些犬种中的发病率极高。大约 1/4 的爱尔兰塞特犬一生中均会经历胃扩张。大丹犬和圣伯纳犬患该病的概率与爱尔兰赛特犬相当或更大。其他易患病犬种包括戈登塞特犬、苏格兰牧羊犬、标准贵宾犬和巴塞特猎犬。虽然大多数易患病的犬都是大型犬种或巨型犬种，但发生胃扩张的风险与胸部结构的相关性比与体型的相关性更强。与胸部深度宽度比例较低的犬相比，这一比例较高的犬在一生中患胃扩张的风险更大 [33]。

胃扩张的潜在病因尚不明确，人们认为可能有多个诱因，如遗传倾向、创伤、胃肿瘤、暴饮暴食以及胃动力或激素分泌的异常。由于胃扩张是一种胃肠道疾病，饮食和喂养习惯自然也被认为是潜在的原因。然而，对胃扩张犬的饮食和喂养模式的调查研究发现，唯一重要的饮食因素是每天喂食的次数 [34]。具体来说，每天少量多次饲喂而不是只喂一两顿大餐可降低发生胃扩张的风险。此外，犬的摄食行为也会影响患病风险。进食速度非常快，而且往往在进食时吸入空气（吞气症）的犬，患胃扩张的风险增加 [35]。食物的类型、食物成分以及食物在喂食前是否用水浸泡似乎不会影响患病风险。

证据表明，有一个胃肠道因素可能与胃扩张的发生有关，即胃动力。临床研究表明，一些发生胃扩张的犬存在异常的胃收缩，可能导致胃排空延迟 [36]。应激和犬的性情也可能是诱发因素。一般来说，最近受过应激的犬，或犬主人称有恐惧或紧张情绪的犬，似乎更容易发生胃扩张。尽管人们普遍认为，进食前后的运动可能会使犬容易发生胃扩张，但这种关系尚未得到研究证实。事实上，在调查研究中，超过 60% 的犬据说是在深夜或半夜安静地睡觉或休息时发病的。

临床症状： 急性胃扩张的症状包括突然不适、呼吸困难、喘气和烦躁不安。随着气体的积累和胃的扩张，犬会喘息和流涎，试图呕吐或干呕，并发展为严重的腹部肿胀和压痛。如果不及时治疗，犬很快就会出现循环系统衰竭（休克）的症状。这些症状包括身体虚弱、毛细血管再充盈时间变慢、牙龈苍白、呼吸微弱、心跳加快且较弱。随后，通常由于心脏骤停导致昏迷和死亡。

治疗： 急性胃扩张发生时，必须立即寻求宠物医生治疗。如果不排出积聚的气体并且不治疗休克症状，会导致迅速死亡或术后死亡率急剧增加。临床治疗的首要措施是通过静脉输液减轻休克。然后采取措施来对胃进行减压，如果尚未发生扭转，则通过插管进行减压，或在犬的侧面手术打开一个切口直接进入胃部进行减压。如果发生了扭转，减压后需要进行手术来重新调整胃的位置。在这个手术中，须将胃与腹腔进行缝合（胃固定术），以防止后续再次发生扭转。术后护理非常重要，很多犬在术后死于心脏损伤或感染。刚开始时，主要给犬饲喂流质易消化的食物，在后续几周内逐渐恢复到正常饮食。患胃扩张后康复的犬，之后应每天喂食 3~5 次，每次少量，并尽量消除犬所处环境中已知的应激因素。

甲状腺功能减退

甲状腺位于犬的气管旁边，产生两种主要的甲状腺激素：甲状腺素（T4）和三碘甲状腺原氨酸（T3）。另一种激素，促甲状腺素（TSH），由脑垂体分泌，调节甲状腺产生和分泌甲状腺激素。甲状腺激素的主要功能是调节细胞代谢。因此，这种激素的缺乏会影响多个身体系统。甲状腺功能减退症被认为是家犬最常见的内分泌疾病。其特点是甲状腺中甲状腺激素分泌不足，血液中甲状腺激素水平低，以及由此产生的临床症状。甲状腺功能减退症的临床症状会在犬成年后出现，通常在 4~8 岁。

原因：甲状腺功能减退症可能有几个潜在的病因。这可能是免疫介导的问题（淋巴细胞性甲状腺炎）、腺体萎缩、TSH 水平下降或腺体中存在癌变[37]。淋巴细胞性甲状腺炎可能是甲状腺功能减退最常见的原因。一种异常的免疫反应会导致身体攻击甲状腺，最终导致甲状腺无法产生甲状腺激素。某些品种的犬和品种内的某些品系会有这种疾病的遗传倾向。金毛寻回犬、杜宾犬、爱尔兰赛特犬、迷你雪纳瑞犬、万能㹴和大丹犬比普通犬种患此病的风险更大[38]。其他已被确定为高患病风险的品种包括标准贵宾犬、拳师犬、万能㹴和英国古代牧羊犬。另一种常见的甲状腺功能减退症的原因是特发性萎缩，指甲状腺组织出现不明原因的萎缩。

临床症状：由于甲状腺激素控制着细胞代谢率，甲状腺功能的下降会导致犬的基础代谢率和能量需求下降。犬主人首先注意到犬的活力水平发生了变化，对运动的兴趣下降[39]。通常在没有增加食物摄入量的情况下，体重增加。在轻症患犬中，犬的毛发会逐渐变得暗淡、稀疏。然而，随着疾病的发展，犬会出现脱毛现象（脱毛症），还可能出现皮脂溢、色素沉着、皮肤增厚和继发性细菌感染。在未绝育的动物中，母犬可见发情周期不规律，公犬可见睾丸萎缩。偶尔会观察到神经系统症状，包括步态异常、面神经麻痹和间歇性癫痫发作[40]。

超过 75% 甲状腺功能减退症的犬血液胆固醇水平升高。虽然犬主人无法观察到该临床症状，但胆固醇水平有助于甲状腺功能减退症的最终诊断。一些患有甲状腺功能减退症的犬，其红细胞计数也会减少，并可能被诊断为贫血。

诊断：犬甲状腺功能减退症的诊断包括犬的病史、品种、年龄、临床症状和各种甲状腺激素的血液检测。由于其他疾病和某些药物会导致血液中甲状腺激素水平下降，在评估 T4（甲状腺素）水平和血清胆固醇水平时应结合临床症状。血液中 T4 和 T3（3,5,3' – 三碘甲腺原氨酸）水平都可以常规检测。然而，大约 50% 患有甲状腺功能减退症的犬，血液中 T3 水平维持正常。因此，在评估时应始终检测 T4 水平。当 T4 水平正常或偏高时，可以排除甲状腺功能减退。T4 低于正常或接近于零值时表明甲状腺功能减退，当临床症状也支持该诊断时，即可确诊。

然而，由于 T4 水平会受到多种因素的影响，一些宠物医生会使用额外的甲状腺功能测试来诊断甲状腺功能是否减退 [41]。这些测试更可靠，但对宠物主人来说也更耗时、医疗费更高。这类检测包括促甲状腺素释放激素（TRH）、促甲状腺激素（TSH）和游离 T4 水平。总的来说，TSH 检测对于诊断犬的甲状腺功能减退症是最准确和可靠的。这种测试常建议用于那些情况严重或复杂的患犬。游离 T4 测试是对甲状腺激素的生物活性形式的检测，该指标受药物或疾病的影响较小。然而，该测试的缺点在于其测试需要特殊的方法，只有某些类型的分析实验室可以检测。因此，该测试并不适合养犬人士，另外，因为价格昂贵也不具备可行性。

治疗：甲状腺功能减退症的治疗包括甲状腺激素替代疗法，必须终身用药。但是一旦确定了适当的剂量，犬可以获得非常好的长期预后。该治疗方法为口服合成甲状腺激素，每天两次 [42]。许多犬在开始用药后不久会开始脱毛。这是一种正常的反应，表明新毛发的再生。大多数情况下，完全恢复正常毛发需要长达 6 个月的时间。如果犬伴有皮肤感染，应在治疗开始时同时进行处理。犬的甲状腺激素水平应该每 6 个月评估一次，以便根据需要调整替代激素的剂量。通过适当调整和坚持甲状腺激素替代疗法，绝大多数病例的临床症状都可得到缓解，犬可以过上健康的生活并可以达到正常寿命。

库欣综合征（肾上腺皮质功能亢进）

这种疾病也是一种相对常见的内分泌疾病，是由肾上腺过量分泌类固醇激素引起的。肾上腺是位于肾脏上方的一个小器官。腺体的外层，称为皮质，产生类固醇激素。库欣综合征可能有许多潜在的病因。垂体过量分泌促肾上腺皮质激素（ACTH）可刺激肾上腺过量分泌类固醇激素。这被称为垂体依赖性库欣综合征。肾上腺皮质增生（过度生长）或肾上腺中存在肿瘤会引发肾上腺依赖性库欣综合征。然而，犬库欣综合征最常见的原因是长期服用可的松化合物（医源性库欣综合征）[43]。含有皮质醇的药物可能诱发库欣综合征，如合成皮质类固醇，通常用于系统性治疗炎症性疾病，以及过度使用含有皮质醇或类皮质醇化合物的局部软膏、眼药水或耳科药物。该综合征病程发展较漫长，犬常于6岁以后出现临床症状。虽然医源性库欣综合征可能发生在长期接受皮质类固醇治疗的犬中，但自然诱发的库欣综合征更常发生于腊肠犬、贵宾犬、拳师犬和波士顿㹴犬中。

临床症状： 库欣综合征的主要症状包括多饮和多尿（饮水量增加和排尿增加）、食欲增加、肌肉无力和嗜睡，以及皮肤相关症状，如躯干双侧脱毛、皮肤色素沉着、皮屑增多和伤口愈合延迟。犬的皮肤变粗糙、弹性下降，容易受到继发性细菌感染（脓皮病）。由于身体成分的改变和肌肉的流失，体型发生改变。腹部肌肉变弱，身体脂肪重新分布，肚子变大。宠物主人通常认为犬变胖了，但这些变化实际上往往伴随着体重的轻微下降。因为高水平的皮质类固醇会抑制犬的免疫系统，犬更容易感染疾病。伤口愈合变慢，感染的可能性增加。

诊断： 库欣综合征是通过犬的病史、临床症状和血液或尿液检测来诊断的。还应进行葡萄糖浓度和肝功能的血液测试评估，以确定是否存在其他疾病。例如，糖尿病偶尔会与库欣综合征同时出现。库欣综合征确诊的主要血液测试为测量ACTH给药后的血浆皮质醇浓度。最近，人们发现通过测量尿液中皮质醇相对于尿肌酐的水平来诊断犬库欣综合征是一种有效且相对简单的方法[44]。

治疗： 治疗方案取决于当前库欣综合征的类型。如果肿瘤是诱因，通常会进行手术切除，并且术后需要终身服用皮质类固醇。垂体依赖性库欣综合征则通过使用能有选择地破坏肾上腺细胞（这些细胞产生和分泌皮质醇）的药物来治疗。这使得肾上腺对于高水平的促肾上腺皮质激素（ACTH）的应答反应变弱。在这些情况下，为缓解犬症状需要保持适当的剂量和频繁的后续监测。另一种方法是用能阻断皮质醇作用的药物来治疗。医源性库欣综合征的治疗方法是逐渐减少违规药物的使用。经过治疗，大多数患库欣综合征的犬的长期预后都非常好。

艾迪生病（肾上腺皮质功能减退）

虽然库欣综合征是由肾上腺激素分泌过多引起的，但艾迪生病是由肾上腺皮质分泌的皮质类固醇减少引起的。肾上腺皮质产生的糖皮质激素负责调节碳水化合物、脂肪和蛋白质的正常代谢，而盐皮质激素则是维持正常的电解质平衡所需要的。这些激素的减少会导致能量代谢、身体维持正常电解质和水平衡的能力发生多种变化。因为肾上腺激素在犬受到应激时最重要，所以应激会加剧犬艾迪生病的症状。艾迪生病一般发生于青年到中年的犬中，与公犬相比，母犬更易患此病。艾迪生病的根本原因通常无法确定，但在大多数情况下，肾上腺皮质细胞分泌功能的丧失是由自身免疫介导破坏了肾上腺导致的。其他原因包括感染性疾病损害了肾上腺功能，垂体分泌促肾上腺皮质激素（ACTH）不足，或下丘脑分泌促肾上腺皮质激素释放激素不足。

临床症状： 在大多数犬中，艾迪生病的早期临床症状是非特异性的。犬表现出活力水平下降和轻微的肌无力的迹象，可能会有间歇性呕吐和腹泻或食欲下降。最终，发展成为一种被称为艾迪生危象的综合征，即当犬因无法调整代谢以适应应激时，会出现休克昏倒。在艾迪生危象发生时，犬会突然出现电解质失衡和血糖水平降低，导致休克。在许多情况下，艾迪生危象是犬主人第一次意识到犬患病。艾迪生危象是一种医疗紧急情况，如果不及时治疗，可能会致命。

诊断： 艾迪生病是基于临床症状并排除其他引起该症状的原因来诊断的。由于艾迪生病导致的代谢失衡，患病犬通常会出现血清尿素氮（BUN）和肌酐水平升高，血糖浓度降低。红细胞浓度降低（贫血）也很常见。最终确诊艾迪生病需要进行一种叫作 ACTH 刺激试验的测试。该测试指注射 ACTH，随后连续监测血液中的皮质醇水平。健康的犬血液皮质醇会升高，而患有艾迪生病的犬对 ACTH 刺激没有反应。

治疗：艾迪生病需要使用肾上腺皮质激素进行终身治疗。有两种类型的药物可供选择。一种为口服药，叫作醋酸氟氢可的松，含有糖皮质激素和盐皮质激素，每天服用两次。另一种是注射药，叫作新戊酸脱氧皮质酮（DOCP），只替代电解质。DOCP是一种长效药物，大约每25天注射一次。有证据显示，DOCP比醋酸氟氢可的松能更好地调节电解质平衡。然而，接受这种药物治疗的犬也可能需要补充糖皮质激素，给药需要定期（每月）到宠物医院复查。无论使用何种药物，在治疗的初始阶段都要密切监测犬的电解质状态，以确定正确的有效剂量。一旦犬状况良好，建议宠物主人每年至少带犬进行2~3次的血液电解质和血糖水平复查。

湿疹（急性湿性皮炎）

湿疹是急性湿性皮炎的常见名称，最常见于皮毛致密而厚重的犬。湿疹是皮肤上发热、疼痛、肿胀的病变，会渗出脓液，并且通常有一种非常特有的臭味。

临床症状：湿疹的一个独特特征是发病很突然。这些皮肤病变通常可以在几个小时内迅速出现并扩大。患部中心为淡黄色，中心周围红肿，触感温热。如果不及时治疗，病变部位会变得非常疼痛，并可能迅速增大或快速扩散到身体其他部位。湿疹常见于有浓密绒毛的犬种，如苏格兰牧羊犬、德国牧羊犬和寻回犬。常见于换毛之前，尤其是在潮湿季节，脱落的潮湿毛发会紧贴在皮肤上。有些犬特别容易患湿疹，且可能会多次复发。

原因：这种情况是由起初皮肤遭受创伤后引起的（例如，因跳蚤过敏导致的啃咬或抓挠、电推剪造成的创伤、猫抓伤或擦伤）。患部通常是毛发打结、梳理不当或潮湿的地方。一开始受伤之后出现细菌感染和细菌过度增殖。病变最常发生在颈部、耳部、胸部、背部、臀部和身体两侧。易患病犬可能多个部位同时出现湿疹。

治疗：治疗的重点在于清理病变区域的残留物，让病变的皮肤表面接触新鲜空气而干燥起来。应该修剪掉病变区域周围的毛发，并用温和的消毒肥皂轻轻清洁皮肤，以去除所有渗出物和痂皮。如果有多个区域感染，应该寻求宠物医生的帮助，并且必要时开具全身性抗生素药物。有时会使用抗炎药物来减少瘙痒和自行引起的创伤。然而，这些药物也可能延迟伤口愈合，因此，应该谨慎使用。不推荐使用软膏，因为这可能影响病变部位的干燥。然而一些含有抗生素和皮质类固醇的局部用药可能有效。如果犬继续尝试舔咬该区域，应使用伊丽莎白项圈来防止进一步的自伤。如果确定了潜在的诱因，如跳蚤寄生或过敏，则应对症治疗。长期护理需要仔细护理犬的皮肤和毛发，发现病变应立即治疗。

犬过敏性疾病（异位性皮炎）

犬异位性皮炎，也称为吸入性过敏性皮炎或过敏性疾病，是一种常见的皮肤病，是由于对花粉或其他环境过敏原过敏引起的[45]。据估计，有10%~15%的犬科动物患异位性皮炎，其发病率仅次于跳蚤过敏性皮炎（详见第十四章）[46-47]。对品种的观察、家庭偏好的观察和有限的育种试验的结果表明，异位性皮炎在犬中具有很强的遗传性[3,48]。易患病的犬种包括大麦町犬、爱尔兰赛特犬、金毛寻回犬、拳师犬、拉布拉多寻回犬、比利时特伏丹犬以及几种㹴犬和玩赏犬[49-50]。当易患病的犬吸入或皮肤接触过敏原时，就会出现症状。常见的过敏原包括花粉、孢子或青草、树木、杂草或霉菌的种子。温带气候地区的树木往往在春天授粉，青草在夏天授粉，杂草在秋天授粉。因此，如果一只犬对多种花粉过敏，该犬在4—11月会经常表现出间歇性的症状。

临床症状：当犬暴露于致病抗原时，皮肤中的致敏肥大细胞被激活发生过敏反应，如释放炎症因子，犬就会出现异位性皮炎的临床症状。临床症状包括中度至重度瘙痒、皮肤损伤和继发性细菌感染。犬的脸、脚和耳朵最常受到感染。过度舔舐被毛或皮肤会导致被毛着色（铁锈红色）。犬会经常舔腹股沟和脚底，常会导致身体这些部位的皮肤刺激、毛发脱落和着色。犬通常在1~3岁首次出现临床症状，并随着年龄增长而逐渐恶化。在小于6月龄的犬身上很少见到异位性皮炎，这表明这种疾病的发病与长期反复接触过敏原有关。

治疗：异位性皮炎的治疗包括避免暴露于过敏原、使用药物或饮食调整，以减少犬对吸入或接触过敏原的炎症反应。如果宠物主人知道他们的犬对哪些过敏原过敏，可以通过限制犬进入某些公园的内部区域或其他过敏原浓度高的外部区域来防止暴露。此外，经常洗澡，特别是在暴露于花粉多的区域后，可以有效地减少犬的皮肤暴露（接触过敏原）和吸入可能粘在皮毛上的花粉的概率。如犬患有脓皮病，建议使用含药物成分的洗发水。

异位性皮炎的治疗药物包括抗组胺药和抗炎药物，如有必要，还包括对继发性脓皮病的全身治疗。最典型的是抗组胺药和不同类型的皮质类固醇的组合使用。然而，长期服用这些药物也有不良的副作用，特别是糖皮质类固醇。近年来，研究发现脂肪酸补充剂用来辅助治疗犬的异位性皮炎比较安全。通过饮食控制脂肪酸代谢旨在改变炎症反应中产生的炎症因子的数量和类型。减少 ω–6 系列脂肪酸比例和增加 ω–3 系列脂肪酸比例的饮食会导致血浆和组织中这些脂肪酸水平的变化，并影响犬的炎症反应强度[51-53]。由于许多因素会影响脂肪酸补充剂的有效性，因此，犬对 ω–3 脂肪酸响应程度不同[54]。虽然有一部分过敏的犬在补充膳食脂肪酸时不需要额外的治疗，但许多犬仍然需要同时服用抗组胺药或低剂量皮质类固醇来缓解瘙痒[55-56]。由于异位性皮炎是一种可控制但无法治愈的疾病，对许多犬来说，使用脂肪酸替代长期使用皮质类固醇治疗是一种安全的方案。

特发性癫痫

AKC 对犬种俱乐部的调查报告显示犬特发性癫痫发作是犬主人面临的 5 个主要疾病问题之一[57]。大约有 14% 患神经系统疾病的犬表现出癫痫发作，其中 80% 被诊断为特发性癫痫[58]。具体而言，癫痫发作是指神经细胞或神经元持续去极化时产生过度的异常放电。简单地说，神经元长时间地向大脑和肌肉传递"错误的"信息。癫痫发作的严重程度取决于发作部位以及涉及的神经元数量。有些癫痫发作是由中毒、代谢性疾病或对药物的反应引起的。如果及时发现病因，通常可以成功治疗。而特发性癫痫指的是不明原因的周期性反复发作。这种疾病在一些犬种中有特定的遗传易感性，如贵宾犬、圣伯纳犬、金毛寻回犬、拉布拉多寻回犬和德国牧羊犬，这些犬的发病率高于整体犬群。系谱分析研究表明，该疾病为多因素的常染色体隐性遗传[59]。其他导致癫痫的主要原因还包括犬瘟热恢复期的神经系统问题、长时间的高烧或头部创伤。然而，在大多数情况下，犬主人很难将癫痫的发作追溯到犬的生命中的某一特定事件。

临床症状： 第一次癫痫发作通常发生在 1~3 岁。频率从每天发生到每 6 个月或一年发生一次不等。虽然癫痫对犬来说通常并不危险，但其严重程度和持续时间在个体上可能有很大差异。大多数癫痫发作表现出 3 个明显的阶段。先兆期是一个前兆阶段，在这个阶段，犬可能变得不安、害怕，或者展现出异常的行为变化。在一些犬身上，这个阶段症状可能非常轻微，难以察觉。先兆期之后是实际的癫痫发作，被称为"发作"阶段，典型的表现为一定程度的肌肉僵硬。犬可能会行走异常、流涎、侧身倒下、拱起脖子，或者呈现四肢划水状。有些犬在癫痫发作时会呻吟或吠叫，茫然注视前方。严重情况下，犬可能会排尿或排便失禁。发作阶段通常只持续 1~2 分钟，很少超过 5 分钟。持续时间超过 6~10 分钟的癫痫发作应引起重视，因为剧烈的抽搐和过度产热可能危及犬的生命。当癫痫发作持续 5~7 分钟以上，应立即带犬去宠物医院。多数癫痫发作并不危及生命，犬恢复得相对较快。癫痫发作后的后期阶段可能持续几分钟到一天或更长。症状通常表现为无法辨别方向、嗜睡和饮食饮水出现异常。与先兆期一样，许多犬在发作后的后期阶段症状也不明显，会迅速恢复到正常行为。

照料癫痫发作期间的犬要确保犬的安全，移开周围的物品，必要时带犬远离危险区域，如门口或楼梯。与常识相反，犬在癫痫发作时并不会吞咽舌头，因此，不需要在犬的嘴里放置任何物品。发作后，如果犬方向感缺失，应将其限制在一个小房间或犬笼里直到正常，这有助于犬的恢复。主人陪伴抚慰发作的犬有助于病情的恢复。此外，主人应记录癫痫发作的日期、时间点、持续时间和发作前后犬的行为。

治疗： 癫痫发作若是只持续几分钟，或发作频率每月不超过一次时视为轻度，通常不需要进行药物治疗。虽然关于何时开始特发性癫痫治疗的问题仍存在争议，但一般经验性治疗规则是，如果癫痫发作频率超过每月一次，或者发作逐渐严重，就应该开始药物治疗。目前尚无可治愈癫痫的方法，但可以通过治疗来控制癫痫的发作。针对癫痫的治疗通常包括每日服用药物，通常使用苯巴比妥来减少癫痫的发作频率。尽管苯巴比妥是治疗癫痫发作最具性价比的药物之一，但部分犬可能会出现严重甚至致命的副作用，即肝损伤。其他常见的副作用包括嗜睡、方向感缺失和镇静。此外，溴化钾经常与苯巴比妥联合使用。溴化钾的优点是不会经肝脏代谢，且在血液中的半衰期较长，更容易保持有效的血药浓度。溴化钾早在 19 世纪就被用于人类的癫痫治疗，最近才开始用于犬。对于癫痫初始发作时间相对较晚，且发作次数相对较少的犬而言，药物治疗的效果最好[60]。

牙齿问题

犬常见的主要口腔问题包括口腔异味、齿龈炎和牙周病。犬普遍存在口气异味（口臭）问题，并被很多主人视为一个重大困扰。除此之外，口腔异味通常是更严重的口腔疾病的前兆，往往是主人告诉宠物医生的第一个临床症状。齿龈（牙龈）的炎症和牙周病都是宠物犬非常常见的疾病。齿龈炎是指齿龈（牙龈）炎症的非特异性术语，由牙齿表面形成的并持久存在的牙菌斑引起。牙周病也是一种由牙菌斑引发，造成对牙龈、牙周韧带（牙根和牙槽之间的结缔组织）以及牙槽骨持续性炎症影响的口腔疾病。在口腔中长期存在病理性厌氧菌，进一步加剧了对牙周组织的破坏。随着时间的推移，口腔内患病区域的支持性结缔组织和相邻骨骼会变得薄弱，导致牙齿松动并可能脱落。牙周病不仅会给犬带来不适与疼痛，如果不及时治疗，还可能导致菌血症。慢性菌血症会对身体的其他器官造成严重损害，在患有牙周病的犬身上慢性菌血症也被认为是可能导致肾脏疾病、心血管疾病、肺疾病和免疫系统疾病的诱因之一[61]。

病情发展和临床症状：齿龈炎和牙周病在中老年犬中越来越常见且越来越严重。虽然各种体型大小的犬都会患上牙周病，但似乎在小型犬和玩赏犬中最为普遍。人们认为，小型犬的下颌骨相较于大型犬大大缩小且牙齿排列相对拥挤，可能是小型犬口腔疾病的诱发因素。老年犬发病率增加可能是由于牙周病发展的过程较长以及牙周组织疾病直至严重前都不易被提前发现导致的。

齿龈炎是由于牙菌斑和牙结石的生长而引起。牙菌斑是一种柔软胶状的物质，由细菌及其代谢产物、口腔残留物和唾液成分组成。长成的牙菌斑无法通过犬舔舐或漱口来清除。相反，需要通过咀嚼或刷牙形成的机械摩擦来清除。如果牙菌斑在牙面上未被清除，细菌会随着牙菌斑的增厚而繁殖。随着时间的推移，唾液中的钙盐会沉积在牙菌斑上，形成牙结石。牙结石是一种硬质沉积物，在牙齿上形成粗糙的表面，促进牙菌斑的进一步积累，同时导致牙龈损伤。当牙齿颈部也沉积了牙菌斑和牙结石时，牙周病就会开始出现，并进一步导致口腔炎症和组织损伤。这个区域最终形成牙周袋，厌氧菌会在牙龈下繁殖，导致深层次损伤组织。当牙周韧带暴露于牙菌斑、细菌和细菌代谢产物中并产生慢性炎症时，即被诊断为牙周病。

在自然界的野生动物中，齿龈炎可能存在但并不发展为牙周病。然而，对于大多数犬来说，齿龈炎不加治疗最终是会发展为牙周病的。齿龈炎和牙周病的临床症状包括口腔异味、牙龈敏感和出血、牙齿脱落以及进食困难。由于牙齿疾病会造成疼痛和不适，一些犬会对骨头或硬饼干兴趣减少，也可能会导致摄食减少甚至完全停止进食。

诊断：诊断需要由宠物医生检查犬的口腔。如果确诊为牙周病，需根据病情轻重进一步划分为 4 个等级（表 12.2）。根据牙齿上牙菌斑和牙结石的量及分布、牙龈的健康状况以及牙周袋的深度和炎症程度，确定病情等级。

表 12.2   犬牙周病分级

犬牙周病分级	症状	治疗	预后
一级	少量牙菌斑和牙结石 轻度牙龈刺激 无影像学征象	专业牙齿清洁和抛光	合格至优秀；在适当的家庭牙齿护理下是可逆的
二级	龈缘下（龈下的）有中度菌斑 龈缘以上有牙结石 牙龈刺激、发红 很少或没有影像学征象	专业牙齿清洁和抛光	合格，在适当的家庭牙齿护理下是可逆的
三级	龈下有菌斑和牙结石 牙龈探查时出血 牙龈性质改变 （萎缩、增生） 骨质流失影像学征象 （10%~30%）	专业牙齿清洁和抛光 适当的外科手术治疗	不可逆转但是可控的 术后护理包括抗炎症药物和抗生素 改变饮食或咀嚼玩具 适当的家庭牙齿护理
四级	龈下有大量菌斑及牙结石 牙龈严重发炎、出血 牙龈改变，牙齿松动或缺失 骨质流失影像学征象 （>30%）	专业牙齿清洁和抛光 适当的外科手术治疗	不可逆；通常可管理 术后护理包括抗炎症药物和抗生素 改变饮食或咀嚼玩具 适当的家庭牙齿护理 需要经常进行宠物医生就诊

治疗方法： 根据病情严重程度确定齿龈炎和牙周病的治疗方案。大多数情况下，需要对犬的牙齿进行手术清洁。如果病情严重，在手术前几天可给犬口服抗生素，以帮助减轻和治疗菌血症。对于中度疾病（Ⅰ级和Ⅱ级），会进行常规洁牙（刮治）和抛光。刮治可以清除牙龈交界处（龈缘）上下方的牙结石和牙菌斑，而抛光则能够去除牙齿表面的微小凹坑，以避免牙菌斑的附着。洁牙的频率取决于犬的牙菌斑积累速度、已形成牙周病的严重程度和犬的年龄。当牙周疾病更严重时，宠物医生可能还需要通过手术拔一颗或多颗牙齿、去除和治疗病变组织，或对受严重病变的牙根进行手术治疗。这些手术程序比常规洁牙更为复杂，需要宠物医生接受特殊培训。

一般来说，建议牙龈健康或有中度牙龈问题的犬每 12~18 个月清洁一次。患有慢性齿龈炎或牙周病的犬可以通过更频繁的清洁（通常每 6~12 个月一次）来改善[62]。主人必须了解当犬确诊牙齿疾病时，除了日常的家庭护理，宠物医生的专业清洁仍然是必要的。虽然每天刷牙可以有效地清除牙菌斑，但其无法影响牙龈疾病的病变程度，甚至可能掩盖龈下疾病的真实情况。因此，被诊断患有牙周病的犬必须定期持续接受专业宠物医生的治疗。

预防： 预防齿龈炎和牙周病的最有效方法是经常刷牙。刷牙可以防止牙菌斑的积聚和牙结石的形成，从而达到预防齿龈炎的效果。仅可使用专为犬设计的牙齿护理产品，人类牙膏不适合犬使用。含有氯己定葡萄糖酸盐（或醋酸氯己定）化合物的犬用牙齿护理膏或溶液对减少口气异味和去除牙菌斑非常有效[63]。对于已被诊断患有齿龈炎的犬，经常使用洗必泰（氯己定）可以有效地减少齿龈炎症，并延缓或预防其发展为牙周病。虽然还有其他几种抗菌剂可供选择，但据报道，洗必泰（氯己定）是犬长期牙齿护理最有效的药物。此外，为犬提供牙科设备和各种咀嚼材料如生皮、硬塑料骨头等，可以增强牙齿护理效果，但不能替代刷牙带来的好处。

维持成年犬的口腔健康，需要定期刷牙，刷牙的频率取决于犬口腔的初始状况。例如，在针对已经患有齿龈炎的犬的研究中，每天刷牙可以有效地恢复牙龈健康，但每周刷牙 3 次显然是不够的[64]。相反，在没有牙龈炎或牙周病迹象的犬中，每周刷牙 3 次就可以成功地保持犬口腔健康。虽然频繁地刷牙可能无法完全代替定期专业洁牙，但它可以减少牙菌斑的积累、牙结石的附着和齿龈炎的发展。这可以完全预防大多数犬的牙周病，并减少去宠物医生那里洁牙的次数。

犬的饮食类型也对维护口腔健康有一定作用。一般来说，饲喂干粮并多次给犬提供硬饼干可以增加咀嚼的机会，从而摩擦牙齿表面，及时去除形成的牙菌斑。相比之下，只饲喂罐头食品则没有这种效果，反而可能会导致牙菌斑和牙结石的积累。然而，仅仅饲喂干粮或者甚至是宣传可以护理口腔的食物也无法取代定期规律的预防性牙齿护理（如刷牙）。预防齿龈炎和牙周病的主要方法包括在家定期刷牙、定期去宠物医生那里就诊进行洁牙，及为犬提供精心选择的多样的咀嚼材料。饲喂干粮和硬饼干也可作为这些口腔护理步骤的辅助措施。

结论

本章综述了家犬常见的几种非传染性疾病。尽管其中一些疾病可以通过药物治疗甚至预防，但其他的疾病需要终身管理和照顾。除了这些疾病，家犬还容易受到体内外寄生虫的感染，下一章将探讨这类疾病的发生、识别、预防和治疗。

参考文献

[1] Johnson, J.A., Austin, C. and Breur, G.J. **Incidence of canine appendicular musculoskeletal disorders in 16 veterinary teaching hospitals from 1980 through 1989.** Veterinary Comparative Orthopedics and Trauma, 7:56–69. (1994)

[2] Corley, E.A. **Role of the Orthopedic Foundation for Animals in the control of canine hip dysplasia.** Veterinary Clinics of North America: Small Animal Practice, 22:579–593. (1992)

[3] Corley, E.A. **Hip dysplasia: a report from the Orthopedic Foundation for Animals.** Seminars in Veterinary Medicine and Surgery (Small Animal), 2:141–151. (1987)

[4] Rettenmaier, J.L., Keller, G.G., Lattimer, J.C., Corley, E.A., and Ellersicek, M.R. **Prevalence of canine hip dysplasia in a veterinary teaching hospital population.** Veterinary Radiology and Ultrasound, 43:313–318. (2002)

[5] Riser, W.H. and Shirer, J.F. **Correlation between canine hip dysplasia and pelvic muscle mass: a study of 95 dogs.** American Journal of Veterinary Research, 28:769–777. (1967)

[6] Smith, G.K., Popovitch, C.A., and Gregor, T.P. **Evaluation of risk factors for degenerative joint disease associated with hip dysplasia in dogs.** Journal of the American Veterinary Medical Association, 206:642–647. (1995)

[7] Hedhammer, A., Olsson, S.E., and Anderson, S.A. **Canine hip dysplasia: Study of heritability in 401 litters of German Shepherd Dogs**. Journal of the American Veterinary Medical Association, 174:1012–1019. (1979)

[8] Leighton, E.A., Lin, J.M., and Willham, R.F. **A genetic study of canine hip dysplasia**. American Journal of Veterinary Research, 38:241–244. (1977)

[9] Wallace, L.J. **A half–century of canine hip dysplasia: perspectives of the eighties.** Seminars in Veterinary Medicine and Surgery (Small Animal), 2:97–98. (1987)

[10] Todhunter, R.J., Acland, G.M., Olivier, M. **An outcrossed canine pedigree for linkage analysis of hip dysplasia.** Journal of Heredity, 90:83–92. (1999)

[11] Kealy, R.D., Olsson, S.E., and Monti, K.L. **Effects of limited food consumption on the incidence of hip dysplasia in growing dogs.** Journal of the American Veterinary Medical Association, 201:857–863. (1992)

[12] Kasstrom, H. **Nutrition, weight gain and development of hip dysplasia. An experimental investigation in growing dogs with special reference to the effects of feeding intensity.** Acta Radiology Supplement, 344:135–145. (1975)

[13] Tomlinson, J. and McLaughlin, R. **Canine hip dysplasia: Development factors, clinical signs and initial examination steps.** Veterinary Medicine, 91:26–33. (1996)

[14] Richardson, D.C. **The role of nutrition in canine hip dysplasia.** Veterinary Clinics of North America, Small Animal Practice, 22:529–540. (1992)

[15] Haan, J.J., Beale, B.S., and Parker, R.B. **Diagnosis and treatment of canine hip dysplasia.** Canine Practice, 18:24–28. (1993)

[16] Bardens, J.W. and Hardwick, H. **New observations on the diagnosis and cause of hip dysplasia.** Veterinary Medicine: Small Animal Clinician, 63:238–245. (1968)

[17] Smith, G.K., Biery, D.N., and Gregor, T.P. **New concepts of coxofemoral joint stability and the development of a clinical stress–radiographic method for quantitating hip joint laxity in the dog.** Journal of the American Veterinary Medical Association, 196:59–70. (1990)

[18] Lust, G., Todhunter, R.J., Erb, H.N., et al. **Comparison of three radiographic methods for diagnosis of hip dysplasia in eight–month–old dogs.** Journal of the American Veterinary Medical Association, 219:1242–1246. (2001)

[19] Todhunter, R.J. and Lust, G. **Polysulfated glycosaminoglycan in the treatment of osteoarthritis.** Journal of the American Veterinary Medical Association, 204:1245–1251. (1994)

[20] Moore, M.G. **Promising responses to a new oral treatment for degenerative joint disorders.** Canine Practice, 21:7–11. (1996)

[21] Lust, G. Williams, A.J., and Burton-Wurster, N. **Effects of intramuscular administration of glycosaminoglycan polysulfates on signs of incipient hip dysplasia in growing pups.** American Journal of Veterinary Research, 53:1836–1843. (1992)

[22] Dobenecker, B., Beetz, Y., and Kienzle, E. **A placebo–controlled double–blind study on the effect of nutraceuticals (Chondroitin sulfate and mussel extract) in dogs with joint diseases perceived by their owners.** Journal of Nutrition, 132:1690S–1691S. (2002)

[23] Bui, L.M. and Bierer, T.L. **Influence of green–lipped mussels** (Perna canaiculus) **in alleviating signs of arthritis in dogs.** Veterinary Therapeutics, 2:101–111. (2001)

[24] Schulz, K.S. **Application of arthroplasty principles to canine cemented total hip replacement.** Veterinary Surgery, 29:578–93. (2000)

[25] Olmstead, M.L. **Total hip replacement in the dog.** Seminars in Veterinary Medical Surgery, Small Animal, 2:131–140. (1987)

[26] Swift, W.B. **Getting hip to hip dysplasia.** Animals, May/June:29–31. (1995)

[27] Reed, A.L., Keller, G.G., Vogt, D.W., Ellersieck, M.R., and Corley, E.A. **Effect of dam and sire qualitative hip conformation scores on progeny hip conformation.** Journal of the American Veterinary Medical Association, 217:675–680. (2000)

[28] Wood, J.L., Lakhani, K.H., and Rogers, K. **Heritability and epidemiology of canine hip–dysplasia score and components in Labrador retrievers in the United Kingdom.** Preventive Veterinary Medicine, 55:95–108. (2002)

[29] Fox, S.M. and Walker, A.M. **The etiopathogenesis of osteochondrosis.** Veterinary Medicine, February:116–122. (1993)

[30] Milton, J.L. **Osteochondritis dissecans in the dog.** Veterinary Clinics of North America: Small Animal Practice, 13:117–133. (1983)

[31] Harari J. **Identifying and managing osteochondrosis in dogs.** Veterinary Medicine, June:508–509. (1997)

[32] Wilford, C. **Treating shifting leg lameness.** American Kennel Club Purebred Dog Gazette, December:58–62. (1994)

[33] Glickman, L., Emerick, T., Glickman, N., Glickman, S., Lantz, G., Perez, C., Schellenberg, D., Widmer, W., and Qi-Long, Y. **Radiological assessment of the relationship between thoracic conformation and the risk of gastric dilatation–volvulus in dogs.** Veterinary Radiology and Ultrasound, 37:174–180. (1996)

[34] Glickman, L.T., Glickman, N.W., and Perez, C.M. **Analysis of risk factors for gastric dilatation–volvulus in dogs.** Journal of the American Veterinary Medical Association, 204:1465–1471. (1996)

[35] Glickman, L.T., Glickman, N.W., et al. **Multiple risk factors for the gastric dilatation–volvulus syndrome in dogs: A practitioner/owner case-controlled study**. Journal of the American Veterinary Medical Association, 33:197–204. (1997)

[36] Leib, M.S., Wingfield, W.E., and Twedt, D.C. **Plasma gastrin immunoreactivity in dogs with acute gastric dilatation–volvulus.** Journal of the American Veterinary Medical Association, 185:205–208. (1984)

[37] Nesbitt, G.H., Izzo, J., Peterson, L., and Wilkins, R.J. **Canine hypothyroidism: a retrospective study of 108 cases.** Journal of the American Veterinary Medical Association, 177:1117–1122. (1980)

[38] Blake, S. and Lapinski, A. **Hypothyroidism in difference breeds**. Canine Practice, 7:48–51. (1980)

[39] Panciera, D. **Clinical manifestations of canine hypothyroidism.** Veterinary Medicine, January:44–49. (1997)

[40] Jaggy, A. **Neurological manifestations of hypothyroidism: A retrospective study of 29 dogs.** Journal of Veterinary Internal Medicine, 8:328–336. (1994)

[41] Panciera, D. **Thyroid–function testing: is the future here?** Veterinary Medicine, January:50–57. (1997)

[42] Panciera, D. **Treating hypothyroidism.** Veterinary Medicine, January:58–68. (1997)

[43] Lorenz, M.D. **What is canine Cushing's Syndrome?** American Kennel Club Purebred Dog Gazette, April:42–46. (1985)

[44] Zensen, A.L., Iveersen,L., Koch, J., Hoier, R., and Petersen, T.K. **Evaluation of the urinary cortisol:creatinine ratio in the diagnosis of hyperadrenocorticism in dogs.** Journal of Small Animal Practice, 38:99–102. (1997)

[45] Scott D.W., Miller W.H., Griffin C.E.: *Muller and Kirk's Small Animal Dermatology*, 5th ed., WB Saunders, Philadelphia, PA, p. 500–518, 1995.

[46] Chalmers S.A. and Medeau, L. **An update on atopic dermatitis in dogs.** Veterinary Medicine 89:326–342. (1994)

[47] Scott D.W. and Paradis, **M. A survey of canine and feline skin disorders seen in a university practice. Small animal clinic, University of Montreal, Saint-Hyacinthe, Quebec (1987–1989)**. Canadian Veterinary Journal, 31:830–835. (1990)

[48] Schwartzman, R.M. **Immunologic studies of progeny of atopic dogs.** American Journal of Veterinary Research, 45:375–379. (1984)

[49] Reedy, L.M. and Miller, W.H. Jr. *Allergic Skin Diseases of Dogs and Cats,* WB Saunders, Philadelphia, PA. (1989)

[50] Scott, D.W. **Observations on canine atopy.** Journal of the American Animal Hospital Association, 17:91–100. (1981)

[51] Savic, M.S., Yager, J.A., and Holub B.J. **Effect of n–3 and n–6 fatty acid dietary supplementation on canine neutrophil and keratinocyte phospholipid composition.** Proceedings of the Second World Congress on Veterinary Dermatology, p. 77. (1992)

[52] Campbell K.L., Czarnecki-Maulden G.L., and Schaeffer, D.J. **Effects of animal and soy fats and proteins in the diet on concentrations of fatty acids in the serum and skin of dogs**. American Journal of Veterinary Research, 56:1465–1472. (1995)

[53] Vaughn, D.M., Reinhart, G.A., Swaim, S.F., Lauten, S.D., Garner, C.A., Boudreaux, M.K., Spano, J.S., Hoffman, C.E., and Conner, **B. Evaluation of dietary n–6 to n–3 fatty acid ratios on leukotriene B synthesis in dog skin and neutrophils.** Veterinary Dermatology,5:163–173.(1994)

[54] Scott, D.W., Miller, W.H., and Griffin, C.E. *Muller and Kirk's Small Animal Dermatology,* 5th ed., WB Saunders, Philadelphia, PA, p. 214–217. (1995)

[55] Scott, D.W. and Miller, W.H. **Nonsteroidal management of canine pruritus: chlorpheniramine and a fatty acid supplement (DVM Derm Caps) in combination, and the fatty acid supplement at twice the manufacturer' s recommended dosage.** Cornell Veterinarian, 80:381–387. (1991)

[56] Paradis, M. and Scott, D.W. **Further investigation on the use of nonsteroidal and steroidal anti–inflammatory agents in the management of canine pruritus.** Journal of the American Animal Hospital Association, 27:44–48.(1991)

[57] Smith, C.S. **Seizures.** American Kennel Club Purebred Dog Gazette, December:54–57. (1996)

[58] Schwartz-Porsche, D. **Seizures.** In: *Clinical Syndromes in Veterinary Neurology,* 2nd ed. (K.G. Braund, editor), Mosby-Year Book, St. Louis, MO, pp. 234–251. (1994)

[59] Cunningham, J.G. and Farnbach, G.C. **Inheritance of idiopathic canine epilepsy.** Journal of the American Animal Hospital Association, 24:421–424. (1988)

[60] Heynold, Y., Faissler, D., Steffen, F., and Jaggy, A. **Clinical, epidemiological and treatment results of idiopathic epilepsy in 54 Labrador Retrievers: a long–term study.** Journal of Small Animal Practice, 38:7–14. (1997)

[61] Watson, A.D.J. **Diet and periodontal disease in dogs and cats, Part 2.** Veterinary Clinical Nutrition, 5:11–13. (1998)

[62] Aller, S. **Dental home care and preventive strategies.** Seminars in Veterinary Medical Surgery: Small Animal, 8:204–212. (1993)

[63] Tepe, J.H., Loenard, G., Singer, R., and others. **The long–term effect of chlorhexidine on plaque, gingivitis, sulcus depth, gingival recession and loss of attachment in beagle dogs.** Journal of Periodontal Research, 18:452–458. (1983)

[64] Tromp, J.A. van Run, L.J., and Jansen, J. **Experimental gingivitis and frequency of tooth brushing in the beagle dog model: Clinical findings.** Journal of Clinical Periodontitis, 13:190–194. (1986)

第十三章 体内寄生虫

体内寄生虫（内寄生物）存在于犬的多种器官中并在体内完成全部或部分生命周期，同时，从宿主体内吸取营养物质。根据定义，寄生虫不能给犬带来任何益处，并且在许多案例中，寄生虫还能导致犬的疾病以及营养不良。体内寄生虫主要的寄生点为胃肠道、肺部、肝脏和心脏。当出现大量的寄生虫感染或者当犬营养不良，生病或免疫机能低下时，寄生虫感染通常会引起疾病。幼犬阶段的体内寄生虫感染往往比成年犬更严重。由寄生虫感染引起的疾病症状主要是由寄生虫竞争必需营养素、干扰营养素的吸收、破坏胃肠道内细胞以及阻塞主要血管或分泌毒素所导致的。

常见的几种对犬类有致病性的体内寄生虫包括多种线虫、绦虫和原生动物寄生虫。了解这些寄生虫的生命周期和传播对于从事伴侣动物行业的专业人员来说非常重要。做好犬的终身体内驱虫工作，有利于保障它的健康、活力和长寿。

犬心丝虫

犬心丝虫病是由线虫寄生虫感染引起的。这种寄生虫分布在世界各地，但要通过媒介传播。在美国，犬心丝虫被认为是区域性的，在所有 50 个州都有流行。尤其在大西洋和海湾沿岸以及整个密西西比河流域最为流行，但是位于密西西比河以西地区的干旱地区则不太常见[1]。犬心丝虫被归类为丝状线虫，其形状为长而细的线状。成年虫体长度在 6~12 英寸（15~30 厘米），主要存在于心脏的右心房和心室、为肺部供血的肺动脉以及流入右心房的前后腔静脉。心丝虫从循环的血液中获得营养。雌虫不会产卵但会产生称为微丝蚴的活动胚胎。当被携带寄生虫的蚊子叮咬后，微丝蚴（第一阶段幼虫）被释放到犬的血液中，从而造成犬的寄生虫感染。微丝蚴也是蚊子在叮咬被寄生虫感染的犬时携带的寄生虫的形式。

生命周期和传播： 在大多数地区，心丝虫的传播出现在春末和夏季，在 7 月和 8 月达到顶峰。然而，对于那些全年蚊子繁殖都很活跃的国家或地区而言，心丝虫的传播在所有月份都会发生。蚊子是心丝虫的中间宿主，心丝虫依赖于这种宿主完成其生命周期（图 13.1）。当蚊子叮咬犬只并吸食血液时，犬便会受到初次感染。蚊子将感染性（第三阶段，L3）的幼虫附着在犬的皮肤上。这些幼虫能够移行进皮下组织，并在那里发育成为第四阶段（L4）幼虫。这些幼虫能够在皮肤内生活 2~3 个月，直到它们发展到第五阶段（L5）。L5 阶段幼虫实际上是未成年心丝虫。这些幼虫会迁移至心脏和肺动脉处。经过 5~7 个月的感染后，这些寄生虫会发育成熟并开始交配产生微丝蚴。成年心丝虫的寿命很长，雌性心丝虫能持续 5 年生产微丝蚴。

被释放到犬血液中的微丝蚴不会生长或变化。它们只是在血液中循环并等待着被另一只蚊子吸食携带走。当蚊子叮咬并吸食犬的血液时，它同时还携带走了微丝蚴。微丝蚴在蚊子体内的发育很大程度上取决于温度。在温暖的气候中，微丝蚴通过两次蜕皮在 10~12 天内变成具有感染性的 L3 阶段幼虫。在凉爽的气候中，这一过程可能需要 21 天左右。具有感染性的幼虫随后迁移至蚊子的口器上，当蚊子吸食犬的血液时进而感染其他犬只。

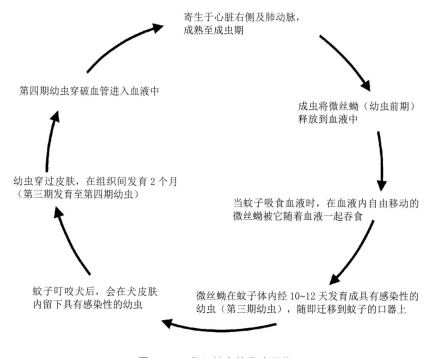

图 13.1　犬心丝虫的生命周期

临床症状：出现心丝虫感染的临床症状主要是由于成年虫体寄生在犬的肺动脉、右心房和心室。当犬的身体试图清除入侵的寄生虫时，对寄生虫的炎症反应在肺动脉及其分支中发展开来。然而，由于心丝虫的体型太大而无法被杀死或移除，慢性炎症则会损伤动脉，从而造成动脉扩张和血液凝固异常（栓塞）。血液被输送到其他动脉，液体则开始积累在充满寄生虫的动脉周围的肺部。这又导致了肺动脉高压、肺动脉和右心扩张以及肝脏充血。输送到肺部的血液不能有效地与氧结合，肺部区域变得无法有效地为血液充氧。大型寄生虫的存在也会干扰心脏内正常的血液流动和心脏瓣膜正常运动的能力。这些情况都有可能导致充血性心力衰竭，如果不及时治疗，很有可能会导致犬的死亡。在一些患犬中，由于犬对寄生虫的免疫反应以及肾毛细血管中存在大量微丝蚴，会引发肾功能障碍。

犬的临床症状与体内存在寄生虫的数量息息相关，被称为"虫负荷"。当只有少量寄生虫存在时，犬通常表现为无症状。在一些案例中，犬感染了心丝虫，但是，没有患心丝虫病。当体内只存在 1~2 条成年心丝虫时给犬带来的健康影响比较小，因此，许多宠物医生会选择不治疗，因为"虫负荷"非常低（少于 5 条心丝虫）。当心丝虫少于 50 条时，大多数会在肺动脉中被发现。当体内存在更多的心丝虫时，它们很可能会占据右心室、右心房和腔静脉。佛罗里达州的一家动物收容中心有一项关于犬心丝虫"虫负荷"的调查研究显示受感染的犬中平均存在 23 条寄生虫[2]。对于严重感染体内存在超过 200 条寄生虫的犬并不罕见。犬主人一般首先能够察觉到的迹象是犬只无精打采、运动耐力下降。如果肺循环受到影响，犬只会表现出呼吸困难，进而可能会发展为轻微而深沉的咳嗽。由于肺部血液凝固异常，犬只可能会表现出间歇性流鼻血。随着时间的推移，充血性心脏病所表现出的临床症状会加剧。如果不及时治疗，最终可能会导致死亡。

临床诊断：心丝虫病的明确诊断包括识别微丝蚴、心丝虫抗原或抗体。最简单的方法是对新鲜或浓缩血液的血涂片进行检测。这种方法被称为 Knot's 测试或改良版的 Knot's 测试。该方法经过对浓缩或过滤后的血液进行检测以提高检测犬血液中微丝蚴的灵敏度。但是这种检测方法并不是百分百可靠的，它无法检测轻微的感染，而且当心脏中存在虫体，但是血液循环中没有微丝蚴时，该方法则无法有效检测出体内是否已感染。这种被称为"隐匿性"的心丝虫案例是由多种可能性导致的。如果寄生虫存在于心脏中但尚未性成熟或者只有一种性别，它们则不会产生微丝蚴，但仍然能够引起临床症状。某些药物会造成成虫不育或杀死微丝蚴（如伊维菌素和米尔贝肟）。最后，能够对心丝虫产生强烈免疫反应的犬可以产生抗体，这些抗体一旦产生就能消灭微丝蚴，但是不会对心脏中的成虫造成影响。

不依赖于检测出微丝蚴的检测方法更加可靠，因为有证据表明，很大一部分感染心丝虫的犬的血液循环中没有检测出微丝蚴的存在[3]。有种叫作免疫诊断的技术，它取代了用于初步筛查犬心丝虫病的 Knot's 检查。最常用的免疫诊断技术能够检测血液循环中来自雌性心丝虫的抗原。因为这些抗原是由成年虫体产生的，因此，这些测试可以检测所有感染病例（当存在雌性虫体时），无论是否存在微丝蚴。有多种检测试剂盒可供使用，并且已被证实可以有效检测隐匿性心丝虫[4-5]。当犬被诊断为患有心丝虫病时，抗原检测也可以用于检测受感染犬只的健康症状以及检测"虫负荷"情况。这对于临床诊断来说是很重要的，因为"虫负荷"较高的犬只出现治疗相关的并发症的风险会更大[6]。如果抗原检测呈阳性，可以通过血清稀释度来估计体内寄生虫的数量。

抗原检测的主要局限性是该方法只能检测成年雌虫特有的抗原。此外，检测至少需要 3 只雌性寄生虫才能产生可靠的阳性结果。因此，仅仅感染雄虫或只存在未成熟的虫体时，抗原结果会呈现假阴性。抗体检测通过检测宿主动物对心丝虫的免疫反应来发挥作用[7]。抗体检测可能比抗原检测能更快地发现感染，并且可以更容易地检测到仅存在 1~2 条寄生虫的感染。抗体检测的局限性在于它比其他检测方法更容易产生假阳性结果（例如，心丝虫抗体检测结果呈现阳性，但实际上犬并未被感染）。

胸部 X 光片可以提供最终的诊断结果，可以对心丝虫引起的心肺部疾病进行总体评估。在某些情况下，仅根据胸部 X 光片即可诊断心丝虫病。放射线检测也是评估由心丝虫感染引起的心肺疾病严重程度的最佳方法。

治疗：犬心丝虫的治疗包括杀死成年虫体，消除犬血液中的微丝蚴，以及提供预防药物防止犬再次感染。对于所有接受治疗的犬来说，治疗前的检查是很重要的，因为所使用的药物可能对肝脏和肾脏具有毒性。因此，肝肾功能受损的犬只可能不适合接受治疗。已经有两种药物在兽医临床上被用作心丝虫的治疗药物，即硫胂胺钠和美拉索明。硫胂胺钠多年来一直是治疗成年心丝虫感染的主要药物，但已被美拉索明完全取代。硫胂胺钠具有严重的危及生命的副作用，并且是一种强效肝毒素。它的给药途径是静脉注射，对机体有很强的腐蚀性。因此，静脉注射时任何渗漏都会导致该部位周围组织的严重损伤。该药通常分两次给药，中间间隔 2 天。无论雌虫或雄虫，以及各个年龄段的心丝虫对该药都有一定的抗药性，因此需要第二剂药物才能完全杀灭所有的心丝虫。

美拉索明于 20 世纪 90 年代首次推出，并迅速成为治疗成年心丝虫病的首选药物 [8]。与硫胂胺钠相比，美拉索明的副作用风险较低，可有效杀死 4~5 个月大的未成熟幼虫以及雌性和雄性成虫。由于美拉索明是肌内注射而非静脉注射，因此治疗的并发症也较少。轻度感染的犬只每天接受一次美拉索明的治疗，持续 2 天即可。重度感染的犬只需要两个阶段的治疗 [9]。第一阶段治疗为一次美拉索明注射，目的是杀死部分成虫。随后是第二阶段的两次注射，在 1~2 个月后进行。使用该药治疗后，犬只出现肌肉酸痛和炎症的情况都很常见。并且，这种药物对于肝脏没有毒性，因此，对于犬的健康没有过多影响。

在采取治疗后，寄生虫开始死亡，并在数周内持续地从血液中被清除出去。在此期间，有可能会发生肺栓塞的危险。发生这种情况的原因是杀灭心肺血管系统中的成年寄生虫会加重现有的动脉损伤以及造成肺动脉高压。在轻微感染的情况下，即只出现了少数成年虫体死亡时，轻微的栓塞在相对健康的肺部区域中可能不是特别明显。然而，在大多数情况下，犬会出现昏昏欲睡、轻微发烧、食欲下降以及咳嗽的症状。杀灭成年虫体可能会出现的严重并发症包括右心衰竭或肝肾功能损伤。通过分阶段杀灭成年虫体（见上文）并在治疗后至少 1 个月内限制犬只的运动，可以有效减少治疗后出现并发症的概率 [10]。然而，由于所使用的灭虫药具有毒副作用，而且由于成年心丝虫属于大型寄生虫，必须从犬的心脏和血液循环系统中被清除出去，因此，心丝虫的治疗与风险往往存在一定关联。犬只康复后，应在 4 个月后再次对心丝虫是否还存在犬只体内进行跟踪评估，以确保所有的心丝虫都已经被杀灭并从血液循环中排出。

杀灭成虫的治疗方法不能消灭血液循环中的微丝蚴。尽管微丝蚴对犬本身构成的健康风险很小，但它们会传播给蚊子媒介。因此，未经过治疗且携带微丝蚴的犬只会继续造成心丝虫的传播。在过去，所使用的清除血液中微丝蚴的药物都会对犬的健康造成威胁。然而，当人们发现伊维菌素和米尔贝肟被当作预防心丝虫的药物时，不仅能杀灭微丝蚴，而且不会对犬的健康造成影响。

　　预防（化学预防）： 心丝虫病的危害和治疗风险说明了预防犬只感染的重要性。幸运的是，对于今天的饲养者来说让犬远离心丝虫是一项相对简单的任务。有几种预防性药物可以在感染性幼虫发育到第五阶段并迁移至心脏之前将其杀死（表 13.1）。在某些地区的心丝虫传播期间，建议给予犬药物进行预防。由于心丝虫的传播取决于蚊子季节性的存在，因此，心丝虫传播时间会因地区而异。在美国部分地区，全年都不会发生传播，通常不需要持续性的化学预防。在实施预防性措施之前，应对所有的犬只进行检测并确保其体内血液循环中没有寄生虫抗原和微丝蚴[11]。

表 13.1　预防犬心丝虫的药物

药物成分	产品名	用法	对犬心丝虫的作用	适应证
伊维菌素	Heartgard（犬心保）；Iverhart	口服，每月 1 次	杀灭 1 个月内积累的幼虫	—
伊维菌素 +噻嘧啶	Heartgard Plus（犬心保）；Iverhart Plus	口服，每月 1 次	杀灭 1 个月内积累的幼虫	蛔虫、钩虫
米尔贝肟	Interceptor	口服，每月 1 次	杀灭 1 个月内积累的幼虫	蛔虫、钩虫、鞭虫
米尔贝肟 +虱螨脲	Sentinel	口服，每月 1 次	杀灭 1 个月内积累的幼虫	蛔虫、钩虫、鞭虫、跳蚤
塞拉菌素	Revolution（大宠爱）	局部外用，每月 1 次	杀灭 1 个月内积累的幼虫	跳蚤、耳螨、疥螨、美洲犬蜱
莫昔克汀	ProHeart 6	注射，6 个月 1 次	杀灭 6 个月内积累的幼虫	钩虫
枸橼酸乙胺嗪	Filaribits	口服，每日 1 次	杀灭当天所有幼虫	—
枸橼酸乙胺嗪 +奥苯达唑	Filaribits Plus	口服，每日 1 次	杀灭当天所有幼虫	钩虫

枸橼酸乙胺嗪（DEC）可能是宠物主人可用的最经济的药物。但是，该药会快速地被排出体外，因此，必须每天使用才能生效。由于该药仅对寄生虫发育的早期阶段有效，因此必须持续使用 DEC。如果宠物主人间隔了几天没有给犬只使用该药，而犬只在这段时间内被具有传染性的蚊子叮咬，犬体内的幼虫很可能会发育成熟到药物不能够杀死它们的阶段。由于这些原因以及它使用起来的不便性，DEC 不再被用作心丝虫的预防药物。

伊维菌素、米尔贝肟和塞拉菌素是最常用的预防性药物。它们能够杀灭前几个月积聚在犬皮下的幼虫，每月使用 1 次。伊维菌素和米尔贝肟是口服给药，而塞拉菌素是局部点滴治疗。此外，米尔贝肟可有效控制犬的蛔虫、钩虫和鞭虫感染。塞拉菌素是与伊维菌素密切相关的化合物，由于它是一种局部治疗药物，因此，还可以保护犬免受耳螨、疥螨、跳蚤和蜱虫的侵害。心丝虫预防药物的给药应在蚊子多发季节开始后 1 个月内开始，并在认为不再可能传播后 1 个月内结束最后一次给药。

最近，推出了一款每 6 个月注射一次的心丝虫预防药物。该药物也是一种伊维菌素衍生物，称为莫昔克丁。它最初是以每个月都要使用的片剂或注射产品的形式出现的，但其注射产品的流行导致了片剂的停产。莫昔克丁必须由宠物医生进行使用，但每 6 个月仅需注射一次，其便利性已受到一些犬饲养人员的欢迎。除心丝虫外，莫昔克丁还可以控制钩虫。注射莫昔克丁的犬必须年满 6 个月。

据报道，柯利牧羊犬和混种柯利牧羊犬对高剂量伊维菌素异常敏感[12]。然而，用于杀死感染心丝虫的犬体内微丝蚴的伊维菌素剂量为50 微克 / 千克体重，而预防性使用的剂量为 6~12 微克 / 千克体重。这两种剂量远低于被证明会对柯利犬或混种柯利犬产生毒性的伊维菌素的阈值水平[13]。但是由于用于畜牧领域的伊维菌素是以非常浓缩的剂量生产和销售的，因此，这些药物不应用作犬的预防性药物，因为如果在使用前未适当稀释，可能引发犬的药物过量。

蛔虫

犬肠道寄生虫是犬体内最常见的寄生虫类型。最常见的 4 种类型是蛔虫、钩虫、鞭虫和绦虫（图 13.2）。蛔虫是一种线虫寄生虫，是犬最常见的胃肠道寄生虫之一。成年寄生虫在小肠中生活和繁殖，在肌肉和其他组织中可以发现不活跃的包囊幼虫。成虫体型很大，长1~7英寸（3~18厘米），外观像意大利面。在美国，感染犬最常见的品种是犬弓蛔虫。第二种是狮弓蛔线虫，但不太常见。据估计，美国大约75%的幼犬和青年犬只都感染了犬弓蛔虫。成年犬只对成虫能够产生抵抗力，但是仍可能携带寄生虫的包囊幼虫。

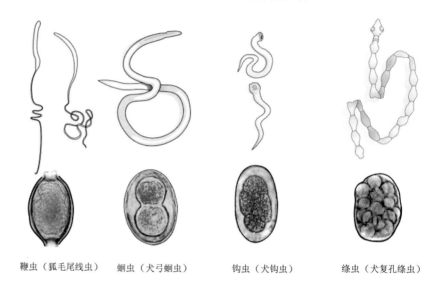

鞭虫（狐毛尾线虫）　　蛔虫（犬弓蛔虫）　　钩虫（犬钩虫）　　绦虫（犬复孔绦虫）

图 13.2　4 种常见肠道寄生虫的成虫期和虫卵期

生命周期和传播：犬可以通过 4 种途径感染蛔虫：胚胎传播、乳汁传播、摄入环境中的虫卵和捕食受感染的鸟类或小鼠等小动物。犬的主要感染途径是经胚胎和摄入虫卵传播。由于这种寄生虫无处不在，美国大多数幼犬从一出生就感染了犬弓蛔虫，并在 3 周龄的时候开始在粪便中排出虫卵。由于雌性蛔虫每天可产多达 20 万枚卵，且经胎盘传播难以控制，因此，犬弓蛔虫污染环境的主要来源是幼犬通过粪便排出的卵。

当环境条件温暖潮湿时，沉积在环境中的虫卵会在大约 2 周内发育成型并进入感染阶段（图 13.3）。这些虫卵对极端环境的抵抗力相对较强，可以存活数年。当犬食用了土壤中的感染性虫卵时，就会被感染。虫卵在犬的胃和小肠中发育成幼虫，然后穿过肠壁进入血液。幼虫首先被运送到肝脏，最终到达肺部。当幼虫到达肺部时，它们会运动至气管，导致犬咳嗽。而当犬咳嗽时，幼虫可能会被排出到口腔中，随即被吞咽返回至小肠。3 月龄以内的幼犬中，幼虫会在小肠中发育为成虫然后开始繁殖，并随着粪便向外排出虫卵。从摄入虫卵到进入肠道发育成为成虫的整个周期仅需 30 天左右。

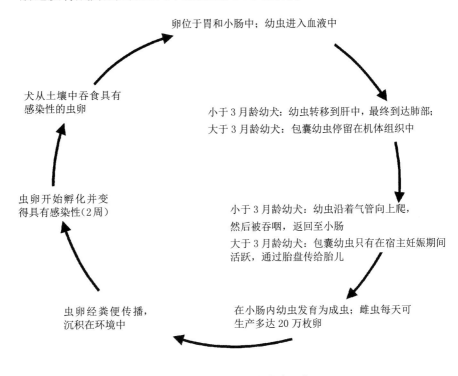

卵位于胃和小肠中；幼虫进入血液中

犬从土壤中吞食具有
感染性的虫卵

小于 3 月龄幼犬：幼虫转移到肝中，最终到达肺部；
大于 3 月龄幼犬：包囊幼虫停留在机体组织中

虫卵开始孵化并变
得具有感染性（2 周）

小于 3 月龄幼犬：幼虫沿着气管向上爬，
然后被吞咽，返回至小肠
大于 3 月龄幼犬：包囊幼虫只有在宿主妊娠期间
活跃，通过胎盘传给胎儿

虫卵经粪便传播，
沉积在环境中

在小肠内幼虫发育为成虫；雌虫每天可
生产多达 20 万枚卵

图 13.3　犬弓蛔虫的生命周期

　　3 月龄以上的犬对蛔虫产生了部分免疫力，因此，很少感染这种肠道寄生虫。然而，当吞食到环境中的虫卵时，一些犬可能会出现短期感染并从粪便中排出大量虫卵。这种情况通常发生在哺乳期的母犬身上，当母犬舔舐幼犬肛门或在清洁幼犬吃掉幼犬粪便时就会发生感染。成犬短期自限性感染肠道蛔虫的另一种途径是吞食了受感染的野生动物，如啮齿动物、鸟类和昆虫。

　　对于大多数 3 月龄以上的犬来说，蛔虫的传播会导致包囊幼虫沉积在软组织中。幼虫到达肝脏后，便会滞留在肌肉、肾脏、眼睛和大脑中。在公犬、绝育母犬和从未生育过的未绝育的母犬中，这些包囊幼虫会无限期地处于休眠状态，不会影响犬的健康。然而在怀孕的母犬中，这些包囊幼虫会在犬妊娠期的第 42 天左右被重新激活。被激活的幼虫进入血液循环中并最终到达胎盘，进而传播到发育中的胎儿中，并在幼犬出生前将它们感染。幼虫沉积在胎儿的肝脏中，出生后立即迁移至肺部。它们沿着气管到达肠道，并在 3 周内发育为成虫。母体中的包囊幼虫进入其乳腺组织并感染哺乳的幼犬这种情况不太常见，因为大多数雌性的组织中都会携带一些蛔虫幼虫，所以几乎所有的幼犬出生时都会有蛔虫。大多数驱虫药对包囊幼虫无效。因此，尽管在繁育前对母犬进行驱虫，母犬仍有可能会将蛔虫传染给尚未出生的幼犬。

另一种感染犬的蛔虫是狮弓蛔线虫，这是一种生活在寒冷气候中的寄生虫。与犬弓蛔虫不同的是，狮弓蛔虫不会迁移至肝脏或肺部。因此，包囊幼虫不会沉积在组织中，也不会发生经乳汁和胎盘传播的情况。摄入含有第二阶段幼虫的虫卵是这种蛔虫向幼犬和成犬传播的唯一具有临床意义的传播方式。这些幼虫会在 2~3 个月内在肠道内成熟。尽管不存在与年龄相关的胃肠道狮弓蛔虫感染的免疫力，但宠物医生发现犬类感染狮弓蛔虫的数量远低于犬弓蛔虫。

临床症状和诊断：蛔虫感染对于成犬来说不是很严重，但是对于幼犬来说却是非常严重的状况。如果大量幼虫经胎盘传播给幼犬，由于幼犬肝脏和肺部的严重感染，可能会导致新生幼犬的死亡。在新生幼犬中，肠道中发育的成虫会导致其营养不良，生长受损和消瘦。在严重的情况下，蛔虫可能会在幼犬生命的最初几周内导致其死亡。典型患有蛔虫病的幼犬的外观是大腹便便、被毛粗糙、肌肉发育不良、出现呕吐和腹泻、呕吐物或粪便中可能会有成虫。可以通过粪便或呕吐物中成虫的出现以及粪便样本中蛔虫卵的显微镜镜检来进行诊断。

治疗：有几种驱虫药可以有效治疗肠道蛔虫（表 13.2）。哌嗪和双羟萘酸噻嘧啶是对幼犬相对安全的两种药物。芬苯达唑也很有效，已经成为治疗多种肠道寄生虫的热门药物。当芬苯达唑单独使用时，它仅对蛔虫的虫体有效。然而，最近的研究表明，从怀孕期开始到妊娠和哺乳期时母犬服用较高剂量的芬苯达唑并持续到哺乳期的第 4 周或第 5 周可显著减少蛔虫传播到胎儿及幼犬的风险。但是，由于此种方法的成本和不便性以及对潜在副作用的担心，该方法尚未成为控制蛔虫的常规方法。

表 13.2　常用的犬体内驱虫药

药物成分	产品名	效用	使用方法	注意事项
哌嗪	Wormicide	治疗蛔虫，可杀灭部分钩虫	口服（非处方药），多种剂型	服用后 1 小时内可能引起呕吐，可用于 6 周龄以上幼犬和成犬
双羟萘酸噻嘧啶	Nemex，Evict	治疗蛔虫、钩虫	口服（非处方药），多种剂型	服用后小概率会引起呕吐，2 周龄的幼犬使用是安全的
甲苯达唑	Telmintic	治疗蛔虫、钩虫、鞭虫、绦虫（带状绦虫属）	口服（粉剂）	对复孔绦虫无治疗效果，有一定概率造成肝毒性
芬苯达唑	Panacur（胖可求）	治疗蛔虫、钩虫、鞭虫、绦虫（带状绦虫属）	口服（颗粒状）	优选于甲苯达唑，对复孔绦虫无治疗效果，服用后小概率会引起呕吐，但无肝毒性
双氯酚	Happy Jack	治疗绦虫（带状绦虫和复孔绦虫属）	口服（非处方药）	服用后 12 小时内可能引发呕吐或腹泻
吡喹酮	Droncit（重生特）	治疗绦虫（带状绦虫属和复孔绦虫属）	口服或注射	服用后可能引起呕吐或腹泻，可用于 4 周龄幼犬及怀孕母犬
依西太尔（伊喹酮）	Cestex	治疗绦虫（带状绦虫属和复孔绦虫属）	口服	可能引起呕吐，可用于 7 周龄以上幼犬，不可用于怀孕母犬
米尔贝肟	Interceptor	治疗蛔虫、钩虫、鞭虫	口服	可用于 4 周龄幼犬及怀孕母犬
磺胺二甲氧嘧啶	Albon（艾邦），Bactrovet	球虫	口服或注射	抗球虫剂：至少治疗 10~12 天
甲硝唑	Flagyl（灭滴灵）	贾第鞭毛虫	口服	抗菌药，服用后小概率会引起呕吐或腹泻，不可用于怀孕母犬

　　由于环境中蛔虫流行率较高，无论粪检结果是否呈阳性，新生幼犬及其母犬应在 2 周龄、4 周龄、6 周龄、8 周龄时进行驱虫。前期的驱虫主要杀灭母体带来的蛔虫，后续的驱虫主要针对通过乳汁或摄入

虫卵感染的蛔虫。这应该是繁育计划中的常规驱虫做法，因为无法确认母犬是否会将蛔虫传染给未出生的幼犬。初到新家的幼犬应该至少进行 2 次驱虫，期间间隔 2 周。随着对犬心丝虫预防药物的广泛使用，对犬蛔虫的长期控制也获得了显著效果，这些药物也能预防蛔虫和钩虫感染（表 13.1）。尽量不要带幼犬去虫卵密度高的公共区域，每天及时清理粪便以及定期进行粪检有助于减少蛔虫感染。

钩虫

与心丝虫和蛔虫相比，成年钩虫的体型相对较小。它们的颜色为白色到灰色，长度在 0.75~2 英寸（2~5 厘米）。钩虫的前端有一个小钩，带有钩齿，用于附着在肠壁上并摄入血液。钩虫主要存在于小肠中，但在严重感染的犬的结肠和盲肠中也可能存在。有几个品种的钩虫能够感染犬只，包括犬钩虫、巴西钩虫和窄头钩虫。犬钩虫是迄今为止在美国感染犬只最严重以及最具致病性的钩虫品种。钩虫属于吸血类寄生虫，当感染大量寄生虫时，可能会导致犬严重失血。窄头钩虫通常被称为"狐狸钩虫"，因为它在狐狸中普遍存在。在美国，这种寄生虫很少感染犬，但在英国和加拿大北部地区能见到它们的存在。与钩虫属不同，窄头钩虫属不是吸血类寄生虫，因此，不会对犬造成严重的健康问题。

生命周期和传播： 在犬中，钩虫感染最常见的途径是通过乳汁和环境中第三阶段幼虫获得感染（图 13.4）。附着在宿主肠黏膜上的成年雌虫产卵后并通过宿主粪便将虫卵排出。这些虫卵能够很快孵化并发展到感染阶段。如果虫卵所处的环境相对潮湿，且温度在 21~31.2℃时，虫卵将在 12~24 小时内孵化。幼虫发育 1 周便可进入感染阶段。这些幼虫可能存在于土壤中被犬误食或者也可以通过穿透犬脚垫上的皮肤进入犬的体内。经口摄入的幼虫进入到肠道内，在那里发育为成虫。通过皮肤进入体内的幼虫会进入血液循环并最终到达肺部。在幼犬中，这些幼虫会被咳到口腔和食道中，然后被吞咽至小肠。在小肠中，这些幼虫发育为成虫。成年犬通常对钩虫有一定的免疫力，通过皮肤进入体内的幼虫不会迁移至肺部，而是被捕获并以包囊幼虫的形式沉积在机体的组织中。与蛔虫一样，包囊形式的钩虫幼虫在雄性犬、绝育雌性犬和从未生育过的雌性犬体内无限期地处于休眠状态。然而在怀孕的雌性犬中，沉积在肌肉组织中的包囊钩虫幼虫会被激活，然后进入乳腺组织，通过乳汁感染新生幼犬。这是钩虫感染新生幼犬的主要途径，大约 60% 通过乳汁传播的幼虫是在哺乳期第一周内发生传播的。这些幼虫直接进入幼犬肠道，并在幼犬 3 周龄时发育为成虫。

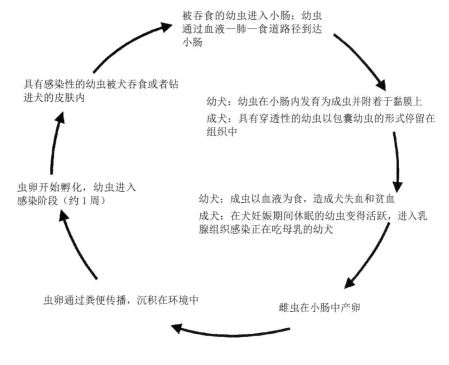

被吞食的幼虫进入小肠；幼虫通过血液—肺—食道路径到达小肠

具有感染性的幼虫被犬吞食或者钻进犬的皮肤内

幼犬：幼虫在小肠内发育为成虫并附着于黏膜上
成犬：具有穿透性的幼虫以包囊幼虫的形式停留在组织中

虫卵开始孵化，幼虫进入感染阶段（约 1 周）

幼犬：成虫以血液为食，造成犬失血和贫血
成犬：在犬妊娠期间休眠的幼虫变得活跃，进入乳腺组织感染正在吃母乳的幼犬

虫卵通过粪便传播，沉积在环境中

雌虫在小肠中产卵

图 13.4　犬钩虫的生命周期

临床症状和诊断：钩虫通过啮食肠壁造成肠壁损伤导致中度至重度失血。幼犬发生贫血的速度极快，并表现出虚弱、精神沉郁、嗜睡和黏膜苍白。钩虫通常会引起慢性腹泻，粪便中含有血液和黏液。如果感染较为严重，新生幼犬可能会在感染后 8 天死亡。随着犬年龄的增长，大多数犬会对钩虫产生免疫力。然而，那些免疫力受损、生活在被严重污染的地区以及营养不良的犬可能会患上慢性钩虫感染病。在这些病例中，会出现轻微的临床症状，包括腹泻和呕吐。诊断可以通过粪便样本和呕吐物中钩虫的鉴定以及粪便样本中虫卵的鉴定来确诊（图 13.2）。

治疗：幼犬的急性钩虫病例应作为医疗紧急情况处理，因为幼犬可能会因严重失血而迅速死亡。所以患有急性钩虫病的幼犬需要补充液体、输血和速效驱虫药等综合治疗。统计数据显示，许多幼犬在出生后不久就会感染钩虫，因此，建议所有幼犬在 2 周龄时开始针对钩虫进行驱虫[14]。这样可以在钩虫完全成熟且还未开始通过虫卵污染环境之前进行驱虫。由于母犬的乳汁和环境中感染性虫卵的存在，因此，直至幼犬 10~12 周龄之前，应该每隔 2~3 周重复驱虫一次。母犬应在繁育前以及生产后与幼犬同时进行驱虫。方便的是，可以有效对抗蛔虫且对幼犬安全的驱虫药同样对钩虫有效（表 13.2）。环境的卫生对于减少感染性幼虫数量和控制成犬机体组织中沉积的包囊幼虫数量非常重要。

鞭虫

鞭虫感染称为鞭虫病，是由鞭虫属线虫寄生虫引起的。狐毛尾线虫是常见的感染犬的品种。成虫长 2~3 英寸（5~8 厘米），身体前 3/4 比后 1/4 薄得多，这使得它的外观类似于鞭子（图 13.2）。鞭虫是吸血类寄生虫，主要栖息在宿主的盲肠和结肠（大肠）中。

生命周期和传播：成年鞭虫牢固地附着在盲肠和近端结肠的黏膜上，并以血液为食（图 13.5）。当温度在 25~26.7℃时，雌性鞭虫的卵会在 9~10 天内通过宿主粪便排出并发育成幼虫。如果天气凉爽，卵可能需要长达 35 天的时间才能发育成幼虫。刚产下的鞭虫卵能够抵抗寒冷，但很容易在炎热或干燥的条件下遭到破坏。寄生虫幼虫被保护在卵壳内，具有很强的耐寒、耐热和耐干燥能力，并且在很长一段时间内保持感染性。当犬吞食这些包含幼虫的虫卵时，虫卵会在被吞食后的 30 分钟内孵化，并在 24 小时内进入到犬的小肠黏膜中。当幼虫成熟时，它会从小肠迁移至盲肠和结肠。犬吞食具有感染性的幼虫后的 74~87 天时，鞭虫幼虫会完全成熟并开始产卵，其生命周期可达 16 个月。

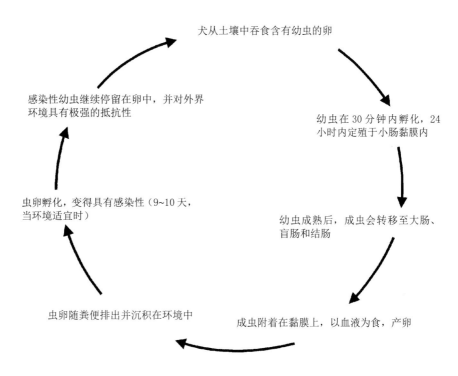

犬从土壤中吞食含有幼虫的卵

幼虫在 30 分钟内孵化，24 小时内定殖于小肠黏膜内

感染性幼虫继续停留在卵中，并对外界环境具有极强的抵抗性

虫卵孵化，变得具有感染性（9~10 天，当环境适宜时）

幼虫成熟后，成虫会转移至大肠、盲肠和结肠

虫卵随粪便排出并沉积在环境中

成虫附着在黏膜上，以血液为食，产卵

图 13.5　狐毛尾线虫的生命周期

临床症状和诊断：鞭虫病临床症状的严重程度取决于动物体内虫体的数量、犬只的易感性以及虫体穿透肠黏膜的程度。随着年龄的增长，成犬似乎不会对这种肠道寄生虫产生免疫力，因此一生中都有可能反复受到感染。临床症状包括腹泻、呕吐和体重下降。轻度感染可能不会出现腹泻，但会导致体重逐渐下降。严重感染可能会导致慢性带血性腹泻、脱水以及贫血。由于具有感染性的鞭虫幼虫在环境中能够存活很长时间，因此犬治愈后被再次感染的情况非常常见。诊断主要通过临床症状、鞭虫感染史以及粪便中的虫卵确诊。由于感染犬的成虫数量非常少，因此在粪便中很少能够见到成虫。此外，与其他肠道寄生虫相比，雌性鞭虫产生的虫卵数量相对较少。由于虫卵数量较少，受感染犬的粪便样本中并不一定能检测到虫卵。因此，如果犬只已经出现了临床症状并且已知该区域已经被虫卵污染，即使在犬只粪便中没有检测到虫卵，许多宠物医生还是会建议对犬进行鞭虫病的治疗。

治疗：因为犬只在环境中再次感染的情况非常常见，因此本病很难治疗。干燥的环境以及阳光有利于破坏新产下的虫卵，但幼虫对大多数环境条件都有很强的抵抗力。有几种驱虫药对鞭虫有效，建议在初期治疗后的 3 周和 3 个月后再次进行治疗（表 13.2）。如果犬生活在污染严重的地区时，建议每 2~3 个月进行一次驱虫以防止感染。心丝虫预防药米尔贝肟可有效控制犬的鞭虫感染，建议在被幼虫严重污染的地区使用。控制鞭虫感染复发最重要的一点是防止大量感染性幼虫在犬活动区域内积累。保持环境干燥卫生，经常清理粪便以及限制犬进入被虫卵污染区域都能有效减少鞭虫的传播。

绦虫

绦虫是一种具有高度适应性的体内寄生虫，可以存在于所有脊椎动物中。在美国，至少有 14 种绦虫能够感染犬，其中犬复孔绦虫（*Dipylidium caninum*）和带状绦虫（*Taenia* sp.）最为常见。包虫绦虫（细粒棘球绦虫和多眼棘球绦虫）在美国局部地区有所发现，最常见于北部和中西部各州。绦虫是一种长而扁平且分段的寄生虫（图 13.2）。身体可分为 3 个主要部分。头节是虫体的头部，具有附着在小肠黏膜上的钩子。绦虫的颈部紧挨着头节，是单个绦虫节段生长的区域。身体的其余部分被称为体节，由一系列节片组成。每一节节片都包含一套完整的生殖器官并能够产卵。妊娠节片是指性成熟且含有卵的节片。这些节片脱落并随粪便排出。它们具有能动性（近期排出时），可见于粪便或受感染犬的尾巴和肛门周围。其他节片的外观像是未煮熟的米饭或者黄瓜种子。整个绦虫的长度从 1 英寸到几英尺（3~300 厘米）不等，一只犬在一次感染中可能会携带几十只寄生虫。

生命周期和传播： 绦虫的生命周期因品种而异。所有绦虫都有一个或多个中间宿主。中间宿主从环境中摄入妊娠节片，犬摄入中间宿主后就会遭受感染。例如，犬复孔绦虫的中间宿主是跳蚤和虱子，犬吞食其中一种体外寄生虫都有可能受到感染（详见第十四章）。这种绦虫非常常见，如果跳蚤没有得到妥善的控制，想要控制犬的绦虫感染几乎是不可能的。北美发现了 9 种主要的带状绦虫，其中 7 种能够感染犬只。豆状带绦虫和连续多头带绦虫这两个品种的绦虫最常见于宠物犬。兔子、大鼠和小鼠是这些绦虫的中间宿主，幼虫存在于这些哺乳动物的体内。因此，经常狩猎或食用腐肉的犬可能会感染绦虫。包虫绦虫（棘球绦虫）的中间宿主包括羊、田鼠和鼩鼱。

临床症状和诊断：除严重感染的情况下，绦虫感染一般很少会导致犬的健康问题。随着时间的推移，受感染的犬只可能会表现出毛色暗淡、食欲下降或体重略微减轻。然而，大多数病例是无症状的。绦虫感染的诊断主要是通过辨别犬粪便中以及犬尾巴和肛门周围的妊娠节片或者虫卵来确诊的。

治疗：有几种药物可以治疗犬的绦虫感染，但是这些药物对犬复孔绦虫和带状绦虫的有效性可能有所不同（表13.2）。吡喹酮和依西太尔是两种对犬复孔绦虫和带状绦虫百分百有效的药物。预防跳蚤感染和避免食用兔子或小鼠也能有效预防犬接触到绦虫。与所有肠道寄生虫一样，经常进行粪检有利于犬保持健康。

球虫

球虫病是一种由原生动物引起的寄生虫病，原生动物是一种微型的单细胞生物。至少有12种球虫可以感染犬只，但最常见的是犬等孢球虫。球虫病在美国家养犬只中广泛存在，并且在南部各州尤其流行。临床症状常见于幼犬，并且在同窝幼犬中具有高度传染性。感染球虫对幼犬来说是很严重的，可能会导致脱水和营养不良进而引发死亡。被感染的成犬通常无症状或只表现出轻微的临床症状。成犬可以是球虫的携带者，并在粪便中排出具有感染性的卵囊，然后以此传播给其他犬只。球虫病通常与卫生条件差或过度拥挤的环境有关。

生命周期和传播：被感染的犬在粪便中排出卵囊。卵囊是等孢菌生物体卵的形式，通过粪便漂浮法很容易识别。在温暖和潮湿的环境下，卵囊会在3~5天内形成孢子并进入感染阶段。犬通过摄入受虫卵污染的土壤、水或粪便从而吞咽下具有感染性的卵囊而感染。在犬肠道中，卵囊破裂并释放出子孢子，子孢子穿透上皮细胞并开始繁殖，最终破坏细胞。如果母犬在幼年时期感染了球虫并成为球虫携带者，那么幼犬很有可能在出生前就感染了球虫。作为在幼年时期就感染球虫的犬来说，其机体中会有以卵囊形式存在的幼虫，怀孕的母犬有可能会将这些卵囊传播给尚未出生的幼犬。

临床症状和诊断：在幼犬和青年犬中，球虫病的特点是严重腹泻，可能混有黏液或血液；脱水；消瘦和贫血。有些幼犬还会出现轻微的上呼吸道感染，其特征是咳嗽，以及鼻腔和眼睛出现分泌物。受感染的成犬通常无症状，但是能够将球虫传播给其他动物，并通过粪便向环境中排放具有感染性的卵囊。诊断主要通过临床症状和粪便样本中的卵囊进行判定。

治疗： 球虫病的治疗主要在于控制腹泻、预防脱水和贫血、消除体内寄生虫。非处方药物通常用于控制腹泻。在严重感染的情况下可能需要补液。治疗该病时，一般会使用到用于抗感染的抗菌药。经常使用的药物有磺胺二甲氧嘧啶或甲氧苄啶磺胺嘧啶。这两种药物都具有抑制球虫生长的作用。治疗过程至少需要持续 10~12 天，以确保球虫完全从肠道中消除。

球虫的控制可以从以下两个方面着手：干净卫生的环境条件和及时清理并妥善处理犬粪便。对于经历过球虫暴发的犬舍来说，还应使用强氢氧化铵溶液清洁环境并对犬舍表面进行高温消毒处理。由于卵囊具有很强的抵抗力，因此，环境中一旦存在球虫就很难清除。

贾第鞭毛虫

贾第鞭毛虫是一种常见的鞭毛原生生物，它可以利用毛状尾巴（丝状）进行移动。它存在于许多脊椎动物宿主中，并且已鉴定出许多品种。最常见的能够感染人类和家畜的品种是蓝氏贾第鞭毛虫。在美国，许多水源都受到被感染的野生动物、家畜或人类粪便中贾第鞭毛虫的污染。犬最常见的感染途径是摄入受污染的室外水源。犬摄入包囊后，包囊蜕变后的形态（被称为滋养体）在犬肠道内寄生并繁殖。这是寄生虫的致病阶段，它会造成黏膜细胞感染从而导致临床症状。贾第鞭毛虫的感染可能是无症状的，但通常也会引起轻度肠炎和慢性间歇性腹泻。受感染幼犬的症状通常更严重。一般可以通过辨别粪便中贾第鞭毛虫的感染体来进行诊断。然而，贾第鞭毛虫的包囊通常很难检测到，因为它的包囊是零星脱落的，而且非常小。甲硝唑等抗菌药物可以用于治疗贾第鞭毛虫病（表 13.2）。最近开发出了一款疫苗，建议在贾第鞭毛虫病高发区域使用。

结论

本章回顾了当今美国地区感染犬只最常见的体内寄生虫品种。感染心丝虫或严重感染肠道寄生虫可能会危及生命，特别是对幼犬和老年犬来说。然而，可以通过每年的血液检测检查和预防心丝虫病，服用预防性药物以及每年 2 次粪便检查，预防和控制肠道寄生虫。当寄生虫感染发生时，早期发现和及时治疗能够将对健康的不利影响降到最低，并使犬只完全康复。除了这些体内寄生虫，还有许多体外寄生虫也会感染犬只。第十四章将会讨论这些体外寄生虫的发生、寄生虫的生命周期以及它的预防和治疗。

参考文献

[1] Calvert, C.A. and Rawlings, C.A. **Treatment of heartworm disease in dogs.** Canine Practice, 18:13-28. (1993)

[2] Courtney, C.H. and Zeng, Q.Y. **The structure of heartworm populations in dogs and cats in Florida.** In: *Proceedings of the Heartworm Symposium of the American Heartworm Society*, Washington, DC, pp. 1-6. (1989)

[3] Theis, J.H. **Occult rate of heartworm-infected dogs in California appears to be significantly lower than that of infected dogs from Florida and Texas.** Canine Practice, 22:5-7. (1997)

[4] Hoover, J.P., Campbell, G.A., and Fox, J.C. **Comparison of eight diagnostic blood tests for heartworm infection in dogs.** Canine Practice, 21:11-19. (1996)

[5] McTier, T.L. **A guide to selecting adult heartworm antigen test kits.** Veterinary Medicine, 89: 528-544. (1994)

[6] Rawlings, C.A. **Post-adulticide changes in Dirofilaria immitis-infected Beagles.** American Journal of Veterinary Research, 44:8-15. (1983)

[7] Atkins, C.E. **Comparison of results of three commercial heartworm antigen test kits in dogs with low heartworm burdens.** Journal of the American Veterinary Medical Association. 22 2:1221-1223. (2003)

[8] Rawlings, C.A. and McCall, J.W. **Melarsomine: a new heartworm adulticide.** Compendium on Continuing Education for the Practicing Veterinarian, 10:373-379. (1996)

[9] Tanner, P.A., Meo, N.J., Sparer, D., Butler, S., Romano, M.N., and Keister, D.M. **Advances in the treatment of heartworm, fleas and ticks.** Canine Practice, 22:40-47. (1997)

[10] Dillon, A.R., Brawner, W.R., and Hanrahan, L. **Influence of number of parasites and exercise on the severity of heartworm disease in dogs.** In: *Proceedings of the Heartworm Symposium of the American Heartworm Society*, Washington, DC, pp. 113. (1995)

[11] American Heartworm Society. **American Heartworm Society recommended procedures for the diagnosis, prevention, and management of heartworm (Dirofilaria immitis) infection in dogs.** Canine Practice, 22:8-15. (1997)

[12] Pulliam, J.D. **Investigating Ivermectin toxicity in Collies.** Veterinary Medicine, 80:36-40. (1 985)

[13] Paul, A.J. **Evaluation of the safety of administering high doses of a chewable Ivermectin tablet to Collies.** Veterinary Medicine, 86:623-625. (1991)

[14] Kern, M.S. **Deworming your dogs.** American Kennel Club Purebred Dog Gazette, July:77-80. (1992)

第十四章　体外寄生虫

　　体外寄生虫存在于宿主动物的皮肤表面或皮肤内。尽管有些体外寄生虫感染非常轻并且只是引起轻微的不适，但是许多体外寄生虫还是会引起严重的瘙痒、皮肤损伤和慢性皮肤病。此外，体外寄生虫还是许多传染病的携带者，并且可能在被吞食的过程中将传染病传播给宿主动物。3 种最常见的犬体外寄生虫有跳蚤、蜱虫和螨虫。尽管所有这些寄生虫都被归类于节肢动物，但跳蚤是有 6 条腿的昆虫，而蜱虫和螨虫则是蛛形纲动物（如蜘蛛），有 8 条腿。

跳蚤

　　跳蚤是最常见感染犬只的体外寄生虫。目前已经鉴定出将近 2000 种跳蚤亚种，但在美国犬只身上最常见的是猫栉首蚤（*Ctenocephalides felis*）。跳蚤在温暖潮湿的环境中极为流行，但在极热、极冷或低湿度的环境中无法长时间存活。成年猫栉首蚤呈深棕色和黑色，身体横向扁平，长度在 2~5 毫米（图 14.1）。和其他昆虫一样，跳蚤有外骨骼和 3 对有关节的腿。虽然跳蚤不会飞，但是它能够跳到 2 英尺（61 厘米）高。成年跳蚤主要以吸食宿主血液为主，它们有着虹吸管状的口器，可以在皮肤上切出一个创口以此吸食血液。成虫经常附着在腹部、尾部周围和头部的皮肤上。然而，在感染非常严重的情况下，跳蚤可能遍布全身。

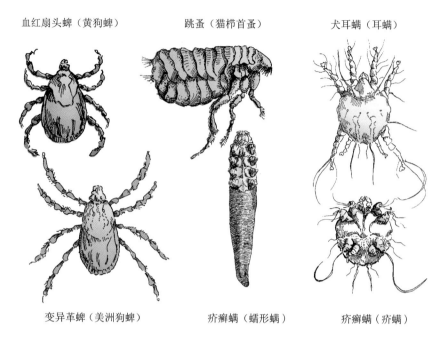

血红扇头蜱（黄狗蜱）　　跳蚤（猫栉首蚤）　　犬耳螨（耳螨）

变异革蜱（美洲狗蜱）　　疥癣螨（蠕形螨）　　疥癣螨（疥螨）

图 14.1　常见的体外寄生虫

生命周期：尽管成年跳蚤大部分时间都是在犬身上度过的，但是跳蚤的整个生命周期大部分是在宿主动物之外的环境中进行的。事实上，据估计，在特定的时间内只有 1% 的跳蚤处于成虫阶段。其余大多数跳蚤都处于卵、幼虫或蛹阶段。跳蚤生命周期的总长度短至 16 天，长至 21 个月，具体取决于当时的实际情况。有利于跳蚤生长的理想环境为温度在 18~26.7℃，湿度在 75%~85%。跳蚤的生命周期包括 4 个阶段：卵、幼虫、蛹和成虫（图 14.2）。成年跳蚤是其宿主动物的永久居民，通常每 1~2 天吸食一次血液。新羽化的成年跳蚤也被称为"饥饿蚤"，如果生存条件有利，在没有食物的情况下可以存活长达 1 年。然而，在找到宿主并吸食血液后，成虫会在几周内完成性成熟、繁殖并死亡。雌性跳蚤每天可产卵 30~50 枚，与雄性跳蚤相比，雌性跳蚤的进食频率更高，每餐吸食的血液也更多。这使得雌性跳蚤能够产卵并喂养从卵中孵化出来的大量幼虫。幼虫以跳蚤的排泄物为食，其中含有消化后的血液以及环境中的有机物。

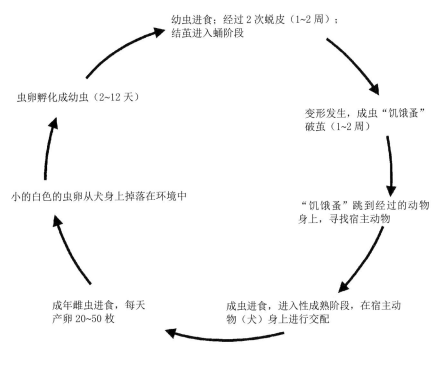

幼虫进食；经过2次蜕皮（1~2周）；结茧进入蛹阶段

虫卵孵化成幼虫（2~12天）

变形发生，成虫"饥饿蚤"破茧（1~2周）

小的白色的虫卵从犬身上掉落在环境中

"饥饿蚤"跳到经过的动物身上，寻找宿主动物

成年雌虫进食，每天产卵20~50枚

成虫进食，进入性成熟阶段，在宿主动物（犬）身上进行交配

图14.2　猫栉首蚤（猫蚤）的生命周期

跳蚤卵呈白色椭圆形，长0.5~2毫米。卵的表面没有黏性，因此很容易从犬身上掉落下来。当环境温度为18~26.7℃且相对湿度为70%或更高时，卵孵化2~12天将成为幼虫。跳蚤幼虫是一种细小、白色的寄生虫，外观类似于蠕虫。孵化后，幼虫会立即钻进地毯或犬窝内开始等待进食。它们会经历2次蜕皮，并长到6毫米长。在环境条件有利的情况下，幼虫阶段会持续1~2周。当条件不利时，该阶段可能会停滞并可能持续长达200天。当幼虫发育到第三阶段时，它们结茧并进入蛹这个阶段。跳蚤茧呈白色小块状，表面黏稠。由于其体积小，并且灰尘、污垢和有机物很容易黏附在茧上，因此它通常能够很好地隐藏在地毯、犬窝或草丛中。与跳蚤生命周期的其他阶段一样，跳蚤化蛹的时间取决于环境条件。在温暖、潮湿的环境中，跳蚤变态发生得很快，成虫可以在7~14天内破茧而出；当环境条件不理想时，这一过程会被延长。蛹能够在茧中休眠长达一年，当环境条件有利时会迅速发育并破茧而出。新的成年跳蚤需要刺激才能破茧。刺激因素包括空气振动（如人或犬从旁边经过）、增加的二氧化碳压力（由呼吸产生）和温暖的环境。它们一旦破茧而出，这些饥饿蚤会对身边经过的"阴影"做出反应，通过跳跃最终落在宿主动物身上。

临床症状：跳蚤感染的临床症状主要是瘙痒。当跳蚤将其口器刺入犬的皮肤吸血时，它会向吸血的部位注射几种引起炎症的化合物。其中，包括类似组胺的化学物质、蛋白水解酶和附着在犬皮肤胶原蛋白上的小分子（半抗原）。在较敏感的犬中，正是这种胶原蛋白－半抗原复合物引起了对跳蚤的过敏反应。跳蚤的刺激和某些犬发生的过敏反应会导致反复的炎症和瘙痒。犬持续的抓挠和咬伤则会导致继发性皮肤损伤和脱毛。慢性跳蚤感染通常伴有脓皮病或急性湿性皮炎。由于雌性跳蚤每天要摄入大量血液，严重感染时将导致犬大量失血。随着时间的推移，会导致寄生虫性贫血，当这种情况发生在幼犬身上时可能会危及生命。

跳蚤还会引起跳蚤过敏性皮炎，这是犬最常见的皮肤病之一（见下文），当犬吞下含复孔绦虫病原体的跳蚤时，也可能会感染肠道绦虫病（详见第十三章）。

诊断：在犬身上发现跳蚤是判断感染跳蚤最明确的诊断。其他感染的迹象包括在犬身上或环境中发现跳蚤的粪便和跳蚤卵。跳蚤粪便看起来像是黑色的小斑点。如果将其中一些用白色湿纸巾擦拭，会看到擦拭的污迹呈深红棕色。跳蚤卵为白色的小颗粒，可能会出现在犬窝内或者犬经常待的地方。当跳蚤感染严重时，宠物主人可能会发现有跳蚤的幼虫在犬窝或者地毯上爬行。

跳蚤过敏性皮炎：跳蚤过敏性皮炎（FAD）是美国犬类最常见的皮肤病之一。它能够影响所有品种和年龄的犬，但通常会在 1~3 岁的犬中被诊断出来。FAD 是由犬被跳蚤叮咬后的皮肤中形成的半抗原—胶原蛋白复合物的过敏反应引起。这种过敏反应会导致严重的瘙痒和皮肤炎症。随着时间的推移，犬抓挠啃咬造成的自损会加剧病情变化，导致皮肤损伤、脱毛、色素沉着和皮肤增厚。

患有 FAD 的犬会出现两种类型的过敏反应。即时反应发生在被跳蚤叮咬后的 15~20 分钟，犬会突然咬或抓被叮咬部位；延迟反应发生在被跳蚤叮咬后的 24 小时内，正是这种延迟反应给犬带来了极大的不适感，因为它涉及全身皮肤和身体许多部位的炎症和瘙痒。此时会形成小丘疹（肿块）并破裂，后续发展为硬痂。这种反应在犬的后半身、下背部、腹部和大腿周围最为强烈。在慢性病例中，犬的瘙痒几乎没有缓解，继发性皮肤感染也很常见。

在温带气候下，FAD 是季节性的。症状主要出现在夏季和秋季，对应跳蚤数量最多的时期。在温和的气候下，FAD 的症状可能全年都会出现。患有 FAD 的犬可以通过临床症状和跳蚤的存在来进行诊断。由于过敏的犬不需要通过严重感染跳蚤才能表现出极端反应，因此，诊断通常基于临床症状和排除法（排除其他炎症性皮肤病原因）。使用纯化的跳蚤过敏原进行皮内测试有助于诊断，但结果并不是百分百可靠的。

FAD 的治疗包括杀灭犬身上和周围环境中的所有跳蚤，并防止犬再次感染。严格控制跳蚤是很有必要的，因为即使是一只跳蚤也会在患有 FAD 的犬身上引起全身性的炎症反应。几种新的全身性和局部性跳蚤驱虫产品的出现极大地提高了 FAD 治疗的成功率（参见*防控措施*）。当跳蚤无法得到有效控制，或者主人依从性较差时，可以使用全身性糖皮质激素和抗组胺药来减少炎症和瘙痒。但是这些药物具有不良副作用，不建议长期使用，并且这些药物只能缓解症状，不会对跳蚤种群造成影响。在大多数情况下，控制犬和环境中的跳蚤是最有效的治疗方法。

在某些情况下，对犬进行跳蚤过敏原的脱敏治疗可以有效治疗 FAD。这需要定期让犬接触到跳蚤过敏原，以试图达到脱敏状态。皮内和皮下注射含有小剂量跳蚤过敏成分的注射剂。反复频繁地接触这些过敏原会导致最终的脱敏状态。大多数犬需长期按每 2 周或每 1 个月的频率接触 1 次跳蚤过敏原。这种治疗方法的缺点是耗时、昂贵且并不能保证一定成功。所以基于这些原因，该方法不作为治疗 FAD 的常规方法[1]。

防控措施：由于跳蚤生命周期 4 个阶段中的 3 个阶段都发生在环境中而不是犬身上，因此，原来对于治疗跳蚤感染的标准建议是同时消灭犬和环境中的跳蚤。这通常包括用能够杀灭成年跳蚤的沐浴露或洗液给犬洗澡，并用杀灭成年跳蚤的喷雾剂或气溶胶产品喷洒房间内和院子，这些产品含有昆虫生长调节剂（IGR）或昆虫发育抑制剂（IDI），能够抑制跳蚤的发育。能够抑制跳蚤的生命周期并延长使用效果的新产品（局部或全身性用药控制跳蚤）的出现，使跳蚤的控制变得更简单、高效（表 14.1）。控制跳蚤的基本目标是消除宠物犬身上的成年跳蚤，并防止跳蚤后代（卵、幼虫和蛹）的发育。有了这些新产品，通常可以只通过治疗犬来实现控制跳蚤的目的。但对于患有 FAD 的犬来说，仍然需要使用有效的 IGR 与杀成虫药相结合的办法来控制环境中的跳蚤。

表 14.1 常见的预防犬跳蚤、蜱虫的产品

药物成分	产品名	用法	作用
吡虫啉	Advantage（旺滴静）、Advantix（拜宠爽，包含合成除虫菊酯）	局部点滴；每月 1 次	杀死成年跳蚤和幼虫；对蜱虫无效
非泼罗尼（氟虫腈）	Frontline（福莱恩）、Frontline Plus（福莱恩 plus，包含烯虫酯）	局部点滴；每月 1 次	杀死成年的跳蚤和蜱虫；阻止卵和幼虫发育；控制部分螨虫和虱子
塞拉菌素（司拉克丁）	Revolution（大宠爱）	局部点滴；每月 1 次	杀死成年跳蚤、跳蚤卵和美洲狗蜱；控制螨虫和犬心丝虫
烯啶虫胺	Capstar（诺普星）	口服；根据需要	30 分钟内速杀成蚤；无残留药效
吡丙醚（商品名 Nylar）	Preventic Plus、Bio Spot	局部点滴或项圈；3 个月 1 次	昆虫生长调节剂抑制幼虫和卵成熟；杀死成蚤
虱螨脲	Program、Sentinel（包含米尔贝肟）	口服；每月 1 次	昆虫生长调节剂抑制卵发育，对成蚤无效果
合成除虫菊酯	Bio Spot（包含 Nylar，一种昆虫生长调节剂）	局部点滴；每月 1 次或按需给药	杀死并预防成蚤、蜱虫和其他昆虫

跳蚤的局部治疗是指在犬的皮肤或毛发上使用杀成虫药或 IGR。该药物有液体和喷雾两种形式，作用于犬的皮肤上，并慢慢地被犬的皮脂腺或毛囊吸收。药物中的化学物质会逐渐重新释放到皮肤和毛发上。正是这种特性，使得药物能够提供持续以及间歇性的效果。当犬洗澡、游泳或弄湿毛发时，药物的作用会持续有效，因为它会不断地从皮脂腺或毛囊内重新释放到皮肤上。目前有 3 种化学药剂作为外用驱虫药，它们是吡虫啉（商品名 Advantage）、非泼罗尼（商品名 Frontline）和塞拉菌素（商品名 Revolution）。

吡虫啉是杀虫剂家族中的一种化学物质，被称为杂环硝基亚甲基。

它通过破坏寄生虫的神经系统来杀死成年跳蚤及其幼虫。除了能够杀灭犬皮肤上的成年跳蚤外，当犬在进行寄生虫病治疗时，吡虫啉还可以作为杀灭环境中幼虫的杀虫剂[2]。死亡的成年跳蚤以及犬的皮屑会从犬身上掉落到犬窝、地毯或地板上。黏附在这些掉落物表面的化学物质能够有效抑制环境中的幼虫发育成蛹。吡虫啉虽然能有效杀死跳蚤，但对蜱虫或螨虫的控制效果并不理想。

第二种化学物质非泼罗尼也是一种杀成虫药。它是吡唑类杀虫药的一员，吡唑类杀虫药通过阻止寄生虫的氯离子在中枢神经系统内的转移输送来杀死体外寄生虫。非泼罗尼对跳蚤、蜱虫和蜘蛛都有效。由于这种化学物质会在接触昆虫后立即杀死昆虫，因此，大多数跳蚤在有机会进食之前就已经死亡，而新出现的跳蚤在产卵之前就被杀死了。这有效地破坏了跳蚤的繁殖周期，并控制了犬身上和环境中的跳蚤。关于非泼罗尼对犬和家庭环境中跳蚤控制效果的研究表明，每月在犬的皮毛上使用非泼罗尼可以杀灭现有的跳蚤并防止犬再次感染，而且也无需任何前期处理工作[3]。

塞拉菌素是一种伊维菌素衍生物，已应用于犬寄生虫病的局部治疗。它能有效预防心丝虫、跳蚤成虫、疥螨、耳螨和一些肠道寄生虫。与仅应用在犬皮肤上的吡虫啉和非泼罗尼不同，塞拉菌素能够被皮肤吸收进入到血液循环中，并在血液中传播至全身（包括胃肠道）。除了能够杀灭成年跳蚤外，摄入塞拉菌素的雌性跳蚤所产的卵也不会发育。由于跳蚤必须先叮咬犬才能摄入塞拉菌素，因此，对于已经患有跳蚤过敏性皮炎的犬来说，该药物并不适用。由于塞拉菌素被归为药物（而不是杀虫药），因此，必须通过兽医所开具的处方才能够使用该药物。

跳蚤感染的局部治疗还可以使用 IGRs 或 IDIs。吡丙醚（商品名 Nylar）是一种 IGR，用于犬的局部治疗。IGRs 通过模仿跳蚤中幼虫生长激素的作用来发挥功效。这种激素可以防止幼虫阶段的跳蚤蜕皮进入蛹阶段。因此，跳蚤的发育在幼虫阶段受到抑制，并最终死亡。Nylar 可以防止跳蚤卵和幼虫的发育，并且对于阻碍跳蚤的生命周期也非常有效。然而，由于它不具有杀灭成虫的特性，因此，局部外用的吡丙醚产品还需包含杀成虫药，如合成除虫菊酯，以杀灭犬身上的成年跳蚤。这些复方外用产品有 Bio Spot 和 Preventic Plus（除蚤项圈）。吡丙醚的一个优点是使用一次后可维持 150 天或更长时间的有效药物浓度。

用于局部点滴的驱虫药产品是将一滴或多滴驱虫药液体直接滴在犬背颈部的皮肤上。对于大型犬来说，最多可以涂抹在 4 个皮肤点上。点滴式液体驱虫药一般是由有刻度的管子包装的，这样设计方便根据犬的体重计算使用量并提醒宠物主人每月使用[4]。某些产品则是以喷雾的形式达到驱虫的目的。经常洗澡或每周都游泳的犬需要更加频繁地使用此类产品，通常是每 3 周 1 次。局部使用驱虫产品的好处是在动物和人类周围使用非常安全，方便宠物主人操作，并且可以非常有效和快速地控制犬身上及环境中的跳蚤。由于这些驱虫药物的安全剂量较大，所以也可以用于 8 周龄的幼犬。

全身性的驱虫产品包括口服的杀成虫药或 IGRs。当跳蚤吸食血液时，犬血液中留存的化学物质能够杀灭成年跳蚤或抑制其繁殖能力。商品名为 Capstar（诺普星）[7]的产品包含一种名为烯啶虫胺的新烟碱类药物，是一种有效的跳蚤杀虫药。该药物口服后 90 分钟内迅速被犬的胃肠道吸收，并在 3 小时内有效杀灭犬皮肤上的所有成年跳蚤[5]。且该药物无残留性，因为该药物能够快速代谢并排出体外。烯啶虫胺的一个优点是它可以安全地用于 4 周龄大的幼犬。然而，由于烯啶虫胺只能杀灭宿主身上的成年跳蚤，因此它需要与 IGRs 结合使用，从而达到长效控制跳蚤的目的。在实际应用中，动物收容所和宠物医院经常使用 Capstar 为严重感染跳蚤的犬治疗，以达到快速杀灭跳蚤的目的。

IGRs 和 IDIs 也被用作全身性控制跳蚤的产品。IDI 虱螨脲（商品名 Program）会导致跳蚤无法产生几丁质，而几丁质是合成外骨骼和卵壳所必需的，因此阻碍了成年跳蚤的发育。由于全身性的产品需要在跳蚤叮咬犬只后才能生效，因此对于患有 FAD 或严重感染的犬只来说，使用本产品并不是最好的选择。一项关于比较吡虫啉和虱螨脲对环境跳蚤控制效果的研究发现，使用吡虫啉治疗的犬在第一天时身上的跳蚤数量就减少到了 0[6]，而口服虱螨脲治疗的犬直到 3 周后才开始出现明显的跳蚤数量减少。经过虱螨脲治疗的犬身上的成年跳蚤数量随后下降，但直到第 11 周研究结束，犬身上的跳蚤数量仍未到 0。这些研究结果表明，尽管用虱螨脲可以长期有效控制跳蚤的感染，但当犬生活在含有跳蚤的环境中时，可能需要同时使用常规驱虫药。与局部治疗一样，全身性的驱虫产品需要每 30 天使用 1 次。

多种杀虫剂可以有效对抗成年跳蚤（杀成虫药），并被出售用于控制杀灭家中和院子里的跳蚤。这些产品根据化学性质分为三大组：

除虫菊酯和拟除虫菊酯、有机磷酸酯及氨基甲酸酯。除虫菊酯是在菊花中发现的天然杀虫剂。拟除虫菊酯是这些化合物的化学合成形式。除了能够杀死成年跳蚤外，这些化合物还具有一定驱跳蚤的作用。有机磷酸酯包括氯吡硫磷、敌敌畏、二嗪农和硫代甲酸酯。常用的氨基甲酸酯有四甲酰、残杀威和恶虫威。这些化学物质都是胆碱酯酶抑制剂，它们能够干扰昆虫神经系统中神经递质的代谢。有机磷酸酯和氨基甲酸酯是最有可能对犬和其他动物造成严重毒性反应的一类杀虫剂。如果犬只摄入了足以中毒的剂量便会出现中毒症状，例如，过度流涎、颤抖、摇摇晃晃和癫痫发作。在某些情况下，可能会危及生命。由于目前已有对动物和环境更安全的产品，因此，在大多数情况下不再建议使用有机磷酸酯和氨基甲酸酯来控制跳蚤。

螨虫

　　螨虫一生中大部分时间都生活在犬的皮肤表面或表皮下，它能够引起犬轻度至重度的皮肤病或耳部疾病。伴侣动物专业人士和宠物主人最关心的 3 种螨虫是疥螨、犬蠕形螨和耳螨。

　　疥螨：这种螨虫能够导致犬疥疮，所以也被称为疥癣。螨虫的宿主具有很强的特异性，只能在犬的皮肤内完成其生命周期。它在犬之间具有高度传染性，也会导致与受感染犬接触的人类、猫或其他动物出现短期感染。犬疥螨是一种微型、椭圆形、浅色的螨虫（图14.1）。体型极小无法被肉眼观察到，但可以用显微镜观察皮肤刮片去识别它们。疥螨是通过与受感染犬只的直接接触而传播的，症状大约在接触后 1 周内出现。由于螨虫会钻入犬皮肤深层，所以主要的症状表现为剧烈的瘙痒。螨虫还会产生毒素和过敏原，引起炎症反应并加剧皮肤的瘙痒。感染的犬只会焦躁不安，身体出现不适，并且会不断抓挠和咬伤受感染区域。受感染区域会出现小而红的丘疹，形成硬痂，最终导致犬脱毛。最常受影响的区域是耳部、面部、腿部和肘部。在感染严重的情况下，犬的整个身体都可能被感染。

　　疥螨的诊断是通过临床症状和从皮肤刮片或组织活检中对螨虫进行显微镜鉴定来进行的。但由于雌性螨虫经常深入皮肤产卵，因此，在皮肤刮片样本中并不总能检测到雌虫。当有临床症状和病史能够支持疥螨确诊时，宠物医生通常就会以疥螨进行治疗。疥螨的治疗包括将犬与所有其他动物隔离以防止传播，如果已经发生暴露或传播，则无论是否表现出临床症状，都应同时治疗其他动物。治疗的方法包括剃掉受感染区域的毛发，然后将驱虫药剂或药膏直接涂抹到皮肤上。在使用杀灭螨虫的药剂之前可以先使用抗菌沐浴露。有多种产品供选择，例如，Paramite（亚胺硫磷，一种有机磷酸酯）和 Mitaban（双甲脒）。每 5~6 天使用 1 次，治疗次数不少于 6 次。如果皮炎较严重，在治疗初期可以使用糖皮质激素进行短期治疗，并使用抗生素软膏来控制继发性皮肤感染。尽管药浴的治疗效果很好，但是它们具有一定的毒副作用。目前有多种更安全的药物可以用于杀灭疥螨。米尔贝肟是一种全身性心丝虫预防药物（详见第十三章，犬心丝虫），在接受治疗的犬中显示出对抗疥癣的活性。塞拉菌素也可以预防疥癣，并能有效预防犬康复后的再次感染。

犬蠕形螨： 这种螨虫能够引起犬的蠕形螨病，这是一种具有传染性的螨虫。蠕形螨是许多动物（包括犬）毛囊中的常见寄生虫，并且可以在毛囊内完成其整个生命周期。蠕形螨的体型非常小，形状类似于细长的雪茄，非常适合生活在毛囊内（图 14.1）。在大多数健康的犬中，螨虫数量会稳定在一个非常小的范围内，不会引起任何疾病和临床症状。只有当螨虫开始大量繁殖时（通常是当皮肤的正常保护机制发生改变时），犬才会表现出临床症状。据推测，易患蠕形螨病的犬可能存在免疫功能低下的情况，这会影响局部皮肤的免疫力。但是这种说法暂未得到确切证实。犬身体的创伤或压力也会加速螨虫的繁殖。由于经常以犬的家庭为单位受到蠕形螨的影响，因此，该病的易感性似乎与遗传因素有关。感染犬蠕形螨后康复的犬不宜用于繁殖。

已确定有两种形式的蠕形螨病：局部型和全身型。局部型蠕形螨病相对常见，通常非常轻微且具有自限性。多发于 3~12 月龄的幼犬。第一个迹象是眼睛周围、嘴角或前腿上的毛发稀疏。通常，受影响的皮肤区域会出现"虫蛀"的外观，继而发展成直径达 1~2 英寸（3~5 厘米）的脱毛斑块，偶尔会出现皮肤发红（红斑）和鳞屑。然而，由于蠕形螨病不会引起瘙痒，而且皮肤损伤通常非常轻微，因此宠物主人可能会忽视这些斑块。大部分感染局部蠕形螨病的犬会在 1~2 个月内自然康复。当犬被诊断出患有局部蠕形螨病时，治疗方法包括受感染区域使用杀虫药液或杀螨药物。

全身型的蠕形螨病要严重得多，通常是局部病例逐渐扩散并覆盖犬的大部分身体。螨虫对毛囊和皮肤造成的损害会导致慢性炎症、脱毛和继发性脓皮病。可以通过临床症状、病史和皮肤刮片中螨虫的鉴定来进行诊断。由于一些犬对犬蠕形螨病高度敏感，因此全身性蠕形螨病很难治疗，并且在某些动物中被认为是无法治愈的。全身型蠕形螨病需要采取积极的治疗，需要在全身涂抹杀虫药。每周重复1~2次，直到皮肤刮片结果显示犬蠕形螨呈阴性。

耳螨：这是一种感染犬外耳道和内耳道的螨虫。猫比犬更常见，且猫是犬的主要感染源。耳螨的生命周期为3周，全部生命周期都在宿主动物的耳道内和耳道周围完成。耳螨的症状包括耳朵周围和内部剧烈瘙痒，犬因此会不停地抓挠和摩擦耳部。犬也会反复甩头，这可能会导致耳血肿。患有耳螨后犬的耳朵内部通常会有大量深棕色或黑色蜡状分泌物，然后引发外耳道炎症，并且可能会出现强烈的气味。当感染严重时，整个耳道都会被分泌物堵塞，导致酵母菌或细菌的继发感染。耳螨肉眼几乎不可见，但是可以用棉签将耳部蜡状分泌物掏出放在白纸上，在强光下便可看到。可以使用耳部清洗液彻底地清理犬的耳朵，然后使用棉签尽可能地把蜡状分泌物清理出来。在严重感染的情况下，耳朵可能会被分泌物完全堵塞，这时犬需要先用药镇定，然后再进行耳部的清洁。完成耳部清洁后，至少需要使用3周的杀螨虫药和抗生素治疗耳螨。塞拉菌素是预防耳螨以及犬被再次感染的有效药物。此外，犬窝以及家中的其他区域也要彻底清洁。家中的其他动物，尤其是猫，应同时检查是否患有耳螨并同时给予治疗。

蜱虫

蜱虫是吸血性寄生虫，与螨虫和蜘蛛一样，被归类为蜘蛛纲动物。严重的蜱虫感染会导致失血和贫血、蜱虫麻痹和蜱虫叮咬过敏等症状。蜱虫还是多种疾病的传染源。通过蜱虫传播给犬的疾病包括莱姆疏螺旋体病、埃利希体病和落基山斑疹热。

通常以吸食犬血液为生的蜱虫包括血红扇头蜱（*Rhipicephalus sanguineus*，又称为黄狗蜱）和变异革蜱（*Dermacentor variabilis*，又称为美洲狗蜱）。黄狗蜱遍布美国各地，而美洲狗蜱主要分布在北美东海岸。这两种蜱虫都是三宿主蜱虫，需要更换3次宿主，进行1次血液吸食才能完成其生命周期。然而，与其他蜱虫不同的是，黄狗蜱在其生命周期的所有阶段只以犬的血液为食，继而当它污染犬舍或养犬的家庭时很难被消灭。

当犬经过蜱虫所在的草丛或灌木丛时大概率会被感染。在温带气候地区的春末和夏季，蜱虫非常活跃。当蜱虫爬到犬的身上后，它们会优先附着在犬的头部、耳部和颈部周围。雌性蜱虫会更容易被发现，因为它进食时间长，吸食的血液更多，随着血液充斥着身体，雌性蜱虫的体型会变大。雄性蜱虫比雌性蜱虫小，它们通常会附着在雌性蜱虫周围。雄性蜱虫的体型扁平，进食时体型也不会大幅度膨胀。

蜱虫的生命周期有 4 个阶段：卵、幼虫（种子蜱）、若虫和成虫（图 14.3）。完整的生命周期可能需要长达 2 年才能完成，这具体取决于蜱的种类和宿主动物的可用性。雌性黄狗蜱附着在宿主动物（犬）身上时进行交配，并进食约 7 天。然后，它会离开宿主动物，并在死亡前产下多达 5000 枚卵。如果环境条件有利，卵大约需要 3 周时间孵化。然后进入幼虫阶段后便会返回宿主动物（犬）身上，进食 3~8 天后蜕皮进入若虫阶段。若虫再次寄生回宿主动物（犬）身上并吸食血液长达 11 天。完成 11 天的进食后它们会进入宿主动物（犬）生活的环境中继续发育约 2 周后开始蜕皮进入成虫阶段。

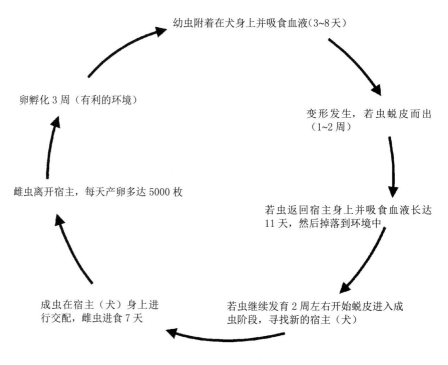

幼虫附着在犬身上并吸食血液（3~8 天）

卵孵化 3 周（有利的环境）

变形发生，若虫蜕皮而出（1~2 周）

雌虫离开宿主，每天产卵多达 5000 枚

若虫返回宿主身上并吸食血液长达 11 天，然后掉落到环境中

成虫在宿主（犬）身上进行交配，雌虫进食 7 天

若虫继续发育 2 周左右开始蜕皮进入成虫阶段，寻找新的宿主（犬）

图 14.3　血红扇头蜱（又称黄狗蜱）的生命周期

黄狗蜱是犬埃利希体（一种立克次体样病原微生物，会引起犬埃利希体病）的储存宿主和传播媒介 [7]。当蜱虫吸食患有该病动物的血

液时，它就会感染这种病原体，并携带该病原体长达数月。当感染的蜱虫再次附着在新的宿主动物（犬）身上时，会通过吸食血液进行传播。尽管埃利希体起源于热带地区，但目前它已在世界范围内流行。在美国，该病多发于南方地区，但只要有活跃蜱虫存在的地区就有病例的出现。犬埃利希体病的早期症状是非特异性的，症状包括抑郁、食欲下降、发烧、淋巴结肿大和跛行[8]。虽然有些犬会在早期阶段恢复健康，但大多数犬最终会发展成慢性疾病且可能致命。长期感染会导致体重减轻、虚弱、厌食和贫血，这是由于血小板数量减少引起的轻微出血所导致的。随着时间的推移，埃利希体病原体会感染许多器官，导致肾衰竭、关节炎、生殖障碍和中枢神经系统感染。如果不进行治疗，该病的慢性期通常是致命的。抗生素（通常是四环素）可以用于治疗犬埃利希体病。如果在早期阶段得到诊断，并及时治疗，犬通常会康复。然而，慢性感染的病例通常需要长期治疗，并且并非所有的犬都能完全康复。慢性感染的犬可能患有长期的健康问题。

美洲狗蜱（*Dermacentor variabilis*）主要生活在树木繁茂的地区。雌性以多种宿主动物为食。在进食长达 2 周后，雌性会离开宿主动物并产下多达 6000 枚卵。由此产生的幼虫对环境条件具有极强的抵抗力，并且经常能够在不进食的情况下越冬。到了春天，它们会找到宿主动物并开始吸食血液长达 2 周，然后蜕皮进入若虫阶段。如果没有找到宿主动物或环境条件不利时，这个阶段可延长至 1 年。作为若虫的美洲狗蜱再次以宿主动物为食，然后脱离宿主并蜕皮至成虫阶段。犬是这种蜱虫（包括人类）的许多宿主动物之一，若虫和成虫阶段在吸食血液时能够传播疾病。美洲狗蜱是落基山斑疹热的传播媒介，这是一种可以感染犬和人类的严重疾病。这种蜱虫还会导致蜱麻痹，蜱麻痹是一种运动麻痹，是由雌性蜱虫在进食时注射的神经毒素所引起的。犬对这种毒素极其敏感，但在大多数情况下，蜱麻痹与严重的蜱虫感染有关。蜱麻痹的症状包括虚弱和动作不协调，从而导致身体部分麻痹，然后全身完全麻痹。如果不进行治疗，患病犬只可能会在 2 天内死亡。在蜱虫进食的早期阶段清除所有蜱虫对于预防和治疗蜱麻痹至关重要。

另一种能感染人类、犬和多种其他哺乳动物的蜱传疾病是莱姆病或莱姆疏螺旋体病[9]。这种疾病是由伯氏疏螺旋体感染引起的。该螺旋体主要由硬蜱属蜱虫携带。然而，有证据表明其他类型的蜱虫也能够携带和传播这种生物体。莱姆疏螺旋体病是美国最常见的蜱传播疾病之一，主要见于东北部和大西洋中部地区以及中西部的几个州。然而，有证据表明该疾病正在整个中西部和西南部的几个州传播[10]。小鹿蜱（肩突硬蜱）是莱姆病病原体的主要携带者。这种蜱虫幼虫阶段的主要宿主是小型啮齿动物，如白足鼠。这些啮齿动物则是伯氏疏螺旋体的储存宿主，会将病原体传播给吸食血液的蜱虫。这种蜱虫成虫阶段通常附着在较大的宿主动物身上，如鹿、羊和犬。白尾鹿被认为是莱姆病广泛传播的重要原因，因为它们在迁徙过程中会携带受感染的蜱虫。当犬在蜱虫所在的田野或公园奔跑时，就会被感染的蜱虫寄生。

对于犬来说，感染莱姆病会导致慢性关节炎，并且可能会导致残疾。其他组织的感染可导致心脏病和肾脏疾病[11]。最初的临床症状包括抑郁、厌食、淋巴结肿胀和发烧。这会导致受影响关节的跛行、疼痛和肿胀。随着时间的推移，跛行会变得严重，如果不及时进行诊断和治疗，可能会导致永久性关节炎。莱姆病是通过临床症状、蜱虫接触史以及针对伯氏疏螺旋体抗体滴度升高的血液检测来诊断的。抗生素可用于治疗犬的莱姆病，包括四环素和阿莫西林。即使治疗几天后犬的状况有所好转，抗生素治疗仍需持续数周。与犬埃利希体病一样，早期诊断和治疗对于犬的完全康复至关重要。建议使用犬疏螺旋体病疫苗，并且推荐给被认为具有高感染风险的犬。

对待蜱虫感染应该认真谨慎，因为蜱虫能够向人类和犬传播各种严重的疾病。可以使用犬用杀虫剂喷洒附着在犬身上的蜱虫。杀死蜱虫后，用镊子将蜱虫轻轻拔出。有多种产品可以杀死或驱除蜱虫，建议给生活在蜱虫高发地区的犬使用。其中许多产品与用于预防或治疗跳蚤感染的产品相同。事实证明，使用具有长期残留效应的外用产品可以有效保护犬免受蜱虫侵害。Frontline（福莱恩）中的活性成分非泼罗尼[7]在犬的毛发上涂抹一次后，在1个月或更长时间内有杀死蜱虫[12]的效果。蜱虫会在接触药物的48小时内被杀死，能有效阻止大多数蜱传疾病的传播。最近的另一项研究表明，蜱虫不能将莱姆病传播给经过非泼罗尼治疗的犬[13]。Revolution（大宠爱）产品中的活性成分塞拉菌素通过杀死附着在犬身上的蜱虫来有效控制美洲狗蜱。

结论

前面的章节介绍了有关传染性和非传染性疾病以及可以感染犬的体内和体外寄生虫。常规的医疗保健以及有责任心的宠物主人的悉心照顾可以预防许多疾病的发生并且能够将其危害降到最低。然而，有时即使是最负责的宠物主人以及训练有素的犬也会遇到意想不到的情况。本部分的最后一个章节介绍了犬日常生活环境中可能存在的常见毒素，以及当一些其他事故发生时的紧急处理流程。

参考文献

[1] MacDonald, J.M. **Flea control in animals with flea allergy dermatitis.** Compendium on Continuing Education for the Practicing Veterinarian, Supplement, 19:38-40. (1997)

[2] Hopkins, T.J., Woodley, I., and Gyr, P. **Imidacloprid topical formulation: larvicidal effect against** *Ctenocephalides felis* **in the surroundings of treated dogs.** Compendium on Continuing Education for the Practicing Veterinarian, Supplement, 19:4-10. (1997)

[3] Keister, D.M., Meo, N.J., and Tanner, P.A. **A comparison of flea control efficacy of Frontline Spray Treatment against the flea infestation prevention pack (Vet-Kem) in the dog and cat.** Proceedings of the American Association of Veterinary Parasitologists, July 20-23, Louisville, KY. (1996)

[4] Becker, M. **New weapons in the battle against fleas.** Compendium on Continuing Education for the Practicing Veterinarian, Supplement, 19:41-47. (1997)

[5] Schenker, R., Tinembart, O., Humbert-Droz, E., Cavaliero, T., and Yerly, B. **Comparative speed of kill between nitenpyram, fipronil, imidacloprid, sela-mectin and cythiotae against adult** *Ctenocephalides felis* **on cats and dogs.** Veterinary Parasitology, 112:249-254. (2003)

[6] Paul, A. and Jones, C. **Comparative evaluation of imadacloprid and lufenuron for flea control on dogs in a controlled simulated home environment.** Compendium on Continuing Education for the Practicing Veterinarian, Supplement, 19:35-37. (1997)

[7] Wilford, C. **Ehrlichia, a poorly understood organism, uses ticks to spread its dangerous infection nationwide.** AKC Purebred Dog Gazette, June:48-52. (1994)

[8] Font, A., Closa, J.M., and Mascort, J. **Tick-transmitted diseases: a comparative study of Lyme disease, canine ehrlichiosis and rickettsiosis in the dog.** Veterinary International, 3:3-14. (1992)

[9] Appel, M.J.G. **Lyme disease in dogs and cats.** Compendium on Continuing Education for the Practicing Veterinarian, 5:617-624. (1990)

[10] Levy, S.A. and Dreesen, D.W. **Lyme borreliosis in dogs.** Canine Practice, 17:5-17. (1992)

[11] Magnarelli, L.A., Anderson, J.F., and Schreider, A.B. **Clinical and serologic studies of canine borreliosis.** Journal of the American Veterinary Medical Association, 191:1089-1094. (1987)

[12] Tanner, P.A., Meo, N.J., Sparer, D., Butler, S.J., Romano, M.N., and Keister, D.M. **Advances in the treatment of heartworm, fleas and ticks.** Canine Practice, 22:40-47. (1997)

[13] Maupin, G. **Comparative susceptibility of nymphal** *Ixodes scapularis,* **the principal vector of Lyme disease, to Fipronil and Permethrin.** Fourth International Symposium on Ectoparasites of Pets, April 6-8, Riverside, CA. (1977)

第十五章　犬的急救措施

犬的急救措施是指在紧急情况下提供的即时医疗救治，目的在于延长犬的生命并防止进一步伤害的发生，直到可以提供兽医救治为止。尽管对有需要的犬进行急救并不需要全面的兽医医药知识，但确实需要冷静合理的处理方式和对如何维持生命迹象的操作流程的理解，这能防止进一步伤害的发生，并最大限度地减少持续疼痛或创伤。在很多情况下都可能需要对犬进行急救，最常见的包括引起出血的创伤、休克、心脏骤停、呼吸停止或骨折等。其他紧急情况包括烧伤、中毒、中暑或过敏反应。本章阐述了宠物主人和动物研究人员可以学习使用的紧急急救措施。

准备急救箱

尽管人用的急救箱比较常见，但通常人们很少考虑为犬准备急救箱。然而在紧急情况下，宠物主人或饲养者通常需要迅速采取行动。准备一套急救用品放在适当的位置可能关乎着犬的生死。类似于人类急救箱，专门为犬设计的急救箱中的大多数用品在很多家庭中都能找到。这些急救用品应存放在一个安全、干燥、封闭的容器中。表15.1列出了急救箱中的必需物品清单。

表 15.1　急救箱清单

急救用品	目的
直肠温度计	测量体温
剪刀	裁剪绷带；裁剪临时嘴套
吐根酊	催吐
过氧化氢	催吐；清理伤口
活性炭	阻止毒素的吸收
大号注射器（无针头）	口服药物和治疗

续表

急救用品	目的
绷带（不同尺寸、类型、形状）	阻止或缓解外部出血；包扎伤口，稳固夹板；制临时嘴套
胶带	固定绷带和夹板
冰袋 / 热敷袋	降温；保暖；挫伤和扭伤的冰 / 热敷处理
听诊器（可选）	监测心率和呼吸频率
钳子（镊子）	去除昆虫毒刺；异物
外用抗生素软膏	治疗外伤
抗组胺药	对抗过敏反应
凡士林	润滑温度计
止泻药	治疗腹泻
泻药	通便
嘴套	仅在必要时用于约束
止血带	防止肢体过度出血的最后手段

快速响应措施

在所有紧急情况下，首先，要做的是保持冷静并运用常识。急救措施旨在稳定犬的情绪并延长它的生命，直到获得兽医的救治为止。宠物主人第一步应尽可能多地了解动物是如何受伤的。这可能包括受伤的情况、犬受伤或生病的时长；如果怀疑中毒，需要了解食物的构成和数量。然后电话联系兽医，并做好将犬送往宠物医院的准备。一些受伤或生病的犬在被触摸或移动时可能会变得具有攻击性，因此如有必要，应该给犬戴上嘴套。

接下来，评估犬的反应能力。如果犬呼吸停止或心跳停止，必须立即开始人工呼吸和心肺复苏（见心跳呼吸骤停）。如果犬有反应，需测量它的呼吸频率、心率和体温。测量犬生命体征的方法在第三章中有介绍。健康犬的正常生命体征数据如表 15.2 所示。一般来说，中毒、体温过低和休克后期出现呼吸频率下降。在中暑、创伤和休克的早期出现呼吸频率增加。在休克后期和犬体温过低时，犬的心率会降至 60 次 / 分以下。心率高于正常值可能表明犬发烧、心力衰竭、触电、被蛇咬、某些物质中毒或创伤等。体温升高是由中暑或感染引起。体温下降表明暴露在寒冷的环境中（体温过低）。

表 15.2　　健康犬的生命体征

皮肤和毛发	皮肤柔软、干净、无创伤；毛发有光泽、有正常生长和脱落模式（参考品种）
黏膜	浅粉红色（无着色区域）；正常 CRT（约 1 秒）
食物摄入量和体重	正常且始终如一的食欲；保持理想（苗条）身材
体温	37.78~39.17℃，平均 38.6℃
脉搏（静息）	60~140 次 / 分
呼吸频率	10~30 次 / 分

注：CRT 指毛细血管再充盈时间。

　　毛细血管再充盈时间可以作为衡量犬循环系统功能是否正常和是否存在出血（内部或外部）的常规指标。如果黏膜呈苍白色或灰白色，且毛细血管再充盈时间超过 2 秒，则表明犬有休克、失血或贫血的状况；如果口腔黏膜呈淡蓝色，这可能意味着休克、心力衰竭、肺衰竭或某些类型的中毒，鲜红色的黏膜可能意味着犬一氧化碳中毒或者有严重的心肺衰竭。

　　在某些紧急情况下可能需要对犬实施约束措施，以防犬咬人或挣扎。根据一般经验，对于受伤或生病的犬，建议采取最低程度的约束措施。许多犬会对平静、镇定的态度和温柔、抚慰的声音做出积极的反应。如果犬的主人在场，主人可能会比不熟悉的人更能成功地让犬保持冷静。如果犬受到了伤害，而且很有可能引起骨折或内伤的时候，需要轻柔地转移犬只，以防加重伤害或疼痛。使用坚硬平坦的托板（如厚胶合板）效果会很好。如果没有，可以用一条大毛巾或毯子代替。当开车送受伤的犬只去宠物医院时，应轻轻地将其放平并做好充分的支撑和固定。如果需要使用嘴套，需要在转运犬只之前就给它戴好。如果没有现成的嘴套，可以用两三块长布做一个应急嘴套。表 15.3 中讲述了做应急嘴套的方法。

表15.3　制作应急嘴套

步骤	需要的材料：2~3英尺（61~91厘米）结实的材料（纱布绷带、领带、围巾、尼龙布）
步骤1	在中间打一个滑结，做成一个大环
步骤2	把这个环套在犬的鼻子上，把结放在犬的嘴上部，将其紧贴
步骤3	把布的两端拉到下巴下面，再打一个结，将其紧贴
步骤4	将布的两端牢牢地绑在犬的耳朵后面
步骤5	联系宠物医生，实施急救措施，并将其转运

心跳呼吸骤停

有些紧急情况可能导致犬心跳骤停、呼吸骤停或两者兼有。这些情况包括外伤、触电和某些类型的中毒。心跳骤停的犬会失去意识，由于缺乏血液流动，它们的牙龈和黏膜会变得非常苍白或灰白色。这种极端紧急情况需要立即采取行动。如果犬没有脉搏，应立即实施心肺复苏术。心肺复苏术的功能是手动搏动犬的心脏，向大脑、心脏和其他重要器官供应血液和氧气，直到心脏恢复独立自主的搏动。

在开始实施心肺复苏术前，使犬呈侧卧状。对于体重低于25磅（11千克）的小型犬，可以将两只手掌放在胸部最宽的部位按压，这个部位就在犬的肘部后面。从两侧同时按压胸腔，频率控制在每分钟120~150次。对于中型犬和大型犬，直接将两只手掌放在心脏上按压胸腔。心脏位于胸腔左侧的区域，大约是肘部与胸腔相连的地方，按压频率需控制在80~100次/分。对所有的犬来说，按压需要以"类似咳嗽"的状态进行，以促进胸压的快速升高和降低。心脏按压应每30~45秒暂停一下，以检查心跳是否恢复。当犬心脏骤停时，还需要进行人工呼吸，频率需要与心肺复苏相协调。如果有两个人在场，其中一人进行人工呼吸，另一人则按压胸部。当只有一个人时，应交替进行人工呼吸和胸外按压，10~15次胸部按压加15秒人工呼吸。另一条建议是，小型犬先6次胸部按压后进行1次人工呼吸；中型犬和大型犬每15次胸部按压后人工呼吸2次。

如果犬有脉搏但没有呼吸，则必须单独进行人工呼吸。在任何情况下，实施人工呼吸的第一步都是要确保犬的呼吸道通畅。将犬侧卧，脖子伸直，张开嘴巴，检查是否有碎屑、异物、食物或呕吐物。把堵塞物清除掉，一旦呼吸道被打通，将犬的口腔闭合。实施人工呼吸的人把嘴放在犬的鼻子上。实施者进行缓慢的深呼吸，给犬吹入足够的空气以扩张其胸腔。对于小型犬，应提供 20~25 次 / 分呼吸。中型犬和大型犬应进行 15~20 次 / 分呼吸。

休克

当血液循环不足以满足犬的需求时就会发生休克。这可能是由于快速失血（体内或体外出血）、严重脱水、过热或创伤引起的。休克都是由循环系统紊乱、血液流动和输送氧气不足引起的。休克的犬非常虚弱，呼吸频率快而浅，黏膜苍白，四肢冰凉，心跳加速且微弱。在休克的早期，毛细血管再充盈时间将略微增加到 2~3 秒。随着休克的发展，体温将降至正常水平以下，犬的瞳孔开始扩张，毛细血管再充盈时间将超过 4 秒。严重的休克会导致犬意识丧失，如果不及时治疗就会很快导致犬的死亡。急救措施包括让犬保持温暖和平静，使犬侧卧，头部略低于身体其他部位，这有助于促进血液流向大脑。不要给休克的犬提供任何药物、食物或水，需要立即送去宠物医院。宠物医生的治疗包括静脉输液和治疗循环衰竭的根本原因。

出血

出血有内部原因，也有外部原因。最常见的原因之一是严重的创伤，如车祸。如果犬经历了物理创伤，但没有看到出血，仍需要咨询宠物医生，需检查是否有体内出血。创伤后休克的发展往往预示着体内出血。

紧急处理外部出血需要抬高受伤部位然后直接按压伤口。在很多情况下，直接按压伤口可以止血或控制出血量。机体利用血液中血小板和其他凝血因子来止血，所以不需要将伤口擦拭干净或吸干伤口的渗出液。如果将伤口擦拭干净，这可能会移除伤口处开始形成的凝块。当按压伤口直接施压时，需要准备一块厚布或纱布敷料。如果敷料被血浸湿了，不需要把它从伤口上取下来。相反，可以在旧的敷料上加放一块新的敷料，然后重新施加压力。施压的时候手掌放平，力度均匀且有力地向下按敷料。

当犬的四肢有开放性伤口时，抬高受伤的肢体是有帮助的。受伤的肢体应该稍微抬高，可以在犬的两腿之间放一个枕头或卷起的毯子。然后可以对伤口施加直接压力，如果可能的话，可以先把伤口包扎起来（注意：如果四肢有骨折的可能，请不要抬高受伤的肢体）。如果直接按压 1~2 分钟后出血仍未停止，可以按压特定的点来帮助减少出血。这些点是身体上动脉靠近皮肤表面的主要区域，通过对这些点位施加压力，可以减缓血液向受伤部位的流动。犬身上有 5 个主要的压力点，在治疗外出血时可能会有所帮助。表 15.4 中阐述了这些部位的按压点。

表 15.4　动脉压力点

压力点	位置
前腿（肱动脉）	前腿内侧，肘关节正上方
后腿（股动脉）	大腿内侧的股骨，位于犬四肢与身体相接的位置
前脚	小腿内侧，刚好在爪子上方
后脚	后腿的前面，刚好在爪子上方
尾巴（尾骨动脉）	尾巴下侧

在极少数情况下，当涉及肢体的撕裂伤严重到无法通过对肢体或身体上的压力点按压止血或减缓出血时，可以使用止血带。但止血带使用起来风险非常大，因为有完全阻止血液流向肢体的风险。止血带只能在迫不得已的情况下使用，并且需要格外小心。用布条或纱布系紧严重出血腿部区域的上方，直到出血得到控制。一旦使用止血带，应每 10~15 分钟松开一次，让血液流入肢体。一旦出血得到控制，止血带应该换成压力绷带。

窒息

对于犬来说，窒息通常发生在犬进食过快或试图吞下大块食物和骨头时，或在玩耍时不小心吞下玩具引起的。许多幼犬和青年犬都有衔起新物体的习惯，所以它们窒息的风险往往更高。喉咙里有东西的犬刚开始会用力咳嗽、干呕或疯狂地用爪子抓挠它的嘴。如果呼吸完全受阻并且异物无法被取出时，犬会迅速丧失意识。一旦意识丧失，犬可能会完全停止呼吸。窒息是一种紧急医疗情况，应该尽快将犬送往宠物医院。急救措施可以在转运去宠物医院的途中进行。

如果犬仍有意识，宠物主人应首先尝试通过让犬张开嘴并把手伸进喉咙取出异物。如果异物不能被取出或者不可见，可以让犬侧卧，后躯稍微抬高。可以使用优化后的海姆立克急救法用于移动异物。手掌放在犬胸腔的正下方，上下按压犬肺部，迫使空气从气管中排出。这会迫使犬咳嗽，在多数情况下会将异物吐出。如果犬在异物被移除之前丧失意识，则应在进行两次海姆立克急救法按压后进行两次人工呼吸。每次按压后应检查犬的口腔内是否有异物。这种两次按压加两次人工呼吸的循环手法应该循环持续下去，直到异物被移除或犬能够恢复自主呼吸。

中暑（热射病）

当犬无法通过正常的身体机制排出体内多余的热量时，体温会升高，并可能会快速发展成为紧急医疗事故。中暑可能会导致犬快速死亡，尤其是当体温上升到 40.5~41.1℃以上时。犬体温升高的程度取决于环境温度、暴露时间以及犬的年龄和身体状况。湿度过高会导致犬中暑，因为犬只无法在潮湿的环境下通过呼吸蒸发过多的水分。一般来说，幼犬和老年犬的耐热性较差，更容易中暑。短头品种也更容易中暑，因为当它们在高温天气增加呼吸频率时，更容易遭受呼吸窘迫。中暑的常见情形包括在高温天气时把犬留在车里，过度训练，或者把犬关在户外，阳光直射，没有避暑的地方。

中暑的第一个症状是过度喘息或呼吸急促，临床症状包括流涎或呕吐。中暑的犬脉搏会加快，牙龈呈鲜红色。如果不采取措施，中暑很快会导致严重休克和意识丧失。犬的体温可能会升高到 40~42.2℃。如果体温超过 40.5℃，需要立即采取措施。应该把中暑的犬转移到凉爽通风的地方，并浸泡在冷水中。如果没有这个条件，可以用软管向犬喷洒冷水。并密切监测体温，当犬的体温降至 39.4℃时，应停止降温措施。因为当降温的速度非常快时可能会有导致体温过低的风险。如有必要，应对犬进行休克治疗，并将其送往宠物医院。许多严重的甚至致命的影响在一开始中暑的时候就已经发生了，因此，中暑一定要寻求宠物医生的帮助。在许多病例中，犬需要静脉输液来缓解脱水，稳定循环系统，并需要抗炎药来减少脑水肿。

烧伤

　　烧伤的后果可能非常严重，会导致休克、败血症和死亡。即使是轻微的烧伤也会让犬非常痛苦，应该尽快寻求宠物医生的治疗。浅表层的烧伤会影响皮肤外层（一级烧伤）。尽管这些烧伤非常痛苦，但只需要一般的常规护理，通常很快就会愈合。二级烧伤是指完全穿透皮肤外层并涉及中间皮肤层的烧伤。烧伤部位会出现红肿，并渗出血液。如果能预防感染，这些烧伤是会痊愈的。三级烧伤是最严重的，涉及犬全皮肤层的损伤。这些烧伤需要宠物医生参与治疗。感染和瘢痕很常见，有些情况有必要进行皮肤移植。

　　烧伤的急救措施就是在烧伤后尽快用冰水或冷敷。如果烧伤刚刚发生，可以冷敷 20~45 分钟，这段时间通常来得及把犬送到宠物医院去。一般来说，烧伤后的前两个小时，冷敷是有帮助的。但是注意不要直接冷敷，这可能会冻伤烧伤的区域并造成额外的组织损伤。与其他类型的伤口不同，烧伤处不能使用绷带。同样，不能使用软膏和其他药物涂抹伤口，因为这些药物可能很难从受损组织中清理干净。总之需要尽快将被烧伤的犬送到宠物医院接受治疗。

昆虫蜇伤和蜘蛛咬伤

　　犬的毛发可以有效地防止犬不易被昆虫叮咬，但有些犬喜欢捕捉飞虫，所以昆虫的叮咬最常出现在脸上或脚垫上。如果犬被反复蜇伤或对昆虫的毒液过敏（在犬中比较罕见），昆虫叮咬会对犬构成严重威胁。叮咬犬最常见的昆虫有蜜蜂和黄蜂。蜘蛛叮咬也比较常见。刺痛会导致患处周围疼痛、肿胀和瘙痒。如果犬被多次蜇伤，可能会发生休克。如果犬休克，应立即进行抢救，并送往宠物医院进行治疗。在不太严重的情况下，可以现场使用冰袋冰敷，并用钳子取出毒刺。除此之外，可以将小苏打与水的糊状物或即溶嫩肉剂与水的混合物涂抹在蜇伤部位，以中和毒液。

　　在美国，只有两种蜘蛛被认为对犬具有高度危险性。雌性黑寡妇蜘蛛和棕色隐士蜘蛛。黑寡妇的直径约为 3/4 英寸（2 厘米），黑色的身体，腹部是红色的沙漏形状。棕色隐士是一种浅棕色的小型蜘蛛，约 2 英寸（5 厘米），背部有一个深棕色的小提琴状标记。大多数蜘蛛叮咬发生在温带地区的 4—10 月。黑寡妇蜘蛛叮咬的临床表现为叮咬部位出现一个小红斑，有时会有肿块。随着毒液逐渐发作，叮咬部位将变得越来越疼痛，犬也开始出现神经系统症状。被叮咬犬只会变得虚弱、四肢不协调、流涎、呼吸困难，接着出现肌肉痉挛，甚至导致抽搐。此时需要让犬保持静止。如果四肢被咬了，应把四肢放在低于心脏的位置，以降低毒液在犬全身蔓延的速度。虽然黑寡妇蜘蛛咬伤通常不会致命，但后果可能非常严重，尤其对幼犬来说。棕色隐士蜘蛛主要分布在中西部和南部各州，它叮咬的地方会产生刺痛和脓疱，并在一天之内叮咬部位的皮肤就会变黑并溃烂。这种溃烂将继续蔓延，除非得到治疗，否则感染的组织就会坏死。宠物医生治疗时通常需要手术切除溃烂区域和周围的组织。不然，伤口可能需要数周或数月才能愈合。在任何情况下，被蜘蛛咬伤的犬都应尽快送到宠物医院进行救治。

蛇咬伤

在所有能导致犬严重中毒的动物中，被蛇咬伤的案例最多。据估计，每年有超过 15000 只宠物被毒蛇咬伤 [1]。有毒和无毒的蛇遍布美国各地。无毒品种的咬伤不属于医疗紧急事件，通常表现为轻微的抓伤或刺伤。然而，毒蛇咬伤可能非常严重，甚至致命。咬伤的严重程度取决于蛇的品种、咬伤的部位、注入的毒液量以及犬的体型、年龄和健康状况。对犬构成最大威胁的毒蛇是颊窝蝮蛇（铜头蛇、水蝮蛇和响尾蛇）和珊瑚蛇。

大多数犬都会因为突然惊动一条蛇而被咬伤面部或腿部。即时出现的症状有咬伤部位的肿胀、疼痛和发红。如果看见犬身上有两个相邻的穿刺痕迹，那可以用它来鉴别是哪种蛇的咬伤。如果犬的脸被咬伤了，呼吸频率可能会加快且变得困难。其他症状包括呕吐、腹泻、脉搏加快和休克。应立即将犬送到宠物医院，以便给其服用抗蛇毒血清。如果可以，应该向医生提供尽可能多的信息，这将有助于选择合适的抗蛇毒血清。需要立即采取的急救措施包括让犬保持镇静，必要时进行人工呼吸。如果腿被咬伤，应该使被咬的腿放置在低于犬心脏的地方。

民间有很多治疗毒蛇咬伤的方法，但没有一种是有效的或值得推荐的。例如，不应使用在咬伤部位上方或周围切开的方法排除毒液。这可能在电影中有效，但在现实生活中应完全禁止，这种行为很危险。同样，不应该用冰袋敷咬伤部位，因为这只会进一步损伤周围组织，并不会阻止毒液的扩散。止血带也不能应用于被咬的腿，这会对血管和组织造成无法挽回的损伤，并可能导致截肢。毒液是通过淋巴系统扩散的，而不是血液循环系统，所以在腿上方施加轻微的压力（用手掌或一条有弹性的弹力带）可以有效地减缓毒液的扩散。

中毒

在家庭和户外环境中存在许多能够使犬中毒的物质[2]。宠物监护的基本规则之一就是将所有可能有毒的物质放在安全且不被犬所接触的地方。然而，意外还是会发生。幼犬通常会用嘴探索它们发现的一切，而所有年龄段的犬都有可能接触到或吞咽有毒的植物或家用产品。

导致宠物犬中毒最常见物质是防冻剂（乙二醇）、灭鼠剂、对乙酰氨基酚和布洛芬等人用药物以及有毒植物（表 15.5 和表 15.6）[3-4]。中毒的治疗方法取决于摄入的药剂。如果犬吃了杀虫剂、灭鼠剂或药物，应将产品包装带给医生。同样，如果犬食用了潜在的有毒植物，也应一并带上。

表 15.5　家庭中常见的有毒物品中毒及救助

产品	中毒症状	紧急救助 （所有情况都应尽快寻求宠物医生的帮助）
华法林或香豆素 （老鼠药）	黏膜轻微出血，皮下血肿，血尿血便	催吐；需宠物医生的帮助；给予维生素 K，促进凝血
士的宁 （鼠药/鼹鼠毒素）	协调性下降，兴奋，激动，疼痛的强直性发作（受到外部刺激）	催吐；避免大的噪声或其他可能引起癫痫发作的刺激
聚乙醛 （老鼠/蜗牛/蛞蝓药）	协调性下降，流口水，兴奋，肌肉颤抖，虚弱，昏迷	催吐
防冻剂 （乙二醇）	呕吐、腹痛、蹒跚、抽搐；迅速致命	催吐，饲喂活性炭阻止进一步吸收
腐蚀性物质 （清洁剂、下水道疏通剂、溶解剂）	灼伤口腔、食道、胃；焦躁；疼痛，出现溃疡和烧伤	不要催吐； 如果酸性：服用抗酸剂（镁乳）；如果碱性：加入稀释的醋（加水比例 1:4）

续表

产品	中毒症状	紧急救助 （所有情况都应尽快寻求宠物医生的帮助）
铅 （旧漆、电池、窗帘的金属垂坠物）	腹痛、呕吐、腹泻、蹒跚、抽搐、失明	如果进食时间短，进行催吐
一氧化碳 （煤气）	情绪低落、体温升高、肌肉抽搐、黏膜呈红色、呕吐	人工呼吸（如需要）、心肺复苏（如需要）
石油产品 （汽油、煤油、松节油）	呼吸困难、震颤、抽搐	不要催吐；服用矿物油或植物油，延缓吸收；人工呼吸

表 15.6　对犬有毒的常见植物

刺激性的室内植物 （引发皮疹、口腔发炎）	有毒的室内植物 （引发呕吐、异常疼痛、全身中毒）	有毒的室外植物 （引发不同症状）
箭头藤	朱顶红	黄水仙
爬山虎	芦笋蕨	蓖麻豆
五彩芋属	杜鹃花	中国浆果
菊花	天堂鸟	棣棠
哑巴藤	锦葵	芜菁块根
美紫荆	海芋	飞燕草
大理石女王绿萝	金钱菊	羽扇豆
尼芬芋	爪菊	龙葵
天南星科	风车草	毒参
一品红		美洲商陆
猪笼草		大黄
		水铁杉
		紫藤属植物
		红豆杉（美式、英式、西式）

中毒急救措施旨在维持生命迹象，直到获得宠物医生的治疗。中毒的急救方法有两个主要步骤。首先是移除毒素来源，其次是排毒。除了一些特例，应该对犬进行催吐。如果犬在误食后立即被发现，催吐尤为重要。但是，如果食用了腐蚀性物品或药剂，则不建议催吐，如碱性物质、碱液、漂白剂、家具抛光剂、地板清洁剂、肥料、焦油和松油清洁剂。催吐最简单的方法是口服 1~2 茶匙过氧化氢。如果犬在 5~10 分钟内没有呕吐，则应重复给药。每 5 磅（2 千克）体重用量不应超过 1 茶匙。也可以服用吐根酊，以每磅（0.45 千克）体重 1 毫升的剂量服用也是有效的，但可能需要等待长达 20 分钟才能引起呕吐。如果离宠物医院很近，应在催吐前将犬送往宠物医生处注射催吐药物。如果犬吞食了腐蚀剂，应该给它喝镁乳或活性炭来稀释毒素。所以了解误食的物质和数量至关重要。

结论

大多数紧急情况需要宠物医生的专业治疗。因此，当犬被送往医院前，宠物主人实施紧急措施最重要的目的在于延长犬的生命并防止伤害的再次发生。了解犬正常生命体征、心肺复苏术和人工呼吸的方法，以及如何识别和治疗休克，可能决定着受伤或重病犬的生死。

第三部分介绍了常规的医疗保健、传染病和非传染病、体内和体外寄生虫以及犬的急救知识。本书"健康喂养与长寿"这一部分为宠物专业人士提供了犬一生所需的最佳营养饮食和喂养的信息。宠物营养知识可以帮助我们选择适合犬不同生长阶段的食物，确定适当的喂养方法，以及治疗或管理某些疾病。

参考文献

[1] Dworkin, N. **Hornets, Spiders and Snakes.** American Kennel Club Purebred Dog Gazette, April:46–52. (1996)

[2] Owens, J.G. and Dorman, D.C. **Common household hazards for small animals.** Veterinary Medicine, February:140–148. (1997)

[3] Knight, M.W. and Dorman, D. **Selected poisonous plant concerns in small animals.** Veterinary Medicine, March:260–272. (1997)

[4] Talcott, P.A. and Dorman, D.C. **Pesticide exposures in companion animals.** Veterinary Medicine, February: 167–181. (1997)

第三部分　推荐书籍与参考文献

推荐书籍

1　Ackerman, L. Healthy Dog! Doarl Publishing, Wilsonville, OR. (1993)

2　Allen, D., Pringle, J.K., Smith, D., and Conlon, P.D. Handbook of Veterinary Drugs, J.B. Lippincott Company, Philadelphia, PA. (1993)

3　American Veterinary Medical Association. U.S. Pet Ownership & Demographics Sourcebook, AVMA, Schaumburg, IL. (2002)

4　Bamberger, M. The Quick Guide to First Aid for Your Dog, Howell Book House, New York. (1993)

5　Coppinger, R. and Coppinger, L. Dogs: A Startling New Understanding of Canine Origin, Behavior, and Evolution, Scribner, New York. (2001)

6　Foster, R. and Smith, M. Just What the Doctor Ordered: A Complete Guide to Drugs and Medications for Your Dog, Howell Book House, New York. (1996)

7　Fowler, M.E. Plant Poisoning in Small Companion Animals, Ralston Purina Company, St. Louis, MO. (1980)

8　Gaskell, R.M. and Bennett, M. Feline and Canine Infectious Diseases, Blackwell Science, Oxford. (1996)

9　Greene, C.E. Infectious Diseases of the Dog and Cat, W.B. Saunders Company, Philadelphia, PA, 1990.

10　James, R.B. The Dog Repair Book, Alpine Press, Mills, WY. (1990)

11　Kay, W.J. and Randolph, E. (Editors) The Complete Book of Dog Health, Macmillan Publishing Company, New York. (1985)

12　Lane, D.R. Jones's Animal Nursing, 5th ed., Pergamon Press, Oxford. (1989)

13　McBride, D.F. Learning Veterinary Terminology. Mosby, St. Louis, MO. (1996)

14　McCurnin, D.M. Clinical Textbook for Veterinary Technicians, 3rd ed., WB Saunders Company, Philadelphia, PA. (1994)

15　Morgan, R.V. (Editor) Handbook of Small Animal Practice, 2nd ed., WB Saunders Company, Philadelphia, PA. (1992)

16　Seigal, M. (Editor) UC Davis School of Veterinary Medicine Book of Dogs, Harper Collins Publishers, New York. (1995)

17　Serpell, J.A. (Editor). The Domestic Dog: Its Evolution, Behavior, and Interactions with People, Cambridge University Press, Cambridge. (1995)

参考文献

1　Abbott, E.M. and Dent, C.N. Controlled trials to evaluate the efficacy of repeated Fenbendazole treatments at controlling pre-patent Toxocara canis infections in sucking pups in commercial breeding kennels. Canine Practice, 23(2):14-17. (1998)

2　Alexander, J.W., Richardson, J.W., and Selcer, B.A. Osteochondritis dissecans of the elbow, stifle and hock: a review. Journal of the American Animal Hospital Association, 17:51-56. (1981)

3　Aller, S. Dental home care and preventive strategies. Seminars in Veterinary Medical Surgery: Small Animal, 8:204-212. (1993)

4　American Heartworm Society. American Heartworm Society recommended procedures for the diagnosis, prevention, and management of heartworm (Dirofilaria immitis) infection in dogs. Canine Practice, 22:8-15. (1997)

5　Appel, M.J.G. Lyme disease in dogs and cats. Compendium on Continuing Education for the Practicing Veterinarian, 5:617–624. (1990)

6　Appel, M.J. Canine infectious tracheobronchitis (kennel cough): a status report.

Compendium on Continuing Education for the Practicing Veterinarian, 3:70-79. (1981)

7　Arceneaux, K.A., Taboada, J., and Hosgood, G. Blastomycosis in dogs 115 cases (1980-1995). Journal of the American Veterinary Medical Association, 213:658-664. (1998)

8　Atkins, C.E. Comparison of results of three commercial heartworm antigen test kits in dogs with low heartworm burdens. Journal of the American Veterinary Medical Association, 222:1221-1223. (2003)

9　Baker, R.F. and Huebner, R.B. Ampicillin as therapy in canine upper respiratory disease. Veterinary Medicine and Small Animal Clinician, 65:855-857. (1970)

10　Bardens, J.W. and Hardwick, H. New observations on the diagnosis and cause of hip dysplasia. Veterinary Medicine: Small Animal Clinician, 63:238-245. (1968)

11　Barr, S.C. and Bowman, D.D. Giardiasis in dogs and cats. Compendium on Continuing Education for the Practicing Veterinarian, 16:603-614. (1994)

12　Barr, S.C., Bowman, D.D., Frongillo, M.F., and Joseph, S.L. Efficacy of a drug combination of praziquantel, pyrantel pamoate, and febental against giardiasis in dogs. American Journal of Veterinary Research. 59:1134-1136. (1998)

13　Becker, M. New weapons in the battle against fleas. Compendium on Continuing Education for the Practicing Veterinarian, Supplement, 19:41-47. (1997)

14　Bemis, D.A. Bordetella and mycoplasma respiratory infections in dogs and cats. Veterinary Clinics of North American: Small Animal Practice, 22:1173-1186. (1992)

15　Blagburn, B.L., Hendrix, C.M., and Vaughan, J.L. Efficacy of lufenuron against developmental stages of fleas (Ctenocephalides felis felis) in dogs housed in simulated home environments. American Journal of Veterinary Research, 56:464-470. (1995)

16　Blake, S. and Lapinski, A. Hypothyroidism in difference breeds. Canine Practice, 7:48-51. (1980)

17　Brourman, J.D., Schertel, E.R., Allen, D.A., and others. Factors associated with perioperative mortality in dogs with surgically managed gastric dilatation-volvulus: 137 cases (1988-1993). Journal of the American Veterinary Medical Association, 208:1855-1858. (1996)

18　Brunner, C.J. and Swango, L.J. Canine parvovirus infection: effects on the immune system and factors that predispose to severe disease. Compendium on Continuing Education for the Practicing Veterinarian, 7:979-989. (1985)

19　Bui, L.M. and Bierer, T.L. Influence of green-lipped mussels (Pernacanaiculus) in alleviating signs of arthritis in dogs. Veterinary Therapeutics, 2:101-111. (2001)

20　Calvert, C.A. and Rawlings, C.A. Treatment of heartworm disease in dogs. Canine Practice, 18:13-28. (1993)

21　Canine Practice. Canine respiratory disease. 20:27-29. (1995)

22　Clinkenbeard, K.D., Wolf, A.M., Cowell, R.L., and Typer, R.D. Canine disseminated histoplasmosis. Compendium of Continuing Education for the Practicing Veterinarian, 11:1347-1360. (1989)

23　Cole, R. Rethinking canine vaccinations. Veterinary Forum, January 1998:52-57. (1998)

24　Corba, N.H., Jansen, J., and Pilot, T. Artificial periodontal defects and frequency of tooth-brushing in beagle dog (I): clinical findings after creation of the defects. Journal of Clinical Peritonitis, 13:158-163. (1986)

25　Corba, N.H., Jansen, J., and Pilot, T. Artificial periodontal defects and frequency of tooth-brushing in beagle dog (II): clinical findings after a period of healing. Journal of Clinical Peridontitis, 13:186-189. (1986)

26　Corley, E.A., Keller, G.G., Lattimer, J.C., and Ellersieck, M.R. Reliability of early radiographic evaluations of canine hip dysplasia obtained from the standard ventrodorsal radiographic projection. Journal of the American Veterinary Medical Association, 211:1142-1146. (1997)

27 Corley, E.A. Role of the Orthopedic Foundation for Animals in the control of canine hip dysplasia. Veterinary Clinics of North America: Small Animal Practice, 22:579-593. (1992)

28 Corley, E.A. Hip dysplasia: a report from the Orthopedic Foundation for Animals. Seminars in Veterinary Medicine and Surgery (Small Animal), 2:141-151. (1987)

29 Cote, E., Barr, S.C., Allen, C., and Eaglefeather, E. Blastomycosis in six dogs in New York state. Journal of the American Veterinary Medical Association, 210:502-504. (1997)

30 Courtney, C.H. and Zeng, Q.Y. The structure of heartworm populations in dogs and cats in Florida. In: Proceedings of the Heartworm Symposium of the American Heartworm Society, Washington, DC, pp. 1-6. (1989)

31 Cox, U.H., Hoskins, J.D., and Newman, S.S. Temporal study of Staphylococcal species on healthy dogs. American Journal of Veterinary Research, 49:747-751. (1988)

32 Culham, N. and Rawlings, J.M. Oral malodor and its relevance to periodontal disease in the dog. Journal of Veterinary Dentistry, 15:165-168. (1998)

33 Culham, N. and Rawlings, J.M. Studies of oral malodor in the dog. Journal of Veterinary Dentistry, 15:169-173. (1998)

34 Cunningham, J.G. and Farnbach, G.C. Inheritance of idiopathic canine epilepsy. Journal of the American Animal Hospital Association, 24:421-424. (1988)

35 Datz, C. Update on canine and feline heartworm tests. Compendium on Continuing Education for the Practicing Veterinarian, 25:30-41. (2003)

36 DeBowes, L.J., Mosier, D., Logan, E., and others. Association of periodontal disease and histologic lesions in multiple organs from 45 dogs. Journal of Veterinary Dentistry, 13:57-60. (1996)

37 Dillon, A.R., Brawner, W.R., and Hanrahan, L. Influence of number of parasites and exercise on the severity of heartworm disease in dogs. In: Proceedings of the Heartworm Symposium of the American Heartworm Society, Washington, DC, pp. 113. (1995)

38 Dobenecker, B., Beetz, Y., and Kienzle, E. A placebo-controlled double-blind study on the effect of nutraceuticals (chondroitin sulfate and mussel extract) in dogs with joint diseases perceived by their owners. Journal of Nutrition, 132:1690S-1691S. (2002)

39 Dubey, J.P., Thomazin, K.B., and Garner, M.M. Enteritis associated with coccidiosis in a German Shepherd Dog. Canine Practice, 23(2):5-9. (1998)

40 Dworkin, N. Hornets, spiders and snakes. American Kennel Club Purebred Dog Gazette, April:46-52. (1996)

41 Edinboro, C.H., Ward, M.P., and Glickman, L.T. A placebo-controlled trial of two intranasal vaccines to prevent tracheobronchitis (kennel cough) in dogs entering a humane shelter. Preventive Veterinary Medicine, 62:89-99. (2004)

42 Eggertsdottir, A.V. and Moe, L. A retrospective study of conservative treatment of gastric dilatation-volvulus in the dog. Acta Veterinaria Scandinavia, 36:175-184. (1995)

43 Everann, J.F., McKeirman, A.J., Eugster, A.K., Sosozano, R.F., Collins, J.K., Black, J.W., and Kim, J.S. Update on canine coronavirus infections and interactions with other enteric pathogens of the dog. Companion Animal Practice, 18:6-12. (1989)

44 Font, A., Closa, J.M., and Mascort, J. Tick-transmitted diseases: A comparative study of Lyme disease, canine ehrlichiosis and rickettsiosis in the dog. Veterinary International, 3:3-14. (1992)

45 Ford, R.B. Canine vaccination protocols. Proceedings of the 27th Congress of the World Small Animal Veterinary Association, 2002.

46 Ford, R.B. Canine infectious tracheobronchitis. Veterinary Technician, 13:660-664. (1992)

47 Ford, R.B. Canine vaccination protocols. Veterinary Technician, 13:475-482. (1992)

48 Fox, S.M. and Walker, A.M. The etiopathogenesis of osteochondrosis. Veterinary Medicine, February:116-122. (1993)

49 Giger, D.D. Vaccine-associated immune-mediated hemolytic anemia in the dog. Journal of Veterinary Internal Medicine, 10:290-295. (1996)

50 Gionfriddo, J.R. and Powell, C.C. Disseminated blastomycosis with ocular involvement in a dog. Veterinary Medicine, 97:423-431. (2002)

51 Glickman, L.T., Lantz, G.C., Schellenberg, D.B., and Glickman, N.W. A prospective study of survival and recurrence following the acute gastric dilatation-volvulus syndrome in 136 dogs. Journal of the American Animal Hospital Association, 34:253-259. (1998).

52 Glickman, L.T., Glickman, N.W., and others. Multiple risk factors for the gastric dilatation-volvulus syndrome in dogs: a practitioner/owner casecontrolled study. Journal of the American Veterinary Medical Association, 33:197-204. (1997)

53 Glickman, L.T., Domanski, L.M., Patronek, G.J., and Visintainer, F. Breedrelated risk factors for canine parvovirus enteritis. Journal of the American Veterinary Medical Association, 187:589-594. (1985)

54 Glickman, L.T. and Appel, M.J. Intranasal vaccine trial for canine infectious tracheobronchitis (kennel cough). Laboratory Animal Science, 31:397-399. (1981)

55 Golden, A.L., Stoller, N., and Harvey, C.E. A survey of oral and dental diseases in dogs anaesthetized at a veterinary hospital. Journal of the American Animal Hospital Association, 18:891-899. (1982)

56 Gorrel, C. Periodontal disease and diet in domestic pets. Journal of Nutrition, 128:2712S-2714S. (1998)

57 Gorrel, C. and Rawlings, J.M. The role of tooth-brushing and diet in the maintenance of periodontal health in dogs. Journal of Veterinary Dentistry, 13:139-143. (1996)

58 Greene, C.E., Schultz, R.D., and Ford, R.B. Canine vaccination. Vaccines and Vaccinations, 31:473-492. (2001)

59 Greene, R.T. and Lammler, C.H. Staphylococcus intermedius: current knowledge of a pathogen of veterinary importance. Journal of Veterinary Medicine, 40:206-214. (1993)

60 Griot, C., Moser, C., Cherpillod, P., and others. Early DNA vaccination of puppies against canine distemper in the presence of maternally derived immunity. Vaccine, 22:650-654. (2004)

61 Haan, J.J., Beale, B.S., and Parker, R.B. Diagnosis and treatment of canine hip dysplasia. Canine Practice, 18:24-28. (1993)

62 Harari J. Identifying and managing osteochondrosis in dogs. Veterinary Medicine, June:508-509. (1997)

63 Harkin, K.R. and Gartrell, C.L. Canine leptospirosis in New Jersey and Michigan: 17 cases (1990-1995). Journal of the American Animal Hospital Association, 32:495-501. (1996)

64 Hedhammer, A., Olssom, S.E., and Anderson, S.A. Canine hip dysplasia: Study of heritability in 401 litters of German Shepherd Dogs. Journal of the American Veterinary Medical Association, 174:1012-1019. (1979)

65 Hedhammer, A., Wu, F., Krook, L., et al. Over nutrition and skeletal disease; An experimental study in growing Great Dane dogs. Cornell Veterinarian, 64(suppl. 5):1-59. (1974)

66 Hennet, P.R., Delille, B., and Favot, J.L. Oral malodor measurements of a tooth surface of dogs with gingivitis. American Journal of Veterinary Research,

59:255-257. (1998)

67 Heyman, S.J., Smith, G.K., and Cofone, M.A. Biomechanical study of the effect of coxofemoral positioning on passive hip joint laxity in the dog. American Journal of Veterinary Research, 54:210-215. (1993)

68 Heynold, Y., Faissler, D., Steffen, F., and Jaggy, A. Clinical, epidemiological and treatment results of idiopathic epilepsy in 54 Labrador Retrievers: a long-term study. Journal of Small Animal Practice, 38:7-14. (1997)

69 Hoover, J.P, Fox, J.C., Claypool, P.L., Campbell, G.A., and Mullins, S.B. Comparison of visual interpretations and optical density measurements of two antigen tests for Heartworm infections in dogs. Canine Practice, 21:12-20. (1996)

70 Hoover, J.P., Campbell, G.A., and Fox, J.C. Comparison of eight diagnostic blood tests for heartworm infection in dogs. Canine Practice, 21:11-19. (1996)

71 Hopkins, T.J., Woodley, I., Gyr, P. Imidacloprid topical formulation: larvicidal effect against Ctenocephalides felis in the surroundings of treated dogs. Compendium on Continuing Education for the Practicing Veterinarian, Supplement, 19:4-10. (1997)

72 Hutt, F.B. Genetic selection to reduce the incidence of hip dysplasia in dogs. Journal of the American Veterinary Medical Association, 151:1041-1048. (1967)

73 Jaggy, A. Neurological manifestations of hypothyroidism: a retrospective study of 29 dogs. Journal of Veterinary Internal Medicine, 8:328-336. (1994)

74 Jenkins, S.R., Clark, K.A., Leslie, M.J., Martin, R.J., Miller, G.B., Satalowich, F.T., and Sorhage, F.E. Compendium of animal rabies control, 1997. Journal of the American Veterinary Medical Association, 210:33-37. (1997)

75 Jensen, A.L., Iveersen, L., Koch, J., Hoier, R., and Petersen, T.K. Evaluation of the urinary cortisol:creatinine ratio in the diagnosis of hyperadrenocorticism in dogs. Journal of Small Animal Practice, 38:99-102. (1997)

76 Johnson, J.A., Austin, C., and Breur, G.J. Incidence of canine appendicular musculoskeletal disorders in 16 veterinary teaching hospitals from 1980 through 1989. Veterinary Comparative Orthopedics and Trauma, 7:56-69. (1994)

77 Johnson, R., Glickman, L.T., Emerick, T.J., and Patronek, G.J. Canine distemper infection in pet dogs. I. Surveillance in Indiana during a suspected outbreak. Journal of the American Animal Hospital Association, 31:223-229. (1995)

78 Kaman, C.H. and Grossling, H.R. A breeding program to reduce hip dysplasia in German Shepherd Dogs. Journal of the American Veterinary Medical Association, 151:562-571. (1967)

79 Kaneene, J.B., Mostosky, U.V., and Padgett, G.A. A retrospective cohort study of canine hip dysplasia in the United States. Journal of the American Veterinary Medical Association, 211:1542-1544. (1997)

80 Kapatkin, A.S., Gregor, T.P., Hearon, K., Richardson, R.W., and others. Comparison of two radiographic techniques for evaluation of hip joint laxity in 10 breeds of dogs. Journal of the American Veterinary Medical Association, 224:542-546. (2004)

81 Kasstrom, H. Nutrition, weight gain and development of hip dysplasia. An experimental investigation in growing dogs with special reference to the effects of feeding intensity. Acta Radiology Supplement, 344:135-145. (1975)

82 Kealy, R.D., Olsson, S.E., and Monti, K.L. Effects of limited food consumption on the incidence of hip dysplasia in growing dogs. Journal of the American Veterinary Medical Association, 201:857-863. (1992)

83 Keister, D.M., Meo, N.J., and Tanner, P.A. A comparison of flea control efficacy of Frontline Spray Treatment against the flea infestation prevention pack (Vet-Kem) in the dog and cat. Proceedings of the American Association of Veterinary Parasitologists, Louisville, Kentucky (July 20-23, 1996). (1996)

84 Keller, G.G. Influence of the estrous cycle on coxofemoral joint subluxation.

Canine Practice, 18:19-22. (1993)

85　Kennedy, M.A., Mellon, V.S., Caldwell, G., and Potgieter, L.N.D. Virucidal efficacy of the newer quaternary ammonium compounds. Journal of the American Animal Hospital Association, 31:254-258. (1995)

86　Kern, M.S. Deworming your dogs. American Kennel Club Purebred Dog Gazette, July:77-80. (1992)

87　Klaasen, H.L., Molkenboer, M.J., Vrijenhoek, M.P., and Kaashoek, M.J. Duration of immunity in dogs vaccinated against leptospirosis with a bivalent inactivated vaccine. Veterinary Microbiology, 95:121-132. (2003)

88　Klingborg, D.J., Hustead, D.R., Curry-Galvin, E.A., and others. AVMA Council on Biologic and Therapeutic Agents' report on cat and dog vaccines. Journal of the American Veterinary Medical Association, 221:1401-1407. (2002)

89　Knight, M.W. and Dorman, D. Selected poisonous plant concerns in small animals. Veterinary Medicine, March:260-272. (1997)

90　Krebs, J.W., Strine, T.W., Smith, J.S., Noah, D.L., Rupprecht, C.E., and Childs,, J.E. Rabies surveillance in the United States during 1995. Journal of the American Veterinary Medical Association, 209:2031-2044. (1996)

91　Krohne, S.G. Canine systemic fungal infections. Veterinary Clinics of North American: Small Animal Practice, 30:1063-1090. (2000)

92　Larson, L.J. and Schultz, R.D. High titer canine parvovirus vaccine: Serologic response and challenge of immunity study. Veterinary Medicine, 91:210-218. (1996)

93　Leib, M.S., Wingfield, W.E., and Twedt, D.C. Plasma gastrin immunoreactivity in dogs with acute gastric dilatation-volvulus. Journal of the American Veterinary Medical Association, 185:205-208. (1984)

94　Leighton EA. Genetics of canine hip dysplasia. Journal of the American Veterinary Medical Association, 210:1474-1479. (1997)

95　Leighton, E.A., Lin, J.M., and Willham, R.F. A genetic study of canine hipdysplasia. American Journal of Veterinary Research, 38:241-244. (1977)

96　Levy, S.A. and Dreesen, D.W. Lyme borreliosis in dogs. Canine Practice, 17:5-17. (1992)

97　Lippincott, C.L. Femoral head and neck excision in the management of canine hip dysplasia. Veterinary Clinics of North America: Small Animal Practice, 22:721-737. (1992)

98　Lorenz, MD. What is canine Cushing's Syndrome? American Kennel Club Purebred Dog Gazette, April:42-46. (1985)

99　Lust, G. Comparison of three radiographic methods for diagnosis of hip dysplasia in eight-month old dogs. Journal of the American Veterinary Medical Association, 219:1242-1246. (2001)

100　Lust, G., Williams, A.J., and Burton-Wurster, N. Joint laxity and its association with hipdysplasia in Labrador Retrievers. American Journal of Veterinary Research, 54:1990-1999. (1993)

101　Lust, G. Williams, A.J., and Burton-Wurster, N. Effects of intramuscular administration of glycosaminoglycan polysulfates on signs of incipient hipdysplasia in growing pups. American Journal of Veterinary Research, 53:1836-1843. (1992)

102　MacDonald, J.M. Flea control in animals with flea allergy dermatitis. Compendium on Continuing Education for the Practicing Veterinarian, Supplement, 19:38-40. (1997)

103　MacDonald, J.M. Flea control: an overview of treatment concepts for North America. Veterinary Dermatology, 6:121-129. (1995)

104　Macintire, D.K. and Smith-Carr, S. Canine parvovirus. Part II: clinical signs, diagnosis, and treatment. Compendium on Continuing Education for the Practicing Veterinarian, 19:291-300. (1997)

105 Magnarelli, L.A., Anderson, J.F., and Schreider, A.B. Clinical and serologic studies of canine borreliosis. Journal of the American Veterinary Medical Association, 191:1089-1094. (1987)

106 Marchisio, V.F., Gallo, M.G., and Tullio, V. Dermatophytes from cases of skin disease in cats and dogs in Turin, Italy. Mycoses, 38:239-244. (1995)

107 Martini, M., Capellie, G., Poglayen, G., Bertotti, F., and Turilli, C. The validity of some hematological and ELISA methods for the diagnosis of canine heartworm disease. Veterinary Research Communications, 20:331-339. (1996)

108 Maupin, G. Comparative susceptibility of nymphal Ixodes scapularis, the principal vector of Lyme disease, to Fipronil and Permethrin. Fourth International Symposium on Ectoparasites of Pets, Riverside, CA (April 6-8, 1977). (1977)

109 McCall, J.W., McTier, T.L., Ryan, W.G., Gross, S.J., and Soll, M.D. Evaluation of ivermectin and milbemycin oxime efficacy against Dirofilaria immitis infections of three and four months duration in dogs. American Journal of Veterinary Research, 57:1189-1192. (1996)

110 McCandlish, I.A.P., Thompson, H., and Fisher, E.W. Canine parvovirus infection. In Practice, 3:14. (1981)

111 McGuire, N.C., Vitsky, A., Daly, C.M., and Behr, M.J. Pulmonary thromboembolism associated with Blastomyces dermatitidis in a dog. Journal of the American Animal Hospital Association, 38:425-430. (2002)

112 McTier, T.L. Comparison of the activity of selamectin, fipronil, and imidacloprid against flea larvae (Ctenocephalides felis felis) in vitro. Veterinary Parasitology, 116:45-50. (2003)

113 McTier, T.L. A guide to selecting adult heartworm antigen test kits. Veterinary Medicine, 89:528-544. (1994)

114 Medleau, L. and Ristic, Z. Diagnosing dermatophytosis in dogs and cats. Veterinary Medicine, 87:1086-1092. (1992)

115 Melhorn, H., Hansen, O., and Mencke, N. Comparative study on the effects of three insecticides (fipronil, imidacloprid, selamectin) on the developmental stages of the cat flea (Ctenocephalides felis); a light and electron microscopic analysis of in vivo experiments. Parasitology Research, 87:198-207. (2001)

116 Meyer, E.K. Vaccine-associated adverse events. Veterinary Clinics of North America, Small Animal Practice, 31:493-514. (2001)

117 Milton, J.L. Osteochondritis dissecans in the dog. Veterinary Clinics of North America: Small Animal Practice, 13:117-133. (1983)

118 Moore, M.G. Promising responses to a new oral treatment for degenerative joint disorders. Canine Practice, 21:7-11. (1996)

119 Moreno, M., Benavidez, U., Carol, H., and others. Local and systemic immune responses to Echinococcus granulosus in experimentally infected dogs. Veterinary Parasitology, 119:37-50. (2004)

120 Nesbitt, G.H., Izzo, J., Peterson, L., and Wilkins, R.J. Canine hypothyroidism: a retrospective study of 108 cases. Journal of the American Veterinary Medical Association, 177:1117-1122. (1980)

121 Nettifee, A. Canine heartworm antigen testing: current concepts in selecting a screening program. Veterinary Technician, 13:674-677. (1992)

122 O'Brien, S.E. Serologic response of pups to the low-passage, modifiedlive canine parvovirus-2 component in a combination vaccine. Journal of the American Veterinary Medical Association, 204:1207-1209. (1994)

123 Olmstead, M.L. Total hip replacement in the dog. Seminars in Veterinary Medical Surgery, Small Animal, 2:131-140. (1987)

124 Olson, P. Duration of immunity elicited by canine distemper virus vaccinations in dogs. Veterinary Record, 141:654-655. (1997)

125 Oeolic, A.L., Weisiger, R., Siegel, A.M., Campbell, K.L., Krawiec, D.R., and

McKiernan, B.C. Trends of bacterial infections in dogs: Characterization of Staphylococcus intermedius isolates (1990-1992). Canine Practice, 21:12-19. (1996)

126 Owens, J.G. and Dorman, D.C. Common household hazards for small animals. Veterinary Medicine, February:140-148. (1997)

127 Panciera, D. Clinical manifestations of canine hypothyroidism. Veterinary Medicine, January:44-49. (1997)

128 Parrish, C.R., Aquadrom, C.F., and Strassheim, M.L. Rapid antigenic-type replacement and DNA sequence evolution on canine parvovirus. Journal of Virology, 65:6544-6552. (1991)

129 Parrish, C.R. Emergence, natural history and variation of canine, mink, and feline parvoviruses. Advances in Virus Research, 38:403-450. (1990)

130 Paul, A.J. Evaluation of the safety of administering high doses of a chewable Ivermectin tablet to Collies. Veterinary Medicine, 86:623-625. (1991)

131 Pollock, R.V.H. and Carmichael, L.E. Maternally derived immunity to canine parvovirus infection: transfer, decline, and interference with vaccination. Journal of the American Veterinary Medical Association, 180:37-42. (1982)

132 Pratelli, A., Tinelli, A., Decaro, N., and others. Safety and efficacy of a modified-live canine coronavirus vaccines in dogs. Veterinary Microbiology, 99:43-49. (2004)

133 Pratelli, A., Tinelli, A., Decaro, N., and others. Efficacy of an inactivated canine coronavirus vaccine in pups. New Microbiology, 26:151-155. (2003)

134 Pratelli, A. Martella, V., Elia, G., and others. Severe enteric disease in an animal shelter associated with dual infections by canine adenovirus type 1 and canine coronavirus. Journal of Veterinary Medicine B, 48:385-392. (2001)

135 Pulliam, J.D. Investigating Ivermectin toxicity in Collies. Veterinary Medicine, 80:36-40. (1985)

136 Rawlings, C.A. and McCall, J.W. Melarsomine: a new heartworm adulticide. Compendium on Continuing Education for the Practicing Veterinarian, 10:373-379. (1996)

137 Rawlings, C.A. Post-adulticide changes in Dirofilaria immitis-infected Beagles. American Journal of Veterinary Research, 44:8-15. (1983)

138 Reed, A.L. and Keller, G. Effect of dam and sire qualitative hip conformation scores on progeny hip conformation. Journal of the American Veterinary Medical Association, 217:675-680. (2000)

139 Rettenmaier, J.L., Keller, G.G., Lattimer, J.C., Corley, E.A., and Ellersicek, M.R. Prevalence of canine hip dysplasia in a veterinary teaching hospital population. Veterinary Radiology and Ultrasound, 43:313-318. (2002)

140 Richardson, D.C. The role of nutrition in canine hip dysplasia. Veterinary Clinics of North America, Small Animal Practice, 22:529-540. (1992)

141 Riser, W.H. and Shirer, J.F. Correlation between canine hip dysplasia and pelvic muscle mass: a study of 95 dogs. American Journal of Veterinary Research, 28:769-777. (1967)

142 Robinson, J.G.A. Chlorhexidine gluconate-the solution for dental problems. Journal of Veterinary Dentistry, 12:29-31. (1995)

143 Sarkiala, E., Asikainen, S., Wolf, J., and others. Clinical, radiological and bacteriological findings in canine peritonitis. Journal of Small Animal Practice, 34:265-270. (1993)

144 Schellenberg, D., Yi, Q., Glickman, N., and Glickman, L. Influence of thoracic conformation and genetics on the risk of gastric dilatation-volvulus in Irish setter dogs, Journal of the American Animal Hospital Association, 34:64-73. (1998)

145 Schenker, R., Tinembart, O., Humbert-Droz, E., Cavaliero, T., and Yerly, B. Comparative speed of kill between nitenpyram, fipronil, imidacloprid, selamectin and cythiotae against adult Ctenocephalides felis on cats and dogs.

Veterinary Parasitology, 112:249-254. (2003)

146 Schlotthauer, J.C. Safety and acceptability of Ivermectin in dogs with naturally acquired patent infection of Dirofilaria immitis. In: Proceedings of the Heartworm Symposium of the American Heartworm Society, Washington, DC, pp. 45-97. (1989)

147 Schulman, R.L., McKiernan, B.C., and Schaeffer, D.J. Use of corticosteroids for treating dogs with airway obstruction secondary to lymphadenopathy caused by chronic histoplasmosis: 16 cases (1979-1997). Journal of the American Veterinary Medical Association, 214:1345-1348. (1999)

148 Schwartz-Porsche, D. Seizures. In: Clinical Syndromes in Veterinary Neurology, 2nd ed. (K.G. Braund, editor), Mosby-Year Book, St. Louis, MO, pp. 234-251. (1994)

149 Schulz, K.S. Application of arthroplasty principles to canine cemented total hip replacement. Veterinary Surgery, 29:578-93. (2000)

150 Sevalla, K., Todhunter, R.J., Vernier-Singer, M., and Budsberg, S.C. Effect of polysulfated glycosaminoglycans on DNA content and proteoglycan metabolism in normal and osteoarthritic canine articular cartilage explants. Veterinary Surgery, 29:407–414. (2000)

151 Shanks, D.J., Rowan, T.G., Jones, R.L., and others. Efficacy of selamectin in the treatment and prevention of flea (Ctenocephalides felis felis) infestations on dogs and cats housed in simulated home environments. Veterinary Parasitology, 91:214-222. (2000)

152 Smith, C.S. Seizures. American Kennel Club Purebred Dog Gazette, December:54-57. (1996)

153 Smith, G.K. Advances in diagnosing canine hip dysplasia. Journal of the American Veterinary Medical Association, 210:1451-1456. (1997)

154 Smith, G.K., Popovitch, C.A., and Gregor, T.P. Evaluation of risk factors for degenerative joint disease associated with hip dysplasia in dogs. Journal of the American Veterinary Medical Association, 206:642-647. (1995)

155 Smith, G.K., Biery, D.N., and Gregor, T.P. New concepts of coxofemoral joint stability and the development of a clinical stress-radiographic method for quantitating hip joint laxity in the dog. Journal of the American Veterinary Medical Association, 196:59-70. (1990)

156 Smith, G.K., Gregor, T.P., and Rhodes, W.H. Coxofemoral joint laxity from distraction radiography and its contemporaneous and prospective correlation with laxity, subjective score, and evidence of degenerative joint disease from conventional hip-extended radiography in dogs. American Journal of Veterinary Research, 54:1021-1042. (1993)

157 Smith-Carr, S., MacIntire, D.K., and Swango, L.J. Canine parvovirus. Part I: Pathogenesis and vaccination. Compendium on Continuing Education for the Practicing Veterinarian, 19:125-133. (1997)

158 Strasser, A., May, G., Teltscher, A., Wistrela, E., and Niedermuller, H. Immune modulation following immunization with polyvalent vaccines in dogs. Veterinary immunology and immunopathology, 94:113-121. (2003)

159 Straubinger, R.K., Rao, T.D., Davidson, E., and others. Protection against tick-transmitted Lyme disease in dogs vaccinated with a multi-antigenic vaccine. Vaccine, 20:181-193. (2002)

160 Swango, L. Choosing a canine vaccine regimen, Part 1. Canine Practice, 20:10-14. (1995)

161 Swango, L., Barta, R., Fortney, W., Garnett, P., Leedy, D., and Stevenson, J. Choosing a canine vaccine regimen. Part 3. Canine Practice, 20:21-26. (1995)

162 Swenson, L., Aurdell, L., and Hedhammar, A. Prevalence and inheritance of, and selection for hip dysplasia in seven breeds of dogs in Sweden and benefit: cost analysis of a screening and control program. Journal of the American Veterinary Medical Association, 210:207-214. (1997)

163 Swift, W.B. Getting hip to hip dysplasia. Animals, May/June, 29-31. (1995)

164 Talcott, P.A. and Dorman, D.C. Pesticide exposures in companion animals. Veterinary Medicine, February:167-181. (1997)

165 Tanner, P.A., Meo, N.J., Sparer, D., Butler, S., Romano, M.N., and Keister, D.M. Advances in the treatment of heartworm, fleas and ticks. Canine Practice, 22:40-47. (1997)

166 Tennant, B.J.R., Gaskell, M., Kelly, D.F., and others. Canine coronavirus infection in dogs following oronasal inoculation. Research in Veterinary Science, 51:11-18. (1991)

167 Tepe, J.H., Loenard, G., Singer, R., and others. The long-term effect of chlorhexidine on plaque, gingivitis, sulcus depth, gingival recession and loss of attachment in beagle dogs. Journal of Periodontal Research, 18:452-458. (1983)

168 Theis, J.H. Occult rate of heartworm infected dogs in California appears to be significantly lower than that of infected dogs from Florida and Texas. Canine Practice, 22:5-7. (1997)

169 Thrushfield, M.V. Canine kennel cough: a review. Veterinary Annual, 32:1-12. (1992)

170 Thrushfield, M.V., Aitken, C.G.C., and Muirhead, R.H. A field investigation of kennel cough: Incubation period and clinical signs. Journal of Small Animal Practice, 32:215-220. (1991)

171 Thrusfield, M.V., Aitken, C.G.C., and Muirhead, R.H. A field investigation of kennel cough: efficacy of different treatments. Journal of Small Animal Practice, 32:455-459. (1991)

172 Thrusfield, M.V., Aitken, C.G.C., and Muirhead, R.H. A field investigation of kennelcough: efficacy of vaccination. Journal of Small Animal Practice, 30:550-560. (1989)

173 Todhunter, R.J., Acland, G.M., Olivier, M., and others. An outcrossed canine pedigree for linkage analysis of hip dysplasia. Journal of Heredity, 90:83-92. (1999)

174 Todhunter, R.J. and Lust, G. Polysulfated glycosaminoglycan in the treatment of osteoarthritis. Journal of the American Veterinary Medical Association, 204:1245-1251. (1994)

175 Tomlinson, J.L. and Johnson, J.C. Quantification of measurement of femoral head coverage and Norberg angle within and among four breeds of dogs. American Journal of Veterinary Research, 61:1492-1500. (2000)

176 Tomlinson, J. and McLaughlin, R. Canine hip dysplasia: development factors, clinical signs and initial examination steps. Veterinary Medicine, 91:26-33. (1996)

177 Tromp, J.A. van Run, L.J., and Jansen, J. Experimental gingivitis and frequency of tooth brushing in the beagle dog model: clinical findings. Journal of Clinical Periodonitis, 13:190-194. (1986)

178 Turner, J.L. Canine coronavirus. Canine Practice, 18:13-15. (1989)

179 Ueland, K. Serological, bacteriological and clinical observations on an outbreak of canine infectious tracheobronchitis in Norway. Veterinary Record, 126:481-483. (1990)

180 Van Kruiningen, H.J., Wojan, L.D., Stake, P.E., and others. The influence of diet and feeding frequency on gastric function in the dog. Journal of the American Animal Hospital Association, 23:145-153. (1987)

181 Wagener, J.S., Sobonya, R., Minnich, L., and Taussing, L.M. Role of canineparainfluenza virus and Bordetella bronchiseptica in kennel cough. American Journal of Veterinary Research, 45:1862-1866. (1984)

182 Wallace, L.J. A half century of canine hip dysplasia: perspectives of the eighties. Seminars in Veterinary Medicine and Surgery (Small Animal), 2:97-98. (1987)

183 Watson, A.D.J. Diet and periodontal disease in dogs and cats, Part 2. Veterinary Clinical Nutrition, 5:11-13. (1998)

184 Wease, G.N. and Corley, E.A. Control of canine hip dysplasia: current status. Kal Kan Forum, 4:8088. (1985)

185 Wilford, C. Treating shifting leg lameness. American Kennel Club Purebred Dog Gazette, December:58-62. (1994)

186 Wilford, C. Ehrlichia: a poorly understood organism, uses ticks to spread it dangerous infection nationwide. AKC Purebred Dog Gazette, June:48-52. (1994)

187 Willis, M.B. A review of the progress in canine hip dysplasia control in Britain. Journal of the American Veterinary Medical Association, 40:1480-1482. (1997)

188 Wohl, J.S. Canine leptospirosis. Compendium of Continuing Education for the Practicing Veterinarian, 18:1215-1241. (1996)

189 Wood, J.L., Lakhani, K.H., and Rogers, K. Heritability and epidemiology of canine hip-dysplasia score and components in Labrador retrievers in the United Kingdom. Preventive Veterinary Medicine, 55:95-108. (2002)

190 Zajac, A.M., LaBranche, T.P., Donoghue, A.R., and Chu, T.C. Efficacy of fenbendazole in the treatment of experimental Giardia infection in dogs. American Journal of Veterinary Research, 59:61-63. (1998)

第四部分　营养学：健康喂养与长寿

第十六章 犬的营养需要

对犬的关爱包括持续性地关注它们的健康、按时接种疫苗以及全生命周期最佳营养的供给。当宠物主人选择合适的犬粮和确定最佳喂养方法时，需要了解基本营养素及其功能。犬营养领域的进步增强了人们对犬营养学的理解，并促进了全价宠物食品的发展。这些进步有益于犬的长期健康和慢性病的预防。本章概述了犬对必需营养素的需求，后续章节将介绍宠物食品的评估和选择、犬全生命周期的营养需求以及针对营养应激障碍的饲喂方法。

必需和非必需营养素

营养素一词是指食物中包含的在体内具有特定功能并且有助于生长、组织维持和宠物健康的成分。必需营养素是指自身合成量不足以满足身体需求的营养素，因此，必须从食物中获取。非必需营养素是自身可以合成的营养素，因此，既可以自身合成也可以从食物中获取。例如，犬需要22种不同的氨基酸，氨基酸是蛋白质的基本组成要素，所有这些氨基酸都是合成蛋白质所必需的。其中，10种是必需氨基酸，需要从食物中获取。只要存在足够的前体物质，犬可以合成另外12种非必需氨基酸。除了对能量的需求，犬还需要六大类营养素：水、碳水化合物、脂肪、蛋白质、维生素和矿物质。

能量

像其他动物一样，犬需要不断摄入能量才能生存。能量是身体代谢所必需的，包括维持和更新机体组织、参与日常活动和调节体温。植物可以从光照中获取能量并转化为储能营养物质。其他动物摄入植物后直接利用这些储能营养物质或者将植物营养物质转化为其他储能分子。植物中储存能量的主要形式是碳水化合物，而动物中储存能量的主要形式是脂肪。鉴于其重要性，能量始终是动物饮食的第一需求也就不足为奇了。无论犬对其他必需营养素的需求如何，饮食中储能营养素将首先用于满足能量需求。只有能量需求得到满足时，营养物质才可以用于其他代谢功能。

代谢能： 在动物营养学中，能量以千卡为单位。1 千卡①是指将 1 千克水从 14.5℃升高到 15.5℃所需的热能。宠物食品的能值和犬的能量需求用代谢能（ME）来表示。像所有动物一样，犬无法吸收食物中的全部能量。食物的总化学能是食物在氧弹式热量计中完全氧化燃烧时所产生的能量。该能量被称为总能（gross energy, GE），是衡量食物总能量的指标。消化能（digestible energy, DE）是指动物能够消化和吸收的食物能量，是用消化率试验测量得到的。粪能代表食物中未被动物吸收的能量，食物总能减去粪能即可得到食物的可消化能。食物的代谢能是最终提供给动物的能量，是通过从总能中减去粪能损失（食物中难以消化的物质）和尿能损失（过量氨基酸和其他含氮化合物代谢导致）来计算的。由于不同物种的消化能力和食用的食物类型不同，消化能和代谢能需要根据被测试的食物和被饲喂的动物种类进行评估。

能量需求： 犬的每日能量需求是满足基础代谢率、肌肉自主活动、进食性产热作用、维持正常体温的能量总和。基础代谢率（resting metabolic rate, RMR）是身体细胞和组织在静息状态下维持体内平衡每天所需的能量[1]。其中包括维持呼吸系统、循环系统、肝肾功能，以及产生必要的激素、酶和其他必需分子所需的能量。影响基础代谢率的因素包括犬的年龄、体型、生殖状况和身体状况。例如，与脂肪组织相比，肌肉组织比例相对较高的年轻未绝育犬的 RMR 将高于肌肉组织比例较低的同体重的老年绝育犬的 RMR。犬能量需求的第二个部分是肌肉自主活动。一般活跃犬的活动消耗约占总能量消耗的 30%。当然，犬的运动频率、强度和持续时间将显著影响消耗能量的多少。进食性产热作用，也称为"食物的热效应"，包含了消化、吸收和营养素利用的能量消耗。当摄入包含碳水化合物、蛋白质和脂肪的混合食物时，进食性产热会消耗大约 10% 的摄入能量。处于维持状态和适度活跃的成年犬只需要足够的能量来支持活动并维持身体的正常代谢过程即可。然而，由于机体组织生长或工作的能量需求增加，正处于生长、繁育或工作状态下的犬的能量需求也会增加。

---

① 1 千卡 ≈ 4.186 千焦，下同。

由于犬的体型和体重差异较大，使用一个精准的公式来评估犬的能量需求是比较困难的。不同品种成犬的体重从 1.1 磅[①]到 150 磅（0.5~68 千克）不等。因为身体消耗能量与动物的全身表面积有关而不是实际体重，所以体重和能量需求关系不能用简单的线性方程来描述。例如，如果用每单位体重的能耗表示（千卡 / 千克体重），那么小型犬的能量需求明显高于大型犬。用表面积表示体重时可以很大程度上减少这些误差。这被称为代谢体重（metabolic body weight），是通过犬体重（以千克为单位）的幂次方来计算的[2]。指数值通常在 0.64~0.88。目前有证据表明，对于大多数体型的犬来说使用 0.67 指数去计算能量需求是较为准确的[3]。公式：ME 需求 =$K\times$ 体重（以千克为单位）$^{0.67}$ 估算了不同体型成犬的每日能量需求。K 值是根据犬活动水平而定的。表 16.1 举例说明了该公式用于确定不同体型和活动水平的犬的能量需求。

表 16.1 成犬每日能量需求估算

活跃水平	20 磅（9 千克）犬（波士顿㹴）	60 磅（27 千克）犬（拉布拉多寻回犬）
不活跃	ME 需求 =99×(9 千克)$^{0.67}$ =431.5 千卡 / 天	ME 需求 =99×(27 千克)$^{0.67}$ =999.8 千卡 / 天
一般活跃	ME 需求 =132×(9 千克)$^{0.67}$ =575.3 千卡 / 天	ME 需求 =132×(27 千克)$^{0.67}$ =1201.1 千卡 / 天
非常活跃	ME 需求 =160×(9 千克)$^{0.67}$ =697.4 千卡 / 天	ME 需求 =160×(27 千克)$^{0.67}$ =1455.9 千卡 / 天

注：K = 99 不活跃；K = 132 一般活跃；K = 160 非常活跃。

能量方程所预测的每日能量需求是针对成年犬在不同活动阶段的特定能量需求。能量需求增加的生命阶段包括成长发育阶段、妊娠期、哺乳期、疾病或创伤恢复期，以及暴露在极端环境条件下的时期。为了获得处于这些条件下犬的能量需求，需要先计算犬的代谢能量，然后乘以适当的系数来满足增加的能量需求。例如，如表 16.1 中示例的拉布拉多母犬为一般活跃水平（K=132），其估算的每日能量需求约为 1201 千卡（5027 千焦）ME。如果它处于繁育状态，预计在妊娠结

---

① 1 磅 ≈ 0.454 千克，下同。

束时它的每日能量需求将增加到约 1802 千卡（7543 千焦）。这个估值是用 1201 乘以系数 1.5 得到的（表 16.2）。由于犬的能量需求变化很大，因此，计算出的每日能量需求仅是估算，估算值需要根据犬对喂养的长期反应来灵活调整。

表 16.2　犬不同生命阶段的每日能量需求估算

阶段	能量需求的变化
早期成长（8 周至约 4 月龄）	2× 成年期 ME（按相同体重的成犬计算）
青春期（4—7 月龄）	1.6× 成年期 ME（按相同体重的成犬计算）
晚期成长（约 7 月龄至成年）	1.2× 成年期 ME（按相同体重的成犬计算）
妊娠中期至晚期（妊娠 5 周后）	1.25~1.5× 成年期 ME（按相同体重的成犬计算）
哺乳期高峰（约 4 周）	3~3.5× 成年期 ME（受产仔数量影响）
疾病或创伤恢复期	1.25~2.0× 成年期 ME（按相同体重的成犬计算）
极端寒冷温度下	1.2~1.8× 成年期 ME（按相同体重的成犬计算）

能量摄入：与所有动物一样，犬能够调节其能量摄入以精准地满足其日常能量需求。当能够自由采食营养均衡且美味的食物时，大多数犬会摄入足够的食物来满足它们的日常能量需求，但它们不会过量采食[4-5]。这与人们普遍认为的动物无法自我调节其必需营养素的想法正好相反。那些缺乏某种维生素、矿物质或必需氨基酸的犬虽然不会寻找某种含有营养素的食物，但也不会优先选择缺乏大量营养的食物。相较之下，犬能很容易地通过增加或减少食物的摄入量以应对能量失衡。

尽管所有的犬都能够自我调节能量摄入，但控制食物摄入的内部机制可能会被外部因素所影响，例如，食物的适口性和能量密度、犬运动量不足、疾病，甚至无聊。宠物食品的发展倾向于开发高度可口和能量密度高的宠物食品，如果犬是自由采食的话，这可能会导致一些犬摄入过多的能量。此外，一些犬久卧不动，所以其能量需求非常低。以上因素可能导致犬摄入食物过量和体重增加。因此，尽管所有犬都能够自我调节能量摄入，但在大多数情况下，最好通过控制饮食结构来监测和控制能量摄入（详见第十八章）。

当犬每日能量摄入大于或小于其每日需求量时，就会发生能量失衡，从而导致其生长速度、体重和体况发生变化。如今美国宠物的能量摄入超标比能量摄入不足更为普遍。在成长过程中，能量的过度摄入已被证明对犬有不利影响，尤其是对那些大型和巨型品种。当给成长中的幼犬喂食过量的全价且高能量的宠物食品时，可以达到最快的生长和增重速度。但是，对成长期犬的研究表明，过快的生长速度并不利于骨骼健康生长和发育[6-7]。事实上，目前研究表明最快的生长速度是成长期幼犬骨骼疾病（如骨软骨炎和髋关节发育不良）的重要诱因（详见第十九章）[8]。对成犬来说，长期摄入过量的能量会导致超重和肥胖。与人类一样，肥胖与许多健康风险有关。这些风险涉及呼吸系统、循环系统、骨骼和运动系统。此外，运动、玩耍或活跃能力的下降会对犬的生活质量产生负面影响（详见第十九章）。

能量密度和热量分布： 动物食物中提供能量的三种营养素是碳水化合物、脂肪和蛋白质。其他营养素虽然对健康是必需的，但并不能提供能量。一般来说市售的商品犬粮中，蛋白质和碳水化合物的平均ME值为 3.5 千卡 / 克[9]。脂肪比蛋白质或碳水化合物的能量密度要高，约 8.5 千卡 / 克。宠物食品的能量密度是指一定重量或体积的食物所提供的能量值。能量密度通常表示为每千克或每磅食物的 ME（千卡）。例如，一般普通成犬的全价干粮的能量密度大约为 3800 千卡 / 千克或1727 千卡 / 磅。

犬粮的能量密度与满足犬日常能量需求的饲喂量成反比。当食物能量密度增加时则需要消耗的食物总量减少。例如，一只非常活跃的70 磅（31.5 千克）公犬每天的能量需求为 1625 千卡。如果给这只犬喂食能量密度为每杯 415 千卡的高品质犬粮，它每天则需要大约 4 杯的喂食量，而如果给它喂食每杯 340 千卡的犬粮，它每天将需要近 5杯的喂食量。能量密度是宠物营养中最重要的概念之一，因为它是决定犬每天需要食物量的主要因素，它也直接影响犬所有必需营养素的摄入量。宠物食品的配方必须在确保满足犬日常能量需求的同时提供足量的必需营养素。

热量分布指蛋白质、碳水化合物和脂肪提供的代谢能占犬粮总代谢能的比例。考虑能量密度的同时，食物的热量分布为犬粮选择提供了重要指导信息。此外，可以用来比较针对不同生命阶段和活动水平的犬粮配方。例如，相比一般成犬粮，有减重功能的犬粮中脂肪贡献的能量比例较少。相反，针对工作量繁重的犬，其犬粮脂肪比例较高，这能为工作犬提供必需的额外能量（图 16.1）。为特定年龄、活动水平和生命阶段的犬选择犬粮时，应密切关注能量密度和热量分布。

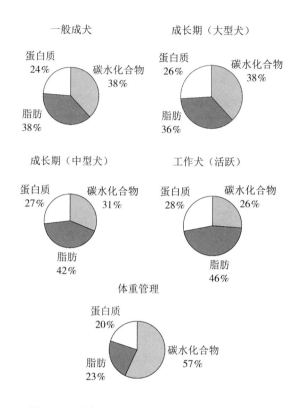

图 16.1　针对不同生命阶段犬粮的热量分布

水

水是所有动物最重要的必需营养素。动物可以在没有其他营养素的情况下长时间存活，但在缺水状态下几天内就会死亡。偏瘦动物约70%的体重是水，体内组织水占比70%~90%。在体内，水作为溶剂承载了所有的细胞反应，并为营养物质和废弃物提供运输介质。水还吸收了身体代谢过程中所产生的热量，从而维持正常的体温。水介质对于营养物质的消化吸收至关重要，因为它促进了胃肠道内容物与消化酶的混合，并且在水解过程中起重要作用。肾脏清除废弃物时也需要大量的水，水既是废弃物的载体，也是有毒代谢物的溶剂。

犬需要稳定的水源来弥补尿液、粪便和呼吸造成的水分流失。当天气炎热时，呼吸中的水分流失有助于调节体温。喘息是一种特殊的呼吸形式，包括非常快速的浅吸气和浅呼气，它可以大幅增加水分和热量损失。由于犬主要是通过喘息维持体温，且缺少其他有效的散热方式，因此，在天气炎热时，呼吸时的水分蒸发和身体汗液蒸发可能会造成大量的水分流失。

动物每天摄入的水分有 3 个来源：食物中的水分、饮用水和食物同化产生的代谢水。食物中的水含量取决于食物类型。市售的商品干粮含有 7%~12% 的水分，而罐头含有高达 78% 的水分[10]。毫无疑问，只给犬饲喂罐头时，它们的主动饮水量通常非常低[11]。相反，喂食干粮的犬需要经常摄入饮用水。代谢水是体内储能营养物质在氧化过程中产生的水。按重量算，脂肪代谢产生的代谢水最多，蛋白质分解代谢产生的代谢水最少。对大多数动物来说，代谢水是很少的，只占每日水分总摄入量的 5%~10%。水分的最后一个来源是主动饮水。影响宠物主动饮水的因素包括环境温度、饲喂的食物类型、犬的活动水平、年龄、生理状态和健康状况。水所需的摄入量随着环境温度的升高和运动的增加而增加，因为身体的降温机制会导致更多的水分蒸发流失。哺乳期母犬的泌乳也会增加对水分的需求。摄入能量也会影响主动饮水的量。随着能量摄入的增加，营养物质代谢增加会产生更多的废弃物和热量。在这种情况下，身体需要更多的水来排泄尿液中的废弃物和调节体温[12]。

成犬平均每日需水量约为每磅体重 1 盎司①水（即每千克体重平均每日需水量 62.5 毫升）。例如，一只 60 磅（27 千克）重的犬每天需要大约 60 盎司（1704.6 毫升）的水。健康的犬可以自我调节饮水量，需要给它们随时提供干净的饮用水。当天气炎热或干燥时，或在剧烈运动时，应更加频繁地为犬提供干净的饮用水。

碳水化合物

碳水化合物是植物主要的储能物质，占植物干物质重量的 60%~90%。碳水化合物由碳、氢和氧组成，可分为单糖、双糖或多糖。

单糖碳水化合物：单糖碳水化合物也称为"简单糖类"，由 3~7 个碳原子组成的单个单位。营养和代谢中最重要的 3 种己糖（6- 碳单糖）是葡萄糖、果糖和半乳糖。葡萄糖是体内淀粉消化和糖原水解的主要最终产物。它是动物血液中循环的碳水化合物形式，也是身体细胞代谢能量的碳水化合物的初级形式。蜂蜜、成熟水果和一些蔬菜中都含有果糖。食物中不存在游离形式的半乳糖，但是，半乳糖占全部双糖乳糖的 50%，并存在于所有动物的乳汁中。

---

① 1 盎司 = 28.41 毫升，下同。

双糖碳水化合物：双糖碳水化合物由两个连接在一起的单糖组成。第一种重要的双糖组成是乳糖，乳糖存在于所有哺乳动物的乳汁中，由一分子葡萄糖和一分子半乳糖组成。幼犬在断奶前通过母乳摄入乳糖作为碳水化合物的来源。断奶后，饮食中的乳糖可以忽略不计。消化乳糖所需的肠道酶称为乳糖酶。像其他哺乳动物一样，犬随着年龄的增长会出现乳糖酶活性丧失。因此，给成犬喂食大量牛奶或其他乳制品会导致消化不良。大多数犬可以消化少量乳制品，但过量则会导致腹泻，因为无法被犬消化的糖和大肠细菌发酵产生的最终产物具有渗透作用。第二种重要的双糖组成是蔗糖，它由一分子葡萄糖与一分子果糖连接形成。蔗糖通常被认为是食用糖，存在于甘蔗、甜菜和枫糖中。尽管尚未在犬身上得到证实，但其他物种的数据表明，几周龄内幼年动物的蔗糖酶活性较低。因此，蔗糖溶液不能作为低月龄幼犬或孤儿幼犬的能量来源。

多糖碳水化合物：是由许多单糖组成的碳水化合物，有长而复杂的连接链。淀粉和膳食纤维是宠物营养相关的两种多糖。淀粉是市面上大多数宠物食品中存在的主要碳水化合物来源，是一种极易被消化利用的能量来源。而谷物则是犬粮中淀粉来源的主要原料成分，其中，包括玉米、大米、燕麦、大麦和小麦等。膳食纤维是一种植物原料，主要由几种形式的碳水化合物组成，所有这些类型的碳水化合物都不能被犬消化道内的酶消化。这意味着膳食纤维不能被有效地分解成单糖在小肠中吸收。然而，在大肠中，纤维不同程度地被肠道微生物发酵。最近的研究表明，在犬的饮食中加入膳食纤维对胃肠道是有益的[13]。具体而言，犬粮中适宜水平的膳食纤维能够刺激肠胃蠕动，提高肠道内容物体积，并减少胃肠道转运时间。大肠中纤维发酵的最终产物称为短链脂肪酸（short-chain fatty acids），这对肠道内壁细胞的健康也很重要（详见第十九章）。

碳水化合物的功能：在动物体内，碳水化合物是一种必需的且能够被有效利用的能量来源。单糖葡萄糖是许多组织的重要能量来源。持续的葡萄糖供给对于中枢神经系统正常运行是必需的。在所有动物中，体内只能以糖原的形式储存有限的碳水化合物。存在于心肌中的糖原是心脏重要紧急的能量来源，而当体内循环葡萄糖较少时，肝脏和肌肉糖原被水解来向细胞提供额外的葡萄糖。当消耗的碳水化合物超过身体的能量需求时，大多数会转化为体内脂肪加以储存，从而导致体内脂肪堆积和肥胖。因此，过量喂食低脂或减脂的食物仍然有可能导致体脂增加和体重上升。

　　碳水化合物需求： 所有动物的代谢都需要葡萄糖。葡萄糖可以通过内源性合成（体内产生）或食物中的碳水化合物来提供。肝脏和肾脏利用其他营养物质代谢产生葡萄糖，然后释放到血液中，再转运到身体各组织。有证据充分表明，如果犬的饮食中蛋白质和脂肪含量满足葡萄糖合成需求时，则饮食中不必含有碳水化合物[14]。然而，代谢旺盛期，如妊娠期和哺乳期需要外源性碳水化合物这个说法一直存在争议。在妊娠期间，因为葡萄糖是胎儿发育的主要能量来源，所以，母犬对葡萄糖的需求也会相应增加。

　　类似地，处于哺乳期的母犬合成乳糖（母乳中存在的双糖）需要额外的葡萄糖。尽管研究表明，繁育过程中喂食不含碳水化合物的饮食会产生不利影响，但如果饮食中的蛋白质含量足够高，则不会产生这些影响[15]。尽管碳水化合物对犬的生理功能至关重要，但即使在妊娠和哺乳期代谢要求很高的阶段，碳水化合物也并不是饮食中不可或缺的部分。

　　在犬饮食中，碳水化合物并不是必需的，虽然大多数市售和自制的犬粮其营养成分中都包括一定量的碳水化合物，其中最常见的是淀粉（详见第十七章）。生淀粉难以被消化，但熟淀粉能够被犬有效地消化和吸收。淀粉的消化率和可用性受到热处理方式和淀粉颗粒大小的影响[16]。充分加热至熟可以大幅提高犬粮的消化率，如干粮挤压膨化过程中的加热有利于提高其消化率，并且细磨淀粉比粗磨淀粉更易消化。

　　虽然膳食纤维本身不是必需的营养素，但在宠物日粮中加入适量的纤维对于胃肠道的正常运作是必要的。不可溶性纤维的功能是提高进食量，增加饱腹感，并维持正常的肠道运输时间和胃肠道蠕动。可溶性纤维可以延缓胃排空时间，以及被结肠益生菌发酵后可以产生短链脂肪酸，这是结肠细胞的重要能量来源。添加甜菜浆或米糠等中度可发酵的纤维源可提供大量不可发酵组分，并为产生有益的短链脂肪酸提供了可发酵的组分。犬粮中纤维的最佳含量是干物质的3%~7%[17]。宠物食品中膳食纤维的常见来源包括小麦、米糠、甜菜浆以及大豆和花生壳。

脂肪

脂肪是异质化合物中脂质的一部分。脂肪有几种存在形式，甘油三酯是犬饮食中最重要的脂肪类型。甘油三酯由三分子脂肪酸与一分子甘油相连组成。脂肪酸通常根据其碳链中包含的双键数量进行分类。饱和脂肪酸的碳原子之间不含双键，单不饱和脂肪酸有一个双键，多不饱和脂肪酸含有两个或多个双键。一般来说，动物脂肪中的甘油三酯比大多数植物脂肪含有更高比例的饱和脂肪酸。

甘油三酯是身体储存能量的主要形式。对犬来说，储存的脂肪主要以皮下脂肪的形式存在于皮下、以内脏脂肪的形式储存于重要器官周围以及肠膜中。脂肪储存附近有充足的血液和神经，并且脂肪处于不断变化的状态，在需要时能提供能量以及在能量过剩时储存能量。脂肪还可以作为绝缘体阻止身体热量损失，以及作为保护层防止重要器官受伤。动物体内存在许多不同形式的脂质，对代谢和身体结构组成起重要作用。脂质是细胞膜的结构成分、不同激素的前体以及防止水分流失和提供保护的皮肤成分。

脂肪在食物中的功能：在食物中，脂肪有两个主要作用：提供能量来源和提供必需脂肪酸。同多数哺乳动物一样，满足犬生理需求的脂肪酸有三种。这些被称为必需脂肪酸（essential fatty acids, EFA），包括亚油酸，γ‑亚麻酸和花生四烯酸。这三种脂肪酸都属于 ω‑6（n‑6）脂肪酸家族。对于包括犬的多数动物，γ‑亚麻酸和花生四烯酸可以由亚油酸合成。因此，如果食物中提供足够的亚油酸，则不用添加额外的 γ‑亚麻酸或花生四烯酸，只有亚油酸是必需的。犬还需要另一种脂肪酸，即 α‑亚麻酸。α‑亚麻酸属于 ω‑3（n‑3）脂肪酸家族，是多种动物的必需脂肪酸。尽管某些 n‑3 脂肪酸被证明具有一定的医用价值，但这种脂肪酸对于健康犬的营养作用尚不明确（详见第十九章）。宠物食品中亚油酸的来源为植物油，如玉米油、大豆油和红花油。饱和动物脂肪通常含有少量的亚油酸。相反，花生四烯酸仅存在于动物脂肪中。宠物食品中常添加的全脂亚麻籽是 α‑亚麻酸的来源。

脂肪是犬的重要能量来源，并且是食物中最集中的储能营养素。尽管犬粮中的碳水化合物和蛋白质能提供约 3.5 千卡 ME/ 克的能量，但脂肪可以提供约 2 倍以上的能量，即 8.5 千卡 ME/ 克。除含有较高的能量外，脂肪总体来说比蛋白质或碳水化合物更易消化[18]。由于脂肪的以上特性，增加犬食物中的脂肪含量会显著增加其能量密度。当调整犬食物中其他必需营养素而需要考虑能量密度的变化时，给犬食用含有多种脂肪的饮食有利于它的健康。脂肪也有助于提升犬粮的适口性和质地。

脂肪需求： 犬对脂肪的需求取决于对必需脂肪酸和高热量食物的需求。犬对必需脂肪酸的需求通常以亚油酸量表示，因为食物中足够的亚油酸可以满足犬对必需脂肪酸的需求。目前关于成犬日粮中必需脂肪酸含量和脂肪百分比的建议是至少 1% 的亚油酸和至少 5% 的脂肪（干物质基础）[7,19]。换算为能量比例时，相当于能量密度为 3500千卡 ME/ 克的食物中 12% 的代谢能。在成长和妊娠期间，脂肪含量应该增加到 8%（或 19.5%ME）。

在妊娠期、哺乳期和长时间运动期间，犬需要更高的能量。在这期间饲喂能量密度高的高脂肪食物可以让犬在有限的采食量中摄入足够的能量。此外，工作强度大的犬会有效且优先利用脂肪酸作为能量来源[20]。大多数常规商品成犬粮中含有 5%~15% 的脂肪（干物质基础）。相比之下，妊娠、哺乳或工作犬的干粮脂肪含量可能至少为 20%。

低脂肪饮食会导致总能量和必需脂肪酸摄入不足。由于低脂饮食的适口性较差，犬可能不愿意采食，因此，采食量的减少可能会进一步导致能量或必需脂肪酸的缺乏。犬缺乏必需脂肪酸的症状包括掉毛、毛发干燥、暗淡、皮肤损伤和发生感染。但犬缺乏必需脂肪酸的情况并不常见。如果发生了，通常是由于日粮配方较差或储存不当。一些疾病的并发症也会导致犬缺乏必需脂肪酸，如胰腺炎、胆性疾病、肝病或消化不良[21]。

虽然犬能够消化和吸收较多的脂肪，但提供超过胃肠道消化吸收极限的脂肪会导致腹泻。这个问题常见于给犬喂食高脂肪的人类食物的残羹剩渣或零食。工作犬的日粮通常适口性较好以及能量密度较高，所以给普通犬饲喂可能会导致其体重增加和肥胖。无论饮食中的脂肪含量如何都必须保持能量均衡，以防止发生生长过快、计划外的体重增加或肥胖。

蛋白质

与碳水化合物和脂肪类似，蛋白质含有碳、氢和氧。此外，蛋白质还含有氮和少量的硫。氨基酸是蛋白质的基本单位，通过肽键连接在一起。蛋白质的大小从只有几个氨基酸到非常长的氨基酸链的复杂分子。在消化过程中，蛋白质被水解成氨基酸（和一些双肽），这些氨基酸通过小肠内壁被吸收到体内。蛋白质中有22种氨基酸。其中12种可以在体内合成，因此，饮食中不需要额外添加。剩下的10种被称为必需氨基酸，体内无法通过自主合成满足需求。这些必须在犬的饮食中提供（表16.3）。

表16.3　犬必需和非必需氨基酸

必需氨基酸	非必需氨基酸
精氨酸	丙氨酸
组氨酸	天冬酰胺
异亮氨酸	天冬氨酸
亮氨酸	半胱氨酸
赖氨酸	谷氨酸
蛋氨酸	谷氨酰胺
苯丙氨酸	甘氨酸
色氨酸	羟基赖氨酸
苏氨酸	羟脯氨酸
缬氨酸	脯氨酸
	丝氨酸
	酪氨酸

蛋白质主要有两个作用：提供用于蛋白质合成的必需氨基酸以及为合成非必需氨基酸和其他含氮化合物提供氮。蛋白质在体内具有多种功能，它是毛发、皮肤、指甲和结缔组织的主要结构组成。所有的酶和许多激素都是由蛋白质组成的。血液中的蛋白质是重要的载体物质，有助于调节酸碱平衡。免疫系统和肌肉骨骼系统也依赖蛋白质才能正常运行。体内所有蛋白质的分解和合成都处于动态变化的状态。尽管不同组织迭代率差异很大，但体内所有蛋白质分子最终都会被分解代谢和替代。只要机体获得了足够的必需氨基酸，机体就有能力使用氨基酸合成新的蛋白质。

因为动物吸收的是氨基酸而不是完整的蛋白质，所以动物对饮食中的蛋白质没有需求，而是对必需氨基酸和氮有一定的需求。而通常用蛋白质需求表示是因为必需氨基酸和氮通常在食物中以完整蛋白质的形式出现。成犬需要食物中的蛋白质来补充皮肤、毛发、消化酶和黏膜细胞中的蛋白质损失以及正常细胞蛋白质分解引起的损失。这种需求称为"维持性"蛋白质需求。幼龄动物和繁育期雌性动物具有相同的维持性需求，然后再加上额外新组织生长或泌乳的需求。工作强度大的犬需要稍多些的蛋白质来维持和生成肌肉。此外，动物的活跃水平、生理状态和先前的营养状况都会影响个体的蛋白质需求。

蛋白质质量： 犬粮中所含蛋白质的质量会显著影响用来满足犬蛋白质需求的蛋白质总量。由于宠物食品中的蛋白质质量差异很大，在确定犬的蛋白质需求量和选择最佳食物时，蛋白质质量是一个重要因素（详见第十七章）。简单来说，动物的蛋白质需求量与蛋白质消化率、蛋白质是否含有足够必需氨基酸成反比。蛋白质消化率和质量较高，饮食中规定的用来满足动物需求的蛋白质含量（百分比）可以适当减少。高品质商业犬粮中蛋白质消化率在 80%~90%[22]。相应的，低质量商业宠物食品中蛋白质消化率低至 70%~75%。食品中含有不易消化的蛋白质时，需要更高比例的添加量才能确保犬摄入足够的必需氨基酸以满足其需求。

犬粮蛋白质的氨基酸含量同样会影响犬粮中蛋白质的添加量。针对犬的需求，大多数蛋白质原料都存在某些氨基酸过量、其他一些氨基酸含量较少或缺乏的问题。因此，商品粮通常包含不同种类的蛋白质来源。添加含有补充性的必需氨基酸的蛋白质可以提供平衡的氨基酸供给。如果日粮已经实现营养均衡，那么，用以满足需求的日粮中的蛋白质含量可以减少，因为过量的氨基酸会被吸收和代谢为能量，或转化为脂肪（见后文）。

犬的蛋白质需求： 蛋白质具有几个重要功能，提供必需氨基酸用于合成组织生长和为修复过程中所需的蛋白质提供氮。氮对于合成非必需氨基酸和其他含氮分子具有重要的作用，如核酸、嘌呤、嘧啶和某些神经递质物质。蛋白质所提供的氨基酸也可以代谢为能量。氨基酸的总能为 5.65 千卡 ME/ 克。当考虑粪能和尿能流失时，犬粮中蛋白质的代谢能约为 3.5 千卡 / 克，与碳水化合物提供的能量相当。动物无法储存过量的氨基酸，多余的氨基酸（如蛋白质提供不均衡的氨基酸）会直接转换为能量，或转化为糖原和脂肪储存能量。犬粮中蛋白质的另一功能是提供风味。当蛋白质同碳水化合物和脂肪共同反应时会产生不同的味道[23]。

饲喂中端全价宠物食品时，假设犬粮中的代谢能约为 3500 千卡 / 千克（干物质基础），成犬粮最低蛋白质含量应为 18%，成长和繁育期的犬粮应为 22%（干物质基础）。如果犬粮的能量密度较高，则必须适当增加蛋白质含量。例如，当犬粮能量密度为 4000 千卡 / 千克时，一般成犬所需的蛋白质比例至少为 20.5%，成长或繁育期犬所需蛋白质比例至少为 25%。在任何情况下，这些值应相当于一般成犬粮的 18% 和成长或繁育期犬粮的 22% 蛋白质含量。

如果食物中缺乏蛋白质，成犬的体重会减轻且身体组织（肌肉）会流失并变得消瘦。幼犬和成长中的犬会表现出增重变慢甚至减重，这不利于犬的生长发育。蛋白质缺乏在宠物中并不常见，因为宠物主人一般会用营养均衡的商品日粮来饲喂他们的宠物，多数商品日粮中含有的蛋白质超过了犬最低的蛋白质要求[24]。若出现了蛋白质缺失，通常是因为宠物主人在犬营养需求较高的时期（如妊娠期、哺乳期或进行繁重工作等）饲喂低质量、配方不合理的宠物食品来节省饲养成本。

维生素

维生素是身体代谢过程中所需的微量有机分子。虽然维生素是有机分子，但它们不是能量来源或结构化合物。除少数例外，多数维生素都不能自主合成，必须从食物中获取。一般将维生素分为两类：脂溶性维生素和水溶性维生素。脂溶性维生素包含维生素 A、维生素 D、维生素 E 和维生素 K；水溶性维生素包括 B 族复合维生素和维生素 C。表 16.4 总结了必需的脂溶性维生素和水溶性维生素在体内的功能以及缺乏和过量的表现。商品粮的广泛使用使得维生素缺失非常罕见。然而如果出现维生素不均衡，通常是因为不恰当的喂养方式，或是疾病引发的。具体案例在第十九章中进行阐述。

表 16.4　维生素：功能和缺乏症、过量后果

维生素类型	功能	缺乏症和过量后果
维生素 A（视黄醇）	眼睛视觉色素中的成分；正常视力所必需的；参与正常细胞分化和维持皮肤健康；骨骼和牙齿发育所必需的	**缺乏：** 不利于生长和繁育、皮肤病变/感染 **过量：** 肝损伤；骨病
维生素 D	正常钙吸收和代谢以及骨骼吸收钙所必需的；维生素 D 的活性形式是由皮肤中的脂质化合物合成的	**缺乏：** 罕见。如果发生，是由同时发生的钙磷失衡导致的。幼犬和成犬骨软化症 **过量：** 血钙升高导致软组织钙化
维生素 E	抗氧化剂；保护细胞和组织免受氧化损伤	**缺乏：** 生殖功能衰竭、免疫功能受损 **过量：** 未观察到影响
维生素 K	参与正常凝血；维持大肠细菌环境	**缺乏：** 凝血时间延长 **过量：** 未观察到影响
硫胺素 (B_1)	参与碳水化合物代谢；需求量受饮食中碳水化合物水平的影响	**缺乏：** 厌食症、神经系统疾病 **过量：** 未观察到影响
核黄素 (B_2)	对正常氧化反应和营养物质的细胞代谢至关重要	**缺乏：** 皮肤损伤、神经系统疾病 **过量：** 未观察到影响
烟酸	氧化和还原反应所需；营养物质代谢	**缺乏：** 黑舌病 **过量：** 未观察到影响
吡哆醇	蛋白质和氨基酸代谢中酶的合成所必需的	**缺乏：** 贫血、厌食症、体重减轻 **过量：** 未观察到影响
泛酸	辅酶 A 的成分，它是碳水化合物、脂肪和氨基酸代谢所必需的	**缺乏：** 厌食症、体重减轻、不利于生长 **过量：** 未观察到影响
生物素	脂肪和氨基酸代谢所必需的；皮肤和毛发健康所必需的	**缺乏：** 皮肤损伤、皮炎 **过量：** 未观察到影响
叶酸	正常红细胞发育和 DNA 合成所必需的	**缺乏：** 贫血、白细胞减少 **过量：** 未观察到影响
钴胺素（B_{12}）	与叶酸相关的功能	**缺乏：** 恶性贫血 **过量：** 未观察到影响
胆碱	细胞膜中磷脂的成分；神经递质乙酰胆碱的前体	**缺乏：** 神经系统疾病、脂肪肝 **过量：** 未观察到影响
维生素 C（抗坏血酸）	胶原蛋白和结构蛋白合成所必需的。犬能自主合成足够的抗坏血酸	犬不需要从食物中获取

矿物质

矿物质是无机元素，对身体的正常成长、发育和保持健康至关重要。虽然矿物质只占动物体重的大约 4%，但这些元素对生命的维持起重要作用。一般分类会将矿物质分为两类：常量矿物质元素和微量矿物质元素。常量矿物质元素指那些体内含有一定量的矿物质，这些矿物质占身体矿物质含量的大部分，包括钙、磷、镁、硫以及电解质钠、钾和氯。微量矿物质元素指体内存在很少量的矿物质，在饮食中需要的浓度很低，包括铁、锌、铜、锰、碘、硒和钴。

矿物质在体内具有多种功能。钙、磷和镁等常量矿物质是骨骼以及某些运输蛋白质和激素的主要成分。矿物质还能激活酶促反应，有助于神经传递、肌肉收缩、水和电解质平衡。表 16.5 总结了矿物质的主要功能和不均衡的表现。与维生素一样，矿物质缺失在美国犬中很少见。矿物质相关的问题通常是因为不正确的喂养方式、营养不均衡，或其他疾病的并发症状。具体矿物质不均衡案例在第十九章中进行阐述。

表 16.5　矿物质：功能和缺乏症、过量后果

矿物质类型	功能	缺乏症和过量后果
钙	与磷一样，钙也是骨骼和牙齿的主要成分；对凝血、神经和肌肉功能至关重要	**缺乏：** 佝偻病（成长中的犬）；骨软化症（成犬） **过量：** 损害骨骼发育；干扰锌的吸收（可能导致锌不足）
磷	骨骼和牙齿的组成部分；负责体内能量的储存和传递(在 ATP、ADP 和其他化合物中发现的"高能键"成分)	**缺乏：** 与缺钙相同 **过量：** 干扰钙吸收和新陈代谢
镁	骨架的组成部分；肌肉收缩和神经冲动传递所必需的，参与能量代谢和蛋白质合成	**缺乏：** 软组织钙化；神经肌肉异常 **过量：** 吸收调节可以抑制食源性镁过量
铁	血红蛋白和肌红蛋白（血液和肌肉的携氧蛋白）的成分；参与细胞呼吸的酶成分	**缺乏：** 贫血、疲劳、虚弱 **过量：** 吸收调节可以抑制食源性铁过量

矿物质类型	功能	缺乏症和过量后果	
铜	红细胞的形成和保持其活性所必需的；许多酶促反应的辅助因子；皮肤和毛发正常色素沉着所必需的	**缺乏：**	贫血、不利于骨骼生长
		过量：	某些品种的遗传性铜代谢紊乱会诱发毒性物质沉积（肝病）
锌	许多酶系统的基本成分，包括参与蛋白质和碳水化合物代谢的酶；保持皮肤和毛发健康所必需的	**缺乏：**	不利于生长；生殖功能衰竭；皮肤损伤；毛发褪色
		过量：	罕见，会干扰钙和铜的吸收与代谢
硫	合成软骨、胰岛素和肝素中的硫酸软骨素所必需的；谷胱甘肽的成分	**缺乏：**	未观察到，因为在蛋氨酸和半胱氨酸中含量较高
		过量：	未观察到影响
锰	参与碳水化合物和脂质代谢的酶系统的组成部分；软骨形成	**缺乏：**	不利于生长；无法繁殖
		过量：	未观察到影响
碘	甲状腺激素的基本成分（参与调节身体代谢）	**缺乏：**	罕见；甲状腺肿大
		过量：	罕见；甲状腺肿大
硒	谷胱甘肽过氧化物酶的成分，作为细胞膜抗氧化剂；作用与维生素 E 的作用相似	**缺乏：**	犬不太可能出现
		过量：	犬不太可能出现
钴	维生素 B_{12} 的成分	**缺乏：**	犬不太可能出现
		过量：	未观察到影响
电解质（钠、钾、氯化物）	酸碱平衡和体液渗透调节；神经和肌肉功能；能量代谢	**缺乏：**	犬不太可能出现
		过量：	犬不太可能出现

犬的消化和吸收

　　在所有物种中，消化系统的作用是将食物中大量复杂的营养成分分解成简单的、可以被身体吸收转运到组织中并被细胞利用的形式。例如，食物中的大部分脂肪在被吸收前会被水解成甘油、游离脂肪酸，以及一些甘油单酯和甘油二酯。复杂的碳水化合物会被分解为单糖：葡萄糖、半乳糖或果糖。蛋白质分子被水解成单个氨基酸单元和一些二肽。在消化过程中，犬消化道的重要部分包括口腔、食道、胃、小肠和大肠（图 16.2）。此外，胰腺和肝脏的分泌物被释放到小肠中，是消化食物所必需的。犬是单胃动物，可以适应含有大量动物组织的杂食性饮食。

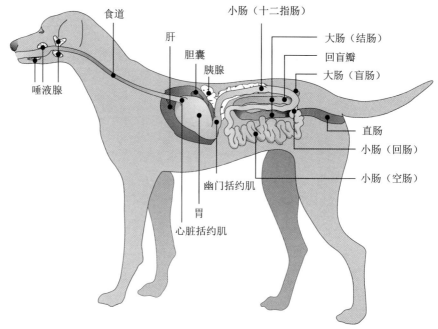

图 16.2　犬的胃肠道系统

口腔： 当犬开始进食时，食物的气味和进食会刺激唾液腺分泌唾液。唾液的功能是帮助食物混合并在吞咽前润滑食物。在吞咽食物前，犬的咀嚼次数较少。然而如果食物坚硬或体积较大，犬的臼齿和前臼齿会用来研磨和咀嚼食物。

食道： 犬的吞咽将食物从口腔转移到食道。食道是口腔通向胃的中空的肌肉通道。食管内侧的细胞会产生黏液帮助食物通过。位于胃底部的贲门括约肌放松让食物从食道进入胃。食物通过后，它会立即收缩以防止胃内容物回流。

胃： 胃是食物的储存库。食物中蛋白质的化学消化会在这里进行，继而进一步混合食物，并调节食物进入小肠的流量。

胃窦或胃下部的食物混合会产生一种叫食糜的半流体食物混合物。食糜通过幽门括约肌进入小肠。同心脏括约肌一样，幽门括约肌是一个平时处于收缩状态的肌肉环。这个环随着胃的蠕动收缩而松弛，并控制食物从胃进入小肠的速度。在这个消化阶段中，碳水化合物和脂肪的化学成分几乎没有变化，但食物中的蛋白质会被部分水解成较小的多肽。

小肠： 食物的化学消化和营养物质的吸收主要发生在小肠中。当食糜进入小肠后，通过持续蠕动发生进一步的机械消化。肠黏膜中的胰腺和腺体分泌酶到肠腔中，对脂肪、碳水化合物和蛋白质进行化学消化。肝脏分泌胆汁并储存在胆囊中，随着食糜进入小肠释放到肠腔中。胆汁的功能是乳化脂肪并激活某些对脂肪消化重要的酶。在小肠消化过程中，蛋白质、碳水化合物和脂肪被水解成氨基酸、二肽、单糖、甘油、游离脂肪酸、单甘油酯和甘油二酯。当这些小分子营养物质产生时，它们与食物中的维生素和矿物质一起通过小肠壁被吸收到体内。肠绒毛是小肠内壁上的指状突起，作用是增加吸收营养物质的表面积。吸收是指将消化的营养物质从肠腔转移到血液或淋巴系统以输送到全身组织的过程。

大肠（结肠）： 小肠的内容物通过回盲瓣进入大肠。大肠的主要功能是吸收水分和部分电解质。伴随大量的水分，钠被大肠吸收。大肠的第二个重要功能是膳食纤维的发酵。结肠中存在的正常菌群能够消化食物中一些不易消化的纤维和未能在小肠消化的营养物质。这种细菌发酵的产物可以为大肠细胞提供能量。

未消化的食物残渣、脱落的细胞、细菌、未被吸收的内源性分泌物构成粪便物质，最终到达直肠排出体外。犬的粪便特征受食物中不可消化物质的含量和类型的影响。这些物质通过细菌发酵产生不同的气体、短链脂肪酸和其他副产物。当蛋白质以未消化状态到达大肠时，细菌降解会产生叫作吲哚和粪臭素的化合物以及硫化氢气体。硫化氢气体、吲哚和粪臭素会给粪便和肠道气体带来强烈的气味。在豆类中发现的某些类型的碳水化合物，如大豆，对小肠内源性酶的消化有抵抗力。这些碳水化合物到达结肠后被细菌发酵，产生肠道气体（胀气）。当犬被喂食消化率低的食物时，其胃肠胀气和强烈的粪便气味的强烈程度取决于所喂食物的数量和类型，以及个体动物结肠中存在的肠道菌群。

结论

与人类一样，犬的饮食中需要有必需氨基酸、脂肪酸、维生素、矿物质、水分和能量。能量是必须满足的首要需求。能量由脂肪、碳水化合物和蛋白质提供。均衡的饮食需要首先满足犬饱腹感的需求，然后提供所需的能量和必需营养元素。目前，美国大多数宠物主人通过饲喂商品粮为犬提供营养。第十七章主要概述了可供犬食用的食物以及评估和选择合适犬粮的方法。

参考文献

[1] Danforth, E. and Landsberg L. **Energy expenditure and its regulation.** In: *Obesity—Contemporary Issues in Clinical Nutrition* (M.R.C. Greenwood, editor) Churchill Livingstone, New York, pp. 103–121. (1983)

[2] Kienzle, E. and Rainbird, A. **Maintenance energy requirement of dogs: what is the correct value for the calculation of metabolic body weight in dogs?** American Journal of Clinical Nutrition, 121:S39–S40. (1991)

[3] Sunvold, G.D., Norton, S.A., Carey, D.P., Hirakawa, D.A.S., and Case, L.P. **Feeding practices of pet dogs and determination of an allometric feeding equation.** Veterinary Therapeutics, 5:82–99. (2004)

[4] Durrer, J.L. and Hannon, J.P. **Seasonal variations in caloric intake of dogs living in an arctic environment,** American Journal of Physiology, 202:375–384. (1962).

[5] Romsos, D.R., Hornshus, M.J., and Leveille, G.A. **Influence of dietary fat and carbohydrate on food intake, body weight and body fat of adult dogs,** Proceedings of the Society of Experimental Biology and Medicine, 157:278–281. (1978).

[6] Kealy, R.D., Olsson, S.E., and Monti, K.L. **Effects of limited food consumption on the incidence of hip dysplasia in growing dogs.** Journal of the American Veterinary Medical Association, 201:857–863. (1992)

[7] Hedhammer, A., Wu, F.M., and Krook, L. **Over nutrition and skeletal disease: an experimental study in growing Great Dane dogs.** Cornell Veterinarian, 64(suppl 5):1–160. (1974)

[8] Richardson D.C. **The role of nutrition in canine hip dysplasia.** Veterinary Clinics of North America: Small Animal Practice, 22:529–540. (1992)

[9] National Research Council. *Nutrient Requirements of Dogs, National Academy of Sciences,* National Academy Press, Washington, DC. (1985)

[10] Anderson, R.S. **Water content in the diet of the dog,** Veterinary Annual, 21:171–178. (1981)

[11] Anderson, R.S. **Water balance in the dog and cat,** Journal of Small Animal Practice, 23:588–598. (1982)

[12] Hinchcliff, K.W. and Reinhart, G.A. **Energy metabolism and water turnover in Alaskan sled dogs during running.** In: *Recent Advances in Canine and Feline Nutritional Research: Proceedings of the Iams International Nutrition Symposium,* (April 18–21, 1996). Orange Frazer Press, Wilmington, OH, pp. 199–206. (1996)

[13] Bartges, J. and Anderson, W.H. **Dietary fiber.** Veterinary Clinical Nutrition, 4:25–28, (1997)

[14] Blaza, S.E. and Burger, I.H. **Is carbohydrate essential for pregnancy and lactation in dogs?** In: *Nutrition of the Cat and Dog* (I.H. Burger and J.P.W. Rivers, editors), Cambridge University Press, New York, pp. 229–242. (1989)

[15] Kienzle, E. and Meyer, H. **The effects of carbohydrate–free diets containing different levels of protein on reproduction in the bitch.** In: *Nutrition of the Cat and Dog* (I.H. Burger and J.P.W. Rivers, editors), Cambridge University Press, New York, pp. 113–132. (1989)

[16] Bisset, S.A. Guilford, W.G., Lawoko, C.R., and Sunvold, G.D. **Effect of food particle size on carbohydrate assimilation assessed by breath hydrogen testing in dogs,** Veterinary Clinical Nutrition, 4:82–88. (1997)

[17] Reinhart, G. **Fiber nutrition and intestinal function critical for recovery.** DVM News Magazine, 24. (1993)

[18] Huber, T.L., Wilson, R.C., and McGarity, S.A. **Variations in digestibility of dry dog foods with identical label guaranteed analysis,** Journal of the American Animal Hospital Association, 22:571–575. (1986)

[19] Association of American Feed Control Officials: *Official Publication,* AAFCO. (2004)

[20] Reynolds, A.J., Fuhrer, H.L., and Dunlap, M.D. **Lipid metabolite responses to diet and training in sled dogs,** Journal of Nutrition, 124:2754S–2759S. (1994)

[21] Codner, E.C. and Thatcher, C.D. **The role of nutrition in the management of dermatoses,** Seminars in Veterinary Medicine and Surgery (Small Animal), 5:167–177. (1990)

[22] Case, L.P. and Czarnecki-Maulden, G.L. **Protein requirements of growing pups fed practical dry–type diets containing mixed–protein sources,** American Journal of Veterinary Research, 51:808–812. (1990)

[23] Brown, R.G. **Protein in dog foods.** Canadian Veterinary Journal, 30:528–531. (1989)

[24] Kallfelz, F.A. **Evaluation and use of pet foods: general considerations in using pet foods for adult maintenance.** Veterinary Clinics of North America: Small Animal Practice, 19:387–403. (1989)

第十七章 提供健康的饮食

当今，由于可供宠物监护人选择的宠物食品种类繁多，所以，如何为犬选择好的食物可能令人很困惑。在美国，大多数养犬人给他们的犬喂商业犬粮，而最常见的商业犬粮是干粮或膨化粮[1]。在食品类别中，也有许多关于食品目标阶段、所含配料和质量水平的选择。本章概述了宠物食品的类型，每种宠物食品的优缺点以及如何根据生长的特定阶段或生活方式评估和选择合适的犬粮。

商品犬粮的种类

一般来说，商品犬粮可以根据其加工方法、保存方法和水分含量进行分类。目前，市面上出售的主要商品犬粮及零食的类型包括 3 种：干制食品、罐头食品和半湿食品。

干粮： 干粮包括粗粮、饼干、干制餐食和膨化粮，所有这些食品都含有 6%~12% 的水分[2]。粗粮是由生面团作为原料，烘焙而成的产品。将其铺在大块板面上，然后进行烘烤。烘焙的产品冷却后，被切成一口大小的小块并包装起来。犬饼干的制作方法大致相同，不同之处在于面团是被塑形或切成所需的形状，而单独的饼干制作出来被烘焙后，很像真正的饼干。干制餐食是将一些干燥的片状或颗粒状的原料食物混合在一起形成的。虽然干制餐食在 20 世纪 60 年代初很受欢迎，但它们如今几乎完全被膨化粮所取代。

膨化或挤压的犬干粮是当今最常见的犬粮。挤压工艺是指原料混合物在高温高压条件下快速煮熟的烹饪过程。烹饪结束后，这种仍有些软的原料立即被挤入一个被称为"模子"的小口，它将食物塑造成所需的形状和大小。挤压技术在 20 世纪 50 年代使宠物食品行业发生了革命性的变化，因为这一过程导致产品中的淀粉被彻底煮熟，从而显著提高了消化率和适口性。因此，宠物干粮以高度可消化的碳水化合物的形式提供了相当大比例的能量。在小块状的犬粮冷却后，通常会在这种膨化颗粒的外面喷洒一层脂肪或其他美味的材料。这一过程被称为"包衣"，可达到既增加食物的适口性，又增加其热量密度的效果。热风干燥可以将产品的总含水率降低到 12% 或更少。

犬干粮的热量密度，一般按干物质基础计算在 3400~4500 千卡 / 千克代谢能，或 1550~2000 千卡 / 磅。这些产品的能量密度在某种程度上受到所使用的加工方式和包装方法的限制。然而，宠物干粮可以完全满足大多数伴侣动物的能量需求，但是当饲喂有很高能量需求的工作量大或压力较大的犬时，为成犬配制的粮食受到食物体积的限制。在这些情况下，为了满足工作犬的能量需求，已经开发出了"功能"宠物食品。根据食物用途的不同，犬干粮的干物质包含 8%~22% 的脂肪和 18%~32% 的蛋白质（表 17.1）。

表 17.1　市售犬粮中的营养成分

营养成分	干粮	湿粮罐头	半湿粮
百分比 / %（日粮基础）			
水分	6~12	70~78	15~35
蛋白质	16~30	7~13	17~22
脂肪	6~20	4~9	7~12
碳水化合物	40~70	4~13	35~60
纤维	3~7	0.5~1	3~5
灰分	6~9	1~3	5~8
代谢能 /（千卡 / 千克）	2800~4200	850~1250	2500~2800
百分比 / %（干物质基础）			
蛋白质	18~32	28~50	20~30
脂肪	8~22	20~32	8~16
碳水化合物	45~75	18~55	55~75
纤维	3~8	2~5	3.5~7.5
灰分	6.5~10	6~10	6~10
代谢能 /（千卡 / 千克）	3000~4500	3500~5000	3000~4000

注：干物质基础（%）=（营养成分的百分比 / 犬粮中干物质的百分比）×100。

通常用于宠物干粮的配料包括谷类、肉类（家畜、家禽或鱼产品）、一些奶制品以及维生素和矿物质补充剂。膨化产品中必须含有一定比例的淀粉，以便对产品进行适当地加工。此外，生产环节中的高温加工会导致某些维生素的损耗。因此，声誉良好的宠物食品制造商在配制宠物食品时会考虑这些损耗并对其产品进行充分的测试来确保产品中这些营养成分保持在最佳含量（参见宠物食品的来源和质量）。

消费者可买到的犬干粮的质量差异很大。不适当的干燥或挤压方法会导致有效营养成分的损失以及蛋白质的变性，使它们难以消化。因此，劣质干粮的消化率和养分利用率非常低。在养犬人看来，最明显的影响是犬粪便体积大、粪便质量差、排便频率高，并且犬的被毛状况、健康和活力都会有长期的改变。相比之下，生产优质产品的公司只使用经过适当处理的原料，以确保其产品在加工后的消化率仍然保持在高水平。

喂犬干粮有几个好处，一般来说，这些产品比半湿犬粮或湿粮罐头更经济划算，而且由于水分含量低，它们可以储存很长一段时间。如今市场上的大多数干粮都有一个"最佳使用日期"的标注，即生产日期后12个月。干粮可以随意喂食（自由选择），不用担心迅速变质。然而，虽然有些犬可以用这种方式喂养，不会过度进食，但另一些犬仍然会吃得太多，导致体重增加。宠物干粮也有利于牙齿维持干净卫生。吃干饼干或宠物粮时的咀嚼和研磨可能有助于防止牙菌斑和牙结石堆积在牙齿上[3]。

湿粮罐头：宠物食品罐头是将所有原料混合在一起，并加入预先测量好的水而制成的。整个混合物被加热，并沿着装罐传送带运输。混合物被放入罐中，然后密封、清洗并贴上标签。需要在高温下将罐头煮大约60分钟进行加压灭菌。离开高压灭菌（或杀菌釜）后，罐头在可控条件下冷却，以确保无菌。纸标签是在生产的最后一步贴上的。商业化生产的商品罐头犬粮主要有3种类型。这些罐头被生产成肉泥、肉块或肉汁中带有肉块，以及肉块、肉泥的组合。根据所用原料成分的不同，这些产品的营养物质含量和消化率水平可能会有很大差异。

一般来说，罐头食品的适口性是非常好的，因为它们含有相对较高的脂肪和蛋白质（表17.1）。罐头食品加工过程中的高温和高压会杀死有害细菌，但会造成一些营养物质的流失。与干粮产品一样，高质量罐头犬粮的制造商会进行必要的研究，以确定这些营养损失的程度，然后调整他们的配方来弥补损失。然而，一些公司可能没有适当地考虑到罐头制作过程中发生的营养损失。在这种情况下，产品中营养成分的含量可能处于次优水平。按每餐进行比较时，罐头犬粮通常比干粮犬粮更昂贵。在干重或能量密度的基础上进行价格比较是很重要的，因为罐头犬粮含有很大比例的水分。在美国，宠物食品的水分含量可高达 78%，或等于所用原料的自然水分含量，以含水量高的数值为准 [4]。平均而言，罐装宠物食品的水分含量约为 75%，显著高于干粮水分含量。

罐装宠物食品的优势包括它们极长的保质期和犬的高接受性。罐头的灭菌和密封使得这些产品在打开之前可以保存很长一段时间，而不需要做特殊的存储考虑。罐头食品通常也是大多数犬喜欢的食物。因此，管理员每天在干粮中补充一到两汤匙罐头并不少见。这样做的一个缺点是，罐头食品的能量密度高，可能会导致中低能量需求的犬体重增加。如果自由采食，罐头食品的高适口性和高脂肪含量可能会改变犬为满足能量需求而进食的固有倾向，导致能量浪费。

半湿粮： 半湿犬粮的水分含量介于干粮和罐头产品之间，通常在 15%~35%。这些产品将新鲜或冷冻的动物组织、谷类、脂肪和单糖作为其主要成分。半湿犬粮质地柔软——这一特点增强了其可接受性和适口性。大多数半湿犬粮都含有大量的单糖或玉米糖浆，因为它们能够结合水分从而使微生物无法获得水分，起到防腐剂的作用。这种高单糖含量成就了这些产品的适口性和可消化性。半湿犬粮的代谢能在 3200~4000 千卡 / 千克（干物质基础），或 1400~1800 千卡 / 磅。在干重的基础上，半湿犬粮含有 20%~30% 的蛋白质和 8%~16% 的脂肪。半湿犬粮中碳水化合物的比例与干粮相似（表 17.1）。然而，相比之下，半湿犬粮中的碳水化合物主要以简单碳水化合物的形式存在，淀粉的比例相对较小。

在如今的犬粮市场上，半湿犬粮只占很小的比例。相反，大多数半湿犬粮被当作宠物零食出售。它们有各种形状、质地和口味可供选择。尽管这些不同的样式不能反映宠物的营养含量或适口性，但它们确实吸引了一些宠物主人的目光。半湿犬粮在开封前不需要冷藏，保质期相对较长。半湿犬粮的价格比犬干粮高得多，这反映出它们作为一种特殊产品的目的。

零食： 近年来，零食越来越受欢迎。在过去的 30 年里，几乎每一家主要的宠物食品公司都在市场上增加了一种或多种犬零食 [5]。这种增加可能反映了在过去几十年里犬在社会中的角色变化（详见第六章）。宠物主人购买零食并不是因为它们的营养价值而是一种表达对宠物的爱和养护的方式。宠物主人也会给他们的犬提供零食作为训练辅助工具，以期在宠物主人到达或离开时，加强宠物期望的行为，并作为一种手段，为宠物提供多样化的饮食，适当地帮助其保护牙齿健康。

当零食第一次被引入时，它们都是以烘焙饼干的形式出现的。随着时间的推移，这些饼干的形状、大小和口味都不同，并被不断开发和销售。因为零食通常是冲动购买的，所以宠物主人更有可能去尝试一种新的口味或类型的零食，而不是完全更换犬粮或猫粮。为了利用这一点，制造商继续开发新型的犬、猫零食。目前，零食可以分为4种基本类型：半湿粮、饼干、肉干和生皮制品。许多零食都是制作成与人类平时吃的食物相似的样子，如汉堡、香肠、培根、奶酪，甚至冰淇淋。几种流行的零食包括用全天然成分制成的零食，促进牙齿健康的零食，由牲畜身体部位如耳朵、蹄子甚至鼻子制成的零食。

宠物食品的来源和质量

选择一种最佳的犬粮需要能够辨别可获得的食物的质量。一般来说，关于犬粮，最好的经验法则是"你花钱买什么，你就得到什么。"因为犬粮的成分和加工方法可能有很大的不同，所以如今的犬，有各种各样质量的犬粮可供选择。挑剔的宠物主人和养犬专业人士会意识到这些差异，并使用消费者可以获得的信息来为他们的犬选择最好的产品。

犬粮可以分为四大类。其中商业产品可以分为大众品牌、高端品牌和普通/私有品牌。大众品牌包括在全国或部分地区的商店/连锁店销售的食品。高端品牌的开发目的是在目标生命阶段或为其不同的活动水平提供最佳营养，通常（但并不总是）通过宠物医生、宠物专卖店和饲料商店销售。普通犬粮是不带有品牌名称的产品。它们通常以最低成本在当地或部分地区生产和销售。大多数自有品牌或"价格品牌"都是贴着连锁店名牌标签的仿制产品。除了购买商品犬粮，另一种选择是准备自制的食物。虽然这比喂养商品宠粮需要更多的时间和精力，但如果使用经过全面测试和评估的配方长期喂养，就可以提供最佳的营养。

大众品牌： 生产大众品牌的宠物食品公司在广告上投入了大量的精力和资金，这使得他们的产品获得了很高的知名度。大多数大众品牌含有质量中等的配料，其配方对犬来说非常适口，因此，确保了宠物主人的接受度。许多全国销售的品牌都带有通过美国饲料控制协会（AAFCO）喂养试验验证的标签声明。然而，只在地区生产和销售食品的较小制造商，通常使用不太可靠的计算方法来验证标签声明（参见宠物食品的来源和质量）。一般来说，大众品牌宠物食品的消化率低于大多数高端品牌的食品，但含有更高质量的成分，比普通或自有品牌的宠物食品有更高的消化率。这些犬粮的主要优势是购买便利，可以在杂货店自行购买。由于大众媒体上的大量广告，这些犬粮获取了消费者的高度信赖。

高端品牌： 优质宠物食品制造商为不同的生命阶段、活动水平和生活方式的犬制定和销售他们的产品。例如，犬粮已被开发用于工作量大的犬（功能饮食），维持阶段的成犬，大、中、小品种的成长犬，以及断奶前的幼犬。生产这些产品的公司还向宠物主人和专业饲养人员提供有关伴侣动物营养和喂养的学习材料。优质产品中的成分通常比普通品牌中的成分具有更高的质量和消化率。饲养人员注意到，饲喂优质产品的直接结果是降低了粪便体积、改善了粪便质量。优质宠物食品按重量计算通常更昂贵，因为所使用的原料质量更高，而且对产品监控水平也较高。然而，由于这些产品通常非常容易消化，营养丰富，需要喂养的数量较少，每份食物的成本往往与许多大众品牌的宠物食品相当。

普通 / 私有品牌： 普通产品代表消费者可获得的最便宜、质量最差的宠物食品。普通品牌制造商最重要的考虑是生产低成本的产品。出于这个原因，使用廉价、劣质的配料，几乎不进行喂养试验。尽管低成本可能会吸引一些宠物主人，但普通和私有品牌的宠物食品可能会出现几个问题。一些普通犬粮的营养成分还不够齐全，因此，甚至不会贴上标签。对犬的控制喂养研究表明，与大众品牌的食品相比，普通品牌产品的消化率和养分利用率显著降低，长期喂养会导致营养失衡和生长受阻 [6-7]。此外，由于配料劣质往往导致适口性差，这些食物对于某些犬来说是不能接受的。私有品牌宠物食品是指带有出售宠物食品的杂货店、连锁店或其他商店店名的产品。与普通品牌类似，这些产品通常是以最低成本生产的。唯一的区别是，私有品牌食品是根据标有它们名字的杂货店的合同要求生产（或简单地包装和贴标签）的。大多数是由生产普通产品的同一公司生产，通常在质量上与普通宠物食品相似。一些私有品牌的广告宣传活动声称，它们的质量与目标高端品牌的犬粮不相上下。这些食品通常包括模仿优质食品外观的标签颜色和产品。这些产品被称为"山寨"产品，尽管它们对消费者来说成本较低，但它们的质量无法与高端品牌相提并论。

自制犬粮： 尽管美国大多数宠物主人都享受着商业化生产的宠物食品的方便、经济和可靠，但一些人更喜欢为他们的犬准备自制的食品。如果喂食自制食品，必须保证所使用的食谱能为犬提供完整而均衡的口粮。制作自制宠物食品的问题之一是，许多可用的食谱没有经过充分的营养含量和适用性测试。例如，最近的一项研究调查了家庭自制的犬粮，这些犬粮是喂给 35 只家养犬[8]。研究人员发现，自制食品在能量密度上与可比较的商业产品相似，但蛋白质含量明显更高，钙、磷、脂溶维生素和几种必需的微量矿物质含量更低。总体而言，自制食品的营养成分往往低于 AAFCO 目前对犬粮中营养水平的建议。所有纳入研究的犬都很健康，没有表现出营养失衡或缺乏的迹象。然而，研究结果表明，某些基本营养素，特别是钙、磷和脂溶维生素，在配制自制犬粮时特别值得关注，应该仔细监测和评估。

当为自制食品制定了适当的配方后，购买的配料应尽可能与配方一致，并应在不同批次的食品中保持一致。大多数食谱允许一次准备相对较大的分量，然后部分可以冷冻以供延长使用。由于配料不平衡存在危害，食谱中的配料永远不应该被取代或去除。宠物主人还应该意识到用单一食物代替已准备好的饮食喂养的危险。人类喜欢的食物不一定是喂给宠物最有营养的食物。自制饮食只要使用适当的配方，包括正确的配料，并长期严格遵守该配方，就可以为伴侣动物提供足够的营养。

近年来，一种越来越受欢迎的自制饮食是"生食"。这些食物通常由生的家禽肉或家畜肉加上其他成分，如蔬菜、水果或维生素 / 矿物质补充剂制成。最近用生肉喂犬的趋势似乎源于这样一种信念，即家犬的野生祖先捕猎和食用生肉。虽然这是真的，但这并不一定意味着给伴侣犬喂以生肉为主的饮食比喂均衡的日粮能提供更好的营养。在考虑喂生食时，有几个健康问题必须得到解决。

一般情况下，生食要么由犬的主人使用从人类食品市场购买的新鲜食材准备，要么购买商业上可获得的生犬粮。这些产品通常是冷冻运输的，犬的主人会根据需要解冻分配的食物。虽然许多这些商业化生产的食品不符合 AAFCO 的营养建议，也没有通过喂养试验进行测试，但它们通常被宣传为可以为犬提供完整和平衡的营养 [9]。因此，决定喂生食的犬主人应该只选择那些已被证明可以提供所需水平的所有必要营养素，并已被证明在长期喂养时可以促进犬健康和活力的饮食。

无论生食是自制的，还是从供应商处购买的，都有其他几个潜在的问题必须解决。喂食主要由肌肉（生的或熟的）组成的饮食，如果不包含额外适当的补充剂，将会缺乏几种必要的营养素。仅靠家畜和家禽的肌肉组织不能为伴侣动物提供全面的营养。虽然它们是优质蛋白质的极好来源，但这些食物都缺乏钙、磷、钠、铁、铜、碘和几种维生素。尽管商业宠物食品中，包含某些类型的熟鱼，但生鱼永远不应该成为生食的组成部分。某些类型的鱼，如鲤鱼和鲱鱼，含有一种化合物，可以破坏 B 族维生素中的硫胺素（维生素 B_1），并可能导致硫胺素缺乏症的出现 [10]。

喂生食的犬患食源性疾病和寄生虫感染的风险也会增加。这些细菌感染中的大多数，如沙门氏菌、大肠杆菌、志贺氏菌、弯曲杆菌和李斯特菌，都是可传播给人类的，因此，也存在着人类健康的隐患。最近的一项研究调查了"生骨肉"（BARF）饮食的样本，研究报告表明，从 80% 的饮食样本和 30% 喂食这种饮食的犬的粪便样本中均分离出了沙门氏菌 [11]。在另一份报告中，从喂给赛犬的生肉中分离出大肠杆菌产生的一种毒素，这种毒素会导致一种名为"阿拉巴马腐烂症"的致命疾病 [12]。喂食生肉饮食的 12 种身体健康风险包括潜在的肠梗阻或因进食骨骼而导致的肠道穿孔。显然，在决定是否喂食这种类型的饮食时，与给伴侣犬喂养生食相关的健康问题，都必须仔细考虑和权衡。

评价和选择合适的犬粮

在选择犬粮时，必须考虑几个因素。当饲喂适量时，食物应该提供充足的能量和所有必要营养素。食物也必须是适口的和可以被犬接受的。其他要考虑的因素包括原料的质量、制造商的声誉、便利性和成本。目前的宠物食品标签向消费者提供了部分但不是全部的信息。

一些宠物食品制造商提供的其他信息也可以在评估和选择宠物食品时使用。

提供能量和营养： 商业化销售的宠物食品由几个机构管理。其中，最有影响力的是 AAFCO。AAFCO 是一个非政府监管组织，由州和联邦监管机构组成，他们制定供各州使用的示范标准。AAFCO 的规定确保全国销售的宠物食品都有统一的标签和足够的营养。AAFCO 的宠物食品法规中有很大一部分描述了宠物食品标签上允许或禁止的信息。虽然大多数州遵循 AAFCO 关于宠物食品的法规，但法律并不要求各州采用 AAFCO 的标准，而且并不是所有的州都有检查和执行法规的机制。由于这些差异，为确保符合 AAFCO 标签规定，尽量购买在全国都有销售的宠物食品。

AAFCO 条例中最重要的部分之一是犬粮营养。该简介提供了犬粮（生长期、繁育期和成年维持期）的需要量推荐。对已被证明具有潜在毒性或过度使用令人担忧的营养素的最高水平也进行了限定。制造商在配制宠物食品以满足犬在不同生命阶段的营养需求时，参考了这一规定文件。在配制宠物食品以满足犬不同生命阶段的能量和基本营养需求时，AAFCO 的这个文件是一个重要的起点。

现在市面上出售的许多犬粮都声称，对成年动物来说，或者最常见的是，对所有的生命阶段都有"完整和均衡的营养"。"完整和均衡"的意思是，一种食物包含所有必需的营养和能量，以满足犬的需要。从本质上讲，这一声明告诉犬主人，如果完全喂食这种食物，将在犬的所有生命阶段（或指定的生命阶段）为犬提供完全的营养。由于这一声明的重要性，AAFCO 规定要求制造商通过两种可能的方法中的一种来证实"完整和均衡"的声明。

方案一要求宠物食品通过 AAFCO 批准的一系列饲喂试验进行成功评估。在该协议中，宠物食品制造商必须首先制定符合 AAFCO 营养推荐的食品。一旦食品被制造出来，就会进行饲喂试验，以确保当喂给犬时能够满足犬的需求并维持其健康（如果可能的话，支持正常生长）。这是最彻底和最理想的证实方法，但对制造商来说也是最耗时和最昂贵的。方案二只要求食品的配方符合犬粮营养推荐中规定的最低和最高必需营养素水平。这种证实可以通过计算产品的营养含量，使用食物成分表，或通过实验室分析成品的营养含量来实现。当制造商选择使用这种证实方法时，不需要进行饲喂试验。这种不同的意义在于，一种仅为满足 AAFCO 营养推荐（方案二）而配制的宠物食品，在喂养时实际上可能并不完整和均衡。这可能是由于养分的消化性和质量的差异，以及由于加工造成的营养物质的损失或养分的可吸收性。此外，由于以这种方式测试的饲料不需要喂给犬，营养成分分析法不能评估犬粮的适口性或可接受性[13]。

因此，犬的饲喂试验目前被认为是确定犬粮中营养可吸收性的最全面和最可靠的方法[14]。消费者可以使用这一信息，因为宠物食品制造商被要求在宠物食品标签上标明使用的证实方法。如果包括 AAFCO 饲喂试验的声明，这意味着通过犬饲喂试验对食品进行了全面的测试。然而，如果声明只是声称食品符合 AAFCO 营养推荐，这意味着没有进行 AAFCO 饲喂试验[15]。在所有情况下，通过饲喂试验证实营养含量的宠物食品预计会优于简单配制的满足 AAFCO 营养推荐的宠物食品。

应该考虑犬粮的能量密度，因为这将直接影响犬粮饲喂量，也会影响保持适当的生长速度或身体状况的容易程度。目前的 AAFCO 法规允许但不要求宠物食品制造商在其标签上标明代谢能值。因此，高端产品通常包括这些信息，而许多大众品牌和普通品牌则不包括。除了知道宠物食品的能量密度外，它还有助于宠物主人了解饮食中碳水化合物、蛋白质和脂肪提供的相对能量贡献。对于努力工作的动物，脂肪的饮食比例应该较高，而对于久坐的成年或老年动物，脂肪的饮食比例应该较低。同样，在成年动物维持或减肥的饮食中，碳水化合物提供的卡路里比例应该增加。

可消化率和原料质量：一旦宠物主人确定犬粮含有全面的营养，能提供所需的能量，并经过了全面的测试，第二个关注点便是原料质量和产品的消化率。犬粮的消化率是一个重要的标准，因为它直接决定食物中可供动物体吸收的营养成分的比例。对大众品牌犬粮的研究表明，粗蛋白、粗脂肪和碳水化合物的平均消化率分别为 81%、85% 和 79%[16]。高端宠物食品的消化率通常略高于这些值，而普通产品的消化率明显较低[17]。优质宠物干粮中粗蛋白、粗脂肪和碳水化合物的消化率分别高达 89%、95% 和 88%。总体而言，宠物食品中使用的原料消化率低于大多数人类食品。随着食物中所含配料质量的提高，食物的干物质和营养物质的消化率也会提高。

消化率低的宠粮中含有很高比例的不能被胃肠道的酶消化的成

分。这些成分通过大肠时，它们部分或全部被结肠菌发酵。过快或过多的细菌发酵会导致产生气体（胀气）、大便松弛，有时还会腹泻。除了这些副作用外，还必须给犬喂更多不易消化的食物，因为它吸收的营养比例较小。随着食物消耗量的增加，通过胃肠道的速度也会增加。食物通过肠道的速度越快，消化能力越差，大便容量越大，产气量越大。某些类型的膳食纤维、灰分、植酸盐和劣质蛋白质的含量过高会降低宠粮的消化率。不适当的加工或过度的热处理也会对宠粮的消化率产生不利影响。相比之下，宠粮的消化率通过加入优质原料、增加脂肪水平和使用适当的加工工艺来提高。

商业犬粮的消化能力和原料质量差异很大，消费者往往很难区分优质原料和中低质量的原料。两种产品的标签可能有相同的配料表和营养成分保证分析值，但当它们被饲喂动物时，食物的消化率可能会有很大不同。目前，AAFCO 的法规不允许宠物食品制造商在其标签上标明量化或比较消化率的声明。这一信息只能通过实际喂食食物来获得。一些宠物食品公司会将消化率数据写在他们提供的关于其食品的文献中。然而，通过杂货店、连锁店销售的大多数大众宠物食品品牌都没有提供有关消化率的信息。如果没有现成的消化率信息，可以通过写信或直接致电该公司获得该信息。消费者应该选择干物质消化率在 80% 或更高的食品，并应该拒绝任何消化率低于 75% 的食品。

购买一包宠粮并实际喂给宠物也可以获取有关食物消化率的有价值的信息。一款高度可消化的产品会产生较少的粪便量和结构良好且坚硬的粪便。此外，粪便中不会含有黏液、血液或宠物食品中任何可识别的部分。排便频率应相对较低，排便应规则一致。宠物应该很容易通过食物维持正常的生长速度和体重，而不需要饲喂过多的食物，长期喂养宠物其皮肤和毛发应该也会很健康。虽然这些观察结果并没有直接提供有关消化率的定量信息，但它们相当准确地衡量了犬粮被宠物所消化吸收营养的品质。

适口性和接受性： 所有的犬主人都会考虑食物的适口性和可接受性，因为这些因素决定了犬是否会吃所选的产品。简单地说，一只犬必须愿意吃足够的食物，每天才能获得所需的能量和必要的营养物质。一款难吃的食物会被拒绝，无论它的营养含量或营养均衡性如何。同样，食物虽然可能是适口的，但仍然可能不包含足够的营养。与人们普遍认为的相反，犬没有能力检测出它们饮食中的营养缺乏或不均衡。

它们会继续摄入不均衡的饮食，直到营养缺乏或营养过度导致的疾病或食物摄入量减少引发的生理影响出现。由于美味食品的营销价值，目前出售的大多数产品对犬来说都是高度可接受的。事实上，过度摄入和体重增加的问题比饮食排斥问题要普遍得多。虽然适口性很重要，但在评价一种食物时，宠物主人永远不应该将它作为唯一的标准，也不应该认为适口性是食物营养充分性的标志。

喂养成本： 如前所述，购买犬粮时的一条很好的经验法则是"你花钱买什么，你就得到什么"。由于优质的食材比劣质的食材更昂贵，高端宠物食品的单位重量价格通常高于大众或普通品牌的价格。在对食物进行价格比较时，应该考虑实际喂养食物的成本，而不是单位重量的成本。高端产品的每份成本通常等于或低于劣质产品，因为高端宠物食品所需饲喂量较少。在第一次评估食物时，主人应该记录购买日期和食物的价格。当一包犬粮吃空时，将产品的成本除以一袋犬粮持续饲喂的天数，就得到了每天喂食特定食物的成本。然后，可以用同样的方式比较具有相同净重的第二个产品。另一种解决方案是根据喂食量计算每天喂食食物的成本（表17.2）。如表17.2所示，在考虑成本差异时，重要的是要认识到这些差异通常只在每天几美分的范围内。大多数主人认为维持他们宠物的健康，以及为宠物提供最佳的营养，这个代价非常低。

表 17.2　计算每天喂食量的成本

犬粮	杯 / 天		盎司 / 杯		总盎司 / 杯	价格 / 英镑（¢）	花费 / 天（¢）
犬粮 1	4	×	3.5	=	14.0	35	30
犬粮 2	3	×	3.0	=	9.0	55	31

注：1 盎司 =28.35 克，下同。

制造商的声誉： 在选择宠物食品时，应该始终考虑宠粮制造商的声誉。应选择那些始终生产高端产品、在全国享有盛誉，并将资源投入到消费者关于宠物营养教育中的制造商。在产品包装上印有免费电话号码，表明该公司欢迎有关其产品的询问。此外，制造商对所有问询的答复应及时、彻底和直接。宠物食品制造商应该随时提供有关宠物食品的检测值、消化率数据、代谢能和营养含量的信息。生产高端产品的宠物食品制造商关心的是他们的声誉，以及解决购买他们食品的宠物主人的需求和关注点。这一点可以从该公司对消费者的可及性以及他们对有关其产品的问题的回应中得到证实。

总体来说，对一种商业宠物食品的最佳评判是动物本身。一旦宠物食品经过评估和挑选，在评估其对犬健康的总体影响之前，应至少喂食 2 个月。提供良好营养和充足能量的饮食，可以使动物保持正常的体重或体重增加，保持健康的皮肤，有光泽和健康的毛发，正常的排泄量和一致性，以及整体活力。不良饮食的迹象包括体重减轻或生长发育不良、毛发质量差、皮肤问题和缺乏活力。只要观察到任何这些迹象，兽医都应该进行彻底的检查。虽然改变饮食可能是有必要的，但应该同时调查引发这些问题的其他医学原因。

宠物食品标签

许多消费者主要依靠商业犬粮的标签来了解产品的营养充分性和适口性。法律要求在美国生产和销售的所有宠物食品的标签上都必须包括以下内容：产品名称；净重；制造商的名称和地址；对粗蛋白质、粗脂肪、粗纤维和水分的营养成分保证分析值；按重量降序列出的配料清单；"犬粮"或"猫粮"等字样；以及产品的营养充分性或用途说明。宠物食品制造商还必须出具一份声明，说明用于证实特定食品营养充分性声明的方法（详见营养充足）。像"最佳使用日期"一样，过期日表示从生产日开始到过期日之间是可以使用的。

营养成分保证分析值：大多数消费者首先查看宠物食品的营养成分保证分析值，因为这为他们提供了有关产品中蛋白质和脂肪含量的信息。制造商被要求写明粗蛋白质和粗脂肪的最低百分比，以及水分和粗纤维的最高百分比。重要的是要认识到，这些数字只代表最小值和最大值，并不反映这些营养素在食物中的确切水平。例如，一种标签上标明"最低粗脂肪：12%"的犬粮，其脂肪含量不能低于 12%，但可能会更多。虽然一种声称含有 14% 脂肪的产品可能含有 14% 的脂肪，但另一种带有相同声称的产品可能含有 12.5% 的脂肪。假设所有其他营养素都是可比的，脂肪含量 1.5% 的差异可能会对产品的能量密度和适口性产生重大影响。犬主人可以使用产品营养成分保证分析值中的信息来对特定食物中蛋白质、脂肪、纤维和水分含量进行粗略估计。然而，当比较不同的产品或品牌时，这些数字只应被视为一个参考，不应假设它们代表食品中这些营养物质的实际水平。

在检查宠物食品的营养成分保证分析值时，消费者必须始终考虑产品的水分（水）含量。食物中的水分含量将显著影响营养成分保证分析值表中列出的值，因为犬粮显示的营养水平是基于日粮基础（AF），而不是基于干物质基础（DMB）。日粮基础意味着营养物质的百分比是直接计算的，而不考虑产品中水分的比例。正如前面所讨论的，犬粮的水分含量差别很大。例如，干燥的犬粮通常含有 6%~12% 的水分，而罐头食品的水分含量高达 78%（表 17.1）[18]。为了有效地比较不同水分含量的食物中的营养物质含量，有必要首先将营养物质转换为干物质基础。同样，宠物食品的能量含量也会影响产品成分分析的解释。在比较不同宠物食品中蛋白质、脂肪、碳水化合物和其他营养物质的水平时，必须始终考虑能量密度（参见*评价和选择合适的犬粮*）。

标签配料表：配料表通常是消费者在标签上查找有关他们正在购买的食品信息的第二点。配料表必须按照重量占比的降序排列。所使用的术语必须是 AAFCO 指定的名称（如果适用），或者必须是饲料行业普遍接受的标准名称。配料表暗示着宠物食品的主要成分来自哪里，是动物性原料还是植物性原料。一般来说，如果动物来源的一种成分在罐装宠物食品或干粮的前三种成分中排名第一位或第二位，则可以假定该食品以动物性原料作为其主要蛋白质来源。

虽然配料表可以提供有关食物中所含配料类型的一般信息，但它不提供有关其成分的质量或可消化率的信息。宠物食品中使用的配料在消化率、氨基酸含量和可吸收性、矿物质可吸收性以及它们所含的不可消化物质的数量上有很大的差异。遗憾的是，通常没有办法从商业宠物食品的配料表中确定所使用的原料的质量。事实上，含有高度可利用成分的高端食品的配料表可能与含有劣质原料且消化率非常低的普通食品的配料表几乎相同。因此，永远不应该只使用配料表来比较两种食物，因为从这些信息中不可能知道原料质量的差异。

营养充足：宠物食品标签上的最后一条可能对消费者有帮助，即营养充足的声明。除了零食，所有州际贸易中的宠物食品的标签都必须包含营养充分性的声明和验证阶段。目前 AAFCO 的法规允许 4 种主要类型的营养充分性声明。最常见的声明是"提供全生命周期的全面和均衡营养"。这一声明表明，该食品的配方是为了为妊娠期、哺乳期、生长期和维持期提供全面和均衡的营养。第二个声明是标有"在任何阶段或全生命周期都是完全和均衡的"，这种犬粮还必须在产品标签上标出犬粮饲喂说明。这些声明必须至少说明"按犬单位体重饲喂多少犬粮"。至少声明称这种食物为生命的特定阶段提供了全面和均衡的营养，如成年维持期。第三个声明仅用于间歇或补充喂养的产品上。第四个声明在兽医的监督下用于治疗性喂养的处方粮必须标明"只能遵从兽医的医嘱使用"。

结论

宠物主人可以买到种类繁多的犬粮。消费者首先可以选择干粮、半湿犬粮、罐头或自制的犬粮。商业宠物食品可以根据已经进行的测试水平对食品进行进一步评估，包括食品成分类型、食品的可消化性、适口性和成本。选择合适的犬粮也很重要，不同犬粮的选择取决于犬的年龄、生命阶段以及活动水平。第十八章整理了犬在生命的不同阶段和活动水平的营养需求，并提供了可以为不同生命阶段的犬选择适宜犬粮的相关信息。

参考文献

[1] Harlow, J. **US pet food trends.** In: *Proceedings of the Pet Food Forum,* Watts Publishing, Chicago, IL, pp. 355–364. (1997)

[2] Lewis, L.D., Morris, M.L., and Hand, M.S. **Pet foods.** In: *Small Animal Clinical Nutrition,* 3rd ed., Mark Morris Associates, Topeka, KS, pp. 2–1 to 2–28. (1987)

[3] Samuelson, A.C. and Cutter, G.R. **Dog biscuits: an aid in canine tartar** control, Journal of Nutrition, 121:S162. (1991)

[4] Association of American Feed Control Officials. **Pet Food Regulations.** In: *AAFCO Official Publication,* Association of Feed Control Officials, Atlanta, GA. (2004)

[5] Morgan, T. **Treat trends,** Petfood Industry, September/October:32–37. (1997)

[6] Sousa, C.A., Stannard, A.A., and Ihrke, P.J. **Dermatosis associated with feeding generic dog food: 13 cases (1981 - 1982).** Journal of the American Veterinary Medical Association, 192:676–680. (1988)

[7] Huber, T.L., Wilson, R.C., and McGarity, S.A. **Variations in digestibility of dry dog foods with identical label guaranteed analysis,** Journal of the American Animal Hospital Association, 22:571–575. (1986)

[8] Streiff, E.L., Zwischenberger, B., Butterwick, R.F., Wagner, E., Iben, C., and Bauer, J.E. **A comparison of the nutritional adequacy of home-prepared and commercial diets for dogs.** Journal of Nutrition, 132:1698S–1700S. (2002)

[9] Berschneider, H.M. **Alternative diets**. Clinical Technician in Small Animal Practice, 17:1–5. (2002)

[10] Houston D. and Hulland, T.J. **Thiamine deficiency in a team of sled dogs.** Canadian Veterinary Journal, 29:383–385. (1988)

[11] Joffe, D.J. and Schlesinger, D.P. **Preliminary assessment of the risk of Salmonella infection in dogs fed raw chicken diets.** Canadian Veterinary Journal, 43:441–442. (2002)

[12] Fenwick, B. **Food safety for the canine athlete and their owners.** In: *Proceedings of the 12th Annual International Canine Sports Medicine Symposium,* Gainesville,FL, pp. 59–63. (1996)

[13] Dzanis, D.A. **Complete and balanced? Substantiating the nutritional adequacy of pet foods: past, present and future.** Petfood Industry, July/August:22–27. (1997)

[14] Deshmukh, A.R. **Regulatory aspects of pet foods,** Veterinary Clinical Nutrition, 3:4–9. (1996)

[15] Morris J.G. and Rogers Q.R. **Evaluation of commercial pet foods,** Tijdschrehund Diergeneesk 1:67S–70S. (1991)

[16] Kendall, P.T., Holme, D.W., and Smith, P.M. **Methods of prediction of the digestible energy content of dog foods from gross energy value, proximate analysis and digestible nutrient content,** Journal of Science and Food Agriculture, 3:823–828. (1982)

[17] Kallfelz, F.A., **Evaluation and use of pet foods: general considerations in using pet foods for adult maintenance.** Veterinary Clinics of North America: Small Animal Practice, 19:387–403. (1989)

[18] Zimmerman J. **How to do your own label review.** In: *Proceedings of the Pet Food Forum,* Forum Watts Publishing, Chicago, IL, pp. 109–118. (1995)

第十八章　全生命周期的健康喂养

　　前面的章节阐述了犬的营养和能量需求以及宠物食品的类型。此外，实用的喂养信息对于提供最佳营养并帮助宠物主人选择适合犬不同生命阶段的宠物食品来说是非常重要的。本章总结了几种喂养方式并提供了不同生命阶段的犬喂养指南，如针对生长阶段、成年维持阶段、繁育阶段、工作阶段以及老年阶段的犬。

犬的正常采食行为

　　犬从其野生近亲狼（*Canis lupus*）那里继承了饮食习惯和采食行为（详见第一章）。大多数狼亚种都是协同合作狩猎者，通过群体合作来捕获食物。协同合作狩猎方式使狼能够捕食单独狩猎时无法捕获的大型猎物。这种狩猎方式导致了间歇性的进食模式，狼在捕杀猎物后立刻进食，然后在之后的很长一段时间内不再进食。在捕食猎杀现场，狼群成员之间对食物的竞争也会导致食物的快速消耗。这称为社会促进效应。当大量猎杀结束后，狼可能会将食物储存起来以供日后食用。家犬（*Cani familiaris*）继承了狼的大部分采食行为。像狼一样，大多数犬的进食速度很快，并且当现场有另一只犬或集体喂食时它会进食更多的食物。有些犬还养成了在家中或院子里埋藏食物的习惯。尽管许多犬永远不会回到这些食物的"藏身处"，但人们认为这种行为来源于狼的囤积行为。

　　对于大多数犬来说，快速进食不是问题。犬在几分钟内结束进食并不罕见，也是正常现象。只有当存在窒息风险、吞咽大量空气或犬过度进食时，狼吞虎咽的行为才应被视为问题。由于罐头食品的适口性和质地更好，有时会导致犬吃得过快。改吃干粮可能会解决这个问题。如果犬经常吃干粮的速度过快，可以在喂食前在食物中加水，这样可以降低犬的进食速度并最大限度减少吞咽大量空气的可能。如果家里有其他犬的存在，有些犬就会吃得过多或吃得太快。这种"社会促进效应"可以很容易地通过在不同区域饲喂、训练犬不吃彼此碗里的东西或分时间段饲喂来控制。

饲喂方式

有很多饲喂方式适用于犬。合适的饲喂方式通常取决于宠物主人的日程安排、犬所处的生命阶段以及犬对该方式的接受度。犬的饲喂包括每餐给犬提供食物的数量以及犬被允许进食的时间。自由喂养方式（也称为自由采食）包括食物的持续供给以及犬只自我调节每天的食物摄入量。

定量 / 限时喂养：对于大多数家犬来说定量饲喂是最佳的喂食方法。这种喂食方法可以让宠物主人清楚地了解到犬只每日的采食量。在犬的生长期、工作时期、妊娠期和哺乳期，了解其每日采食量是很重要的。可以根据其饲喂量决定每日提供一餐还是多餐，以满足犬每日的能量需求。虽然有些成犬可以保持每日一餐，但是在大多数情况下最好调整至每日两餐或三餐。这样可以减少两餐之间犬的饥饿感，并最大限度地减少与食物有关的行为问题，例如，乞食或者偷食行为。定量饲喂的一个明显优势是宠物主人能够控制犬的采食量，可以立即观察到犬采食量或采食行为相关的变化。宠物主人可以通过调整饲喂量或者食物的种类来严格控制犬的生长和体重，从而防止犬体重过轻、超重或者不正常的生长速度。在大多数养犬家庭中，一般是早上喂一餐，傍晚时喂第二餐。在最开始饲喂时，宠物主人可以根据商品粮包装袋上的饲喂建议确定每日的饲喂量。后续可以根据犬的生长速度、体重变化以及身体状况等确定其具体的饲喂量[1]。

限时饲喂也是一种喂食方法，它依赖于犬自我调节每日能量摄入的能力。这种喂食方式会为犬提供过量的食物，并允许犬在规定的时间内进食。对于大多数处于维持状态的犬和工作强度不大的犬来说，一般进食 10~20 分钟就可以摄入满足日常需求的食物量。和定量饲喂一样，每天一餐足以满足成犬的需求，但是每天提供两餐对犬来说更健康，也更有满足感。虽然限时饲喂对一些宠物主人来说比较方便，但对于处在成长期的幼犬（尤其是大型或巨型品种的犬）或有过度采食倾向的犬来说，不建议采用该饲喂方法。如果犬在规定的进食时间内狼吞虎咽，显然是有"争分夺秒"的倾向，对这种犬来说定量饲喂是更好的选择。另一种极端的犬是进食速度很慢或是过度地"细嚼慢咽"，它们不会在规定的时间内吃够足够量的食物，因此，对于这些犬来说，自由采食可能是最好的喂养方式。

　　自由喂养：自由喂养依赖于犬只自我调节采食量的能力，以满足自身每天的能量和营养需求。哺乳期母犬、工作犬、进食速度较慢或进食量较少的犬更适合采用这种喂养方法。采用自由喂养的犬通常是"少食多餐"，这对于那些每天只喂食一到两餐的犬来说是有好处的，因为当犬每天只进食一到两餐的话，犬不容易摄入足够的食物来满足自身的能量需求。相比之下，自由喂养的方式不适用于正常成长期的幼犬以及有过度采食和肥胖倾向的犬。干粮比较适合这种饲喂方式，因为它不像罐头食品一样容易变质。不管饲喂哪种类型的犬粮，食盆需要每日清洁并且为犬提供新鲜的食物。

　　与定量或限时喂养方法相比，自由喂养对宠物主人相关知识储备的要求较低，且工作量较少。采用自由喂养时，宠物主人只需每天添加一次犬粮和水，不需要确定精确的饲喂量。选择自由喂养时，可以把碗放在犬窝或犬笼附近，因为它可以最大限度地减少与用餐时间相关的噪声，有助于缓解犬的无聊，并有助于减少行为问题，如食粪或过度吠叫。然而，采用这种饲喂方法时，如果犬有厌食症或者暴饮暴食的问题，宠物主人可能不会轻易地发现。如果犬生病或者在体重大幅度减轻之前，采食量的变化可能不会被注意到。与此相反，采用这种喂养方法时，犬过度采食和有肥胖倾向的情况往往更为普遍。虽然几乎所有的动物都有能力通过调节采食量来满足自身的能量需求，但如果动物经常久卧不动，并且喂食的是适口性好且能量密度高的宠物食品，那么控制采食量的调节机制也会"失灵"。因此，对于大多数犬来说，定量饲喂是最合适的方式。

饲喂的食物（概述）

　　选择和评价犬粮的方法在第十七章中详细阐述过。宠物主人可以选择饲喂商品犬粮或者自制犬粮。大多数宠物主人更喜欢饲喂商品犬粮，因为其便利性、节约成本和可靠性。在决定饲喂罐头还是干粮时，可以先了解一下每种食物的优缺点（详见第十七章）。如果饲喂自制犬粮，必须要确保犬粮的营养均衡以及每批次犬粮之间成分一致。选择合适的商品犬粮时需要考虑的因素包括犬的年龄、所处的生命阶段、生活方式和活动量。需要考虑的有关犬粮的因素包括营养成分和含量、能量密度、适口性和生产厂家的信誉。犬粮应支持正常的胃肠道功能，并能够产出相对规律、坚实和形状良好的粪便。最后，也是最重要的，饲喂食物的长期效果需要有助于犬的健康与活力、良好的毛发质量、健康的皮肤状况以及适当的体质和肌肉力量（表18.1）。

表 18.1　选择犬粮时要考虑的因素

犬的特点	食物的属性
年龄（幼犬、成犬、工作成犬、老年犬）	营养充足性（饲喂试验与营养概况）
生命阶段（维持期、妊娠期、哺乳期）	原料（动物性或植物性、质量、消化率）
生活方式（室内犬、犬舍犬、与其他犬同住的犬）	能量密度（代谢能含量、热量分布）
	适口性和可接受性
活动量（久卧不动、低活动量、中等活动量、强度大的工作）	生产厂家的信誉
	饲喂成本和可获得性
健康状况（过敏、是否患有慢性病）	

饲喂量

确定犬饲喂量的最好决定因素是犬自身。如前所述，所有动物的食物摄入量主要是由能量需求决定的。当宠物主人选择自由饲喂时，犬对食物摄入量的潜在控制主要取决于其对能量的需求。当宠物主人选择定量饲喂时，宠物主人应该主要根据犬体重和身体状况来决定饲喂量。如果犬的体重增加太多（能量过剩），饲喂量就应该相应地减少。反之，如果体重减轻，则应增加饲喂量。商品粮是为特定的生命阶段或生活方式而配制的，当饲喂量满足犬的能量需求时，其摄入量就会含有适量的必需营养素。均衡的能量密度和营养成分可以确保犬的能量需求得到满足的同时，对所有其他必需营养素的需求也能够被满足。因此，确定犬饲喂量的最佳方法是首先估计它的能量需求，然后计算必须饲喂多少犬粮才能满足该需求（表18.2）。

表 18.2　确定饲喂量

20 磅（9 千克）的犬 （活跃的波士顿犬）	60 磅（27 千克）的犬 （非常活跃的拉布拉多寻回犬）
ME 需求量 =132×(9 千克)$^{0.67}$= 575 千卡 / 天	ME 需求量 =160×(27 千克)$^{0.67}$=1456 千卡 / 天
饲喂一般成犬粮： (ME =3800 千卡 / 千克)	饲喂高品质成犬粮： (ME 4200 千卡 / 千克)
每日干粮需求量： 575/3800 = 151 克 (5.3 盎司)	每日干粮需求量： 1456/4200=347 克 (12.13 盎司)
一杯食物 ≈ 3.0 盎司	一杯食物 ≈ 3.5 盎司
饲喂量：5.3/3.0 ≈ 1.77 杯	饲喂量：12.13/3.5 ≈ 3.46 杯
饲喂一般成犬粮时，这只犬每日的饲喂量大约为 1 .75 杯	饲喂高品质成犬粮时，这只犬每日的饲喂量大约为 3.5 杯

　　影响犬能量需求的因素有很多。这些因素包括年龄、繁育状态、身体状况、活动水平、品种、气温和环境条件（详见第六章）。在确定能量需求时，通过从计算得出的维持能量需求中适量增减来考虑这些因素。商品粮包装袋上的推荐饲喂量也可以作为最开始的饲喂量。所有全价且营养均衡的宠物食品都需要在产品标签上附上推荐饲喂量。这些推荐饲喂量通常会提供几种不同体型犬的建议饲喂量，然后宠物主人可以根据犬对喂食的反应再对这些饲喂量进行调整。

成长期幼犬的饲喂

　　幼犬应该在 7~8 周龄的时候完全断奶，并准备好进入新家（详见第七章）。这是幼犬进入新家的理想时间，因为这个年龄的幼犬仍处于初级社会化阶段（5~12 周龄）。在这段时间内，适当的饲喂方式和营养是必不可少的，因为幼犬在生命前 6 个月经历了快速的生长和发育。当犬发育成熟时，它的体重会增加到出生体重的 40~50 倍。犬的生长速度和达到成熟期的年龄取决于它们的品种和成年后的体型。大型犬和巨型犬在 12~18 月龄时达到成熟体型，而小型犬和玩赏犬在更年幼的时候达到成熟体型，通常在 7~12 个月 [2]。在相对较短的时间内发生的快速生长和发育转化为生长中犬的高能量需求。从断奶到大约 6 月龄时，幼犬的能量需求大约是同等体重成犬的 2 倍。6 个月后，随着生长速度的下降，能量需求开始下降。按照一般的饲喂指导建议，幼犬的能量摄入量应该是维持期水平的 2 倍左右，直到达到成年体重的 40%。此时，摄入量应降至维持期水平的约 1.6 倍，当犬达到成年体重的 80% 时，进一步降至维持期水平的 1.2 倍（表 18.3）[3-4]。

表 18.3   成长期幼犬的饲喂（拉布拉多寻回犬）

幼犬：10 周龄，15 磅（6.82 千克）

能量需求量：2× 维持期需求量

ME 需求量：$132×(6.82 千克)^{0.67}=477.8$ 千卡 / 天

$2×477.8=955.6$ 千卡 / 天

食物 ME=4000 千卡 / 千克

每天的饲喂量：955.6/4000=239 克 (8.4 盎司)

一杯食物 ≈ 3.5 盎司

饲喂量：$8.4/3.5 ≈ 2.5$ 杯

青春期犬：5 月龄，36 磅（16.4 千克）

能量需求量：1.6× 维持期需求量

ME 需求量：$132×(16.4 千克)^{0.67}=860$ 千卡 / 天

$1.6×860=1376$ 千卡 / 天

食物 ME=4000 千卡 / 千克

每天的饲喂量：1376/4000=344 克 (12.0 盎司)

一杯食物 ≈ 3.5 盎司

饲喂量：$12.0/3.5 ≈ 3.5$ 杯

年轻成犬：非常活跃，8.4 月龄，55 磅（25 千克）

能量需求量：1.2× 维持期需求量

ME 需求量：$160×(25 千克)^{0.67}=1382.7$ 千卡 / 天

$1.2×1382.7=1659$ 千卡 / 天

食物 ME=4000 千卡 / 千克

每天的饲喂量：1659/4000=415 克 (14.5 盎司)

一杯食物 ≈ 3.5 盎司

饲喂量：$14.5/3.5 ≈ 4$ 杯

成犬：非常活跃，70 磅（31.8 千克）

能量需求量：1× 维持期需求量

ME 需求量：$160×(31.8 千克)^{0.67}=1624.5$ 千卡 / 天

$1×1624.5=1624.5$ 千卡 / 天

食物 ME=4000 千卡 / 千克

每天的饲喂量：1624.5/4000=406 克 (14.2 盎司)

一杯食物 ≈ 3.5 盎司

饲喂量：$14.2/3.5 ≈ 4$ 杯

当以百分比表示时，生长期幼犬的蛋白质需求量仅略高于成犬的蛋白质需求量。这是由于需要蛋白质来构建与生长相关的新组织。因为幼犬比成犬需要消耗更多的能量，因此，摄入的食物总量也更多，它们也消耗了额外所需的蛋白质。这就解释了为什么幼犬饮食中蛋白质所占的实际比例比成犬高（这一关系也适用于其他必需营养素）。幼犬食物中含有的蛋白质应该是高质量且易消化的。这确保了足够量的所有必需氨基酸将被吸收用于生长和发育。对于成长期的犬来说，饮食中蛋白质应提供的最低能量比例是代谢能（ME）的22%[5]，这相当于3500千卡/千克的食物按重量计提供22%的能量，或含有4000千卡/千克的食物中提供25%的蛋白质。典型的高端商品犬粮中蛋白质含量为26%~30%，能量密度为3700~4200千卡/千克。

由于钙和磷在骨骼发育中的重要作用，这些矿物质往往是宠物主人和专业人士关注的焦点。然而，不应该给生长中的犬喂食含有较高钙和磷含量的食物，也不应该给它们额外补充这两种营养素（见下文）[6]。AAFCO的营养建议指出，幼犬粮在干物质基础上应该至少含有1.0%的钙和0.8%的磷[4]。许多商品犬粮所含的钙和磷含量略高于这些水平，因此，会为犬提供超过需求量的钙和磷[7]。通过饮食或者补充剂使犬摄入过量的钙是没有必要的，这可能会导致大型和巨型犬类出现某些骨骼疾病[8]。

应该给幼犬饲喂保证其有充足营养的、通过AAFCO饲喂试验的幼犬粮或全期全价犬粮（详见第十七章）。因为大部分成长期幼犬的额外营养需求能够很容易地通过增加采食量来满足，所以食物中必需营养素的比例不需要高于一般成犬粮中的营养素比例。然而，由于生长中的犬需要消耗更多的食物，所以食物的消化率和能量密度是重要的考虑因素。幼犬的消化能力较弱，嘴巴较小，牙齿也比成犬小、数量更少。因此，它们在一餐中可以消耗和消化的食物数量有限。如果食物不易消化或能量和营养密度低，则必须提高采食量。在这种情况下，犬的胃可能在消耗足够的营养和能量之前就到达了极限。长此以往，幼犬的生长性能、肌肉和骨骼发育会受损。采食能量和营养密集的食物对幼犬来说是有益的，因为食物的摄入量不必过多，摄入量也不会受到胃容量的限制。

处于成长期的幼犬需要进食足够量的食物以支持正常的肌肉和骨骼发育，并为特定品种的犬提供最佳的生长速度。宠物主人应该避免为了达到最大的生长速度或圆滚滚的外形而过度饲喂，并且可能会导致未来的肥胖[9]。成长中犬的体型应该是消瘦的，肌肉发达，肋骨能够很容易地摸到，但是看不到。另外，成长期幼犬的生长速度应该是平均的，而不是追求最快生长速度。快速生长率已被证明并不能提供最佳的骨骼发育，并可能使犬患有骨骼疾病，如犬髋关节发育不良或骨软骨炎（详见第十二章）。尤其是大型和巨型犬，它们的发育性骨骼疾病发病率通常更高。合理限制成长期幼犬营养均衡食物的饲喂量不会影响其最终的体型，反而会对骨骼和肌肉的发育产生积极的影响[10]。通过控制部分饮食、经常评估体重变化和身体健康状况可以实现这一喂养目标。在犬 5~6 月龄之前，每天应该提供 3~4 餐定量的犬粮，之后可以每天喂食 2 餐；成年后，犬可以每天只进食 1~2 餐。不过，对于大多数的犬来说，尤其是大型品种的犬，最合适的饲喂方法是每天进食 2 餐。

成犬的饲喂

活动量少或处于非繁育阶段的成犬都被称为处于维持阶段。如今美国大部分家庭饲养的都是这一类型的犬。饲喂维持阶段的犬，需要解决的主要问题是提供最佳的营养以促进健康和长寿，并防止超重或肥胖。应该饲喂成犬高品质的食物，这些食物应该是针对成年期或全生命周期的营养需求而专门配置的，并且通过 AAFCO 的饲喂试验证明是营养充足的。虽然宠物主人有干粮和罐头两种选择，但是针对这一生命阶段，干粮通常是首选。干粮的能量密度略低，并且可以帮助保持牙齿和牙龈的卫生[11]。除了跟进犬的采食量外，每日带犬进行日常锻炼对其保持身体健康也很重要。锻炼的形式可以是每天散步或跑步，也可以是几次剧烈的游戏，如捡东西或捉迷藏。对犬来说，游泳也是一种很好的锻炼方式。如果在犬年幼时期让它慢慢接触游泳的话，那么长大后它会爱上游泳。跟进成犬的日常食物摄入量最好通过控制饲喂量来实现。但如果犬能够自我调节并保持正常体重，则可以使用自由喂养的饲喂方式，并随时提供洁净的饮水。

妊娠期和哺乳期的饲喂

妊娠期和哺乳期是母犬生理压力较大的时期。妊娠期胎儿生长和哺乳期的泌乳都需要消耗大量的能量和营养物质。9 周妊娠期的前 5

周是胎儿快速发育的时期，但是胎儿的尺寸没有明显增加。因此，胎儿的体重和营养需求只有轻微的增加[12]。胎儿在第 5 周后开始生长，导致母犬对能量和营养的需求增加。怀孕 5 周后，母犬的食物摄入量会逐渐增加，直到生产时，母犬的每日摄入量大约比维持期摄入量多出 25%~50%。需要增加的总摄入量取决于胎儿数量、幼犬的大小以及母犬的年龄、体型和身体状况。一个比较好的经验法则是，母犬体重应该增加 15%~20%，在分娩的时候不超过 25%。

在繁育期就开始饲喂高品质、高消化率、适合妊娠和哺乳的食物是最有利于母犬和胎儿的。含有高消化率和高营养密度的犬粮是最合适的。这些食物能够在不过度采食的情况下，提供母犬繁育过程中所需的额外能量和营养。在母犬繁育周期的早期改成这种饮食可以让它在繁育时完全适应新的食物，应尽量避免在妊娠或哺乳期间突然改变饮食。饲喂方式建议是每天少食多餐。这在妊娠期的最后 2~3 周尤其重要，因为发育中的幼犬会占据大部分的腹部空间，母犬的大量进食会让自身感到不适。很多母犬在分娩前一天会变得有厌食倾向，这是正常现象，不必担心，除非厌食持续超过 24 小时。分娩结束后，需要给母犬提供新鲜的水和食物。大多数母犬会在分娩后 24 小时内开始进食。必要时，可以用温水泡软食物来刺激母犬的食欲。这也保证了足够的水分摄入，水分摄入对于正常泌乳是很重要的。

能量和水是哺乳期最需要关注的两种营养物质。充足的能量摄入可以保证充足的泌乳量，并防止泌乳高峰期体重急剧下降。充足的水分摄入是分泌足量乳汁的必要条件。哺乳期的营养需求受母犬分娩时的营养状况、体重以及产仔数量的影响。产仔数量多、分娩时身体能量储存少的犬在哺乳期发生体重过度减轻和营养不良的风险最大。泌乳高峰发生在幼犬 3~4 周大的时候，与母犬能量需求最高的时期相对应。随后，随着幼犬慢慢断奶，并开始引入固体食物，泌乳量开始下降。

根据产仔数，母犬在哺乳期间需要的能量是其维持期能量需求的 2~3 倍。在哺乳的第一周提供 1.5 倍的维持期能量需求，在第二周提供 2 倍的维持期能量需求，在哺乳的第三周到第四周提供 2.5~3 倍的维持期能量需求[13]，产后 3~4 周达到泌乳高峰，随后给幼犬引入固体或半固体食物（见*断奶幼犬*）。第四周后，幼犬消耗的母乳量会随着固体食物摄入量的逐渐增加而减少。

如果在妊娠期间饲喂高消化率、营养丰富的食物，那么在整个哺乳期都需要继续饲喂这种食物。由于该期间母犬对能量的需求很高，所以在哺乳期间，食物的能量密度是一个重要的考量因素。饲养哺乳期母犬需要注意的是防止其在哺乳高峰期体重过度减轻。研究表明，即使母犬能够自由采食[14]，低能量密度的食物（3200 千卡 / 千克）也可能会导致它们体重过度减轻。除了导致母犬体重减轻外，哺乳期能量摄入不足也可能会影响泌乳量。泌乳量减少会导致幼犬生长发育受损。因此，在这一需求旺盛的生命阶段，推荐饲喂能量密度为4000~4400 千卡 / 千克的犬粮。采用少食多餐的饲喂方式，母犬应该与幼犬分开喂食，以确保母犬（而不是幼犬）能够获得足够的食物。随时给母犬供应新鲜干净的饮用水，因为母犬在哺乳期的饮水量会非常高。

3~4 周龄时，幼犬开始对固体食物产生兴趣。4 周后，随着母犬的哺乳意愿自然下降，幼犬开始食用半固体食物，然后是固体食物，母犬每天的食物摄入量会慢慢减少。等幼犬到了断奶期（7~8 周龄），母犬的食物摄入量会少于它维持期能量需求的 1.5 倍。幼犬在 6~8 周完全断奶，幼犬通常在 6 周龄时摄入的固体食物占总采食量的大部分比例。如果母犬在幼犬断奶前继续泌乳，短期几天的限制饲喂将有助于减少它的泌乳量。

断奶幼犬

对于刚出生的幼犬来说需要第一时间吃到母乳，这才能确保它们能够摄入足够量的初乳。初乳是一种含特殊成分的乳汁，含有免疫球蛋白和其他保护因子，可以为幼犬提供被动免疫，从而抵御传染病。初乳中的免疫因子大多是大的、完整的蛋白质分子。新生幼犬的肠黏膜仅能在出生后的 24~48 小时内吸收完整的免疫球蛋白。过了这段时间后，正常的消化过程便会开始，从而导致这些化合物被完全消化，使它们无法作为免疫介质被吸收进体内。因此，新生幼犬在出生后的 24 小时内摄入足够的初乳是至关重要的。

像许多哺乳动物的乳汁一样，犬的乳汁在哺乳期也会发生变化，以有效地满足幼犬发育的需要。分娩后几天，乳汁就会从初乳转变为"完全乳汁"。在出生后的 2 周内，幼犬每天至少要喝 4~6 次奶，其余大部分时间都在睡觉。幼犬在出生后的前 3~4 周完全靠母乳生存。在那之后，母犬的乳汁就不能再为快速成长的幼犬提供足够的能量或必需的营养。这时，应该逐渐为幼犬引入补充食物。补充食物可以用少量温水与母犬的食物或幼犬粮混合制成。不要添加牛奶，因为牛奶的乳糖含量很高，可能会导致幼犬腹泻。半固体的食物可以放在浅盘子里，幼犬每天可以多次进食。刚开始幼犬的采食量很少，因为幼犬的主要食物来源仍然是母乳。然而，到 4.5 周大的时候，幼犬已经做好了食用半固体食物的准备。到 5~6 周龄时，幼犬已经能够咀嚼和食用干粮了。营养性断奶通常在 6 周龄完成，尽管有些母犬会继续哺乳幼犬，直到它们达到 7~8 周龄。完全断奶（行为断奶）要到幼犬至少7~8 周龄才算完成。

老年犬的饲喂

传染病的防控以及家犬营养和保健方面的改善，使伴侣动物的平均寿命逐渐延长。犬的最长预计寿命约为 27 岁，而目前的平均寿命约为 13 岁[15]。一般来说，大型犬和巨型犬比小型犬和玩赏犬寿命短。一些巨型品种，如大丹犬和爱尔兰猎狼犬寿命可能短至 6~7 年。品种的差异再加上个体之间衰老的程度不同，需要将老年动物作为个体进行评估，使用身体系统的功能变化而不是实际年龄来将它们与老年群体进行分类。

在犬的老年期提供最佳营养对于预防或最大程度减少慢性疾病的影响、保持适当的体重以及保持活力和健康至关重要。随着年龄的增长，犬的主要变化之一是静息代谢率（RMR）的下降。这主要是因为随着年龄的增长，机体的肌肉组织会自然减少，且大多数犬会自然而然地减少身体活动。因此，老年犬每天的总能量需求可能会减少30%~40%[16]。除了正常的代谢变化外，慢性疾病也会给老年犬带来额外的营养需求。慢性肾脏疾病是导致老年犬死亡的主要原因，也是慢性疾病发生的主要原因。心脏病、糖尿病和癌症更是老年宠物常见的疾病。改变饮食习惯往往有助于缓解这些疾病的症状或减缓某些疾病的发展（详见第十九章）。

老年犬对所需营养物质的需求与早期生理阶段相同，并且如果年轻时对特殊营养物质没有需求的话，那么老年时期对特殊营养物质也不会有需求。然而，营养素的数量和每单位体重所需的能量可能会发生变化，而且为老年犬提供营养的方式可能也需要改变。这种变化通常取决于退行性疾病的发生或其严重程度。衰老的犬需要特别关注的营养物质是能量、蛋白质和脂肪。

老年犬的能量需求在个体间存在很大的差异，这取决于个体的体质、退行性疾病的发生以及犬每天的运动量。老年犬的能量摄入需要认真监测，以确保足够的能量和营养摄入，同时防止肥胖的发生。蛋白质的摄入也值得关注。随着年龄的增长，机体的肌肉组织会减少，导致身体在应对压力和疾病时可以使用的蛋白质储备减少。年老的动物易受疾病和压力的影响，因此，如果它们的应对能力受损，它们的健康就特别容易受到负面影响。重要的是，宠物主人需要为老年犬提供高质量的蛋白质，其水平应足以提供身体维持所需的必需氨基酸，并尽量减少机体肌肉组织的流失。老年犬粮中蛋白质所提供的能量百分比应低于用于成长期犬粮中的蛋白质比例，但应高于维持成犬所需的最低蛋白质百分比 [17]。与普遍的看法相反，健康的老年犬不应该限制饮食中的蛋白质摄入。另外有理论认为，随着年龄的增长，体脂的增加是由于脂肪代谢能力的下降 [17]。稍微减少饮食中脂肪的含量对老年犬有益，前提是饮食中的脂肪是高度易消化的且富含必需脂肪酸。

饲喂和照料老年犬的主要目标是维持健康，保持正常体重，减缓或预防慢性疾病的发生，减少或改善可能已经存在疾病的临床症状。应选择适中或较低的能量密度，但仍含有优质原料，尤其是含有高品质、易消化蛋白质的饮食。一般来说，建议选择 3500~3800 千卡 / 千克、含有 24%~28% 优质蛋白、10%~12% 脂肪的干粮。通过采用分餐定量的饲喂方式灵活地控制其食物摄入量，帮助老年犬维持最佳体重，预防肥胖。有规律地运动也很重要，因为这可以帮助老年犬保持合理的体重、肌肉张力和活力。对于老年动物来说，应随时为它们提供清洁的饮用水。对老年犬牙齿和牙龈进行适当的护理也很重要。如果宠物主人不能或不愿意定期为它们检查牙齿和刷牙，那么建议每年去宠物医院让医生为它们去除牙垢，以防止牙结石的积聚和牙周病的发展。如果不及时治疗牙齿问题，会导致食物摄入量减少、厌食症和全身性疾病的发生。

工作犬的饲喂

虽然目前生活在美国的大多数犬都是作为家养宠物饲养的，但也有相当数量的犬在各种行业中与它们的主人一起工作。这包括导盲犬、助听犬、服务犬、雪橇犬、放牧犬、护卫家畜犬、护卫犬和猎犬（详见第二章）。犬所经历的训练类型、运动水平和日常生活将因其所从事的工作类型而异。一般来说，所有工作犬的能量需求都比一般成犬高。根据犬所从事工作的类型和强度，可能需要优化工作犬的饮食营养成分和改变日常饲喂方式。

在饲养工作犬时，主要关注的是它们对能量需求的增加。工作犬的能量需求取决于环境、运动的持续时间和强度，以及犬的生理结构和体质。一般的饲喂方法建议，在正常环境温度下工作的犬，能量需求增加到维持期需求的 1.5~2.5 倍。在寒冷温度下工作的犬，能量需求会进一步增加 50% 或更多。人们普遍认为，在寒冷环境中训练的雪橇犬比任何其他类型的工作犬都需要更高的能量 [21-22]。事实上，从雪橇犬在阿拉斯加丛林比赛中收集到的数据表明，一只雪橇犬每天消耗的能量超过 9000 千卡 [22]，但需要注意的是，这些都是在极端工作条件下才会有的能量消耗水平，这些犬已经很好地适应了这样的工作环境，能够在寒冷的条件下长时间地努力奔跑。像护卫犬、放牧犬、帮助残疾人的犬、从事嗅探毒品或爆炸物的犬不会引起能量需求的巨大增加。在饲养工作犬时，准确地评估动物的工作强度是很重要的。为工作犬专门设计的商品粮具有很高的能量密度以及极佳的适口性。过度饲喂，或者喂给工作强度不够大或者不需要这种高能量密度食物的犬时，很有可能导致其身体状况不佳或肥胖。

虽然人们普遍认为工作犬食物中最需要关注的是能量，但关于在为最佳工作状态而配制的食物中提供能量的最佳方式是什么，一直存在很多争论。碳水化合物和脂肪是食物中能量的主要来源。在犬中，维持工作状态所需的能量有 70%~90% 来自脂肪代谢，只有少量能量来自碳水化合物代谢 [18-19]。虽然人类的运动表现和耐力与肌肉糖原储存和调用糖原获取能量的能力有关，但这在犬身上似乎并不那么重要。对雪橇犬的实地研究和对比格犬的实验室研究结果表明，在剧烈运动中，对脂肪酸的使用能力可能比肌糖原的使用更重要 [20-21]。这些研究还表明，犬的运动表现水平与可消化脂肪的摄入量呈正相关。

食物的能量密度和消化率似乎是影响工作犬表现的两个最重要的营养因素。脂肪为肌肉提供了一种容易获得的重要能量来源。同样重要的是食物中营养物质的质量和消化率。对能量需求有所增加的犬必须消耗大量的食物来满足这些需求。如果食物的消化率较低，则必须摄入大量干物质以满足总能量需求。从食物中摄入的干物量会受到犬胃容量和消化吸收大量食物能力的限制。高消化率是限制犬每餐必须消耗的食物总量的必要条件。那些能量密度较低的维持期食物会限制犬的摄入量以及影响犬只的工作表现。高消化率、高脂肪的食物可以提供工作犬所需的额外能量，并对耐力表现有积极的影响。

在工作犬的食物中，淀粉也有利于维持正常的肌肉和肝糖原水平。但是，这些食物中的碳水化合物也必须是高度可消化的，其含量不应高到足以通过替代脂肪来限制日粮的能量密度。

水的消耗对所有工作犬来说都是极其重要的。犬水分的流失主要是通过呼吸，其次是排汗。在工作运动过程中，水分的流失会增加 10~20 倍，因此，所有的工作犬都应该经常喝水。即使是轻微的脱水也会导致工作能力下降、体力下降和体温过高 [23]，这时需要为它们提供冷水，因为这对大多数犬来说更可口，也更能有效地帮助身体降温。

对工作犬应该定量饲喂。这样可以仔细观察犬的采食量和它对饲喂量的反应。每天让它少食多餐，以防一次性进食大量食物。应该在白天最长运动时间之后再让犬摄入当天所需的大部分食物，这样能使食物得到充分的消化。当犬长时间工作时，例如，在进行长时间拉雪橇或狩猎期间，饲喂些小零食可能是有益的。如果犬已经适应了高脂肪的能够提供长久耐力表现的饮食，建议在耐力表现期间饲喂高脂肪／高蛋白的零食。

一般饲喂指南

饲养犬最重要的准则是，每只犬都应该作为一个单独的个体进行评估和饲养。根据犬的年龄、生命阶段、生活环境和运动水平来选择食物，有助于在它全生命周期中提供最佳的营养。总的来说，犬的活力表现、健康状态、身体构成、皮肤和毛发状况方面的反应是对该食物最佳的评估（表 18.4）。除了犬粮，许多宠物主人还喜欢给他们的犬喂食额外的食物或零食。如果餐桌上的残羹剩渣和零食只占犬日常饮食的一小部分，它们则不会使犬的饮食失衡，也不会造成不利影响。然而，在某些情况下，如果一味地只提供犬喜欢吃的食物时，可能会破坏犬的饮食平衡并对犬的健康有害。本章节的饲喂指南有助于向宠物主人和专业人士建议哪些食物对他们的犬来说是健康的，哪些是不健康的。

表 18.4　一般饲喂指南

√　避免食物的突然改变

√　当必须要改变食物时，应以每天 25% 的增量将新食物与旧食物混合以此逐
　　渐引入新食物

√　将残羹剩饭和人类食物限制在犬每日食物摄入量的 10% 以下

√　犬应该作为独立的个体饲喂：选择一种能提供健康与活力、最佳皮肤和毛发
　　状况的，并且能够形成形状良好的粪便和正常排便频率的食物

√　饲喂适量的食物，以保持正常体态

√　选择已通过 AAFCO 饲喂试验证明的可提供最佳营养的食物

√　不需要在营养均衡的食物或全价犬粮中额外添加营养补充剂

　　剩饭剩菜应该喂犬吗？一些宠物主人喜欢给他们的犬喂剩饭剩菜和其他"人类食物"，原因和他们喜欢给犬吃零食的原因是一样的。提供特别的食物是一种表达爱的方式。人们认为，在犬的饮食中加入餐桌上的残羹剩饭和其他食物可以增加犬用餐的乐趣。然而，需要意识到的是，尽管人类的食物可能非常营养和美味，但犬的营养需求与人类的不同。虽然有些人类食物不适合伴侣动物，根本不应该饲喂给犬，但大多数食物只有在犬的饮食中占很大比例时才会对其健康构成威胁。如果喂的是餐桌上的残羹剩饭，应该遵循一些原则，以确保犬的饮食不会失衡，或者不会提供过多的能量（表 18.5）。然而，有几种食物需要特别关注，这些食物包括乳制品、巧克力和洋葱。

表 18.5　建议：将餐桌上的残羹剩饭作为零食

√　残羹剩饭和人类食物的摄入量不得超过犬每日摄入量（卡路里）的 5%~10%

√　如果喂食肉类（家畜、家禽或鱼类），则应彻底煮熟（切勿生食）

√　所有骨头都应该从肉类（家畜、家禽或鱼类）中去除

√　奶制品的饲喂量应尽可能地少

√　为了防止出现乞食或偷食等行为问题，所有零食都应远离餐桌，最好放在犬
　　的食盆里

√　不应该只喂单一类型的食物

√　在所有情况下，给犬最好的零食是专门为犬设计的犬零食（即如果可能的话，
　　避免给"人类的食物"）

几乎所有的犬都喜欢奶制品的味道，许多宠物主人会时不时地让他们的犬品尝冰淇淋或牛奶。虽然奶制品是钙、蛋白质、磷和几种维生素的极好来源，但大量食用牛奶或奶制品会导致犬的消化紊乱和腹泻。这是因为牛奶中的乳糖需要肠道乳糖酶来消化。和大多数哺乳动物一样，随着犬的发育成熟，肠黏膜乳糖酶活性会降低。这种变化导致乳糖消化不良，未消化的乳糖进入大肠，在大肠中被细菌发酵，产生气体、稀便，并可能导致腹泻。虽然有些犬成年后仍能耐受奶制品，但也有一些不能。大多数犬都可以偶尔吃一勺冰淇淋或喝一小碗牛奶，但总的来说，应该严格限制犬对奶制品的摄入。

大多数犬都喜欢甜的味道，包括巧克力的味道。巧克力含有可可碱，这是一种结构和生理作用与咖啡因相似的化合物。大量摄入可可碱对犬是有毒的。这是因为犬的可可碱代谢率异常低，导致这种化学物质在血液和组织中的半衰期很长。一次摄入后，可可碱在成犬血浆中的半衰期约为 17.5 小时 [24]，在人类中半衰期小于 6 小时 [25]，这种超长的半衰期是可可碱对犬有毒性的原因。

可可碱会影响犬的中枢神经系统、心血管系统、肾脏和平滑肌。可可碱中毒的临床表现为心率加快、肌肉震颤、排尿和饮水量增加、呕吐、腹泻、喘气和多动。虽然这不是一个常见的临床问题，但可可碱中毒在犬身上发生时可能会危及生命。症状通常在犬吃完巧克力 4~5 小时后出现。在大多数情况下，全身性运动痉挛的发作意味着已经产生了严重的毒性，通常会导致死亡 [26-27]。可可碱中毒的唯一治疗方法是尽快诱导呕吐。但不幸的是，一旦这种物质被机体吸收，就没有针对可可碱中毒的特异性全身解药。

巧克力产品中可可碱含量差异很大，因此，巧克力产生可可碱中毒的程度也不同。巧克力液，通常被称为烘焙巧克力，是生产所有巧克力产品的基础物质，因此，含有最高浓度的可可碱。由于可可碱的含量，3 盎司（85 克）的烘焙巧克力对一只 25 磅（11 千克）重的犬来说就可能是致命的。幸运的是，犬很少食用烘焙可可或烘焙巧克力，因为这种产品的味道很苦。巧克力糖和其他巧克力制品中的可可碱浓度要低得多，因为可可碱被固体牛奶、糖和其他配料稀释了。例如，一只 25 磅（11 千克）重的犬要吃大约 2.5 磅（1 千克）甜巧克力或 1.5 磅（0.68 千克）牛奶巧克力才能达到严重的中毒水平。尽管巧克力制品的毒性相对较低，但一般犬都喜欢巧克力制品的味道，如果有机会，很多犬都会大吃特吃巧克力。虽然偶尔给犬吃点巧克力没什么害处，但需要严格控制饲喂量，更重要的是，所有巧克力食物都要存放在犬无法接近的地方。

最后一种会对犬造成危害的"人类食物"是洋葱。和巧克力一样，在犬的饮食中加入少量的洋葱是无害的。然而，大量食用洋葱，尤其是小型品种和玩赏品种的犬，可能会产生剧毒。

犬进食大量的洋葱会在其血液循环中的红细胞上形成亨氏小体，这会导致溶血性贫血，严重时可能会致命[28-29]。这种反应是由洋葱中一种叫作 n- 丙基二硫化物的有毒化合物引起的。由洋葱毒性引起的溶血性贫血的症状包括腹泻、呕吐、精神沉郁、体温升高和产生深色尿液。虽然呕吐和腹泻可能立即出现，但其余症状通常在摄入洋葱后 1~4 天内出现。总的来说，应该严格控制犬的洋葱摄入量，绝对不能给犬饲喂含有大量洋葱的食物。

应该给犬补充矿物质或维生素吗？ 在犬的生长或其他生理应激时期给犬饲喂营养补充剂是宠物主人和训犬师的常见做法。最常见的矿物质补充剂是钙，常见的维生素补充剂是维生素 C（抗坏血酸）。与人们普遍的看法相反，在犬粮中补充这两种营养物质对健康没有任何好处，而且当补充过量时，可能会对犬造成一些危害。

补充钙最常见的原因是它在正常骨骼生长和发育中起着至关重要的作用。磷酸二钙和骨粉等补充剂，或含钙的食物，如白干酪或牛奶，被添加到生长犬的饮食中，目的是改善其骨骼生长或预防发育性骨骼疾病的发生。尽管出发点是好的，但在营养均衡的全价食物中添加过高水平的钙是有潜在风险的。食物中过量的钙会导致其他营养物质的缺乏，并可能导致骨骼发育异常[30]。研究表明，饮食中钙含量过高与骨软骨炎、关节肿大、肢体畸形和生长障碍的发生有关[31]。

钙发挥这些作用的机制与血液钙和磷水平的代谢平衡有关。幼犬摄入过多的钙会导致短暂性高钙血症（钙升高）和低磷血症（血清磷降低）。这种不平衡导致激素降钙素水平长期升高，而降钙素与钙稳态有关。这些变化的最终影响是骨重塑的速度和形式的改变，以及发育中骨骼软骨成熟速度的延缓。具有讽刺意味的是，在均衡饮食中添加过量的钙或含钙食物实际上会导致骨骼疾病的发生，而这些疾病正是宠物主人试图预防的。此外，在均衡饮食中添加过量的钙会干扰锌、铁和铜等其他矿物质的吸收。如果给生长中的犬饲喂适量的全价优质宠物食品，补钙是不必要的，也是不当的。如果宠物主人给犬喂食的食物中钙含量不足，那么给犬饲喂营养全面的全价商品粮比试图通过营养补充剂来纠正饮食中的营养素不均衡更安全。

维生素 C（抗坏血酸）也会被添加到生长犬的饮食中，因为人们相信这种维生素会促进骨骼的健康生长。在结构蛋白胶原的形成过程中，脯氨酸和赖氨酸的羟基化需要维生素 C。胶原蛋白是构成骨骼蛋白质基质的主要成分。有趣的是，犬并不需要从食物中摄取维生素 C。像大多数动物一样，它们在肝脏中从葡萄糖或半乳糖中能够合成这种维生素。因此，除非有很高的代谢需求或身体合成的量不足，否则对家犬来说，食源性的维生素 C 是不必要的。更重要的是，关于生长中犬的研究表明，补充维生素 C 对骨骼生长没有好处，也不能预防骨骼疾病[32-33]。除了不合理之外，犬服用维生素 C 补充剂可能有害。过量的维生素 C 在尿液中以草酸盐的形式排出，高浓度的草酸盐有可能促进尿路中草酸钙尿石的形成，导致下尿路疾病。

结论

想要正确地饲养犬首先需要评估和选择一款能提供犬最佳营养、支持其活力和健康的宠物食品。饲喂方法应该适合犬的年龄、生活方式和体质，并符合宠物主人的日常安排。其次需要给犬提供合理数量的食物，以支持最佳的生长和身体状况，但不会导致体重迅速增加或肥胖。最后，需要遵循科学的饲喂方法，采取有规律的饲喂模式，并限制残羹剩饭和零食的饲喂量。下一章将探讨饮食对犬的健康和生活质量的另一种影响。饮食管理是治疗或管理某些慢性疾病的重要部分。本部分最后一章将对其中几种疾病进行阐述。

参考文献

[1] Sunvold, G.D., Norton, S.A., Carey, D.P., Hirakawa, D.A.S. and Case, L.P. **Feeding practices of pet dogs and determination of an allometric feeding equation.** Veterinary Therapeutics, 5:82-99. (2004)

[2] Allard, R.L., Douglass, G.M., and Kerr, W.W. **The effects of breed and sex on dog growth.** Companion Animal Practice, 2:9-12. (1988)

[3] Sheffy, B.E. **Meeting energy–protein needs of dogs.** Compendium of Continuing Education for Small Animal Practitioners. 1:345-354. (1979)

[4] Earle, K.E. **Calculations of energy requirements of dogs, cats and small psittacine birds.** Journal of Small Animal Practice, 34:163-183. (1993)

[5] AAFCO. **AAFCO pet food regulatory update.** In: *Proceedings of the Petfood Forum,* Watts Publishing, Chicago, Illinois, (2004)

[6] Hazewinkel, H.A.W., Goedegebuure, S.A., and Poulos, P.W. **Influences of chronic calcium excess on the skeletal development of growing Great Danes,** Journal of the American Animal Hospital Association, 21:377-391. (1985)

[7] Kallfelz, F.A. and Dzanis, D.A. **Over nutrition: an epidemic problem in pet practice?** Veterinary Clinics of North America; Small Animal Practice, 19:433-466. (1989)

[8] Hazewinkel, H.A. Calcium metabolism and skeletal development of dogs. In: Nutrition of the Dog and Cat (I.H. Burger and J.P.W. Rivers, editors), Cambridge University Press, Cambridge, pp. 293-302. (1989)

[9] Faust, I.M., Johnson, P.R. and Hirsch, J. Long-term effects of early nutritional experience on the development of obesity in the rat, Journal of Nutrition, 110:2027-2034. (1980)

[10] Kulhman, G. and Biourge, V. Nutrition of the large and giant breed dog with emphasis on skeletal development. Veterinary Clinical Nutrition, 4:89-95. (1997)

[11] Gorrel, C. and Rawlings, J.M. The role of tooth brushing and diet in the maintenance of periodontal health in dogs, Journal of Veterinary Dentistry, 13:139-143. (1996)

[12] Moser, D. Feeding to optimize canine reproductive efficiency, Problems in Veterinary Medicine, 4:545-550. (1992)

[13] Mosier, J.E. Nutritional recommendations for gestation and lactation in the dog. Veterinary Clinics of North America, Small Animal Practice, 7:683-692. (1977)

[14] Ontko, J.A. and Phillips, P.H. Reproduction and lactation studies with bitches fed semi-purified diets, Journal of Nutrition, 65:211-218. (1958)

[15] Brace, J.J. Theories of aging, Veterinary Clinics of North America: Small Animal Practice, 11:811-814. (1981)

[16] Mosier, J.E. Effect of aging on body systems of the dog, Veterinary Clinics of North America, Small Animal Practice, 19:1-13. (1989)

[17] Sheffy, B.E. and William, A.J. Nutrition and the aging animal, Veterinary Clinics of North America, Small Animal Practice, 11:669-675. (1981)

[18] Therriault, D.G., Beller, G.A., and Smoake, J.A. Intramuscular energy sources in dogs during physical work, Journal of Lipid Research, 14:54-61. (1973)

[19] Paul, P. and Issekutz, B. Role of extramuscular energy sources in the metabolism of the exercising dog, American Journal of Physiology, 22:615-622. (1976)

[20] Downey, R.L., Kronfeld, D.S., and Banta, C.A. Diet of beagles affects stamina, Journal of the American Animal Hospital Association, 16:273-277. (1980)

[21] Reynolds, A.J. The effect of diet and training on energy substrate storage and utilization in trained and untrained sled dogs, In: Nutrition and Physiology of Alaskan Sled Dogs, Abstracts of a Symposium held at the College of Veterinary Medicine, The Ohio State University (September 5, 1992).

[22] Hinchcliff, K.W. Energy and water expenditure. In: Proceedings of the Performance Dog Nutrition Symposium, Colorado State University, Fort Collins (April 18, 1995), pp. 4-9. (1995)

[23] Gannon, J.R. Nutritional requirements of the working dog, Veterinary Annual, 21:161-166. (1981)

[24] Gans, J.H., Korson, R., and Cater, M.R. Effects of short-term and long-term theobromine administration to male dogs, Toxicology and Applied Pharmacology, 53:481-496. (1980)

[25] Drouillard, D.D., Vesell, E.S., and Dvorchick, B.N. Studies on theobromine disposition in normal subjects, Clinical Pharmacology Therapy, 23:296-302. (1978)

[26] Decker, R.A. and Meyers, G.H. Theobromine poisoning in a dog, Journal of the American Veterinary Medical Association, 161:198-199. (1972)

[27] Glauberg, A. and Blumenthal, P.H. Chocolate poisoning in the dog, Journal of the American Animal Hospital Association, 19:246-248. (1983)

[28] Spice, R.N. Hemolytic anemia associated with ingestion of onions in a dog, Canadian Veterinary Journal, 17:181-183. (1976)

[29] Kay, J.M. Onion toxicity in a dog, Modern Veterinary Practice, 6:477-478. (1983)

[30] Hazewinkel, H.A. Calcium metabolism and skeletal development of dogs. In: Nutrition of the Dog and Cat, (I.H. Burger and J.P.W. Rivers, editors), Cambridge University Press, Cambridge, pp. 293-302. (1989)

[31] Hazewinkel, H.A.W., Goedegebuure, S.A., and Poulos, P.W. Influences of chronic calcium excess on the skeletal development of growing Great Danes, Journal of the American Animal Hospital Association, 21:377-391. (1985)

[32] Grondalen, J. Metaphyseal osteopathy (hypertrophic osteodystrophy) in growing dogs. A clinical study, Journal of Small Animal Practice, 17:721-735. (1976)

[33] Teare, J.A., Krook, L., and Kallfelz, A. Ascorbic acid deficiency and hypertrophic osteodystrophy in the dog: a rebuttal, Cornell Veterinarian, 69:384-401. (1979)

第十九章　犬的营养性反应失调

最佳的营养对犬的正常生长和维持一生的健康与活力是必不可少的。正如第十八章所讨论的那样，给犬额外补充营养素、过度饲喂或者提供不合适的食物可能会导致营养性反应失调或引发疾病。此外，饮食疗法可以治疗或管理一些犬类的健康问题。即使有些疾病的发生与饮食无关，但饮食疗法同样能够起到重要的作用。本章内容主要包括营养与犬的肥胖、糖尿病、慢性肾脏疾病和食物过敏。

肥胖

肥胖是当今宠物犬最常见的营养性疾病。据估计，美国25%~44%的宠物犬存在超重或肥胖的情况[1-3]。从工作伙伴演化成固定的家养宠物，犬超重的概率似乎正在稳步增长。生活方式的转变，加上高适口性和高能量密度宠物食品的流行导致成犬的肥胖率增加。然而，不管诱因是什么，任何动物肥胖的根本原因就是能量过剩。简而言之，当能量的摄入大于消耗时，导致体内脂肪堆积，便会诱发肥胖[4]。虽然仅依据犬的体重（BW）并不总能对肥胖症进行确诊，但当伴侣动物的成年体重超过理想体重的5%或者更多时，通常被认为是超重；而当它们的体重超过理想体重的15%~20%则是肥胖。当犬的体重超过理想体重的10%或更多时，就会出现与超重相关的健康问题。例如，一只雄性金毛寻回猎犬，其理想体重为60磅（27千克），当体重为66~69磅（30~31千克）时被视为超重，而当体重超过72磅（33千克）时则被视为肥胖。

健康风险：肥胖犬患高血压、骨关节炎、乳腺肿瘤、甘油三酯升高和胰腺炎的风险较高[5-9]。超重犬出现葡萄糖代谢异常和体内稳态失调较为常见，并且更有可能出现胰岛素抵抗、高胰岛素血症和葡萄糖不耐受[10-12]。同时表现出运动减少、手术风险增加、术后并发症发生概率和死亡率增加[13]。上述所有这些问题都会导致超重犬生活质量下降。

诊断： 在为犬做肥胖症诊断的同时宠物医生也需要检查其是否患有其他潜在疾病。可能导致体重增加的常见疾病包括甲状腺机能减退、肾上腺皮质功能亢进和糖尿病。在排除这些疾病后，将犬目前的体重与以前的体重或者成年后不久的体重进行比较可确定是否存在体重异常增加的情况。针对纯种犬，将犬的体重与该品种的标准体重进行比较也能了解目前犬的体况信息。总体来说，对犬进行视觉评估是诊断肥胖的最佳方法。俯视视角观察犬的形态时，理想体重犬的身形呈"沙漏形"（图 19.1）[14]。如果犬的被毛很厚，沙漏形身形应该能够在犬的被毛下很容易被触摸到。腰部平坦但腹部下垂表明体内脂肪过多[19]。犬的步态、运动耐力和整体外观的主观评价可用于诊断肥胖症。

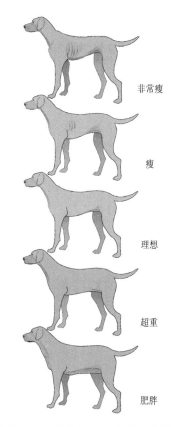

非常瘦

瘦

理想

超重

肥胖

图 19.1　对犬的体况进行视觉评估

导致肥胖的因素： 所有导致肥胖的根本原因是能量摄入和能量消耗之间的不平衡而产生的能量过剩。随着时间的推移，即使是相对较少的每日能量盈余也会导致体重逐渐增加以致肥胖。过剩的能量主要以脂肪的形式储存在体内，导致体重和体脂率的增加。有多种因素已被证实可导致宠物犬的肥胖。这些因素包括绝育、老龄化、受限制和不活跃的生活方式以及遗传（品种）倾向[15-16]。宠物主人与他们的犬之间的关系也起着重要作用。例如，与正常体重犬的宠物主人相比，超重犬的宠物主人很有可能自己就超重，并且他们更倾向于将犬的所有需求理解为对食物的渴求[17]。给犬喂食过量可口的食物、人类食品或者残羹剩饭也可能会导致犬的肥胖，在多犬家庭中争夺食物也是如此[2,18-20]。

绝育犬的肥胖率高于未绝育犬的肥胖率。然而，与普遍的认知相反，犬的绝育不一定会导致体重的增加。宠物医生经常鼓励宠物主人在宠物性成熟之前（通常在 6 月龄到 1 岁之间）进行绝育。这个阶段犬的生长速度、活动水平和能量需求会自然而然地下降（详见第十八章）。如果宠物主人没有意识到这一变化并继续饲喂相同数量的食物，就会导致犬体重过度增加。由于绝育通常发生在性成熟之前，因此，主人可能会错误地将体重增加归咎于绝育，而体重增加实际上是能量需求减少和食物摄入量过多导致的。虽然某些激素确实能调控食物摄入量和运动量，但这些激素的缺乏并不是导致肥胖的唯一原因[21]。随着犬年龄的增长，能量需求进一步减少（详见第十八章）。同样，如果能量的摄入没有相应减少，年长的犬体重可能会增加。

犬品种和宠物主人的性格可能会影响犬肥胖的发展趋势。某些犬种的肥胖症发病率高于其他犬种。可卡犬、金毛寻回猎犬、拉布拉多寻回犬、喜乐蒂牧羊犬和一些小型猎犬的肥胖发生率高于其他犬种[22]。相比之下，拳师犬、德国牧羊犬、大型㹴犬和视觉猎犬的肥胖发生率相对较低。甚至在相同品种内和不同品种之间，犬天生的活力和运动水平对能量消耗的影响也会有所不同。同样，有些犬似乎就像永远处于饥饿状态中一样，一旦有机会进食，它们就很容易采食过量，而其他犬则可以有效地自主调节采食量。这些个体差异最终会影响犬的能量平衡及体重维持、增加或减少的倾向。

食物的类型也会影响犬的采食量。其中最重要的因素是食物的适口性，适口性高的食物可能会导致一些犬采食过量。适口性是评价犬粮优劣的一项重要指标，在商品犬粮的营销中备受推崇。半湿犬粮含有不同比例的单糖，而罐头和一些干粮的脂肪含量非常高。脂肪影响着食物的适口性和能量密度。不限饲地喂食适口性高的食物可能会使犬有肥胖倾向，因为许多犬会过量地进食这些食物。因此，每当饲喂高适口性的食物时，都推荐每餐限量饲喂以控制采食量。食物的能量分配也是一个重要因素。饲喂脂肪含量相对较高的犬粮会促进体重的增加，因为对犬来说这种食物通常适口性更好且能量密度高。随着犬粮中脂肪提供的代谢能（ME）所占比例的增加，其满足犬所需能量的能力也会增加（详见第十八章）。然而，如果给不需要这种高能量犬粮的犬喂食，且不严格控制犬的采食量时，则可能会导致犬体重的增加。饲喂脂肪供能占比较低的犬粮将有助于减轻体重或维持家养成犬的正常体重。

治疗方案： 体重超过理想体重 10% ~15% 或更多的犬需要参加减肥计划。由于犬可能不会对减肥计划百分百服从，且由于导致肥胖发展和持续的因素是多种多样的，因此，有效的肥胖方案必须从多角度出发。治疗方案需要使脂肪组织安全且有效地被消耗，同时提供营养全面且具有饱腹感的食物，以及鼓励宠物主人遵守和使用该减肥治疗方案。在大多数情况下，最好的减肥方法是通过限制能量摄入和运动计划相结合来增加日常能量消耗。这通常要求宠物主人改变犬的生活方式，减少额外食物的摄入，限制饲喂餐桌上的残羹剩渣，并有规律地进行日常散步或其他类型的运动。对于超重不到 10% 的犬，可以正常饲喂维持性饮食，但要限量饲喂。超重超过 10% 的犬需要饲喂专为减重而配制的减肥粮。减重的短期目标是减少体内脂肪储备和体重减轻，长期目标是达到理想的体重并维持下去。

减重率： 减肥计划的制订需要确保体重和体况能够在几周内发生明显的改善，同时又能够最大限度地减少饥饿感和肌肉组织的过度流失。大多数营养学家和宠物医生认为，犬每周的安全减重率应为当前（超重）体重的 1.0%~2.5%。较慢的减重速度可能会让犬主人气馁，而太快的体重减轻可能会导致肌肉组织（LBM）的过度流失。一般来说，在 18 周内实现 20%~25% 的体重下降是合理的。肥胖治疗的一个主要目标是在安全的脂肪组织流失速率下最大限度地减少肌肉组织的流失。由于脂肪组织的新陈代谢速率低于肌肉组织，在整个减肥过程中保持较低的体脂有助于维持犬的静息能量需求（RER）。

增加运动： 在肥胖宠物的治疗方案中加入适度、定期的运动会增加犬的日常能量消耗，并使身体成分变化朝着预期的方向发展。在所有动物中，定期和持续的运动有利于形成较高比例的肌肉组织。因为动物的静息代谢率（RMR）与肌肉组织的数量直接相关，增加肌肉组织有助于在减肥期间维持正常的 RMR。这一点很重要，因为随着体重的减少，自主活动的能量消耗也会减少。维持正常的 RMR 有助于抵消这种变化并增加能量消耗。如果犬习惯了完全居家的生活方式，那它需要逐渐开始运动。每周开展 4~6 次，每次 20 分钟的运动是一个合理的开始。当犬开始减肥并变得更适合运动时，运动时间和强度可以逐步增加。日常散步、跑步、游泳或玩球等游戏对犬来说都是极好的运动方式。

　　一种新颖的减肥和改善犬健康的方案是宠物主人和他们的犬共同参与运动和减肥计划。这种方法可以为那些希望犬和自己的生活方式变得更健康的宠物主人提供坚持下去的动力与热情。为检测这一方法的有效性开展了一项相关试验。在该试验中，超重犬的宠物主人和他们的犬参加了一个为期 6 个月的联合健康饮食、减肥和运动计划的减重项目 [23]。该试验为参与者提供了饮食信息（主人和犬）、商品减肥犬粮、健康的饮食指南和运动计划。在 6 个月的时间里，82% 的犬体重下降，超过一半（55%）的宠物主人体重也有所下降。体重减轻的犬平均体重减轻了 10%。每日记录和问卷调查显示，宠物主人认为他们的犬的生活质量和整体健康水平都有所提高，活力水平也有所提高。宠物主人还报告说，他们自身改善了饮食习惯，运动频率和持续时间大幅增加，与犬的互动（散步）次数增加。这些结果说明了，在为宠物犬制订减肥计划时，人犬之间的关系也能得到升级。

　　减少能量摄入：限制能量摄入是减重的第二个重要部分。根据以往的经验，给犬提供的食物量是维持犬当前体重所需能量的 60%~70% 会使犬的体重适当减轻。例如，一只重达 75 磅（34 千克）的金毛寻回猎犬的每日能量需要估计约为 1400 千卡，则需要将它的每日能量摄入限制在 840 千卡。如果饲喂含 350 千卡 / 杯的犬粮时，则这只犬每天应该只需摄入 2.5 杯的犬粮。如果犬平时缺乏运动，其每天的能量消耗约为 560 千卡。减掉 1 磅（0.45 千克）体脂需要 3500 千卡的能量缺口。因此，在这种饮食方案下，犬每周会减重约 1 磅（0.45 千克）。如果计划中包括运动，额外的能量缺口将通过增加能量消耗来解决，并且体重会较大幅度地下降（表 19.1）。

表 19.1　计算减肥犬的每日能量摄入量（金毛寻回猎犬：75 磅 ≈ 34 千克；理想体重为 60 磅 ≈ 27 千克）

ME = 132 × （34 千克）$^{0.67}$ = 1400 千卡 / 天
60% 限制能量需要 = 0.6×1400 = 840 千卡 / 天
喂一般商品粮时（ME = 3800 千卡 / 千克；350 千卡 / 杯）
杯 / 每天：840/350 = 2.5 杯犬粮
喂减肥犬粮（ME = 3400 千卡 / 千克；300 千卡 / 杯）
杯 / 每天：840/300 = 3 杯犬粮

　　上述的例子表明需要给肥胖的犬饲喂专为减肥而配制的商品犬粮。常规商品犬粮是为了满足成年期维持性需要而配制的，这种犬粮含有足量的必需营养素，以满足正常体重动物所需的能量消耗。如果为了限制能量，而大幅减少维持性需要的食物量，则可能会导致犬出现营养缺乏症[24]。75 磅（34 千克）重的犬每天只饲喂 2.5 杯的成犬维持期犬粮可能会导致它营养缺乏，因为饲喂量过少。专为犬减肥而设计的犬粮含有足够的营养，同时能够提供更少的能量。因此，在犬中度至重度肥胖的情况下，建议将犬粮改为低能量密度的商品减肥犬粮以减轻体重。

　　有几种商品犬粮可以满足犬的全部营养需要，并且所提供的能量比其他一般成犬粮提供的能量少。其中一些可以在宠物店或商店购买，而另一些处方粮只能通过宠物医生获得。这些商品犬粮的脂肪水平较低，有些可能含有大量难以消化的纤维（见下文）。降低犬粮中脂肪的含量会导致其能量密度降低。商品低脂犬粮含有 8%~11% 的脂肪（干物质基础）。这种脂肪降低的比例足以降低犬粮的能量密度，但又不影响犬粮的适口性，可以让大多数犬接受。

　　碳水化合物（淀粉）为犬提供了极好的能量来源，因为它所提供的能量低于脂肪且极易消化。正常活动水平的成犬其维持期能量需要的 30%~50% 来自可消化的碳水化合物。为减肥而设计的犬粮中50%~60% 的能量来自碳水化合物。在不额外添加纤维的情况下，用碳水化合物代替部分脂肪维持了犬粮的消化率水平，但总能较低。碳水化合物含量高的低脂犬粮的另一个优点是不会导致犬粪便量增多或排便频率的增加，与膳食纤维含量高的减肥犬粮不同。

　　一些为减重而配制的犬粮会通过添加大量（10%~20%）粗纤维来降低能量。以总膳食纤维来衡量时，该水平的粗纤维相当于

20%~40% 的膳食纤维 [25]。这些商品犬粮背后的基本原理是增加犬粮颗粒体积并降低犬粮消化率，这导致了犬自主能量消耗的减少。然而，这一理论缺乏充足的研究支持，而且现有关于食物消耗与犬体重变化之间关系的数据是相互矛盾的 [26-29]。虽然饱腹感在伴侣动物中仍然难以评估，但似乎目前的科学证据不能证实高纤维饮食能够治疗肥胖症。除了缺乏功效外，用难消化的纤维降低饮食中的能量密度还会导致排便频率和粪便体积增加，这是大多数宠物主人不希望出现的结果。其他潜在的负面结果包括营养物质消化率降低、毛发质量差以及宠粮适口性和接受度差 [30-32]。由于这些原因，为犬减重而配制的犬粮应减少脂肪含量，增加可消化碳水化合物和正常水平的纤维。

其他营养物质：葡萄糖不耐症、糖尿病和血脂代谢的改变是伴随肥胖出现的代谢异常反应。例如，一项研究比较了 35 只肥胖犬和 20 只体重正常的犬，结果发现与体重正常的犬相比，超重犬更容易出现葡萄糖不耐受和血清胰岛素水平升高（高胰岛素血症）[33]。超重犬还有甘油三酯和极低密度脂蛋白水平升高的风险 [34]。因此，饲喂可以使犬的葡萄糖水平和胰岛素反应正常化并且可以改善血脂状况的犬粮可能对超重犬有益。对肥胖犬有益的营养物质包括某些类型的淀粉、发酵纤维、铬和肉碱。

饮食中的淀粉作为可消化碳水化合物的来源，有助于使犬的餐后血糖水平正常化。研究发现给犬饲喂含有不同淀粉来源的犬粮，如当以大米为主要淀粉来源时，犬的餐后血糖和胰岛素反应最高（最不理想）[35-36]。相比之下，高粱或大麦提供的淀粉产生了更温和的餐后血糖和胰岛素反应。也有一些证据表明，与饲喂以小麦或大米为基础的饮食相比，以高粱为基础的减重饮食的减肥效果更好 [37]。总体而言，大麦、高粱和玉米对葡萄糖和胰岛素的反应较为温和，建议将这些淀粉纳入犬减重饮食中，而大米作为碳水化合物的来源则是最不可取的。

在减重饮食中加入低等到中等水平的可发酵纤维有助于改善超重犬的血糖控制。这些纤维包括甜菜浆、低聚果糖和阿拉伯树胶。可发酵纤维与传统意义上包含在减重犬粮中的非发酵膳食纤维不同，它可以抑制餐后血糖反应，并在犬减重时加强血糖控制。这些纤维会减缓可消化碳水化合物的吸收速度，影响控制营养代谢的胃肠激素的分泌，并改善胰岛素的释放时间，从而改善血糖控制。有研究对比了同时控制体重和血糖的犬粮是否比传统的高纤维减肥犬粮能更有效地促进减重[38]，血糖控制犬粮使用选定的淀粉原料和可发酵纤维，与喂食传统高纤维犬粮的犬相比，喂食特定来源淀粉与发酵纤维犬粮的犬体重都减轻了，但喂食血糖控制犬粮的犬体脂减少了 50%，有更高比例的 LBM，并且表现出更好的葡萄糖代谢水平。

矿物质铬可能是另一种对超重犬葡萄糖代谢控制起重要作用的营养物质。补充三甲酸铬已被证明可以改善犬的血糖代谢率[39]。铬影响葡萄糖代谢的机制与其对胰岛素的影响有关。铬通过增强胰岛素与细胞的结合、增加细胞表面胰岛素受体的数量和改善胰岛素敏感性来增强胰岛素的作用。除了对血糖平衡的影响外，铬似乎还有助于改善减重期间的身体状况。所有减重计划的一个重要目标是在保持肌肉量的同时减少脂肪组织，在减重犬粮中加入铬可能是有益的。

应制订有效的减重饮食计划，以促进脂肪代谢，调节血脂水平。左旋肉碱是一种类似维生素的化合物，可以促进脂肪酸新陈代谢。它是肉毒碱棕榈酰转移酶的一个组成部分，负责将脂肪酸输送到线粒体中进行氧化以产生能量。对犬的研究表明，与不补充左旋肉碱的动物相比，补充左旋肉碱的动物体重和体脂率下降得更多[40]。给犬补充肉碱似乎也有助于控制食欲，并且不影响犬粮的适口性[41]。

减重犬的饲养管理： 给犬喂食减重犬粮时，需要注意饲喂量。大多数犬，一旦有机会，就会略微增加它们的采食量去努力保持能量摄入量不变。饲喂低能量密度犬粮的好处是，尽管犬采食了大量食物，但获得的能量较少，并且在限饲期间造成营养失衡的风险较小。例如，如果饲喂一款能量密度为 300 千卡／杯的减重犬粮，上述例子中的金毛寻回猎犬每天需要进食 3 杯食物，而不是 2.5 杯。较多的饲喂量能够给犬带来更大的饱腹感。此外，这些犬粮是由宠物食品制造商专门配制的，在提供均衡营养的同时可以适当降低犬的能量摄入。

保持最佳的身体状况： 在肥胖治疗期间为犬建立的饮食和运动习惯必须长时间地保持下去，即使在减重期能量限制结束后也应该如此。一旦犬达到了理想体重，就给它喂专为成年维持期需要而设计的全价犬粮。在某些情况下，为低运动量的成犬制订的饮食计划是可取的。在犬减重成功后，宠物主人应当摒弃一些不好的旧习惯，如给犬饲喂残羹剩渣、过量饲喂或对犬的乞食行为心软。在大多数情况下，建议遵循每日两次的饲喂频率。

糖尿病

糖尿病是由于胰岛素的相对或绝对缺乏而引起的慢性内分泌紊乱性疾病。胰岛素由胰腺产生，是将葡萄糖和其他营养物质转运到细胞中所必需的激素。缺乏胰岛素会导致血糖水平升高（高血糖），并阻止机体组织获得所需的营养。近年来，犬的糖尿病患病率一直在上升。对1970—1999年普渡大学兽医数据库中的病例记录进行的研究发现，犬的糖尿病发病率显著增加[42]。据报道，1970年该兽医学校的诊所中每年每1万只犬中有19例患糖尿病。到1999年，这一比例急剧上升至每1万只犬中有64例糖尿病病例。这强有力的证据表明，这一患病比例的增长与超重和肥胖宠物犬的数量增长趋势一致[43]。如前所述，它们也更有可能患有葡萄糖不耐受和高胰岛素血症，即使超重犬还没有表现出糖尿病的临床症状[44]。

犬患糖尿病的其他影响因素包括年龄的增长、性别以及激素异常（如甲状腺功能减退和库兴氏综合征）[45-46]。母犬患糖尿病的风险高于公犬，而且有些品种的犬患糖尿病的风险似乎更高[47]，如澳大利亚狭、标准雪纳瑞、迷你雪纳瑞、荷兰卷尾狮毛犬和萨摩耶犬[48-49]。虽不常见，但因甲状腺功能减退、肾上腺皮质功能亢进或长期服用外源性皮质类固醇而导致的胰岛素抵抗也可能在犬身上发生[50-51]。

临床症状： 当胰腺不能产生足够的胰岛素时就会引发糖尿病，犬最常见的糖尿病形式是胰岛素依赖型糖尿病[52]。因此，患有这种形式糖尿病（通常称为1型糖尿病）的犬需要每天注射胰岛素以维持正常的血糖水平和促进正常的营养代谢。非胰岛素依赖型糖尿病（通常称为2型糖尿病）发生在胰岛素相对不足的情况下。在这种情况下，胰腺仍然会产生胰岛素，但机体的细胞和组织对该激素不会做出正常的反应。该类型的糖尿病在糖尿病患犬病例中占10%~20%，且几乎总是与肥胖相关[11]。通常，体重恢复正常的犬的胰岛素反应会恢复正常或接近正常水平。

患有糖尿病的犬的所有临床症状都与短期或长期的高血糖有关。通常，宠物主人首先会发现犬的饮水量增加（多饮），尿量增加（多尿），以及偶尔性的体重下降。如果不加以干预，糖尿病必然会引起严重的慢性疾病，如肾脏疾病、神经性疾病和白内障。

饮食管理： 动物进食后会导致餐后血糖升高，随后血液中的胰岛素水平增加。与健康的犬相比，血糖控制能力受损或患有糖尿病的犬不能有效地代谢葡萄糖，并且餐后高血糖维持时间更长。通过给犬提供有助于使血糖水平正常化、增强胰岛素敏感性和控制体重的饮食，可以改善其血糖反应。对糖尿病患犬营养管理的主要目标是抑制餐后血糖反应，从而最大限度地减少血糖水平的大幅波动。可以选择能将血糖反应降至最低的饮食，因为减少血糖波动有助于更好地控制高血糖及其相关的并发症。虽然糖尿病无法治愈，但如果得到适当的管理与控制，许多患有这种疾病的犬同样可以过上健康幸福的生活。

患有胰岛素依赖型糖尿病的犬每天需要接受一次或多次胰岛素注射。这些犬的饮食目标是通过在胰岛素活跃期间向身体输送营养物质，从而改善血糖浓度的调节，并防止或最大限度地减少血糖水平的大幅波动。饮食疗法通常不能替代胰岛素补充疗法，但它可以改善血糖控制。对不依赖胰岛素的犬采用饮食疗法也旨在改善血糖控制，延长其对血糖控制的效果，甚至避免犬对胰岛素治疗的需求。对所有患有糖尿病的超重动物，其饮食管理的重中之重是减轻体重以及对体重的控制。在这些案例中，需要以减重以及维持理想体重为目标制订合理的能量摄入量。有效的饮食营养方案包括提供适当的脂肪、蛋白质和碳水化合物，并在饮食中加入特定的营养物质，以加强对血糖的控制。这些营养物质包括经过选择的淀粉、某些类型的纤维和三甲酸铬。另外，所采用的饲喂方案（分餐饲喂与自由采食）可能也有助于调节餐后血糖和胰岛素的波动。

碳水化合物、脂肪和蛋白质的热量分配：饲喂高度易消化的碳水化合物会导致血糖迅速升高，并增加对胰岛素分泌的需求。淀粉是商品犬粮中可消化碳水化合物的主要形式，被认为是导致餐后血糖升高的主要饮食成分。因此，食物中所含淀粉的数量和类型都是在制订犬饮食计划时需要考虑的重要因素。一般来说，碳水化合物应该占糖尿病患犬食物能量的 40%~50%。此外，食物中的淀粉类型也是尤为重要的。术语"血糖指数"是指根据食物对血糖水平的影响，对食物进行分类的分级依据[53]。高血糖指数指的是食物或原料会导致血糖和胰岛素反应迅速升高。不同淀粉的升糖作用差异很大，其中有些淀粉实际上引起的血糖和胰岛素反应与单糖相当[54-55]。近期关于犬对不同淀粉的血糖反应的研究结果表明，在饮食中包含大麦和高粱有助于改善犬的血糖控制[56]。相反，进食大米的犬表现出了高血糖和胰岛素反应，这表明在制订控制犬血糖的饮食计划时，大米不是合适的选择。

饮食中的脂肪含量也是一个重要的影响因素。高脂肪饮食会促进犬体重的增加，并与胰岛素抵抗的发展有关[57-58]。有证据表明，这种关联的潜在机制之一与血液中非酯化脂肪酸（NEFA）和 β–羟基丁酸酯（BHOB）的水平有关，这两种化合物都会对胰岛素的作用产生负面影响。对猫的初步研究表明，高脂肪饮食会增加血液中这两种化合物的水平[59]。相反，低脂肪饮食已被证明能够降低血液中 NEFA 和 BHOB 的水平，并可能改善胰岛素抵抗动物的胰岛素敏感性。用于控制血糖的饮食应该适度限制脂肪含量，特别是针对超重犬。一般来说，糖尿病患犬食物中的脂肪供能不应超过饮食中可代谢能量的 18%~20%。

为患有糖尿病的患犬制订饮食计划时，需要确保饮食中包含适宜水平的高质量蛋白质。如果出现了慢性肾脏疾病（糖尿病的并发症），蛋白质必须限制在能有效控制临床症状的水平（详见*慢性肾脏疾病*）。

可发酵纤维：含有可发酵纤维的饮食可以通过减缓碳水化合物的吸收速度、改变重要胃肠激素的分泌或促进胰岛素的释放来改善血糖控制。部分可发酵纤维，如羧甲基纤维素，通过形成凝胶层减缓葡萄糖和水向肠道吸收表面的对流转移，从而降低餐后血糖反应[60]。可发酵纤维通过肠道菌群产生的短链脂肪酸（SCFA）影响胰岛素的分泌[61]。胰高血糖素原是胰高血糖素样肽–1（GLP–1）的前体，在血糖升高期间，GLP–1 可以促进胰岛素的分泌[62]。有研究表明，给犬饲喂含有可发酵纤维的日粮能够增加肠道胰高血糖素原的产生，并通过改善胰岛素释放的时机和效果来促进血糖水平的正常化[63]。

铬：虽然铬的作用机制还不完全清楚，但以生物活性形式存在的铬能够通过增强胰岛素的作用来改善葡萄糖代谢。铬是葡萄糖耐量因子化合物的组成部分，在人类中，铬的缺乏与葡萄糖利用异常和胰岛素抵抗有关[64]。此外，通过补充铬已被证明可改善肥胖和糖尿病患者的血糖控制[65]。这些研究结果表明，铬的补充可能在改善犬的血糖控制方面发挥作用。近期，对健康成犬进行的一项研究，其结果支持了这一理论[66]。与未补充三甲酸铬的犬相比，只饲喂三甲酸铬的犬的血糖浓度较低，葡萄糖代谢率略高。铬的补充也与较低的空腹血糖水平有关，但不影响血清胰岛素的反应。这些结果与在人类和其他物种中报道的结果一致，表明铬的补充增加了机体对胰岛素效应的敏感性。这些结果表明，增加糖尿病患犬饮食中铬的水平可能会增强机体对胰岛素的敏感性。

葡萄糖耐量因子：依赖胰岛素的犬依靠向体内输送胰岛素，从而将可用的营养物质输送到细胞中。因此，血液中营养物质的出现应该尽可能地与胰岛素作用的高峰期相一致。每天提供同等数量和相同类型的营养物质有助于实现这种平衡。饮食中所含营养物质的种类和数量应该保持一致。饮食中，由碳水化合物、蛋白质和脂肪提供的能量比例应该保持不变，这些营养物质应该始终由相同的食物提供。饮食组成或能量分布的变化会扰乱血糖水平和胰岛素活性之间的紧密联系，而胰岛素活性是合理控制血糖所必需的。

对患有胰岛素依赖型糖尿病患犬的饲喂时间需要进行严格的规划，以便在胰岛素活动的高峰期将营养物质输送至机体内[67]。饲喂的时间跨度将取决于所使用的胰岛素类型和使用的时间。宠物医生可以提供与所使用胰岛素类型和水平相适应的饲喂计划。在大多数情况下，在胰岛素活动期间饲喂几顿小餐，而不是喂一顿大餐。这一过程有助于将餐后血糖水平的波动降至最低。在注射胰岛素之前，需要给患犬提供少量的食物。建议这样做的原因是如果犬出现拒食的情况，需要停止注射胰岛素，从而防止注射后发生低血糖。然后，根据所使用的胰岛素类型，将一天中剩余的饲喂量分至每4~6小时一餐进行饲喂[68]。一旦选择了适当的饮食和饲喂计划，就应该严格遵守该计划。不需要额外给予补充性食物，饲喂时间应尽可能地保持一致。定期监测血糖水平可以用来调整犬减重时的饮食、运动量或所使用的胰岛素剂量（表19.2）。

表 19.2　糖尿病患犬的营养管理

√ 饲喂有固定配方的高品质犬粮；含有相同的碳水化合物、脂肪和蛋白质的能量分配

√ 碳水化合物（淀粉）含量应该占总能量的40%~50%；大麦、高粱和玉米是很好的淀粉来源；应该避免饲喂大米

√ 食物需要含有可发酵纤维（低聚果糖、甜菜浆），以帮助控制血糖，并适量增加铬的含量

√ 脂肪应该适度限制（占总能量的18%~20%）

√ 应限制饲喂量，每天的饲喂次数应保持一致

√ 如果适用，应严格控制饲喂时间，使其与胰岛素的作用时间峰值相一致

√ 如果可行，应该在注射胰岛素之前提供一餐；如果犬拒食，停止注射胰岛素，直到犬开始进食

慢性肾脏疾病

肾脏具有调节和排泄的功能，对正常的动态平衡和犬的健康是必不可少的。肾脏的功能单位称为肾单位。每个肾单位由一个肾小球和一个肾小管组成，负责重吸收和排泄。肾小球是由一簇毛细血管组成，血液中的废弃物和电解质类在这里被过滤。肾小管起源于肾小球底部，选择性地重吸收滤液中存在的血液成分。当滤液到达肾小管的末端时，这些化合物将作为废弃物排泄在尿液中。其中，包括蛋白质分解代谢的废弃物，如尿素、肌酐、尿酸和氨。此外，尿液中还含有电解质、微量矿物质元素和某些维生素。肾脏对电解质平衡、pH 和血压的正常调节以及两种激素的产生也很重要。

患有慢性肾脏疾病的犬经历了肾单元功能逐步丧失的过程。肾脏具有显著的储藏能力、补偿损伤或抵御疾病的能力。因此，只有在 70%~85% 的肾单元功能丧失后，才能观察到犬的肾脏疾病的临床症状 [69]。最初造成肾脏损伤有许多潜在的原因，其中包括但不限于创伤、感染、免疫性疾病、肿瘤、肾缺血（流向肾脏的血液减少）和接触毒素。在大多数情况下，最初造成肾功能受损的原因已经不再存在，甚至宠物主人都不知道患犬何时会出现临床症状。当肾脏的代偿机制崩溃并导致肾功能进行性丧失和慢性疾病迹象出现时，就会发生慢性肾脏疾病。

临床症状：宠物主人注意到患犬表现出的第一个迹象之一是饮水量和尿量的增加。这种迹象是由于肾脏浓缩尿液的能力降低，导致尿量和排尿频率增加。随之，犬为了保持体液平衡而消耗更多的水，尿量增加伴随着极度的口渴。出现的其他临床症状与氮质血症和尿毒症的程度有关。氮质血症指的是含氮废弃物在血液中的积累，如肌酐。尿素是氨基酸新陈代谢的主要副产物，通常通过尿液排出。尿毒症一词在学术上是指血液中尿素浓度升高，但通常指与肾功能衰竭有关的临床症状的集合 [70]。血浆肌酐水平在 1.5~4 毫克 / 分升表示轻至中度的肾脏疾病，而高于 4 毫克 / 分升表示终末期肾脏疾病 [71]。空腹血清尿素氮（BUN）水平大于 35 毫克 / 分升表示某种程度的肾功能障碍。犬尿毒症的临床症状包括食欲减退或食欲不振、呕吐、精神沉郁、电解质和 pH 紊乱、黏膜溃疡和体重减轻。有些犬还会表现出慢性腹泻和神经系统症状，如摇摇晃晃或迷失方向。在患有肾脏疾病的犬身上，钙磷稳态会受到负面影响，这些变化最终导致骨质脱钙。受损的肾脏不能产生生成红细胞所必需的激素——促红细胞生成素，这会导致某些犬的贫血。

针对慢性肾脏疾病的饮食管理： 饮食管理是为患有慢性肾脏疾病的犬提供的一种缓解症状的方法，以最大限度地减少与尿毒症、氮质血症和钙磷稳态改变相关的临床症状。尽管饮食管理不能作为治疗肾脏疾病的药物，但它可以最大限度地减少临床症状，并有助于犬的健康和长寿。

蛋白质： 体内尿素的生成与食物中和体内蛋白质的每日周转量成正比。机体过量摄入的蛋白质会被代谢掉，并产生尿素和其他最终产物，最后由肾脏排泄出来。同样，当能量摄入不足时，体内的一些蛋白质将被消耗用于提供能量，再次导致尿素的生成。患有慢性肾脏疾病的犬有效代谢蛋白质最终产物的能力降低，因此，蛋白质代谢产物累积在血液中导致其含量异常。血浆中的尿素等其他废弃物含量水平升高会导致犬恶心、呕吐和厌食。通过严格限制饮食中的蛋白质含量使这些废弃物的水平正常化，有助于食欲恢复、体重增加以及其他临床症状的减轻[72]。

然而，与普遍认知相反，限制饮食中蛋白质的含量并不能阻止肾脏疾病的进展，也没有任何证据表明高蛋白饮食是犬肾脏疾病的根本原因[73-75]。对患有肾脏疾病的犬来说，限制饮食中蛋白质含量主要是作为一种手段来控制与尿毒症和氮质血症有关的临床症状。这些饮食中的碳水化合物和脂肪必须能够提供足够的能量，以防止使用机体或食物中的蛋白质作为能量供给。

蛋白质水平限制的程度完全取决于犬的临床症状的严重程度和肾功能受损的程度。只有当犬的 BUN 大于 80 毫克／分升，且血清肌酐大于每 100 毫升／2.5 毫克时，才建议限制蛋白质摄入量。研究结果表明，限制蛋白质摄入对肾功能受损程度较低的犬没有好处[76]。限制饮食中蛋白质的目标是将犬的 BUN 保持在 60 毫克／分升以下，同时，必须提供足够的能够维持机体组织功能和健康的蛋白质。

需要合理限制患有肾脏疾病的犬饮食中的蛋白质以防止出现体内蛋白质缺乏。蛋白质营养尤其令人关注，因为有些犬可能会在尿液中丢失蛋白质（蛋白尿），因此，出现该症状的犬的饮食中需要更多的蛋白质含量。对于患有肾脏疾病的犬，基本的经验法则是饲喂含一定水平蛋白质的饮食，这将有助于改善临床症状，促进健康，且不会损害犬的营养状况。对于患有轻中度肾脏疾病的犬，建议饮食中的蛋白质含量为 12%~28%（干物质基础）。饮食中的蛋白质应该高度易消化且具有很高的生物利用价值。饮食中的蛋白质水平可以根据犬的临床症状和生化指标（即 BUN 水平）进行调整[77]。在严重和终末期肾脏疾病中，蛋白质必须逐渐限制到接近犬每日最低需要的水平。如果蛋白质限制恰当，BUN 水平会迅速下降，临床症状通常会在 3~4 周内得到改善。大多数犬会表现出呕吐减少、食欲改善、体重增加和体质增强。应持续监测 BUN 水平和临床症状，以灵活决定是否需要增加或降低饮食中的蛋白质水平。

脂肪： 患有肾脏疾病的犬的饮食应该由碳水化合物和脂肪提供足够的能量，以最大限度地减少蛋白质分解代谢供能。饮食中的脂肪还有一个额外的好处就是增加饮食的能量密度，并有助于提高食物的适口性和可接受性。大多数患有尿毒症的犬食欲下降，诱使它们进食是饮食疗法的主要挑战。处方粮中的脂肪使食物更可口，可能会刺激患犬增加采食量。虽然在饮食中提供脂肪对于防止蛋白质代谢，为机体供能很重要，但增加太多脂肪会导致血脂增加（高脂血症），这可能会导致犬慢性肾脏疾病的病情恶化[78]。有证据表明，肾衰犬的高脂血症可以通过饲喂富含多不饱和脂肪酸（特别是 ω–3 脂肪酸[79]）来降低血脂。ω–3 家族中的 79 种不饱和脂肪酸（即某些海洋鱼油和亚麻油）也可能会减缓这种疾病的发展[80]。

磷： 饮食中的磷含量很重要，因为患有慢性肾脏疾病的犬排泄磷的能力降低。这会导致血清磷水平长期升高，从而导致钙磷代谢异常和骨质脱钙，并在肾脏和其他软组织中形成磷酸钙晶体。这些变化似乎会导致肾单位的进一步损失，并促进肾脏疾病的发展[81]。在中度肾脏疾病病例中，当血清磷轻微升高时，饮食中磷水平的降低便可能足以实现血清磷水平的正常化。由于饮食中的蛋白质是磷的主要来源，限制蛋白质含量和使用低磷蛋白质来源有助于必需的饮食调节。然而，随着疾病的发展，单靠饮食限制并不总能有效地控制血磷水平，而且不足以控制长期的负面影响。在这些情况下，磷结合剂，如氢氧化铝和碳酸铝，必须与低磷饮食相结合，以使血清磷浓度正常化。

可发酵纤维： 如前所述，给有肾脏疾病临床症状的犬提供较低水平的蛋白质，可减少体内含氮代谢废弃物的产生和相关的尿毒症症状。除此之外，治疗慢性肾脏疾病并发症尿毒症的新方法是改变含氮代谢废弃物的排泄途径。近期的研究表明，在饮食中加入可发酵纤维会改变犬大肠和盲肠中尿素与氨的通量，并导致尿素由原来的通过肾脏随尿液排出转变为通过大肠随粪便排出。由于该排泄方式的转变是有效的，犬的 BUN 水平降低 [82]。这种有效作用是由于饲喂可发酵纤维时，大肠内菌群的生长和活性增加所致。增殖的肠道菌群会合成尿素酶，将尿素转化为氨和二氧化碳。氨随后被细菌用作合成蛋白质的氮源。该过程的作用是从循环中移除尿素氮并将其转移到细菌蛋白中，细菌蛋白最终通过粪便从体内排出。对患有自然发生肾脏疾病的犬的初步研究发现，在饮食中加入可发酵纤维可以使尿毒症患犬获得更理想的蛋白质摄入，同时仍能减少尿毒症的临床症状和 BUN 水平 [83]。

其他营养物质： 患肾脏疾病的犬，其饮食中其他令人关注的营养物质包括钠、钾和水溶性维生素，可能还包含重碳酸盐。对于患有系统性高血压并伴有肾脏疾病的犬，应限制饮食中的钠含量。在动物患病的情况下，饮食中钠的含量需要适当调整以满足个体动物的需要，目的是在控制高血压的同时仍能提供足够的钠。患犬的饮食中也应该含有足够的钾，如果出现多尿的情况，建议补充水溶性维生素，因为这些维生素在尿液中会损失过量。

用于患有慢性肾脏疾病的犬的治疗性饮食可以是商品粮，也可以是自制粮。由商业配制的处方食品通常更可取，因为它们方便饲喂，并且保证了配方的一致性。此外，这些商品粮是通过宠物医疗渠道销售的，因此，宠物医生可以仔细监测和评估犬的临床反应。而饲喂自制粮的好处是，饮食中的蛋白质和其他营养素水平可以在很大程度上灵活调整，适合为个体定制特定的饮食。对于一些宠物来说，自制的饮食可能比商品粮更容易接受。关于使用哪种饮食可以根据宠物医生的建议、犬对治疗的反应以及主人的能力和偏好来做出选择（表 19.3）。

表 19.3　慢性肾脏疾病的营养管理

√	当犬有尿毒症临床症状且血清尿素氮大于 60 毫克 / 分升时，需限制饮食中的蛋白质
√	饮食中应含有高质量的蛋白质，并由脂肪和碳水化合物提供足够的能量，而非蛋白质供能；增加 ω -3 脂肪酸的水平可能会有所帮助
√	饮食中的蛋白质水平应足够低，以降低血清尿素氮和减轻临床症状，但仍要保持在合理水平，以提供最佳的蛋白质营养；避免超过控制临床症状所需的蛋白质限量
√	应限制饮食中的磷，如有必要，应使用磷结合剂进一步调节血清磷水平
√	饮食中应包括可发酵纤维，以帮助重新分配尿素排泄和降低血清尿素氮
√	如果出现继发性高血压，可能有必要调整饮食中的钠
√	如果多尿症导致水溶性维生素损失过多，需补充水溶性维生素

食物超敏反应（过敏症）

当动物对一种或多种食物成分产生过敏反应时，就会发生食物过敏。犬对食物成分的过敏反应通常表现为皮肤过敏反应。过敏性皮肤病在犬中很常见。由跳蚤叮咬导致的过敏是报道的炎性皮肤病病例中数量最多的，其次是异位性皮炎（过敏性吸入性皮炎）[84]。虽然食物过敏可能没有跳蚤叮咬过敏或异位性皮炎那么常见，但它的实际发病率却很难确定，因为对食物成分过敏的犬也经常对其他东西过敏[85]。无论如何，食物过敏之所以需要引起宠物主人的关注，是因为相关的临床症状很严重，而且这是一种超敏反应，宠物主人和医生可以对其进行有效的控制。食物过敏能否被正式确诊是很重要的，因为当犬被正式确诊后，紧接着的治疗就意味着将把一只长期感到不适的犬变成一只健康且没有皮肤病变和瘙痒的犬。

临床症状和发生率： 犬的食物过敏有几种表现形式。有调查研究报道称，97% 的过敏性犬会表现出皮肤病症状，而 10%~15% 的犬还会患上胃肠道疾病[86-87]。当出现胃肠道症状时，通常表现为呕吐和慢性腹泻。然而，最常见的症状是严重和持续的瘙痒、皮肤损伤以及与抓挠和自身创伤有关的损害[88]。这通常发生在食入致病抗原的 4~24 小时。然而，慢性食物过敏病例表现为持续的瘙痒，且进食与瘙痒发作之间没有明显关联。

通过患有过敏性皮肤病的犬的行为可以看出瘙痒非常强烈且伴随着非常强烈的不适感。随着时间的推移，犬在过敏皮肤上的抓咬会导致脱毛、皮肤受损和损伤加深。皮肤的继发性细菌感染通常会发展为慢性炎症、结痂、皮脂溢出和局部色素沉淀。过敏最严重的部位是犬的脚底、前腿内侧，以及腹股沟周围[89]。在严重情况下，犬似乎整个身体都在发痒。外耳道的持续发炎可能会发展为外耳炎。这可能与细菌或真菌感染有关，也可能无关，在少数犬身上这是食物过敏的唯一迹象。据报道，有些犬会表现出与瘙痒无关的复发性脓皮病。脓皮病经抗菌治疗后会暂时消退，但会继续复发，直到诊断出食物过敏并对饮食做出改变[90]。

任何年龄段的犬都可能会出现食物过敏，第一个与其他类型过敏性皮肤病不同的是，食物过敏通常见于 1 岁龄以下的犬。一项对 25 只被确诊为食物过敏的犬的研究发现，犬开始出现临床症状的平均年龄为 1 岁。食物过敏、跳蚤过敏和异位性皮炎之间的第二个区别是，食物过敏不是典型的季节性疾病。然而，如果犬存在多种过敏原（例如，食物过敏加上异位性皮炎或跳蚤叮咬过敏），食物过敏可能不会引起临床症状，直到其他过敏反应也被触发。这被称为犬的瘙痒阈值。同时出现几种类型的过敏可使食物过敏在性质上具有季节性 [91]。一个出人意料的发现与大多数宠物主人的认知相反，症状的出现通常与近期的饮食变化无关。在出现食物过敏的临床症状之前，犬食用相同的食物长达 2 年或更长时间的情况并不少见 [92]。没有关于食物过敏的性别偏好的报告。然而，有些品种的犬似乎更容易被诊断出患有这类问题，风险较高的品种有德国牧羊犬、金毛寻回犬、拉布拉多寻回犬、大麦町犬、可卡犬、英国史宾格猎犬、牧羊犬和其他一些㹴犬品种 [93]。

常见的食物过敏原： 食物过敏原通常是大分子蛋白质，最常见的是与宠物商品粮中的一个或多个蛋白质来源有关的蛋白质。对食物过敏的犬通常只对饮食中的一种特定成分过敏，偶尔会对两种特定的成分过敏。最常见的食物过敏原包括牛肉和乳制品蛋白。其他不常见的过敏原包括猪肉、谷物、鸡肉、鸡蛋和鱼 [94]。犬同时对几种成分产生敏感性的情况相对罕见。然而，犬可能会发展成连续的超敏反应，时间跨度可能长达数年之久，因为去辨别食物中的过敏原时，犬的饮食会被改变。幸运的是，这种病例相对罕见，因为它们对饮食管理提出了特别大的挑战。有人提出，用于生产商品犬粮的一些加工生产程序增加了蛋白质的抗原性 [95]。因此，一些对食物过敏的犬似乎能够接受自制犬粮，但对含有相同成分的商品犬粮会产生过敏反应。

食物过敏的诊断： 食物过敏的诊断首先要排除引起过敏性疾病的其他原因，特别是跳蚤过敏和异位性皮炎（详见第十二章和第十四章）。了解完整的饮食史也同样重要。当怀疑犬对食物过敏时，标准的诊断方法包括 3 个步骤：饲喂排除性饮食并分析临床症状是否会减少或消除；用旧饮食重新"挑战"犬并观察临床症状是否会再次出现；饲喂含有选定成分的饮食以确定犬对哪种特定的饮食成分过敏。采用饲喂测试流程是有必要的，因为过敏原的皮肤测试和血液测试在诊断犬的食物过敏方面都被证明是不可靠的 [96]。

排除性饮食是指含有犬以前从未接触过的蛋白质和碳水化合物来源的饮食。在过去，羊肉和大米经常被用于这类用途。然而，近年来，随着商品粮中羊肉的添加，使得这些成分在许多情况下不能用于排除性饮食。在一些市面上可以买到的处方粮中添加鱼和土豆，对大多数犬来说都是可以的。如果条件允许，在诊断的排除阶段应该使用自制犬粮，因为有些对食物过敏的犬会对任何类型的商品粮都表现出食物过敏的反应。有研究者认为，商品犬粮的加工过程可能会增强某些食品成分的抗原性。在自制排除性饮食的制备成本过高或主人的遵从性较差的情况下，应使用商品处方粮。这些处方粮通过医疗渠道进行销售，具有经济、方便、产品具有一致性且营养充足的优点。

在诊断阶段，应只给犬饲喂排除性饮食，不能饲喂零食、残羹剩渣或给予咀嚼类玩具。排除性饮食需至少饲喂 8~10 周。如果犬的症状是由食物过敏导致的，在 2~3 周内有些犬的临床症状（主要是瘙痒）便会减轻。但是，大部分犬需要更长的时间才能减轻临床症状。因此，在做出任何诊断结论之前，犬需饲喂排除性饮食 8~10 周，且不能饲喂其他食物。宠物主人需要意识到，并不是所有对食物过敏的犬在饲喂排除性饮食时，皮肤炎症和瘙痒症状都会完全消失。这是由于一些犬对环境中的其他物质也过敏。因此，当瘙痒减少 50% 或更多时，通常犬被诊断为食物过敏[97]。

该疾病诊断的难点在于如何对食物过敏做出确凿的诊断。通常是通过重新引入犬的旧饮食并观察犬是否会出现临床症状来进行诊断的。如果在进食旧饮食后的 4 小时和 14 天内再次出现瘙痒症状，这便是食物过敏的迹象。相反，如果没有出现瘙痒，犬可能不是对食物过敏，或者是对环境中的其他物质过敏。诊断的最后一个阶段是识别特定的抗原，通过在排除性饮食中添加单一食物成分并观察犬是否有瘙痒症状来识别特定的抗原。通常会对牛肉和乳制品进行排除，因为这是犬最常见的食物过敏原。每餐都会在犬的排除性饮食中加入几茶匙碎牛肉或奶粉。一次只能添加和测试一种食物成分，如果该成分引起了过敏反应，则需要重新调整饮食结构，直到所有过敏迹象都消失后再继续对另一种食物成分进行测试。如果在添加测试成分的 14 天内没有观察到临床症状，则犬很可能对该食物不过敏。

食物过敏的治疗： 食物过敏的治疗包括犬终生的营养管理，即给犬饲喂一种接受度高、适口性好且营养丰富的食物，并且不包含任何过敏原。对食物过敏的犬饮食管理可以使用营养均衡的自制犬粮，也可以使用含有犬耐受的蛋白质和碳水化合物的商品犬粮。传统上，羊肉被用作食物过敏犬的饮食中的蛋白质来源。但是，因为目前随着羊肉在商品犬粮中的添加，所以排除了羊肉作为食物过敏犬饮食中的蛋白质来源的可能性。其他可以饲喂的蛋白质来源是鱼肉、鹿肉或兔肉。可用的碳水化合物来源包括土豆、大麦和燕麦。

在多数情况下，宠物主人会配合完成诊断过程中的排除性阶段和旧食物二次激发的过程，但抵触过敏原的鉴别阶段。这一阶段可能非常耗时和单调，许多宠物主人不愿意进行这一阶段，因为这会使他们的犬暴露在潜在的过敏原下，并导致过敏症状的复发。因此，在完成排除性阶段和旧食物二次激发阶段得出食物过敏的诊断后，一些宠物主人选择仅简单地找到他们的犬能耐受的饮食，而不试图识别犬对哪些特定成分过敏。在这些情况下，应该选择含有对犬来说是新的蛋白质和碳水化合物来源的饮食。如果排除性饮食是营养均衡的，那么作为长期饲喂的饮食也是可以接受的。大多数专为排除性饮食配制的商品处方粮均符合全价营养这一标准。一些被诊断为食物过敏的犬最终可能会对新饮食中的成分产生新的敏感性[98]。这种情况可能需要几年的时间才能发生，即使宠物主人只喂犬一种饮食时也会出现这种情况。在这种情况下，必须重复进行过敏原的识别阶段，并需要找到另一种合适的饮食。犬偶尔也会对原来的过敏原失去敏感性，可以再次食用含有该成分的饮食。总体而言，对食物过敏犬的饮食管理的基本目标是避免饲喂任何含有过敏原的食物。这些过敏原还包括零食、人类食物，甚至是咀嚼玩具（表 19.4）。在饮食适当的情况下，可以长期避免犬的皮肤瘙痒症状以及皮肤感染的出现，有利于犬的健康与长寿。

表 19.4　食物过敏的诊断与处理

√　选择一种含有新的蛋白质和碳水化合物来源的饮食（如鱼和土豆）
√　饲喂排除性饮食 8~10 周，观察临床过敏症状的减轻情况
√　如果排除性饮食导致临床症状减少，请重新饲喂原来的饮食，并观察瘙痒的复发情况。如果症状再次出现，这便是食物过敏的明确诊断
√　食物过敏原可以通过在排除性饮食中添加少量的单一可疑过敏原（如牛肉或牛奶）并观察是否有复发迹象来确定
√　针对食物过敏犬的终生营养管理，必须坚持仅饲喂营养均衡且不含过敏原的这一种食物
√　任何含有过敏原的犬类食品、人类食物和其他零食都不应该饲喂，除非已知它们不含过敏原

结论

为犬提供营养均衡的饮食对于犬的健康和活力是必不可少的。此外，对于犬类健康和疾病方面的新研究以及新发现使得能够有效管理或治疗某种疾病的饮食疗法得以发展。饮食管理用于治疗肥胖和管理糖尿病、慢性肾脏疾病及食物过敏就是很好的例子。对于健康和患犬之间不同营养需求的深入研究推动了更多种类处方粮的发展，这样有利于对疾病的预防、管理和治疗。

参考文献

[1] Brown, R.G. **Dealing with canine obesity.** Canadian Veterinary Journal, 30:973-975. (1989)

[2] Crane, S.E. **Occurrence and management of obesity in companion animals.** Journal of Small Animal Practice, 32:275-282. (1991)

[3] Glickman, L.T., Sonnenschein, E.G., Glickman N.W., et al. **Pattern of diet and obesity in female adult pet dogs.** Vet Clin Nutr 2:6-13. (1995)

[4] Sloth, C. **Practical management of obesity in dogs and cats.** Journal of Small Animal Practice, 33:178-182. (1992)

[5] Impellizeri, J.A., Tetrick, M.A., and Muir, P. **Effect of weight reduction in clinical signs of lameness in dogs with hip osteoarthritis.** Journal of the American Veterinary Medical Association, 216:1089-1091. (2000)

[6] Perez, A.D., Rutteman, G.R., Pena L, et al. **Relation between habitual diet and canine mammary tumors in a case–control study.** Journal of Veterinary Internal Medicine, 12:132-139. (1998)

[7] Hess RS, Kass PH, Shofer FS, et al. **Evaluation of risk factors for fatal acute pancreatitis in dogs.** Journal of Veterinary Internal Medicine, 214:46-51. (1999)

[8] West, D.B., Wehberg, K.E., Kieswetter, K., and Granger, J.P. **Blunted natriuretic response to an acute sodium load in obese hypertensive dogs.** Hypertension, 19:I96-I100. (1992)

[9] Chikamune, T., Katamotoo, H., Ohashi, F., and Shimada, Y. **Serum lipid and lipoprotein concentration in obese dogs.** Journal of Veterinary Medical Science, 57:595-598. (1995)

[10] Rocchini AP, Mao HZ, Babu K, et al. **Clonidine prevents insulin resistance and hypertension in obese dogs.** Hypertension, 33(1 Pt 2):548-553. (1999)

[11] Mattheeuws, D., Rottiers, R., Baeyens, D., and Vermeulen, A. **Glucose tolerance and insulin response in obese dogs.** Journal of the American Animal Hospital Association, 20:287-293. (1984)

[12] Henegar, J.R., Bigler, S.A., Henegar, L.K., et al. **Functional and structural changes in the kidney in the early stages of obesity.** Journal of the American Society of Nephrology, 12:1211-1217. (2001)

[13] Sloth, C. **Practical management of obesity in dogs and cats.** Journal of Small Animal Practice, 33:178-182. (1992)

[14] Branam, J.E. **Dietary management of obese dogs and cats.** Veterinary Technician, 9:490-493. (1988)

[15] Fettman M.J., Stanton C.A., Banks L.L., et al. **Effects of neutering on body weight, metabolic rate and glucose tolerance of domestic cats.** Research

Veterinary Science 62:131-136. (1997)

[16] Houpt, K.A., Coren, B., Hintz, H.F., et al. **Effect of sex and reproductive status on sucrose preference, food intake and body weight of dogs.** Journal of the American Veterinary Medical Association 174:1083-1085. (1979)

[17] Kienzle, E., Bergler, R., and Mandernach, A. **A comparison of the feeding behaviour and the human–animal relationship in owners of normal and obese dogs.** Journal of Nutrition 128(suppl.):2779S-2782S. (1998)

[18] Messent, P.R. Breed of dog and dietary management background as factors affecting obesity. In: Over and Under Nutrition (A.T.B. Edney, editor), Pedigree Foods, Melton Mowbray, pp. 9-16. (1980)

[19] Mason, E. **Obesity in pet dogs.** Veterinary Rec, 86:612-616. (1970)

[20] Hand, M.S., Armstrong, P.J., and Allan, T.A. **Obesity: occurrence, treatment, and prevention.** Veterinary Clinics of North America, 9:447-474. (1989)

[21] Houpt, K.A., Coren, B., and Hintz, H.F. **Effect of sex and reproductive status on sucrose preference, food intake and body weight of dogs.** Journal of the American Veterinary Medical Association, 174:1083-1085. (1979)

[22] Edney, A.T.B., and Smith, A.M. **Study of obesity in dogs visiting veterinary practices in the United Kingdom.** Veterinary Record, 118:391-396. (1986)

[23] Murray, S., Sunvold, G., Greene, A., and Waltz, D. **Using the human–animal bond to facilitate weight loss in overweight dogs.** Unpublished data. 2003.

[24] Sibley, K.W. **Diagnosis and management of the overweight dog.** British Veterinary Journal, 140:124-131. (1984)

[25] Sunvold, G.D. A **new nutritional paradigm for weight management.** Proceedings of the ACVIM, 2001.

[26] Butterwick, R.F. and Markwell, P.J. **Effect of amount and type of dietary fiber on food intake in energy–restricted dogs.** American Journal of Veterinary Research, 58:272-276. (1997)

[27] Butterwick, R.F. and Markwell. P.J. **Effect of level and source of dietary fibre on food intake in the dog.** Journal of Nutrition, 124:2695S-2700S. (1994)

[28] Jewell, D.E. and Toll, P.W. **Effects of fiber on food intake in dogs.** Vet Clin Nutr 3:115-118. (1996)

[29] Jackson, J.R., Laflamme, D.P., and Owens, S.F. **Effects of dietary fiber content on satiety in dogs.** Vet Clin Nutr 4:130-134. (1997)

[30] Vahouny, G.V. and Cassidy, M.M. **Dietary fibers and absorption of nutrients.** Proceedings of the Society of Experimental Biology and Medicine, 180:432-446. (1985)

[31] Fernandez, R. and Phillips, S.F. **Components of fiber impair iron absorption in the dog.** American Journal of Clinical Nutrition, 35:107-112. (1982)

[32] Burrows, C.F., Kronfeld, D.L., Banta, C.A., et al. **Effects of fiber on digestibility and transit time in dogs.** Journal of Nutrition, 112:1726-1732. (1982)

[33] Mattheeuws, D., Rottiers, R., Kaneko, J.J., and Vermeulen, A. **Diabetes mellitus in dogs: relationship of obesity to glucose tolerance and insulin response.** American Journal of Veterinary Research, 45:98-103. (1984)

[34] Barrie, J., Watson, T.D.G., Stear, M.J., and Nash, A.S. **Plasma cholesterol and lipoprotein concentration in the dog; the effects of age, breed, gender, and endocrine disease.** Journal of Small Animal Practice, 34:507-512. (1993)

[35] Sunvold, G.D. and Bouchard, G.F. **The glycemic response to dietary starch.** In: Recent Advances in Canine and Feline Nutrition, Volume II: 1998 Iams Nutrition Symposium Proceedings (G.A. Reinhart and D.P. Carey, editors), Orange Frazer Press, Wilmington, OH, pp. 123-131. (1998)

[36] Massimino, S.P., Sunvold, G.D. Burr, J.R., et al. **Glucose tolerance in old dogs is modified by starch source.** FASEB Journal, 13:A375. (1999)

[37] Murray, S.M. and Sunvold, G.D. **Alternative approaches to weight loss.** In:

Proceedings NAVC, Orlando, Florida (January 21, 2003).

[38] Sunvold, G.D., Tetrick, M.A., Davenport, G.M., and Bouchard, G.F. **Evaluation of two nutritional approaches to canine weight loss.** Obesity Research, 7 (suppl 1):91S. (1999)

[39] Spears, J.W., Brown, T.T., Sunvold, G.D., and Hayek, M.G. **Influence of chromium on glucose metabolism and insulin sensitivity.** In: Recent Advances in Canine and Feline Nutrition, Vol II: 1998 Iams Nutrition Symposium Proceedings (G.A. Reinhart and D.P. Carey, editors), Orange Frazer Press, Wilmington, OH, pp. 103-112. (1998)

[40] Sunvold, G.D., Vickers, R.H., Kelley, R.L., et al. **Effect of dietary carnitine during energy restriction in the canine.** FASAB Journal, 13:A268 (abstract). (1999)

[41] Sunvold, G.D., Tetrick, M.A., Davenport, G.M., and Bouchard, G.F. **Carnitine supplementation promotes weight loss and decreased adiposity in the canine.** In: Proceedings, XXIII Annual Congress of the WSAVA, Buenos Aires, Argentina 746. (1998)

[42] Guptill, L., Glickman, L.T., and Glickman, N.W. **Time trends and risk factors for diabetes mellitus in dogs: analysis of veterinary medical data base records; 1970 - 1999.** Veterinary Journal, 165:240-247. (2003)

[43] Stogdale, L. **Definition of diabetes mellitus.** Cornell Veterinarian, 76:156-174. (1985)

[44] Mattheeuws, D., Rottiers, R., Baeyens, D., and Vermeulen, A. **Glucose tolerance and insulin response in obese dogs.** Journal of the American Animal Hospital Association, 20:287-293. (1984)

[45] Williams, L. **Canine diabetes mellitus.** Veterinary Technician, 9:168-170. (1988)

[46] Hayek, M.G., Sunvold, G.D., Massimino, S.P., and Burr, J.R. **Influence of age on glucose metabolism in the senior companion animal: implications for long-term senior health.** In:Recent Advances in Canine and Feline Nutrition, Vol. III; 2000 Iams Nutrition Symposium Proceedings (G.A. Reinhart and D.P. Carey, editors), Orange Frazer Press, Wilmington, OH, pp. 403-414. (2000)

[47] Alejandro, R., Feldman, E.C., Shienvold, F.L., and Mintz, D.H. **Advances in canine diabetes mellitus research: etiopathology and results of islet transplantation.** Journal of the American Veterinary Medical Association, 193:1050-1055. (2000)

[48] Kramer, J.W. **Inheritance of diabetes mellitus in Keeshond dogs.** American Journal of Veterinary Research, 49:428-431. (1988)

[49] Kimmel, S. **Familial insulin-dependent diabetes mellitus in Samoyed dogs.** Proc Seventeenth ACVIM, p. 736. (1999)

[50] Campbell, K.L. and Latimer, K.S. T**ransient diabetes mellitus associated with prednisone therapy in a dog.** Journal of the American Veterinary Association, 185:299-301. (1984)

[51] Hess, R.S., Saunders, H.M., Van Winkle, T.J., and Ward, C.R. **Concurrent disorders in dogs with diabetes mellitus: 221 cases (1993 - 1998).** Journal of the American Veterinary Medical Association, 217:1166-1173. (2000)

[52] Robertson, K.A., Feldman, E.C., and Polonsky K. **Spontaneous diabetes mellitus in 24 dogs: incidence of type I versus type II disease.** Proceedings of the American College of Veterinary Internal Medicine, pp. 1036-1040. (1989)

[53] Foster-Powell, K. and Miller, J.B. **International tables of glycemic index.** American Journal of Clinical Nutrition, 62:871S. (1995)

[54] Jenkins, D.J.A., Wolever, T.M.S., Taylor, R.H., et al. **Glycemic index of foods: a physiological basis for carbohydrate exchange.** American Journal of Clinical Nutrition 34:362-366. (1981)

[55] Reaven GM. **Effects of differences in and amount and kind of dietary carbohydrate on plasma glucose and insulin responses in man.** American Journal of Clinical Nutrition, 32:2568-2578. (1979)

[56] Sunvold, G.D. and Bouchard, G.F. **The glycemic response to dietary starch.** In: Recent Advances in Canine and Feline Nutrition, Volume II: 1998 Iams Nutrition Symposium Proceedings (G.A. Reinhart and D.P. Carey, editors), Orange Frazer Press, Wilmington, OH, pp. 123-131. (1998)

[57] Rocchini, A.P., Marker, P., and Cervenka, T. **Time-course of insulin resistance associated with feeding dogs a high-fat diet.** American Journal of Physiology 272:E147. (1997)

[58] Kaiyala, K.J., Prigion, R.L., Kahan, S.E., et al. **Reduced beta-cell function contributes to impaired glucose tolerance in dogs made obese by high-fat feeding.** American Journal of Physics, 277:E659-E667. (1999)

[59] Farrow, H.A., Rand, J.S., and Sunvold, G.D. **Low fat diets reduce plasma nonesterified fatty acid and betahydroxybutyrate concentrations in healthy cats.** Proceedings of the Twenty-First ACVIM Forum, p. 222. (2003)

[60] Nelson, R.W. and Sunvold, G.D. **Effect of carboxymethylcellulose on postprandial glycemic response in healthy dogs.** In: Recent Advances in Canine and Feline Nutrition, Volume II: 1998 Iams Nutrition Symposium Proceedings (G.A. Reinhart and D.P. Carey, editors), Orange Frazer Press, Wilmington, OH, pp. 97-102. (1998)

[61] Massimino, S.P., McBurney, M.I., Field, C.J., et al. **Fermentable dietary fiber increases GLP-1 secretion and improves glucose homeostasis despite increased intestinal glucose transport capacity in healthy dogs.** Journal of Nutrition 68:178601793. (1998)

[62] D'Alessio, D.A., Kahn, S.E., Leusner, C.R., and Ensinck, J.W. **Glucagon-like peptide 1 enhances glucose tolerance both by stimulation of insulin release and by increasing insulin-independent glucose disposal.** Journal of Clinical Investigation, 93:2263-2266. (1994)

[63] McBurney, M.I., Massimino, S.P., Field, C.J., et al. **Modulation of intestinal function and glucose homeostasis in dogs by the ingestion of fermentable dietary fibers.** In: Recent Advances in Canine and Feline Nutrition, Vol.: 1998 Iams Nutrition Symposium Proceedings (G.A. Reinhart and D.P. Carey, editors), Orange Frazer Press, Wilmington, OH, pp. 113-122. (1998)

[64] Mowat, D.N. *Organic Chromium in Animal Nutrition.* Chromium Books, Guelph, pp. 1-258. (1997)

[65] Brown, R.O., Forloiners-Lynn, S., Dross, R.E., and Heizer W.D. **Chromium defi ciency after long-term total parenteral nutrition.** Dig Dis Sci 31:661-664. (1986)

[66] Spears, J.W., Brown, T.T., Sunvold, G.D., and Hayek, M.G. **Influence of chromium on glucose metabolism and insulin sensitivity.** In: Recent Advances in Canine and Feline Nutrition, Volume II: 1998 Iams Nutrition Symposium Proceedings (G.A. Reinhart and D.P. Carey, editors), Orange Frazer Press, Wilmington, OH, pp. 103-112. (1998)

[67] Nelson, R.W. **Nutritional management of diabetes mellitus.** Seminars in Veterinary Medicine and Surgery, Small Animal, 5:178-186. (1990)

[68] Ferguson, D., Hoenig, M., and Cornelius, L. **Diabetes mellitus in dogs and cats.** In: Small Animal Medical Therapeutics (M.D. Lorenz, L.M. Cornelius, and D.C. Ferguson, editors), Lippincott, Philadelphia, PA, pp. 85-96. (1992)

[69] Bovee, K.C. **Diet and kidney failure.** In: Kal Kan Symposium for the Treatment of Dog and Cat Disease, Kal Kan Foods Inc, Vernon, CA, pp. 25-28. (1977)

[70] Bovee, K.C. **The uremic syndrome: patient evaluation and treatment.** Compendium of Continuing Education of the Practicing Veterinarian, 1:279-283. (1979)

[71] Cowgill, L.D. and Spangler, W.L. **Renal insufficiency in geriatric dogs.** Veterinary Clinics of North America, Small Animal Medicine, 11:727-749. (1981)

[72] Polzin, D.J., Osborne, C.A., and Lulich, J.P. **Effects of dietary protein/ phosphate restriction in normal dogs and dogs with chronic renal failure.** Journal of Small Animal Practice, 32:289-295. (1991)

[73] Finco, D.R., Crowell, W.A., and Barsanti, J.A. **Effects of three diets on dogs with induced chronic renal failure.** American Journal of Veterinary Research, 46:646-653. (1985)

[74] Bovee, K.C. **Influence of dietary protein on renal function in dogs.** Journal of Nutrition, 121:S128-S139. (1991)

[75] Robertson, J.L., Goldschmidt, M., and Kronfeld, D.S. **Long term renal responses to high dietary protein in dogs with 75% nephrectomy.** Kidney International, 29:511-519. (1986)

[76] Hansen. B., DiBartola, S.P., and Chew, D.J. **Clinical and metabolic findings in dogs with chronic renal failure fed two diets.** American Journal of Veterinary Research, 53:326-334. (1992)

[77] Kronfeld, D.S. **Dietary management of chronic renal disease in dogs: a critical appraisal.** Journal of Small Animal Practice, 34:211-219. (1993)

[78] Keane, W.F., Kasiske, B.L., and O'Donnell, M.P. **Hyperlipidemia and the progression of renal disease.** American Journal of Clinical Nutrition, 47:157-160. (1987)

[79] Brown, S.C., Brown, C.A., Crowell, W.A., et al. **Does modifying dietary lipids influence the progression of renal failure?** Veterinary Clinics of North America: Small Animal Practice, 26:1277-1285. (1996)

[80] Brown, S.A., Brown, C.A., Crowell, W.A., et al. **Beneficial effects of chronic administration of dietary omega–3 polyunsaturated fatty acids in dogs with renal insufficiency.** Journal of Lab Clinical Medicine, 131:447-455. (1998)

[81] Finco, D.R., Brown, S.A., and Crowell, W.A. **Effect of phosphorus/ calciumrestricted and phosphorus/calcium–replete 32% diets in dogs with chronic renal failure.** American Journal of Veterinary Research, 53:157-163. (1992)

[82] Brown, S.A., Reinhart, G.A., Haag, M., and Hendi, R.S. **Influence of dietary fermentable fiber on nitrogen excretion in dogs with chronic renal insufficiency.** In: Recent Advances in Canine and Feline Nutrition, Volume II: 1998 Iams Nutrition Symposium Proceedings (G.A. Reinhart and D.P. Carey, editors), Orange Frazer Press, Wilmington, OH, pp. 405-411. (1998)

[83] Tetrick, M.A., Sunvold, G.D., and Reinhart, G.A. **Clinical experience with canine renal patients fed a diet containing a fermentable fiber blend.** In: Recent Advances in Canine and Feline Nutrition, Volume II: 1998 Iams Nutrition Symposium Proceedings (G.A. Reinhart and D.P. Carey, editors), Orange Frazer Press, Wilmington, OH, pp. 425-432. (1998)

[84] Scott, D.W., Miller, W.H., and Griffin, C.E. In: *Muller and Kirk's Small Animal Dermatology,* 5th ed. WB Saunders, Philadelphia, p. 500-520. (1995)

[85] Scott, D.W. **Immunologic skin disorders in the dog and cat,** Veterinary Clinics of North America, Small Animal Practice, 8:641-664. (1978)

[86] White, S.D. **Food hypersensitivity in 30 dogs.** Journal of the American Veterinary Medical Association, 188:695-698. (1986)

[87] August, J.R. **Dietary hypersensitivity in dogs: cutaneous manifestations, diagnosis and management.** Compendium of Continuing Education for the Practicing Veterinarian, 7:469-477. (1985)

[88] Doering, G.G. **Food allergy: where does it fit as a cause of canine pruritus?** Pet Veterinarian, May/June:10-16. (1991)

[89] Leib, M.S. and August, J.R. **Food hypersensitivity.** In: Textbook of Veterinary

Internal Medicine, 3rd ed. (S.J. Ettinger, editor), WB Saunders, Philadelphia, PA, pp. 194-197. (1989)

[90] Harvey, R.G. **Food allergy and dietary intolerance in dogs: a report of 25 cases,** Journal of Small Animal Practice, 34:175-179. (1993)

[91] Halliwell, R.E.W. **Management of dietary hypersensitivity in the dog,** Journal of Small Animal Practice, 33:156-160. (1992)

[92] Walton, G.S. **Skin responses in the dog and cat due to ingested allergens: observations on one hundred confirmed cases,** Veterinary Record, 81:709-713. (1967)

[93] Rosser, E.J. **Diagnosis of food allergy in dogs,** Journal of the American Veterinary Medical Association, 203:259-262. (1993)

[94] Harvey, R.G. **Food allergy and dietary intolerance in dogs: a report of 25 cases,** Journal of Small Animal Practice, 34:175-179. (1993)

[95] Jeffers, J.G., Shanley, K.J., and Meyer, E.K. **Diagnostic testing of dogs for food hypersensitivity,** Journal of the American Veterinary Medical Association, 198:245-250. (1991)

[96] Kunkle, G. and Horner, S. **Validity of skin testing for diagnosis of food allergy in dogs.** Journal of the American Veterinary Medical Association, 200:677-680. (1992)

[97] Rosser, E.J. **Diagnosis of food allergy in dogs.** Journal of the American Veterinary Medical Association, 203:259-262. (1993)

[98] Halliwell, R.E.W. **Management of dietary hypersensitivity in the dog.** Journal of Small Animal Nutrition, 33:156-160 (1992)

第四部分　推荐阅读与参考文献

推荐阅读

1 Association of American Feed Control Officials: Official Publication, AAFCO, Atlanta, GA. (2004)

2 Carey, D.P., Norton, S.A., and Bolser, S.M. (Editors) Recent Advances in Canine and Feline Nutritional Research: Proceedings of the Iams International Nutrition Symposium, Orange Frazer Press, Wilmington, OH. (1996)

3 Carey, D.P., Norton, S.A., and Bolser, S.M. (Editors) Recent Advances in Canine and Feline Nutritional Research: Proceedings of the Iams International Nutrition Symposium, Orange Frazer Press, Wilmington, OH. (1998)

4 Carey, D.P., Norton, S.A., and Bolser, S.M. (Editors) Recent Advances in Canine and Feline Nutritional Research: Proceedings of the Iams International Nutrition Symposium, Orange Frazer Press, Wilmington, OH. (2000)

5 Case, L.P., Carey, D.P., and Hirakawa, D.A. Canine and Feline Nutrition: A Resource for Companion Animal Professionals, Mosby-Year Book, St. Louis, MO. (1995)

6 Edney, A.T.B. (Editor). Dog and Cat Nutrition, Pergamon Press, Oxford. (1988)

7 Lewis, L.D., Morris, M.L., and Hand, M.S. Small Animal Clinical Nutrition, 3rd Edition, Mark Morris Associates, Topeka, KS. (1987)

8 Irlbeck, N.A. Nutrition and Care of Companion Animals, Kendall/Hunt Publishing, Dubuque, IA. (1996)

9 National Research Council. Nutrient Requirements of Dogs, National Academy of Sciences, National Academy Press, Washington, DC. (2004)

10 Wang, X. Effect of Processing Methods and Raw Material Sources on Protein Quality of Animal Protein Meals, Ph.D. Thesis, University of Illinois, Urbana. (1996)

参考文献

1　AAFCO. AAFCO pet food regulatory update. Proceedings of the Petfood Forum, Watts Publishing, Chicago, pp. 141-147. (1998)

2　Adkins, Y., Lepine, A.J., and Lonnerdal, B. Changes in protein and nutrient composition of milk throughout lactation in the dog. American Journal of Veterinary Research, 62:1266-1272. (2001)

3　Alexander, J.E. and Wood, L.L.H. Growth studies in Labrador Retrievers fed a calorie-dense diet: time-restricted versus free choice feeding. Canine Practice, 14:41-47. (1987)

4　Alejandro, R., Feldman, E.C., Shienvold, F.L., and Mintz, D.H. Advances in canine diabetes mellitus research: Etiopathology and results of islet transplantation. Journal of the American Veterinary Medical Association, 193:1050-1055. (1988)

5　Allard, R.L., Douglass, G.M., and Kerr, W.W. The effects of breed and sex on dog growth. Companion Animal Practice, 2:9-12. (1988)

6　Anderson, R.S. Water content in the diet of the dog. Veterinary Annual, 21:171-178, 1981.

7　Anderson, R.S. Water balance in the dog and cat. Journal of Small Animal Practice, 23:588-598. (1982)

8　August, J.R. Dietary hypersensitivity in dogs: cutaneous manifestations, diagnosis and management. Compendium of Continuing Education for the Practicing Veterinarian, 7:469-477. (1985)

9　Barrie, J., Watson, T.D.G., Stear, M.J., and Nash, A.S. Plasma cholesterol and lipoprotein concentration in the dog; the effects of age, breed, gender, and endocrine disease. Journal of Small Animal Practice, 34:507-512. (1993)

10　Bartges, J. and Anderson, W.H. Dietary fiber. Veterinary Clinical Nutrition, 4:25-28. (1997)

11　Berschneider, H.M. Alternative diets. Clinical Technical in Small Animal Practice, 17:1-5. (2002)

12　Bisset, S.A. Guilford, W.G., Lawoko, C.R., and Sunvold, G.D. Effect of food particle size on carbohydrate assimilation assessed by breath hydrogen testing in dogs. Veterinary Clinical Nutrition, 4:82-88. (1997)

13　Blaxter, A.C., Cripps, R.J., and Gruffyd-Jones, T.J. Dietary fibre and postprandial hyperglycemia in normal and diabetic dogs. Journal of Small Animal Practice, 31:229-233. (1990)

14　Blaza, S.E. and Burger, I.H. Is carbohydrate essential for pregnancy and lactation in dogs? In: Nutrition of the Cat and Dog, (I.H. Burger and J.P.W. Rivers, editors), Cambridge University Press, New York, pp. 229-242. (1989)

15　Bovee, K.C. Influence of dietary protein on renal function in dogs. Journal of Nutrition, 121:S128-S139. (1991)

16　Bovee, K.C. The uremic syndrome: patient evaluation and treatment. Compendium of Continuing Education of the Practicing Veterinarian, 1:279-283. (1979)

17　Bovee, K.C. Diet and kidney failure. In: Kal Kan Symposium for the Treatment of Dog and Cat Disease, Kal Kan Foods Inc, Vernon, CA, pp 25-28. (1977)

18　Brace, J.J. Theories of aging. Veterinary Clinics of North America: Small Animal Practice, 11:811-814. (1981)

19　Branam, J.E. Dietary management of obese dogs and cats. Veterinary Technician, 9:490-493. (1988)

20　Brand-Miller, J.C. and Colaguri, S. The carnivore connection: dietary carbohydrate in the evolution of NIDDM. Diabetologia, 37:1280-1286. (1994)

21 Brands, M. and Hall, J.E. Insulin resistance, hyperinsulinemia and obesityassociated hypertension. American Journal of Hypertension, 10:49S-55S. (1997)

22 Brown, S., Brown, C.A., Crowell W.A., and others. Beneficial effects of chronic administration of dietary omega-3 polyunsaturated fatty acids in dogs with renal insufficiency. Journal of Laboratory and Clinical Medicine,131:447-455. (1998)

23 Brown, S., Brown, C.A., Crowell, W.A., and others. Does modifying dietary lipids influence the progression of renal failure? Veterinary Clinics of North America: Small Animal Practice, 26:1277-1285. (1996)

24 Brown RG. Dealing with canine obesity. Canadian Veterinary Journal, 30:973-975. (1989)

25 Brown, R.G. Protein in dog foods. Canadian Veterinary Journal, 30:528-531. (1989)

26 Buffington, C.A. and LaFlamme, D.P. A survey of veterinarians' knowledge and attitudes about nutrition. Journal of the American Veterinary Medical Association, 208: 674-675. (1996)

27 Butterwick, R.F. and Hawthorne, A.J. Advances in dietary management of obesity in dogs and cats. Journal of Nutrition, 128:2771S-2775S. (1998)

28 Butterwick, R.F. and Markwell, P.J. Effect of level and source of dietary fibre on food intake in the dog. Waltham Symposium on the Nutrition of Companion Animals (September 23-25, 1993) (abstract).

29 Campbell, K.L. and Latimer, K.S. Transient diabetes mellitus associated with prednisone therapy in a dog. Journal of the American Veterinary Medical Association, 185:299-301. (1984)

30 Case, L.P. and Czarnecki-Maulden, G.L. Protein requirements of growing pups fed practical dry-type diets containing mixed-protein sources. American Journal of Veterinary Research, 51:808-812. (1990)

31 Chengappa, M.M., Staats, J., Oberst, R.D., and others. Prevalence of Salmonella in raw meat used in diets of racing Greyhounds. Journal of Veterinary Diagnostic Investigations, 5:372-377. (1993)

32 Chikamune, T., Katamotoo, H., Ohashi, F., and Shimada, Y. Serum lipid and lipoprotein concentration in obese dogs. Journal of Veterinary Medical Science, 57:595-598. (1995)

33 Codner, E.C. and Thatcher, C.D. The role of nutrition in the management of dermatoses. Seminars in Veterinary Medicine and Surgery: Small Animal, 5:167-177. (1990)

34 Cowgill, L.D. and Spangler, W.L. Renal insufficiency in geriatric dogs. Veterinary Clinics of North America, Small Animal Medicine, 11:727-749. (1981)

35 Crane, S.E. Occurrence and management of obesity in companion animals. Journal of Small Animal Practice, 32:275-282. (1991)

36 Dammrich, K. Relationship between nutrition and bone growth in large and giant dogs. Journal of Nutrition, 121:114S-121S. (1991)

37 Danforth, E. and Landsberg L. Energy expenditure and its regulation. In:Obesity—Contemporary Issues in Clinical Nutrition (M.R.C. Greenwood, editor), Churchill Livingstone, New York, pp. 103-121. (1983)

38 Davenport, GM, Effect of diet on hunting performance of English Pointers. Veterinary Therapeutics, 2:10-23. (2001)

39 Decker, R.A. and Meyers, G.H. Theobromine poisoning in a dog. Journal of the American Veterinary Medical Association, 161:198-199. (1972)

40 Deshmukh, A.R. Regulatory aspects of pet foods. Veterinary Clinical Nutrition, 3:4-9. (1996)

41 Doering, G.G. Food allergy: where does it fit as a cause of canine pruritus? Pet Veterinarian, May/June:10-16. (1991)

42 Downey, R.L., Kronfeld, D.S., and Banta, C.A. Diet of beagles affects stamina. Journal of the American Animal Hospital Association, 16:273-277. (1980)

43 Drouillard, D.D., Vesell, E.S., and Dvorchick, B.N. Studies on the obromine disposition in normal subjects. Clinical Pharmacology Therapy, 23:296-302. (1978)

44 Durrer, J.L. and Hannon, J.P. Seasonal variations in caloric intake of dogs living in an arctic environment. American Journal of Physiology, 202:375-384. (1962)

45 Dzanis, D.A. Complete and balanced? Substantiating the nutritional adequacy of pet foods: past, present and future. Petfood Industry, July/August:22-27. (1997)

46 Dzanis, D.A. Regulatory update. In: Proceedings of the Petfood Forum, Watts Publishing, Chicago, pp. 106-111. (1996)

47 Dzanis, D.A. Safety of ethoxyquin in dog foods. Journal of Nutrition, 121:S163-164. (1991)

48 Earle, K.E. Calculations of energy requirements of dogs, cats and small psittacine birds. Journal of Small Animal Practice, 34:163-183. (1993)

49 Fahey, G. and Hussein, S.H., The nutritional value of alternative raw materials used in pet foods. Proceedings of the Pet Food Forum, Watts Publishing, Chicago, pp. 12-24. (1997)

50 Farrow, H.A., Rand, J.S., and Sunvold, G.D. Low fat diets reduce plasma nonesterified fatty acid and betahydroxybutyrate concentrations in healthy cats. Proceedings of the 21st ACVIM Forum, pp. 222. (2003)

51 Faust, I.M., Johnson, P.R., and Hirsch, J. Long-term effects of early nutritional experience on the development of obesity in the rat. Journal of Nutrition, 110:2027-2034. (1980)

52 Ferguson, D., Hoenig, M., and Cornelius, L. Diabetes mellitus in dogs and cats. In: Small Animal Medical Therapeutics (M.D. Lorenz, L.M. Cornelius and D.C. Ferguson, editors), Lippincott, Philadelphia, PA, pp. 85-96. (1992)

53 Finco, D.R., Brown, S.A., and Crowell, W.A. Effect of phosphorus/calciumrestricted and phosphorus/calcium-replete 32% diets in dogs with chronic renal failure. American Journal of Veterinary Research, 53:157-163. (1992)

54 Finco, D.R., Crowell, W.A., and Barsanti, J.A. Effects of three diets on dogs with induced chronic renal failure. American Journal of Veterinary Research, 46:646-653. (1985)

55 Finke, M.D. Evaluation of the energy requirements of adult kennel dogs. Journal of Nutrition, 121:S22-S28. (1991)

56 Gannon, J.R. Nutritional requirements of the working dog. Veterinary Annual, 21:161-166. (1981)

57 Gans, J.H., Korson, R., and Cater, M.R. Effects of short-term and long-termtheobromine administration to male dogs. Toxicology and Applied Pharmacology, 53:481-496. (1980)

58 Glauberg, A. and Blumenthal, P.H. Chocolate poisoning in the dog. Journal of the American Animal Hospital Association, 19:246-248. (1983)

59 Glickman, L.T., Sonnenschein, E.G., and Glickman, N.W. Pattern of diet and obesity in female adult pet dogs. Veterinary Clinical Nutrition, 2:6-13. (1995)

60 Gorrel, C. and Rawlings, J.M. The role of tooth brushing and diet in the maintenance of periodontal health in dogs. Journal of Veterinary Dentistry, 13:139-143. (1996)

61 Grondalen, J. Metaphyseal osteopathy (hypertrophic osteodystrophy) in growing dogs. A clinical study. Journal of Small Animal Practice, 17:721-735. (1976)

62 Halliwell, R.E.W. Management of dietary hypersensitivity in the dog. Journal of Small Animal Practice, 33:156-160. (1992)

63 Hansen. B., DiBartola, S.P., and Chew, D.J. Clinical and metabolic findings in dogs with chronic renal failure fed two diets. American Journal of Veterinary

Research, 53:326-334. (1992)

64 Harlow, J. US pet food trends. Proceedings of the Pet Food Forum, Watts Publishing, Chicago, pp. 355-364. (1997)

65 Harvey, R.G. Food allergy and dietary intolerance in dogs: a report of 25 cases. Journal of Small Animal Practice, 34:175-179. (1993)

66 Hayek, M.G., Sunvold, G.D., Massimino, S.P., and Burr, J.R. Influence of age on glucose metabolism in the senior companion animal: implications for long-term senior health. In: Recent Advances in Canine and Feline Nutrition, Volume III; 2000 Iams Nutrition Symposium Proceedings (G.A. Reinhart and D.P. Carey, editors), Orange Frazer Press, Wilmington, OH, 2000;403-414.

67 Hazewinkel, H.A. Calcium metabolism and skeletal development of dogs. In: Nutrition of the Dog and Cat, (I.H. Burger and J.P.W. Rivers, editors), Cambridge University Press, Cambridge, pp. 293-302. (1989)

68 Hazewinkel, H.A.W., Goedegebuure, S.A., and Poulos, P.W. Influences of chronic calcium excess on the skeletal development of growing Great Danes. Journal of the American Animal Hospital Association, 21:377-391. (1985)

69 Hess, R.S., Saunders, H.M., Van Winkle, T.J., and Ward, C.R. Concurrent disorders in dogs with diabetes mellitus: 221 cases (1993-1998). Journal of the American Veterinary Medical Association, 217:1166-1173. (2000)

70 Hess, R.S., Kass P.H., and Shofer, F.S. Evaluation of risk factors for fatal acute pancreatitis in dogs. Journal of the American Veterinary Medical Association, 214:46-51. (1999)

71 Hill, R.C. The nutritional requirements of exercising dogs. Journal of Nutrition, 128:2686S-2690S. (1998)

72 Hill, R.C. Soy in pet foods: myth vs. fact, Proceedings of the Pet Food Forum, Watts Publishing, Chicago, pp. 71-80. (1995)

73 Hilton, J.W. and Atkinson, J.L. High lipid and high protein dog foods. Canadian Veterinary Journal, 29:76-78. (1988)

74 Hilton, J.W. Antioxidants: function, types and necessity of inclusion in pet foods. Canadian Veterinary Journal, 30:682-684. (1989)

75 Hinchcliff, K.W. and Reinhart, G.A. Energy metabolism and water turnover in Alaskansled dogs during running. Recent Advances in Canine and Feline Nutritional Research:Proceedings of the Iams International Nutrition Symposium (April 18-21, 1996), Orange Frazer Press, Wilmington, OH, pp. 199-206. (1996)

76 Hinchcliff, K.W. Energy and water expenditure. In: Proceedings of the Performance Dog Nutrition Symposium (April 18, 1995), Colorado State University, Fort Collins, CO, pp. 4-9. (1995)

77 Hoenig, M. Comparative aspects of diabetes mellitus in dogs and cats. Molecular and Cellular Endocrinology, 197:221-229. (2002)

78 Houpt, K.A., Coren, B., and Hintz, H.F. Effect of sex and reproductive status on sucrose preference, food intake and body weight of dogs. Journal of the American Veterinary Medical Association, 174:1083-1085. (1979)

79 Houpt, K.A. and Smith, S.L. Taste preferences and their relation to obesity in dogs and cats. Canadian Veterinary Journal, 22:77-81. (1981)

80 Houston D. and Hulland, T.J. Thiamine deficiency in a team of sled dogs. Canadian Veterinary Journal, 29:383-385. (1988)

81 Huber, T.L., Wilson, R.C., and McGarity, S.A. Variations in digestibility of dry dog foods with identical label guaranteed analysis. Journal of the American Animal Hospital Association, 22:571-575, (1986)

82 Impellizeri, J.A., Tetrick, M.A., and Muir, P. Effect of weight reduction in clinical signs of lameness in dogs with hip osteoarthritis. Journal of the Amer Veterinary Medical Association, 216:1089-1091. (2000)

83 Jeffers, J.G., Meyer, E.K., and Sosis, E.J. Responses of dogs with food allergies to single-ingredient dietary provocation. Journal of the American Veterinary Medical Association, 209:608-611. (1996)

84 Jeffers, J.G., Shanley, K.J., and Meyer, E.K. Diagnostic testing of dogs for food hypersensitivity. Journal of the American Veterinary Medical Association, 198: 245-250. (1991)

85 Jensen, L., Logan, E., Finney, O., and Lowry, R. Reduction in accumulation of plaque, stain, and calculus in dogs by dietary means. Journal of Veterinary Dentistry, 12:161-163. (1996)

86 Joffe, D.J. and Schlesinger, D.P. Preliminary assessment of the risk of Salmonella infection in dogs fed raw chicken diets. Canadian Veterinary Journal, 43:441-442. (2002)

87 Kaiyala, K.J., Prigion, R.L., Kahan, S.E., and others. Reduced beta-cell function contributes to impaired glucose tolerance in dogs made obese by highfat feeding. American Journal of Physiology, 277:E659-E667. (1999)

88 Kallfelz, F.A. Evaluation and use of pet foods: general considerations in using pet foods for adult maintenance. Veterinary Clinics of North America: Small Animal Practice, 19:387-403. (1989)

89 Kallfelz, F.A. and Dzanis, D.A. Over nutrition: an epidemic problem in pet practice? Veterinary Clinics of North America; Small Animal Practice, 19:433-466. (1989)

90 Kay, J.M. Onion toxicity in a dog. Modern Veterinary Practice, 6:477-478. (1983)

91 Kealy, R.D., Olsson, S.E., and Monti, K.L. Effects of limited food consumption on the incidence of hip dysplasia in growing dogs. Journal of the American Veterinary Medical Association, 201:857-863. (1992)

92 Keane, W.F., Kasiske, B.L., and O'Donnell, M.P. Hyperlipidemia and the progression of renal disease. American Journal of Clinical Nutrition, 47:157-160. (1987)

93 Kendall, P.T. and Holme, D.W. Studies on the digestibility of soya bean products, cereal, cereal and plant by-products in diets of dogs. Journal of Science and Food Agriculture, 33:813-820. (1982)

94 Kendall, P.T. Comparable evaluation of apparent digestibility in dogs and cats. Proceedings of the Nutrition Society, 40:45a. (1981)

95 Kimmel, S. Familial insulin-dependent diabetes mellitus in Samoyed dogs. Proceedings of the 17th ACVIM Conference, pp. 736. (1999)

96 Kramer, J.W. Inheritance of diabetes mellitus in Keeshond dogs. American Journal of Veterinary Research, 49:428-431. (1988)

97 Kulhman, G. and Biourge, V. Nutrition of the large and giant breed dog with emphasis on skeletal development. Veterinary Clinical Nutrition, 4:89-95. (1997)

98 Hedhammer, A., Wu, F.M., and Krook, L. Over nutrition and skeletal disease: an experimental study in growing Great Dane dogs. Cornell Veterinarian, 64 (suppl 5):1-160. (1974)

99 Kallfelz, F.A. Evaluation and use of pet foods: general considerations in using pet foods for adult maintenance. Veterinary Clinics of North America: Small Animal Practice, 19:387-403. (1989)

100 Kaufman, E. Obesity in dogs. Veterinary Technician, 7:5-8. (1986)

101 Kendall, P.T., Holme, D.W., and Smith, P.M. Methods of prediction of the digestible energy content of dog foods from gross energy value, proximate analysis and digestible nutrient content. Journal of Science and Food Agriculture, 3:823-828. (1982)

102 Kienzle, E. Further developments in the prediction of metabolizable energy (ME) in pet food. Journal of Nutrition, 132:1796S-1798S. (2002)

103 Kienzle, E. and Meyer, H. The effects of carbohydrate-free diets containing different levels of protein on reproduction in the bitch. In: Nutrition of the Dog

and Cat, Cambridge University Press, New York, pp. 113-132. (1989)

104 Kronfeld, D.S. Dietary management of chronic renal disease in dogs: a critical appraisal. Journal of Small Animal Practice, 34:211-219. (1993)

105 Kunkle, G. and Horner, S. Validity of skin testing for diagnosis of food allergy in dogs. Journal of the American Veterinary Medical Association, 200:677-680. (1992)

106 Lauten, D.S., Cox, N.R., Brawner, W.R. Jr., Goodman, S.A., Hathcock, J.T., and others. Influence of dietary calcium and phosphorus content in a fixed ratio on growth and development in Great Danes. American Journal of Veterinary Research, 63:1036-1047. (2002)

107 Leib, M.S. and August, J.R. Food hypersensitivity. In: Textbook of Veterinary Internal Medicine, 3rd ed. (S.J. Ettinger, editor), W.B. Saunders, Philadelphia, PA, pp. 194-197. (1989)

108 Lowe, J.A., Wiseman, J., and Cole, F.J.A. Zinc source influences zinc retention in hair and hair growth in the dog. Journal of Nutrition, 124:2575S-2576S. (1994)

109 Markham, R.W. and Hodgkins, E.M. Geriatric nutrition. Veterinary Clinics of North America, Small Animal Practice, 19:165-185. (1989)

110 Markwell, P.J., Erk, W., and Parkin, G.D. Obesity in the dog. Journal of Small Animal Practice, 31:533-537. (1990)

111 Massimino, S., Kearns, R.J., Loos, K.M., and others. Effects of age and dietary beta-carotene on immunological variables in dogs. Journal of Veterinary Internal Medicine, 17:835-842. (2003)

112 Massimino, S.P., Sunvold, G.D., and Burr, J.R. Glucose tolerance in old dogs is modified by starch source. FASEB Journal, 13:A375. (1999)

113 Mattheeuws, D., Rottiers, R., Baeyens, D., and Vermeulen, A. Glucose tolerance and insulin response in obese dogs. Journal of the American Animal Hospital Association, 20:287-293. (1984)

114 McNamara, J.H. Nutrition for military working dogs under stress. Veterinary Medicine and Small Animal Surgery, 67:615-623. (1972)

115 Miller, W.H. Jr. Nutritional considerations in small animal dermatology. Veterinary Clinics of North America: Small Animal Practice, 19:497-511. (1989)

116 Morgan, T. Treat trends. Petfood Industry, September/October:32-37. (1997)

117 Morris J.G. and Rogers Q.R. Evaluation of commercial pet foods. Tijdschrehund Diergeneesk 1:67S-70S. (1991)

118 Morris, J.G. and Rogers, Q.R. Comparative dog and cat nutrition. In: Nutrition of the Dog and Cat (I.H. Burger and J.P.W. Rivers, editors), Cambridge University Press, Cambridge, pp. 35-66. (1989)

119 Moser, D. Feeding to optimize canine reproductive efficiency. Problems in Veterinary Medicine, 4:545-550. (1992)

120 Mosier, J.E. Effect of aging on body systems of the dog. Veterinary Clinics of North America, Small Animal Practice, 19:1-13. (1989)

121 Mosier, J.E. Nutritional recommendations for gestation and lactation in the dog. Veterinary Clinics of North America, Small Animal Practice, 7:683-692. (1977)

122 Murray, S.M., Patil, A.R., Fahey, G.C. Jr., Merchen, N.R., and Hughes, D.M. Raw and rendered animal by-products as ingredients in dog diets. Journal of Nutrition, 128:2812S-2815S. (1998)

123 Nap, R.C. and Hazewinkel, H.A.W. Growth and skeletal development in the dog in relation to nutrition: a review. Veterinary Quarterly, 1:50-59. (1994)

124 Nelson R.W. and Sunvold, G.D. Effect of carboxymethylcellulose on postprandial glycemic response in healthy dogs. In: Recent Advances in Canine and Feline Nutrition, Volume II: 1998 Iams Nutrition Symposium Proceedings (G.A. Reinhart and D.P. Carey, editors), Orange Frazer Press, Wilmington, OH, pp. 97-102. (1998)

125 Nelson, R.W., Ihle, S.L., and Lewis, L.D. Effects of dietary fiber supplementation

on glycemic control in dogs with alloxan-induced diabetes mellitus. American Journal of Veterinary Research, 52:2060-2066. (1991)

126 Nelson, R.W. Nutritional management of diabetes mellitus, Seminars in Veterinary Medicine and Surgery, Small Animal, 5:178-186. (1990)

127 Newsholme, E.A. Control of metabolism and the integration of fuel supply for the marathon runner. In: Biochemistry of exercise (H.G. Knuttgen, J.A. Vogel, and J. Poortmans, editors), Human Kinetic Publishers, Champaign, IL, pp. 144-150. (1983)

128 Ontko, J.A. and Phillips, P.H. Reproduction and lactation studies with bitches fed semi-purified diets. Journal of Nutrition, 65:211-218. (1958)

129 Papas, A.M. Antioxidants: which ones are best for your pet food products? Pet Food Industry, May/June:8-16. (1991)

130 Paul, P. and Issekutz, B. Role of extra muscular energy sources in the metabolism of the exercising dog. American Journal of Physiology, 22:615-622. (1976)

131 Polzin, D.J., Osborne, C.A., and Lulich, J.P. Effects of dietary protein/phosphate restriction in normal dogs and dogs with chronic renal failure. Journal of Small Animal Practice, 32:289-295. (1991)

132 Polzin, D.J. and Osborne, C.A. Current progress in slowing progression of canine and feline chronic renal failure. Companion Animal Practice, 3:52-62. (1988)

133 Reinhart, G.A. and Sunvold, G.D. New methods for managing canine chronic renal failure. In: Proceedings of the XXII Congress World Small Animal Veterinary Association, pp. 46-51. (1998)

134 Reinhart, G.A. New concepts in managing common pet allergies. Proceedings of the 47th Conference of the Canadian Veterinary Medical Association, pp. 9-14. (1995)

135 Reinhart, G. Fiber nutrition and intestinal function critical for recovery. DVM News Magazine, 24. (1993)

136 Reynolds, A.J., Fuhrer, H.L., and Dunlap, M.D. Lipid metabolite responses to diet and training in sled dogs. Journal of Nutrition, 124:2754S-2759S. (1994)

137 Reynolds, A.J. The effect of diet and training on energy substrate storage and utilization in trained and untrained sled dogs. In: Nutrition and Physiology of Alaskan Sled Dogs, Abstracts of a symposium held at the College of Veterinary Medicine, The Ohio State University (September 5, 1992).

138 Richardson, D.C. The role of nutrition in canine hip dysplasia. Veterinary Clinics of North America, Small Animal Practice, 22:529-540. (1992)

139 Robertson, I.D. The association of exercise, diet and other factors with owner-perceived obesity in privately owned dogs from metropolitan Perth, WA. Preventive Veterinary Medicine, 58:75-83. (2003)

140 Robertson, J.L., Goldschmidt, M., and Kronfeld, D.S. Long term renal responses to high dietary protein in dogs with 75% nephrectomy. Kidney International, 29:511-519. (1986)

141 Robertson, K.A., Feldman, E.C., and Polonsky K. Spontaneous diabetes mellitus in 24 dogs: incidence of type I versus type II disease. In: Proceedings of the American College of Veterinary Internal Medicine, pp. 1036-1040. (1989)

142 Rocchini, A.P., Marker, P., and Cervenka, T. Time-course of insulin resistance associated with feeding dogs a high-fat diet. American Journal of Physiology, 272:E147. (1997)

143 Romsos, D.R., Hornshus, M.J., and Leveille, G.A. Influence of dietary fat and carbohydrate on food intake, body weight and body fat of adult dogs. Proceedings of the Society of Experimental Biology and Medicine, 157:278-281. (1978)

144 Rosser, E.J. Diagnosis of food allergy in dogs. Journal of the American Veterinary Medical Association, 203:259-262. (1993)

145 Samuelson, A.C. and Cutter, G.R. Dog biscuits: an aid in canine tartar control,

Journal of Nutrition, 121:S162. (1991)

146 Scott, D.W. Immunologic skin disorders in the dog and cat. Veterinary Clinics of North America, Small Animal Practice, 8:641-664. (1978)

147 Sheffy, B.E. and William, A.J. Nutrition and the aging animal. Veterinary Clinics of North America, Small Animal Practice, 11:669-675. (1981)

148 Sheffy, B.E. Meeting energy-protein needs of dogs. Compendium of Continuing Education for Small Animal Practitioners. 1:345-354. (1979)

149 Shields, R.G., Kigin, P.D., and Izquierdo, J.A. Counting calories: caloric claims-measuring digestibility and metabolizable energy, Pet Food Industry, January/February:4-10. (1994)

150 Sibley, K.W. Diagnosis and management of the overweight dog. British Veterinary Journal, 140:124-131. (1984)

151 Sloth, C. Practical management of obesity in dogs and cats. Journal of Small Animal Practice, 33:178-182. (1992)

152 Sousa, C.A., Stannard, A.A., and Ihrke, P.J. Dermatosis associated with feeding generic dog food: 13 cases (1981-1982). Journal of the American Veterinary Medical Association, 192:676-680. (1988)

153 Spears, J.W., Brown, T.T., Sunvold, G.D., and Hayek, M.G. Influence of chromium on glucose metabolism and insulin sensitivity. In: Recent Advances in Canine and Feline Nutrition, Volume II: 1998 Iams Nutrition Symposium Proceedings(G. A. Reinhart and D.P. Carey, editors), Orange Frazer Press, Wilmington, OH, pp. 103-112. (1998)

154 Spice, R.N. Hemolytic anemia associated with ingestion of onions in a dog. Canadian Veterinary Journal, 17:181-183 .(1976)

155 Stogdale, L. Definition of diabetes mellitus. Cornell Veterinarian, 76:156-174. (1985)

156 Streiff, E.L., Zwischenberger, B., Butterwick, R.F., Wagner, E., Iben, C., and Bauer, J.E.A comparison of the nutritional adequacy of home-prepared and commercial diets for dogs. Journal of Nutrition, 132:1698S-1700S. (2002)

157 Sunvold, G.D., Norton, S.A., Carey, D.P., Hirakawa, D.A.S., and Case, L.P. Feeding practices of pet dogs and determination of an allometric feeding equation. Veterinary Therapeutics, 5:82-99. (2004)

158 Sunvold, G.D. and Bouchard, G.F. The glycemic response to dietary starch. In: Recent Advances in Canine and Feline Nutrition, Volume III: Iams Nutrition Symposium Proceedings (G.A. Reinhart and D.P. Carey, editors), Orange Frazer Press, Wilmington, OH, pp. 123-131. (1998)

159 Sunvold, G.D., Vickers, R.J., and Kelley, R.L. Effect of dietary Carnitine during energy restriction in the canine. FASEB Journal, 13:A268. (1999)

160 Sunvold, G.D., Tetrick, M.A., Davenport, G.M., and Bouchard, G.F. Evaluation of two nutritional approaches to canine weight loss. Obesity Research, 7 (suppl 1):91S. (1999)

161 Sunvold, G.D., Tetrick, M.A., Davenport, G.M., and Bouchard, G.F. Carnitine supplementation promotes weight loss and decreased adiposity in the canine. In: Proceedings, XXIII Annual Congress of the WSAVA, Buenos Aires, pp. 746. (1998)

162 Swanson, K.S., Schook, L.B., and Fahey, G.C. Nutritional genomics: implications for companion animals. Journal of Nutrition, 133:3033-3040. (2003)

163 Teare, J.A., Krook, L., and Kallfelz, A. Ascorbic acid deficiency and hypertrophic osteodystrophy in the dog: a rebuttal. Cornell Veterinarian, 69:384-401. (1979)

164 Tetrick, M.A., Sunvold, G.D., and Reinhart, G.A. Clinical experience with canine renal patients fed a diet containing a fermentable fiber blend. In: Reinhart GA, Carey DP, editors: Recent Advances in Canine and Feline Nutrition, Volume II: 1998 Iams Nutrition Symposium Proceedings, Orange Frazer Press, Wilmington, OH, pp. 425-432. (1998)

165 Thorne, C.J. Understanding pet response: behavioural aspects of palatability. In: Focus on Palatability; Proceedings of the Petfood Industry, Watt Publishing, Chicago, pp. 17-34. (1995)

166 Walton, G.S. Skin responses in the dog and cat due to ingested allergens: observations on one hundred confirmed cases. Veterinary Record, 81:709-713. (1967)

167 Wedekind, K.J. and Lowry, S.R. Are organic zinc sources efficacious in puppies? Journalof Nutrition, 128:2593S-2595S. (1998)

168 White, S.D. Food hypersensitivity in 30 dogs. Journal of the American Veterinary Medical Association, 188:695-698. (1986)

169 Wichert, B., Schuster, S., Hofmann, M., and others. Influence of different cellulose types on feces quality of dogs. Journal of Nutrition, 132:1228S-1229S. (2002)

170 Wiernusz, C.J. Shields, R.G., Van Vlierbergen, D.J., Kigin, P.D., and Ballard, R. Canine nutrient digestibility and stool quality evaluation of canned diets containing various soy protein supplements. Veterinary Clinical Nutrition, 2:49-56. (1995)

171 Williams, L. Canine diabetes mellitus. Veterinary Technician, 9:168-170. (1988)

172 Wills, J. and Harvey, R. Diagnosis and management of food allergy and intolerance in dogs and cats. Australian Veterinary Journal, 71:322-326. (1994)

173 Wynn, S. Alternative feeding practices. Proceedings of the World Small Animal Veterinary Congress, 2001.

174 Young, L.A., Dodge, J.C., Guest, K.J., and others. Age, breed, sex and period effects on skin biophysical parameters for dogs fed canned dog food. Journal of Nutrition,132:1695S-1697S. (2002)

175 Zentek, J. and Meryer, H. Normal handling of diets; are all dogs created equal? Journal of Small Animal Practice, 36:354-359. (1995)

176 Zimmerman J. How to do your own label review. Proceedings of the Petfood Forum,Watts Publishing, Chicago, IL, pp. 109-118. (1995)

术语

急性的 acute——持续时间短、相对严重且发病迅速的症状。

自由采食 ad libitum——任意进食，不受限制获得水和食物。

渴感缺乏 adipsia——渴感消失，不饮水。

争斗 agonistic——冲突发生期间引发的任何行为，常指攻击性行为，但也可能包括恐惧、逃跑或安抚行为。

恐新症 agoraphobia——对新环境或不熟悉的环境感到恐惧。

等位基因 alleles——特定基因的多种表达，如黑色 / 红色毛色基因有两个等位基因：b（红色）和 B（黑色）。

过敏反应 allergy——超敏反应，免疫反应的增强状态，暴露于特定的过敏原中会导致有害或对身体有害的免疫反应。

脱毛症 alopecia——毛发脱落。

晚成雏 altricial——出生时需要父母的照顾和喂养才能生存，指一个物种，其幼崽出生时处于相对不成熟的发育阶段。

合成代谢 anabolism——合成或构建复杂化合物的过程。

雄激素化作用 androgenization——暴露于雄激素后雄性特征的发育。

雄激素 androgens——雄性激素：雄激素和睾酮。

贫血 anemia——异常低水平的红细胞浓度或血红蛋白水平。

乏情期 anestrus——发情周期中母犬的生殖静止期或休息期。

厌食 anorexia——对食物失去胃口。

抗体 antibodies——免疫系统响应抗原产生的蛋白质，其功能是通过消灭抗原来保护动物免受感染。

抗原 antigen——诱发免疫反应并引起抗体生成的病毒、细菌或外来微生物等物质。

缺血 avascular——缺乏血液供应。

氮质血症 azotemia——血液中的含氮废物浓度超出正常范围。

菌血症 bacteremia——血液中存在着细菌。

基底细胞 basal cells——表皮的底层细胞层。

扩张 bloat——胃扩张扭转；胃异常膨胀。

短头型 brachycephalic——一种犬的头型，宽颅底，短口鼻；头颅指数 > 80。

心动过缓 bradycardia——心率异常缓慢。

支气管 bronchi——通向肺部细支气管的两个主要分支气管。

裂齿 carnassial teeth——犬口腔中上第四前白齿和下第一白齿。

去势术 castration——雄性睾丸切除手术。

分解代谢 catabolism——将复杂的化合物分解成简单的化合物，与合成代谢相反。

尾（部的）caudal——用于"朝向尾巴"或与尾

巴有关的解剖学术语。

子宫颈 cervix——椭圆形纤维结构，雌性子宫颈和阴道相连的部分。

染色体 chromosome——存在于细胞核中，携带负责遗传特征的基因。犬有 39 对（总共 78 个）染色体。

慢性的 chronic——（疾病）持续很长时间或长期发生的。

阴蒂 clitoris——雌性第二性器官，类似于阴茎。

胶原蛋白 collagen——构成结缔组织、软骨、肌腱、骨骼和皮肤主要成分的结构蛋白。

初乳 colostrum——哺乳期雌性产后立即分泌的乳汁，含有大量抗体以及免疫保护相关化合物。

结膜 conjunctiva——眼睛的黏膜，覆盖眼球的巩膜。

同种的 conspecific——属于同一物种或同一社会群体。

食粪 coprophagy——以粪便为食。

角质化 cornified——转化为角质外皮。

颅侧 cranial——解剖学术语，颅骨的侧面观。

分解 degradation——代谢分解或分解代谢。

血细胞渗出 diapedesis——红细胞或血清从毛细血管渗出。

骨干 diaphysis——长骨的中轴。

消化能 digestible energy——食物中可供吸收的能量，总能减去粪能。

趾行 digigrade——用足尖（脚趾或指骨）行走。

双糖 dissacharide——由两个连接在一起的单糖组成的简单碳水化合物，例如，蔗糖和乳糖；

远端 distal——解剖学术语，表示"远的"。

长头型 dolichocephalic——犬科头型，颅底狭窄，口吻长；头颅指数 > 75。

发育异常 dysplasia——细胞生长或发育异常。

难产 dystocia——分娩或生产困难。

体外寄生虫 ectoparasites——外部寄生虫，例如，跳蚤和螨虫。

区域性的 endemic——或多或少地持续存在于特定区域或环境中。

内源性 endogenous——由身体合成或衍生，起源于内部。

体内寄生虫 endoparasite——内部寄生虫，例如，心丝虫和蛔虫。

能量密度 energy density——能量浓度，以每单位重量的代谢能表示。在犬粮中，通常表示为千卡 ME/ 千克。

肠炎 enteritis——小肠的炎症，通常导致腹部不适和腹泻。

嗜酸性粒细胞 eosinophil——一种带有双叶状核的白细胞（白血细胞），能够被伊红染色。

上皮细胞 epithelial cells——覆盖在体表或体腔上的具有保护和分泌功能的细胞。

红斑 erythema——由于局部充血或炎症引起的皮肤异常发红。

病因学 etiology——疾病的根本原因。

脱落物 exfoliation——刮下、剥落的薄层或碎片。

消退性爆发 extinction burst——在行为消失（终止）之前，为应对强化刺激的去除反应，而产生行为的暂时加强。

家族性 familial——在家族谱系中观察到的。

发热 febrile——发烧。

胃 gastric——动物的消化器官。

遗传可塑性 genetic plasticity——一个物种的遗

传物质存在高度变异，允许个体之间存在高度变异。

基因型 genotype——个体的基因组成。

糖原 glycogen——动物淀粉，存在于肝脏和肌肉中，当身体有需要时可以分解成葡萄糖，转化为能量。

总能 gross energy——食物中所含的全部能量，也叫势能。

血细胞比容 hematocrit——又称为红细胞压积，表示血液中红细胞总体积占全血总体积的百分比。

血肿 hematoma——局部充血肿胀。

血尿 hematuria——尿液中混有红细胞的异常状态。

出血性素质 hemorrhagic diathesis——自发性出血或出血倾向加强的综合性疾病。

出血性肠炎 hemorrhagic enteritis——以肠炎和严重血便为特征的肠道综合征。

杂合子 heterozygous——同源染色体特定位点上存在不同基因（等位基因）携带特定的遗传特征。

体内平衡 homeostasis——维持身体内环境的化学和生理稳定性。

同源 homologous——配对的一对染色体，一个遗传自母本，另一个遗传自父本。

纯合子 homozygous——同源染色体上相同位置具有相同等位基因。

杂种 hybrid——两种不同品种或血统的动物的杂交后代。

杂种优势 hybrid vigor——由于个体中杂合基因对数量的增加和纯合隐形基因对数量的减少而带来的健康和活力水平提升。

水解 hydrolysis——通过加水使化合物发生断裂的化学反应。

高血糖症 hyperglycemia——血糖浓度异常升高。

角质化过度 hyperkeratosis——表皮保护层（角质）异常增厚。

体温过高 hyperthermia——体温异常升高，见于发烧或中暑。

体温过低 hypothermia——体温异常低，见于休克或过度暴露于寒冷天气。

医源性 iatrogenic——由兽医或者药物治疗所引起的。

特发性 idiopathic——原因不明。

腹股沟 inguinal——与腹股沟相关区域的。

黄疸 jaundice——由于胆汁色素在血液中积聚而使黏膜或皮肤发黄，肝脏或胆管疾病的征兆。

角蛋白 keratin——存在于皮肤、头发和指甲中的结构性蛋白。

千卡 kilocalorie——能量单位，即 1 千克的水，温度升高 1℃所需的能量。

阴唇 labia——雌性外阴的外部褶皱。

幼虫 larvae——处于未成熟阶段的昆虫和寄生虫。

喉 larynx——位于包含声带的气管内的含有软骨的肌肉器官。

位点 locus——染色体上发现特定基因的位置。

脱位 luxation——关节错位。

减数分裂 meiosis——产生生殖细胞（卵子和精子）的细胞分裂类型。

中头型 mesaticephalic——一种犬的头部类型，有中等的颅底和口鼻大小适中；是一种平衡类型的头型。

新陈代谢 metabolism——生物体自身维持生命的化学反应和生化过程，将营养转化为能量。

代谢能 metabolizable energy——摄入单位饲料的总能与由粪、尿及其他排泄物所排出的能量之差。

线粒体 mitochondria——大部分能量转换反应发生的细胞器。

单糖 monosaccharide——单碳水化合物单位，如葡萄糖和果糖。

形态学 morphology——有机体或器官的形式和结构。

心肌炎 myocarditis——心肌（心脏肌肉组织）的炎症。

肌阵挛 myoclonus——不自主的，快速肌肉震颤，被视为犬瘟热的并发症。

坏死 necrosis——细胞死亡。

恐新症 neophobia——对未知或不熟悉的事物感到恐惧。

肿瘤 neoplasm——新生组织异常生长。

幼态延续 neoteny——发育过程中已达到性成熟的个体仍保留有幼态性状的现象。

肾炎 nephritis——肾单位的炎症，肾脏疾病。

阻塞 occlude——封闭或阻碍。

嗅觉 olfactory——包括鼻子和闻的器官。

个体发育 ontogeny——个体从合子到性成熟的发育过程。

卵囊 oocyst——被包裹的卵。

成骨 ossification——骨头形成过程。

卵巢子宫切除术 ovariohysterectomy——手术切除雌性生殖道（卵巢、输卵管和子宫）的外科手术。

保守治疗 palliative——减轻疼痛或缓解症状，但不能治疗疾病。

触诊 palpate——通过感觉或触摸进行检查。

轻度瘫痪 paresis——部分运动性麻痹。

致病性 pathogenic——能引起疾病或感染的。

急性 peracute——发作速度极快。

肛周 perianal——肛门区域。

骨膜 periosteum——覆盖所有骨骼的结缔组织，供应血液并提供保护。

表型 phenotype——由基因型决定的能够被观察到的特征。

信息素 pheromones——个体所分泌的类似于激素的物质，影响同一物种中另一个个体的行为，通常与繁殖行为有关。

竖毛 piloerection——犬毛底部肌肉收缩的反射；使犬背部上的毛竖起来。

脑垂体 pituitary gland——内分泌腺体；位于脑基底。

胎盘 placenta——哺乳动物的器官，在子宫内膜和胎儿的羊膜上形成；具有为发育中的胎儿提供营养和排泄废物的功能。

多形性 pleomorphic——存在于两个或多个不同的生命周期中的形式。

多糖 polysaccharide——由许多连接在一起的单糖组成的复合碳水化合物，例如，淀粉和糖原。

餐后 postprandial——进食后。

节片 proglottids——绦虫的各个节段，每个节段都包含完整的雄性和雌性生殖系统。

预后 prognosis——预测疾病的可能病程和康复的可能性。

脱垂 prolapse——体内器官的滑出或掉出原位。

化脓 purulent——含有或排出脓液。

松弛素 relaxin——一种生殖激素，可以放松耻骨联合并帮助子宫做好分娩的准备。

复制 replication——依照原件制作出相同的物品。

再吸收 resorption——组织的生化溶解，组织丢失。

头节 scolex——绦虫虫体最前端的部分，能够附着在寄主的肠壁上。

皮脂腺 sebaceous glands——位于皮肤内产生皮脂的腺体，皮脂是一种保护性蜡状物质。

皮脂 sebum——皮脂腺的油脂性分泌物，用于润滑和保护皮肤。

败血症 septicemia——细菌在血液循环中持续存在并迅速繁殖所致的全身性感染。

籽骨 sesamoid——脚部的小结节骨。

休克 shock——由于受伤或疾病而发生的循环衰竭。

社会促进效应 social facilitation——群体互动对个体行为的影响。

凹点 stop——上颌骨和颅骨额骨之间的连接处。

体节 strobila——绦虫的整个身体。

综合征 syndrome——代表特定疾病状态的一系列症状。

心动过速 tachycardia——心率异常快。

距骨 talus——跗关节最上面突出的跗骨。

分类学 taxonomy——根据身体结构、遗传、生物学关系以及特征对生物体进行分类。

圆韧带 teres ligament——连接股骨和骨盆髋臼的主要韧带。

可可碱 theobromine——巧克力中含量相对较高的与咖啡因结构相似的化合物。

血栓栓塞 thromboembolism——由纤维性血凝块或其脱落的一部分栓子引起的血管堵塞。

滴度 titer——用标准物质滴定来测定溶液浓度；或者连续稀释。

毒血症 toxemia——血液中毒素的存在和相关的疾病症状。

气管 trachea——管状气道从喉部通向胸部，分支成两个进入肺部的支气管。

滑车 trochlea——关节头中央有凹沟，关节窝中央有脊，二者嵌合形成的关节。

肿胀 turgid——鼓起、充血。

尿毒症 uremia——血液中尿素水平异常升高及相关临床症状。

血管 vascular——与血管有关的。

病毒血症 viremia——血液中存在着病毒颗粒。

肠扭转 volvulus——胃或肠的扭转。

惧外恐惧症 xenophobia——对陌生人感到恐惧；对陌生事物感到恐惧。

合子 zygote——受精卵。

索引